政治的エコロジーの歴史

ジャン・ジャコブ 著／鈴木正道 訳

Histoire
de l'écologie politique

緑風出版

目　次
政治的エコロジーの歴史

目　次　政治的エコロジーの歴史

【凡例】
・本文中において〔〕でくくった部分は訳注である。
・人名については、一カ所で数多くの名が羅列されたり、同じ名が繰り返し引用されることが頻繁にあるので、巻末において五十音順にまとめた。ただし一回限りの引用である人名に関しては、本文中に訳注を挿入したものもある。

序文

フランスにおける環境保護には長い歴史がある。一九五〇年代に初めて公の場で警告が発せられて以来、この問題は強く主張されて止むことがなかった。しかしながら、この長い歴史は未だかつて書かれたことがない。人を見下した嘲弄に立ち向かうことをものともしない初期の果敢な自然主義者たちから、生物圏のバランスが次第に崩れていくことを案じる研究熱心な生態環境学者に至るまで、ごくわずかなことしか知られていない。全く同様に、数多くの環境保護主義者たちを左派勢力の周辺に導いた道も知られていない。その一方で他の環境保護主義者たちは近代性を真正面から非難していた。しかし、どの環境、どの自然のことをそもそも言っているのか。ガイア〔ギリシャ神話に登場する大地の女神〕すなわち母なる大地の自然のことか。人間世界のかたわらで進化する充溢した世界のことか。近代性が我々の内で、また我々のかたわらで狩り立てている自然のことか。我々を取り巻く原料物質のことか。精を出してこうした問題を検討する者にとって数々の疑問がぶつかり合う。しかしこんなことに気をもんだのはごくわずかの人々に過ぎなかった。「政治的エコロジー」という便利なレッテルを用いることで、より理論的な問題提起はすべてうまく避けることができるし、また実に拡散したいくつもの流れを縒《よ》り集めることができるのだ。そのようにするために、人々は政治的エコロジーの周囲で明らかになる激しい対立を人と人の喧嘩に過ぎないとみなしてしまう。そして政治的エコロジーに関する目的論的な解釈がしばしば提供されるのだ。エコロジストたちが分立し、ほとんど耳を傾けてもらえなかったのは、成熟していなかったからだが、今や彼らは成熟している、というのだ。

もしそこに懸かっているものが重大でなければ、こうしたことはすべてお笑い種であろう。実は、これらの党派的な争いの裏ではしばしば西洋と自然の関係が大いに問われている。エコロジストたちはこうして、時には自分たちでもその重大さを知らないと思われる討論をしばしば担っているのである。それに対して、この重大さは、一部の第一線の知識人たちには十二分に感知された。かくして、エコロジーを我が物として、ある種の近代性に斜めからいやそればかりか真正面から異を唱える数多くの理論家の姿が政治的エコロジーの後ろに浮かび上がってくるのが見えるのである。証拠として、一九三〇年代における一部の「反画一主義者達」、数多くの信者達、極右の過激な周辺分子（「新右派〔反共産主義の様々な保守主義的運動。ファシズムや伝統的保守主義とは一線を画す〕」）などが今日では、自分たちの理論を刷新するためにエコロジーの装身具で着飾ろうとしていることだけを指摘しておこう。ある者に言わせると、エコロジーは、余りにも軽い近代性の限界を何らかの形で示しており、自律協働性〔土地に根をおろした人間が自由な個人として共に働き生活できること：イヴァン・イリッチ（一九二六〜二〇〇二）の概念〕のある人格主義〔ブルジョワ的個人主義に反対して、キリスト教と社会主義を統合したエマニュエル・ムニエ（一九〇五〜一九五〇）の哲学で、人格が至高の価値であるとする〕のようなものを正当化する。またある者に言わせると、エコロジーの危機は、人間が神の創造を尊重できなかったことを証明している。さらにある者に言わせると、エコロジーの危機は個人主義の限界を例証している、などなど。こうしてエコロジーに関する利害の絡んだいくつかの解釈を前にすると、あてのない推測をすることになる。

「自然」が登録されたブランドでないのは真実である。昔から人間が自然と保つ関係は哲学の関心を強く惹いている。一九七〇年代に入る直前、非保守派の周辺的な流れの中には、自然が手放す以上のものを乱暴に剝ぎ取るこの反自然の近代性が本当に恩恵をもたらすのかを問いただしているものが依然としてある。これらの流れは、快楽主義的、新自然主義的エコロジーがだいたいどういうものであるかを示してくれるのであり、その政治的後継者は多数いる。セルジュ・モスコヴィッシがそれを理論化した。しかしこの自然主義は非常に理論的ではあるが、全国のあちこちに団体がある、現場の自然主義者たちが具体的に生きている自然主義ではない。これら現場の自然主義者たちは皆、もう一つ別の自然主義へと集結しているが、その理論的な枠組みは、スイスの自然主義者ロベール・エナール以外はめったに定式化したことがない。これら二つの流れは、現代人の自然との関係に関する考察の上に政治行動の基礎を直接築いた。両者はそれぞれ自分たちの集団に生命を吹き込んだのである。

他の流れが、このエコロジーの合同に合流した。ローマクラブに提出された最初の報告書が発行されたことが啓示のように作用した。すると、ある者は公然と近代社会に異を唱え、昔を評価した。またある者は逆に、がむしゃらな利益追求の競争を、生態環境のバランスに無関心だと非難して、烙印を押した。こうして、最初の自然主義から、科学的エコロジーを経て、左派思想に至るのである。

他方、極めて数多くの周辺的な理論が政治的エコロジーへと接木され、その結果この流れのアイデンティティは次第に輪郭がぼやけてしまった。エコロジストの仲間内では、ある日ラルザック高原〔フランスの中央山塊にある高原。ここにある軍の駐屯地を拡張するという計画は、農民と環境保護論者の激しい抗議行動を惹き起こした〕で、エコロジストたちが幾人かの非暴力主義者と出会ったという理由で、非暴力主義という言葉をよく使った。また同様に、メキシコに住み着いた一人の元僧侶〔イヴァン・イリッチのこと〕が工業社会の限界を明らかにしたから、多くのエコロジストたちがすでにかなり以前からそれを証明しようと骨を折っていたこともあって、彼らは「自律協働的な」社会という言葉もよく使った。アナーキズム、絶対自由主義、状況主義〔一九五〇年代末から六〇年代にかけて国際的に広がった反体制思想〕の運動のように、エコロジストたちは、ある種の生活の質を求めており、また消費社会と『一九八四年』〔イギリスの作家、ジョージ・オーウェル（一九〇三〜一九五〇）が一九四九年に書いた近未来小説。全てを監視するビッグ・ブラザーの独裁国家を描く〕を拒否しているから、二〇〇一年のこと〔フランスの風刺漫画家ゲベ（一九二九〜二〇〇四）が一九七〇年から連載発表した作品『〇一年』。読者の提案を取り入れて筋を進行させていく〕を語った。当然のことながら、いわゆる「市民」社会が成育できるという弁護を科学的に正当化できるようにと焦る第二の左派〔一九七〇年代に、既成組織から一線を画して自主管理をかかげた運動〕として、彼らは生の「複雑性」――これはエコロジーの教訓である――という言葉もまた使った。彼らは、昔の反画一主義者の若者たちのように、東側も西側も物質的進歩の崇拝という点で次第に似通ってきていることに気が付いていたので、「生産主義的」社会及び科学主義という言葉を使った。自然だと感じられるある種の渇望を、国民国家が妨害するので、地方分権主義の利点が語られた。こうして無数の流れとの理論的な橋が事実上確立されたのである。しかしこうしたこと全てについては本書では語らない。数え切れないほどの短い著作がすでに論じており、またこれほど多くの様々な主題を同時に扱うとすれば、それを敢えて行なう者は大雑把な仕事をすることになるからである。それとは逆に、本当に政治的エコロジーの節目を作るもの、つまり現代人の自然に対する関係についての問いかけに焦点を絞ることにする。それからこの問いかけによって、どのようにして数多くのエコロジストたちが社会主義的エコロジーへと向かうようになりえたのかを検討し、その一方で近代性に対する一層根本的な異議申し立てへと向かった人々にもページを割きたいと思う。

フランスにおいて、初めて全国的レベルで政治的エコロジーが表明されるのは一九七四年、大統領選挙運動の際である。第三世界支援主義者の農学者ルネ・デュモンはその時、地球とそこで生活する人間たちを脅かす生態環境のアンバランスについて国民に警告を発する。エコロジーと社会主義はすでにプログラムに入っているのである。ルネ・デュモンはこの機会に自然主義者（自然の保護主義者）、生態環境学者（エコロジーを専門にする科学者）及びエコロジスト（エコロジーの活動家）を（統一するというよりも）連合させる。しかし現実にこの立候補は、長い変遷を確立することになる。

一九四〇年代及び五〇年代には、一部の自然主義者たちが、自然界に次第にのしかかる脅威に関して懸念を表わすのが見られた。確かに、人間が自分の社会を建設して、過酷な自然の襲来に対して身を守るのは正当なことである。しかし生きるものは全て同様に、己の空間に生き、人間によって道具などにされない権利を持つのだ。この倫理的姿勢の帰結とは、人間は自分の力への意志を制御しなくてはならない、というものである。具体的には、当時としては、自然空間を脅かす人口増加をせき止めることである。必要とあれば、上からの押し付けの政策によってでもだ（避妊、中絶、国を意図的に低開発の段階に留めておくことなど）。しかし生態環境の危機は「P爆弾」（ポピュレーション爆弾）だけの問題ではない、と異を唱える生態環境学者もいる。この危機は、実際にはとりわけ、人間が自然のサイクル、生命のサイクルに介入する仕方によってひきおこされる。従って（抽象化された）人間を自然に対立させるのではなく、（自然と文化を分ける）自然主義的な視野よりも（人間を生命の世界に組み込む）生態環境的な視野で、生命の大きなサイクルがもつれ合っている生命の世界の「複雑性」に対して注意を払う態度をとることが重要である。従って、制御すべきは、人間というよりも、この複雑性を無視する一部の産業活動なのである。生態環境学者たちによって申し立てられたこの複雑性のテーマは、一九六〇年代及び七〇年代においても繰り返される。しかしながらこの妥当な分析は、人間の活動の裏で作用している社会の論理を考慮することを怠っていると、さらに異を唱える者もいる。世界が荒廃しているのは、短期的な利益追求競争が集団的な全体の利益に対して、自然に対して、環境に対して相変わらず完全に無関心であるからだ。こうして自然主義からエコロジーへ、エコロジーから社会主義へと移行するのである。一九九五年の大統領選挙での、「緑の党」の立候補者であり、また第一次ジョスパン内閣の閣僚であるドミニク・ヴワネは、このように自分なりにいわば自然な展開を回顧している。他方、アントワーヌ・ヴェシュテール（一九八八年の大統領選挙での「緑の党」の立候補者）の方は、もっと生態環境的で自然主義的な立場に陣を置いている。

エコロジスト的な主張に人気があるとはいえ、フランスで環境を擁護するには、勇気で武装し、幾分向こう見ずでなくてはならない。技巧の国において、自然は必ずしも一般受けしないのだ。市民の中で最も悪意のない者に対しても、しばしば薄黒い動機が勘ぐられる。実際、哲学者にしてジャーナリストである連中が目を光らせており、エコロジーの緑の後ろに、赤でないとすれば、どんな茶色い染みでも狩り出してやろうと待ち構えている。しかしながら、環境保護主義者の大多数は、彼らが抱いていると不当にみなされている有害な意図など全く暖めてはいないのである。彼らは単に、ある場所では熊を、またある場所では池を保護しようとしているだけなのだ。彼らの大部分は、資本主義制度の転覆を渇望する革命派的なところなど全く持ち合わせていない。しかしだからといって、逆に彼らをナチスの提灯持ちに同化するというのもいかがなものだろう。

ただしこのように悪役に仕立てることは哲学者たちだけの仕業ではない。エコロジストの仲間内でも、鳥や象の保護を主張する人たちは時に軽蔑される。それでも環境保護に関して前駆的な最初の警告が届いたのは、エコロジストの集団からであった。知的舞台を揺るがせた政治的エコロジーを巡る議論の激しさを理解するには、そういうわけで近代哲学の伝統はすべて自然を悪役に仕立てていると いうこと、人間の環境への極めて具体的なアプローチはこの哲学の痕跡を留めているということを思い起こすことが重要である。

フランスでは、主体性の出現を確立する近代性は実際、人間を疎外すると考えられる自然というもの全てへの対抗としてしばしば定義づけられてきた。そこでは人間と歴史が称揚される。技巧が勝ち誇る。そういうわけで、いわば自然契約を推奨する哲学者ミシェル・セール（一九三〇年生まれ）の試論を迎え撃った討論の刺々しさの説明がつく。この契約は事実上、人間と地球の間に結ばれる。

一九九〇年に『自然契約論』(原注1)が出ると、大勢の哲学者たちは近代性の利点を改めて主張することになった。『エコロジー新秩序』(原注2)と題された哲学者リュック・フェリー(一九五一年生まれ)の試論は、近代のヒューマニズムの利点についてとりわけ長々と述べ立てており、人間を自然に対立する存在として定義づけている。しかし、少なくともフランスでは周辺的なディープエコロジー〔人間中心のエコロジーを「浅い」エコロジーとして批判し、人間を自然の一部にすぎないものとみなす生命平等主義を主張するエコロジー〕をパロディー化して拠りどころとしたこと、また人間中心主義に反対していると彼がおしなべて疑う過激なエコロジストたちに向けたこの諷刺文書を、選りすぐった歴史上の想起(ナチスもまた自然を愛していた!)で飾り立てたことによって、彼の著作は討論をむしろ分かりにくくしてしまっている。

こうした近代哲学は、風景の中にも極めて具体的に現われている。フランスは、この分野においては白紙還元に執着している。ヴェルサイユの庭園はそれなりに、こうした哲学を例証している。人間はこの哲学によって、自分が完全に支配する自然に熱意を刻み込むのである。この態度がいかに特異なものであるかを確認するには、イギリスやドイツを一瞥すれば十分である。従ってフランスでは自然を守るのは当たり前のことではないのだ。それは自然主義者たちやエコロジストたちがすぐに認めざるをえないだろう。そもそもどの自然を守るというのか。その点においても意見は分かれる。

《原注》

1 Serres Michel, *Le Contrat naturel*, Paris, François Bourin, 1990.

2 Ferry Luc, *Le Nouvel Ordre écologique. L'arbre, l'animal et l'homme*, Paris, Editions Grasset et Fasquelle, 1992.

第一部
どの自然を守るのか

第一章　反体制的自然主義

フランスの政治的エコロジーは長い間、傾向の異なる二つの勢力圏の間に引っ張られてきた。多岐にわたる様々な研究が幾度も、これらの相違を反響させてきたが、問題をどこまでも掘り下げることはしなかった。しかし、これらの相違が実は二つの異なった世界を映し出していることに気付くには、少し気を入れてこの問題を検討してみれば十分である。一方では、近代性及びその自然との関係を問題にして、ときにはそれを極めて根本的に問いただす数多くの哲学者から成る勢力圏が浮かび上がってくるのが見える。もう一方では、自然環境が消えてしまうと広く一般に警告したいと思う、自然環境の擁護者たちの連合した勢力圏が進み出てくる。これら二つの勢力圏は、正反対の「世界観」を拠りどころとしている。前者が自然／文化という断絶を否定的に捉えて相対化するのに対して、後者はそれを永続化して自然を比較的手付かずの状態で守ることを目指す。（文化的、政治的など）様々な側面を持つ勢力圏全体を、自らが通った跡に生み出したこの反体制的自然主義を、セルジュ・モスコヴィッシがフランスで理論化したのである。

セルジュ・モスコヴィッシの反体制的自然主義

一九二五年に生まれたセルジュ・モスコヴィッシは二十世紀の苦悶を生き抜いた（原注1）。戦争の時期は彼にとって劇的であった（反ユダヤ主義など）。ルーマニア出身の彼は、一九五〇年代にフランスに居を定め、勉学を続けて熟練仕上げ工、技師、それから最後には社会科学高等学院の教授になり、同様にプリンストン、ルーヴァン、ジュネーヴ、ニューヨークといった世界の最も主要な大学のいくつかで教える。社会心理学の名高い専門家である彼はまた、数学、哲学、精神分析、自然科学などにも強い関心を抱く。彼は自然主義のために非常に充実した著作をいくつか書いているが、その中にはだいたいエコロジスト的政治哲学のようなものが読み取れる（原注2）。

セルジュ・モスコヴィッシのエコロジストとしての問いかけは一九五〇年代に遡る。当時フランスを旅行していた彼は、ある種の本物への回帰（地方分権主義、農民の称揚、民族性など）を予感するが、こうした回帰とは一九七〇年代に公然と表明されることになるものである。ところで後に詳しく見ることになるが、セルジュ・モスコヴィッシの自然主義者としての著作は全て、こうした自然の伝統を復権させるために闘っており、近代性が投げ込んだ汚辱の中からそれを引き出すものである。そこには、近代性に対する断固とした抗議が見て取れる。近代性は人間を過酷な自然の襲来から解放すると主張しながらその代償として一連の重い束縛に従わせるものなのだ。セルジュ・モスコヴィッシに言わせると、人間はこの交換で損をしている。人が言うほど自然は過酷ではないのだ。だからこそ人間は、自然／文化という一種の連続性を確立することができるのであり、またこの自然に関連したもの全てをもはや大っぴらに侮辱しないですむようになるのだ。よって自然に関する少数の立場全て、もしくはその他の立場を表現することは正当なこととなるだろう。このだからこそ反体制的な立場は、種々の決定論的立場から離れるよう人間に促す現在の哲学を背後から一からげに攻撃するものである。

このような近代性の解体は、民族学者ロベール・ジョランの同意を得る。彼は、ここで勝ち誇っている近代性が、別の場所では人々を極貧に追いやっているということを現場で確認しておののいている。そこで二つの大学が、反体制的な協調行動を行なうことを決定する。まずは社会科学高等学院において、それからパリ第七大学においてである。彼らはまた、アレクサンドル・グロタンディエックと共に、一九七〇年代の初めに民族文化抹殺に関する移動展示会を催し、アメリカ先住民の状況と、同様に生活様式が征服的な近代性に脅かされているがその度合いはより少ない、フランスにおける村の住人の状況を対比する。

六八年の五月にセルジュ・モスコヴィッシは完全には満足しない。当時は教条的な主義主張が実際のところいまだに知識人の論議を占めているのだ。しかし反文化的な集団もまた現われる。エドガー・モランやアラン・トゥレーヌがそれを自分たちの活動に連合させる。セルジュ・モスコヴィッシの方は、地方主義作家ロベール・ラフォン及びベルナール・シャルボノー、『現在』(*Actuel*)、ジャック・

ドロール、エコロジストのジャン＝マリ・ペルトゥ及びエドワール・クレスマンヌに、「エコロッパ協会」において出会う。彼はジャック・ロバンの「十人会」〔Le Groupe des Dix：一九六九年から一九七六年にかけて科学技術と政治経済の関係を論じた科学者、哲学者、社会学者一〇名程のグループ〕に足繁く通うが、それでも直接活動をともにすることはない（原注3）。一九七〇年代の初め、彼はエコロジストの団体「地球の友」に加わり、そこでブリス・ラロンドと知り合う。ラロンドはその後確実にセルジュ・モスコヴィッシの理論を自分のものとして受け入れることになる。

セルジュ・モスコヴィッシの政治活動は、自分の理論的立場を直接延長したものである。セルジュ・モスコヴィッシが、ある種の近代性の中に収まる主張とは反対に、自然を悪者に仕立て上げて文化を称揚することを拒否する限りにおいて、自然に関する少数派が自発的に意見を表明することは正当なものとなるし、また法を通して何らかの普遍合意に達しようという意志は、もはや政治権力の至上命令ではなくなるのである。そうなると、国家権力を勝ち取ることを目指して均一化傾向のある党派的な形態を経るよりも、政治的積極介入主義の考え方を放棄して、従来の政党に代わるはずの様々なネットワーク、連合、あるいは運動が現われるに任せるほうがよいということになる。結果として、エコロジーの運動は彼にとってその後も「決して完全には政党にはならない」のだ。他方セルジュ・モスコヴィッシが実際に政治活動に打ち込む姿が見られる。いくつかの選挙に出馬し（一九七七年に市町村選、一九八四年にはヨーロッパ選など）、また様々な立候補者を後援する（一九八一年にブリス・ラロンド、一九八八年にはアントワーヌ・ヴェシュテールなど）。ブリス・ラロンドが働いている月刊誌『野生』（一九七三年より一九八〇年まで発行）は、モスコヴィッシの分析の影響を受けていることがわかる。しかしエコロジストたちとの決裂は、湾岸戦争（一九九〇年から一九九一年まで）の際に決定的になる。それでもセルジュ・モスコヴィッシは、一九七〇年代の「地球の友」の運動を当初引き継いでいた「エコロジー世代」の最初の歩みに対して注意を向けていることがわかる。それ以後、この社会学者は再び大学での活動に専念した。

自然に対抗する社会？

一九七二年、セルジュ・モスコヴィッシは『自然に対抗する社会』を発表して、エコロジストの政治哲学の土台を築く。驚くべきは、本のタイトルよりもその内容である。社会は、自然の脅威と重圧から人間を解放し、最大限の自由を保証するなどという気前のいい安ぴかの衣装をまとい、次第に己の成し遂げる効用を勝ち誇って傲慢に断言するに至った。しかし、（一部の周辺的な人々を除いて）全員がその陰に避難している、この自然に対抗する社会は、次第に、ゆっくりとではあるが確実にまた正面からその土台を蝕まれていることが分かる。なによりもまず、自分の意思とは関わりなくそこにいる人々、自分で選んだわけでもない、また確信をもって言われるにもかかわらず、かなり妙な幸福を承認するよう促されているとでもいうべき人々にとって、この社会は結局、極めて要求の多い、重くのしかかるものであることが明らかになっているからである。

自然の状態イコール戦争状態。この等式は何百年も前から、とりわけホッブス以来、異議を唱えられることがほとんどない第一原理を成している。この原理は、逆に平和と安全をもたらす人工の世界をただちに生み出すとされるのだ。人間が社会を築き上げたのは自然の過酷な掟から逃れるためである。この高潔な意図に支えられているから、社会はいかなる異議も唱えられることもなく、いくらかの剝奪と強制を正当なものとする。人間は自然による規制を受けるいわれはないということなのだ。こうしてこのような考え方の人間中心的な土台が突き止められる。戦争状態としての自然の状態という視点は、自然に関連するもの全ての軽視さらにはことさらパロディー化した描写、及び自然の表わすもの全てに対する執拗で度を越えた闘いへと当然のことながら帰結する。人間の領域、すなわち社会は自然に対立する。この仮定には動物から人間へ、自然の状態から社会への逆行不可能な移行がある。全ての者が豊かになるということが結局、こうした徐々に進む支配を神聖化するだろう。

より良き日々を約束するこうした遥かなる牧歌的な地平は、しかしながら重い留保をいくつか前提としている。というのも、もし社会の戦いが自然に対して行なわれるならば、この恐るべき敵はまた社会の中にも、各々の人間の中にもまどろんでいるからである。この敵を排除するにはあらゆるところで狩り立てなければならない。禁忌が増える。自然（動物、自発的なもの、本能的なものなど）との断絶及びその反対（秩序立てられたもの、体系化されたものなど）の称揚が野生の（自然の）人間と飼い馴らされた（文明化された）人間を対極に押しやる。後者は、その弁別的な特徴（理性、教養など）によって人間の真髄を具現しており、未開人、農民に対立する。文明化された人間は、セルジュ・モスコヴィッシが「飼い馴らし」と呼ぶ原則に忠実でなくてはならない。飼い馴らしには、我々の内にある自然のもの全て（本能など）及び我々の周りにある自然のもの全て（征服すべき自然）を制御することが含まれる。次のように察しがつく。この支配と制御の理想は明らかに、すぐにその具体的な表現がユダヤ・キリスト教及び合理主義科学であるとわかる哲学に関連している。己の権利がまともであると思い込み、偽りの普遍性を確信して、飼い馴らされた人間を文明の頂点に据え、急いでこの人間に合流して時代遅れのやり方を放棄するように他の者たちをせきたてる哲学である。

禁止事項が重くのしかかるにも拘わらず、自然に対抗する社会は、人間を疎外的で過酷だとされる自然から解放すると主張する点でこのように勝ち誇っている。そしてこの社会は、歴史の進む方向にいるという確信のなかに人間を落ち着かせてくれるのである。「人間にとって自然の状態とは過去であり、社会の状態とは現在及び未来である。不連続性は完全である。断ち切れているとみなされる繋がりを回復させようという試みは全て後戻りと形容される（原注4）」。よってわずかでも未練のため息でもつこうものならそれは懐古趣味を表わしているということになってしまうのだ。その上、自然／文化という断絶を容赦なく徹底させることで、自然のものと文化のものを区別するための、恐ろしく単純な識別基準が与えられる。「動物に関するものは全て生物学、自然の次元に属し、人間に関するものは全て知的、文化的次元に属することになる（原注5）」。さらに、喜ばしいことに我々は、自然の状態から最も隔たっているがゆえに、まさにもっとも進化した国々のうちに数えられる。しかしこれほどの成功もその代償を伴っている。抑止、禁制、数々の禁止である。

自然／文化：異論の余地ある断絶

極めて奇妙なこの自然に対抗する社会に関する問いただしというものがほとんど全くないことか

ら、セルジュ・モスコヴィッシは、疑わしく、また重くのしかかるコンセンサスを問い直さないではいられなくなった。

自然に対抗する社会の到来は実は最近である。とはいえ、あまたの学問分野がこれを普遍的で非時間的なものとみなしている。そこでセルジュ・モスコヴィッシは、人類学が「文化の周りを回転する永続的で非時間的な人間世界を、太陽の周りにある天体の領域として（原注6）」定義しているが、数多くの指標はその逆を示していると言って非難する。自民族中心主義とさほど変わらないということである。しかし人類学者たちだけが標的になっているわけではない。セルジュ・モスコヴィッシは、彼らの次にやはりこの西洋社会の提灯持ちである歴史家たちも同様に告発する。「歴史家たちは農村に対して、未開社会に対する人類学者たちと同じ態度を取った。つまり離れたところに身を置き、過去を眺め、現在到達したところへ到達するはずの進歩というものを描き出した（原注7）」。後戻りすることなく自然から文化へ急激に移行したという粗雑な仮定を承認することや、文化とそこに暗黙のうちに含まれるヒューマニズムを無節操に賞揚することはさらに他の数多くの学問分野にも関係することである。セルジュ・モスコヴィッシはこれら二つの世界を厳密に区別するとされる四つの仮定をつきとめる（原注8）。第一の仮定は、二つの領域の境界を厳密に定めるはずのただ一本の線（技術、言語など）によって人間と動物（あるいは社会と自然）を区別するものである。第二の仮定は、対立するそれぞれの極に相互排除的な特徴（動物に対しては生物学的なもの、自然なもの／人間に対しては文化的なもの、知的なもの）を認めるものである。第三の仮定は生物学的なもの（普遍的なもの）と人間的なもの（偶然のもの）を区別する。最後に第四の仮定は、社会はある決まった瞬間に自然の進化に対して優位に立つと考えるものである。しかし、自然に対抗する社会の人工的な土台がどの程度まで脆いものであるかを、また諸科学が一部の哲学上のアプリオリを踏み越えることをどれほど拒んでいるかを証明する、セルジュ・モスコヴィッシの集めた指標は数多くある。この科学的に疑わしいコンセンサスに、さらに各個人にとって日常的に重くのしかかるコンセンサスが重なる。実は、識別的な境界は先進社会と未開発社会を区別するばかりではない。それは先進社会の内部においても同様に現われるのである。

社会から追放したと思い込んでいた自然は、ときに思いがけない具合にひょっこり現われるものである。動物性の刻印は本能の特色のもとに再び現われる。性衝動あるいは攻撃衝動はこうして特に誘導されねばならないのであり、そういうわけで社会の安定を保証する目的で重い規範制度（禁欲、束縛、縁類関係など）が築き上げられることになる。というのも自然のこうした「動物性の激しき大洪水（原注9）」に対抗するために文化が作り上げられたのであり、これを前にして社会は、自沈するのでない限り無関心ではいられないからだ。こうして逆説的にこの社会は、人間の自由という、そのために社会が作られたものを間接的に束縛してしまうのである。というのも禁忌が増え、それらはまたあらゆる自発的なもの、享楽及び情動的、性的欲動に対立するからである。近親相姦の禁制はセルジュ・モスコヴィッシに言わせると、こうした社会的動機を示している。というのも近親相姦は社会の安定に対する潜在的な脅威を表わすものだからである。それでセルジュ・モスコヴィッシは、近親相姦は数多くの社会で穏便に実行されていると指摘するのだ。このように彼の著作の大半は、自然に関する人間の歴史を再検討するために闘っているのである。

自然／文化という断絶に対する異議申し立てを、セルジュ・モスコヴィッシは二つの点に向ける。

まず社会は人間だけが持つものだろうと考えるのは誤りであると、この社会学者は述べる。この先入見とは逆に、万人の万人に対する戦争などにはとても還元されない動物の世界にも同様に社会はあるのだ。動物の世界に、容赦なき生存競争というおまけのついた無秩序な混乱を見る常識の伝える月並みな考え方に対して、セルジュ・モスコヴィッシは二点の不満を向ける。一つには彼は、人間の世界に対して動物の世界の境界を定めるにあたって科学的ないい加減さが支配しているとし、動物の世界と人間の世界を区別するために取られた基準の特異性、独自性とされるものを厳しく批判する。何の名において我々、つまり我々人間たちは自分たちを動物の世界から区別することを許されているというのか、と彼は問う。恣意的な断絶ではないか。この社会学者は、弁別特徴を選ぶに当たって（人類の進歩する歴史といった）目的論的な先入見が常にあることを認める。このように個別の特徴を選んで、中間というものをおかずに、動物と人間のどちらかにのみそうした特徴があるとしようとすることにセルジュ・モスコヴィッシは異議を唱えるのだ。というのも実は、このように選ぶことは、現実を考慮するのではなく、（言語、脳の容量、技術、理性などによって）動物とは根本的に異なるはずの人間に関する何らかの考え方を確立することを目指しているからである。

人間と動物の間の断絶は従って恣意的であるばかりでなく、疑わしくもある。というのもあまたの科学的業績が、自然の中にもすでに社会があることを証明しているからだ。動物の種の大部分は何らかの形の集団生活（オスとメスの間の分業など）を知っている。その上、学習、発明、象徴によるコミュニケーションもやはり人間に固有のものではない。これらの科学上の発見により、セルジュ・モスコヴィッシは、ヒューマニズムを確立するためにそこで慌てて他の副次的な基準を付け加える人たちの知的まごつき、さらには不正直を嘲ることになる。結局、人間に文化の特権はないのだ。そして動物の世界に関してセルジュ・モスコヴィッシが集めた数多くの情報は、自然／文化という断絶を再検討するのがよいということを示している。

その次に彼は、人間が次第に社会を築いていくのは自然の世界の中であることを強調する。当たり前のことを思い出してみればこの見方が妥当であることが認められる。人間は生物であり、自然の一部の生物として自然に依存しているということだ。この観点においてセルジュ・モスコヴィッシは、道具と労働に与えられた役割も再検討する。これらはその実彼の目には、自然環境との断絶ではなくて連絡の一形態を表わしているのだ。こうして人間は自分の自然の状態を創り出すのである。「我々は我々の環境に依存している。というのも環境が我々を作ったのと同様に我々は環境を作ったからだ(原注10)」。こうしたこと全てから、彼は我々の社会の発生に関して新たな仮定を述べるに至るのである。社会は自然の状態と突然断絶して出来上がるわけではなく、逆に長い共同進化の結果として生じるのである。だから彼は、「社会から社会への移行(原注11)」、つまり過程ということに言及するのが適切だと判断する。人間はすでにそこにあった様々な社会を改良しただけで、発明などしなかったのである。まさに社会は人間固有のものではないと証明することで、セルジュ・モスコヴィッシは同様に自然をも復権させるのである。

彼が理想化された自然への回帰など一切退けているのは事実である。このような自然の目指すところは規範的になってしまうであろう。彼の言う自然とはまさにこのようなノスタルジックな想起には馴染まない。それは、人間と動物の世界との相互作用の結実であり、理想化された安定とは無縁であり、絶えず進化しているのである。その生物学的な側面は副次的なものにすぎない。従って、自然はある時にバランスの取れた状態にあっただろうなどと宣言することは、疑わしい先入見に依存することになろう。その上彼は、生物学を政治に再び導入することが惹き起こす可能性のある偏流（ナチズムなど）を極めてよく感知している。このような歯止めを置くとはいえ、彼はそれでも時には人間に関して自然の範疇に属することを述べているが（原注12）、しかしながら彼に社会生物学的な〔社会行動の生物学的根拠を研究する分野〕偏向はない。

問題視される近代性

「外在的、宗教的、もしくは哲学的な理由によってそのように前提しないならば、何をもって社会の法則は生物学的自然の法則と隔たっていて、それに代わると主張することができようか（原注13）」。お膳立ては整った。自然に対抗する社会を疑問に付すことは従ってその宗教的もしくは哲学的な前提の解体を意味する。この論理においては、伝統的に好ましいものとして表わされるもの、つまり解放者としての人工主義は、セルジュ・モスコヴィッシの筆にかかると、暴力と引き剝がしに変えられてしまう。近代性の元来の目的は強調されているが、それはその観点の誤りを思い出させるためである。実際、我々がその一部を成している自然から自由になろうと欲しても無駄である。そのようなことをすれば、余りにも多くの禁忌と余りにも多くの切断を惹き起こすことになるのだ。我々の社会では、第三世界におけるように、近代性の裏の面が増えている。セルジュ・モスコヴィッシは、その一目瞭然の機能不全に絶えず菰《こも》をかぶせようと虚しく躍起になるよりも、この近代の倫理の真の系譜を辿った上で解体しようと考える。キリスト教まで遡らなければならないだろう。キリスト教は、神が我々に、地上を支配し、神の様々な被造物を従えるよう命令を下したと裁定するからである。この観点はまた聖職者至上主義が消えてからも生き延びたのである。その根本は今でも残っている。人間の特異性が世界の支配を正当化するというものだ。知識と精神を賞揚する、ある種の合理主義哲学がそれ以来その松明を引き継ぎ、人間を自然の主人かつ所有者に仕立てた。セルジュ・モスコヴィッシは、世界の客体化にもプラスの効果がありえたとしぶしぶ譲歩して認めるとしても、それでもその結果として同様に生じる生物圏の開発は非常に憂慮すべきだと執拗に述べる。従って方向転換が待ったなしで必要とされる。時にセルジュ・モスコヴィッシは、それも意図的に現在の近代社会の末世的なイメージを掲げる。というのも未開と言われる社会が自然により近いのにもかかわらず、この社会学者の夢見る平安さを必ずしも映し出しはしないからである。『自然に対抗する社会』において例えば、ある未開部族は妻を殺したらしい夫に何の咎も認めず、妻はさらにこのような危険に対して我が身を守ってくれる者を見つけることが決してない（この未開社会はまた老人と若者、男と女の間に非常に厳格な階層を設けている）とある。これらの極端な規則はしかしながら実際に適用されることはほとんどないようである。それでも読者はショックを受けるだろうか。受けるとすれば、自分が生きている地獄を忘れることになる。セルジュ・モスコヴィッシは噛んで含めるように言う。「これらの例に我々は驚いてはいけない。進歩して近代的であり、平等の原則と人権に基づいていると言われる我々の社会において、不平等が規則であり、暴力が道具であり、所有権が、互いに折り重なった階級、人種、集団、民族の根強い隔離、及びはめ込みによる集合的構築への刺激剤なのだ（原注14）」。次に（知能、黒人、貧しい人、未開人、アラブ人などに関して）根強い偏見が延々と数え挙げられる。こうした偏見が執拗であることが、その支配を正当化しているようなのである。読者は自分の不幸を十分に自覚しただろうか。一〇〇ページほど先には、「普遍性」と言ったら「同一性と画一性」と理解しなくてはならないとまで書いてある。

その上、この自然に対抗する近代世界は魔術から解き放たれている。世界が魔術を解かれた過程をセルジュ・モスコヴィッシは十分に把握しているが、その否定的な側面のみが本当に彼の注意を引き止める。この過程が人間を数多くの迷信から解放したとこの社会学者は認める。理性が人間を恐れと伝統から解放し、たくさんの伝説を非神話化した。以来、地球のいかなる片隅ももはやその合理的な説明、その支配を免れることはできなかったのである。しかし通り際に多くの神話を粉砕したこの解放の動きは、それほどうまい具合に止まりはしなかった。セルジュ・モスコヴィッシによると、それは仮借ない追及を続け、しまいにはもっとも厳格な理性に必ずしも従わないと同様に疑われる人間自身に対しても向かってくるようだ。暗黙に示唆されるマルクス主義的歴史主義（歴史の段階と法則）はその最後の転身の一つであろう。理性は以来、その高圧的な支配に従う義務を負う人間に襲い掛かるのである。三つの側面がセルジュ・モスコヴィッシによって取り上げられる。

まず、我々の西洋社会に生じたこの魔術からの解放の動き（社会の優位、都市また産業の成長など）はそれ以降、他の国へ輸出されるゆえに、自然を理解可能にし、支配するという目的は歴史を普遍化する。しかしながら現場におけるこの進歩の問題点は「近代性ではなくてアイデンティティである（原注15）」

と この社会学者は我々に知らせる。いわゆる未開の諸民族は自分たちの反動的な伝統を捨てるよう熱を込めて促され、強いられ、また近代性の流れに付き従うよう催促される。「働くこと、知ること、文化的にすることにはただ一つの目的しかない。自然があったところに歴史を生ぜしめることだ」。

それから、この魔術からの解放の過程は、自律協働性や欲望が広がる私生活と、生産性、競争、従順が支配する社会生活を対立させる。社会生活の領域では有機的な生活は禁じられている。諸制度は（肉体、思想、言葉、労働など）いかなる自発的なものも制御するように留意している。

最後に、この魔術からの解放は自然を時代遅れのものとし、今はもうない過去の中に投げ捨てる。技巧が賞揚される。

こうして人間は気が付いてみれば孤独である。魔術を解かれた世界の中で、有機的な自然と闘うという自らの執拗さの犠牲となっている。この辛い状況にいかなる非常口が必要なのか見当がつく。世界を再び魔術にかけ、前近代の状況に戻らなければならないのか。セルジュ・モスコヴィッシはそこまでは言わないが、精妙に逆説を弄する。例えば彼は、人間をものとみなすことは、人間の解放を最終的な目的と定める思潮にとってはばかげたものとしかなりえないと仄めかす。それから彼は、哲学の領域で指標となる概念を、元の意味から捻じ曲げて巧みに操る。自然だとされるあらゆる本質から人間をまさに解放しようとする実存主義はこうして異端自然主義の旗印のもとに編入されてしまう。そうするためにセルジュ・モスコヴィッシは指標をかき混ぜる。政党の中には人間をその社会的地位（社会階級）という角度からしか見ないものがある。このような政党は本質主義の運動ということになろう。こうした驚くべきまた新たな政治的形勢においてエコロジストは明らかに得な役割を受け持っている。「我々だけが実存主義の運動を形成する。人々の実存――存在を引き受けるのである（原注16）」。しかし何行か先では、この実存主義が実に妙で、しかも言ってみれば実に疑問の余地あるものであることがわかる。「エコロジストの運動は社会的運動、経済的運動というよりも『人類学的』運動である。すなわち何らかの領域に何らかの定着をしている集団に、女性や若者のような社会的、経済的レベルにおいて直接的表現を持たない集団に向けられている（原注17）」。セルジュ・モスコヴィッシは同様に自分の異端自然主義を従来の右派や左派に対立させるに至る。「あと二つの観点、つまり自由主義及び社会主義の観点は過去を全て白紙に戻すという考えにとりつかれており、未来を、進歩をもたらすものとみなしている。したがって存在するものを排除し、他のものによって置き換えて無用にしてしまおうと常に努めている（原注18）」。他方、この社会学者は、一九七八年に過去及び地方文化に対する興味が再び高まってきたのが見られ、この仮定においては、自然が社会を批判する梃子となっていると興味深く指摘している。

よりよい世界を建設するために自然を常に一層抑制して支配しようと考える主要な政治勢力とは逆に、政治的エコロジーはこのように現在に対して進んで満足する。現在の欠乏を未来における天国の到来のためによしとすることを拒否するのだ。「エコロジーの流れが現在に根を下ろすのは、将来によってチョンボされるのを拒否するからである。将来とは今すぐ、そしてここなのである。この意味において、エコロジストたちは天国を信じない（原注19）」。

アドルノとホルクハイマー〔テオドール＝ヴィーゼングラント・アドルノ：一九〇三～一九六九：ドイツ

の哲学者。マックス・ホルクハイマー：一八九五〜一九七三：ドイツの哲学者、社会学者。ともにフランクフルト学派の中心的人物。二人は一九四七年に『理性の弁証法』を出し、以下のように述べている」も自分たちの時代にこのことを強調していた。つまり徐々に人間を迷信から解放した理性は、この解放の過程の末に、人間を理性的秩序（様々な決定論）に呼び戻すことで人間自身に敵対することとなったのだ。セルジュ・モスコヴィッシは、こうした検証の結果を全面的に引継ぎはしないものの、進歩の同じような弁証法を嘆かんばかりである。彼は勝ち誇った傲慢な科学主義を拒否し、ついには進歩に正面から異議を唱えるに至るのである。

西洋の科学とは近代性の表明の一つである。それは世界を理解可能にし、制御するという計画を遂行する。この目的のために、自然／文化という対峙は、その恣意的な特徴をとりたてて案じられることもなく、第一原則として設定されている。人間が自然から解き放たれたと思っているように、科学者は絶対的権限を持って自然を上から見下ろす。そして自分がそこに生ぜしめる効果に気づかぬふりをするのだ。「このような心構えで、隔たったところで、距離をおいた主体は、（……）現実の世界を己の抽象的な法則で照らし出し、己の理性の光をそこに投射する。主体は現実の世界を自然の所有者かつ支配者として統治するが、その構造にも発展にも介入しないし、またこの現実の世界を己つまり主体の構造及び発展に導入しない（原注20）」。このようにして、人間は自分の文化の図式を自然に押し付け、その有機的な動きを切り捨て、その数学的とでもいうべき定式を復元する。この理性の足場が、自然に関する近代の研究の精髄を成すのだ。こうしたやり方がセルジュ・モスコヴィッシの同意を得ないことに注意を促す必要はほとんどない。彼はその不条理な結果を指摘するのだ。例えば彼は、動物行動学が強調するように、環境から切り離された動物の描写が無意味であることに、タイミングよく注意を向けさせる。分析的手続きは、相互作用から成り立つ有機的な現実を細分化し、切り分けるという理由でその限界を見せる。世界は複雑であり、数学の等式には還元されないのである。

セルジュ・モスコヴィッシは、ヒューマニズム――科学はそのコピーの一つとなっている――に関して既に行なったように、再び読者に対して、世界のこうした形の理解可能性の系譜を検討するよう促す。著者は、自然的な哲学に代えて機械的な哲学を採用したと思われる十六世紀から十七世紀にまで遡る。この新しい哲学の本質的な特徴は、自然現象を分類し量化しようという配慮にある。しかしながら自然を問い直そうとする意思は、高潔な目的から生じている。書物に頼った碩学の権威に対して科学は、現実に、また自然により忠実であろうとする実験を対立させるのだ。教理には事実を対立させる。しかし普遍的な法則に到達しようという意思が次第に、自然の事実の忍耐強い収集に勝っていったようであり、この横滑りは、いずれ現代の科学の特徴となる、ばかばかしいほど現実を歪めた体系化を予告しているのである。しかしながら今日、この機械的な科学に、その限界を際立たせるサイバネティックスの科学が取って代わっているとセルジュ・モスコヴィッシは高らかに宣言する。

この系譜がどのような終結に至るのかは予想がつく。現実の世界を論じ尽くし、その唯一普遍的な定式を与えると主張するこの勝ち誇った科学は、実はヒューマニズムや近代性のように、極めて妙なものである。いわば、この科学の基礎をなす第一原則が妥当であるかどうかを今日問いただすことが強く勧められているのである。この科学の限界（デカルト主義の行き過ぎ）が、白日の下にさらされ、方法の一部を定式化し直すよう求めているだけにそうである。この点に関してセルジュ・モスコヴィッシは、自分は現在の科学を、節度を持って再検討することに賛成だという態度を明らかにする。彼はこの点で、より一層科学に浸って前へ逃げようとしたり、あるいはいかなる科学をも断固拒否しようというエコロジストの過激派とは異なっている。彼としては、自然はもはや人間のライバルとみなされるべきではない以上、自然に対してより征服的でない態度をとることに賛同すると表明する。解決策が見えてくる。尊大な西洋科学の周辺に今まで留め置かれていた文化潮流に訴えることである。中国における道教、ヨーロッパにおける数々の自然主義の流れは、セルジュ・モスコヴィッシに言わせると、もはや人間を自然に対立させないであろう信頼の置ける解決策の輪郭を描くことができるのである。民衆の、伝統的な知識に対して開かれた態度を取ることが推奨される。ついでにこの社会学者はその上、ジョエル・ド＝ロスネー、ジャック・ロバンといった一部の科学者が、（情報理論、サイバネティックス、及び分子生物学を組み合わせた）システム論を推奨することによって、古典的科学において支配的であるデカルト的パラダイムを同様に超えようとしていることを指摘する。この〔デカルト的〕科学主義はまた、ハードサイエンス（物理学、化学、生物学などの自然科学。政治学、経済学、社会学、心理学などの社会科学を含むソフトサイエンスの対立概念）そのものの中でもはるかに立場が弱い。ハードサイエンスは今や、自然の緩慢な調整をせき立てようと執念を燃やすよりも、むしろそれから着想を得ているのである。彼から見れば、これら数多くの表明は、彼が「ポスト論理的」と形容する思考様式を明らかにしている。これは、（二〇〇〇年来優位にあると言えるであろう）西洋の論理的思考様式を引き継いでいると言えよう。そしてまた論理的思考様式はそれ自体が未開社会の前論理的な思考様式を引き継いだのである。彼には、二つの傾向がこのポスト論理的な思考様式の到来を早めるように思われる。相補性に重要性を認める科学的手法の躍進、及び科学的手法における主体の復帰である（原注21）。二、三十年前にはまだ勝ち誇っていた科学主義はその慢心を全く失い、その覇権は次第に異議を唱えられるようになってきている。そして見ての通り、勝ち誇る科学は、現実の世界を満足行くように説明することができないばかりか、時には解放してやるはずの人間の敵に回ってしまった。したがって、セルジュ・モスコヴィッシが問いかけを行なうのは、物事の核心に向けてである。この科学が哲学上の計画を表現したものである以上、疑ってみるべきはこの計画ではないだろうか。疑ってみるべきは進歩ではないだろうか。

こうしてセルジュ・モスコヴィッシは「世界を再び魔術にかけること」の中で、進歩は稀少性を保ったまま、相違を作り出すことで、不平等を生み出すと指摘する。現代の悪弊が読者に対して並べ立てられる。科学の進歩にもかかわらず、字の読み書きができぬ人々が増える。啓蒙精神の伝播にもかかわらず、我々の具体的な世界の謎は増える。攻撃は辛辣である。それは進歩に関する経済的もしくは社会的落胆に照準を合わせている。しかしまた一般的なより広い意味での「進歩」も標的としている。「科学や技術の進歩と、精神的及び知的発展と、人々の窮乏の消失を実に頑なに混同していることがそれ以来これほどはっきりと暴露されたことはない（原注22）」。地球をなんとか理性的に制御できる、あるいは少なくとも何らかの形で理解できるなどという視点に対して、セルジュ・モスコヴィッシはこのような皮肉を言いたくなるのだ。この社会学者は結局、各人によって検証された、具体的に実存――存在を変える知識を重んじるような科学の「異端的な見方」を促進するほうが賢明であると評価する。それに対して、軽率に啓蒙精神の計画を引き継ぐ「正統派の」科学は、世界を整理するだけなのである。

自民族中心主義の確立

西洋文明は、そのにせ普遍主義を誇るあまり、伝播されるにあたって、残酷なまでに他の民族文化を抹殺するものであることも明るみに出された。

セルジュ・モスコヴィッシがそのことを証明する。つまり西洋において、文化は自然に対抗して作り上げられたのである。人間をこの過酷だと評される自然から助け出すために、文化は技巧の世界を推奨した。文明はこの無秩序なカオスに対抗して、自然に対する闘いにおいて己の正当性を見い出す。しかしうんざりするほどの有機物の様々な出現と闘う文明は、次第に抑圧的で要求が多い姿をセルジュ・モスコヴィッシの目に表わしてくる。それだけではない。この近代性というのは、生まれつきの違いを超えて各人の中にまどろむ理性に呼びかけるという点で、また人間を己の疎外的な本能から引き離そうとするゆえにその正当性に確信を持っているという点で、自分の立場を全く変えてしまうのでない限りは世界全体をその啓蒙精神で照らし出す義務を負っているのである。未開の原初的な状態からの離脱は不可逆な断絶という具合に行なわれ、近代性はこうして進歩の道筋を描き、未だに運悪く自然の中にはまり込んでいる国々に対して歴史の唯一の方向性を示すのである。従ってただ一つの文明がその印を世界に刻むことになる。西洋文明である。従って他の文化が未だにその理想に逆らっているということは、できるだけ速く取り戻すべき遅れを表わしていることでしかありえないのだ。

西洋の灯台は最も奥まった隅々にまでその光明をもたらすであろう。自分たちの浸っている蒙昧主義から無自覚の同胞たちを引き出してやるのは開明された人間の義務ではないか。

しかしながら原則において極めて高潔なこの文明計画には、二つの面で疑問の余地がある。その第一原則に議論の余地があるのだ。人権とは、地理的及び年代的に位置付けることが可能な概念を成すものである。従ってそれは人が言うほど普遍的なものであろうか。それから、この解放の役を担った文明計画は現場ではすさまじく破壊的であることが明らかになっている。その理想はこれほどまでの悲嘆を正当化するであろうか。

しかし勝ち誇る近代性は、その普遍性というオーラを取り除かれて、いかなる正当性によってその優越性を確証することができるのだろうか。西洋人の言う人権とは何に値するのか。答えは糾弾という形で浮かび上がってくる。近代性は権威的に押し付けられ、不当にその帝国主義を表明するということだ。もはや近代性が他の文化に取って代わるなどということを正当化するものはない。有機体の比喩によって進行する共同体のモデルは、基盤において個人主義的な西洋社会と全く同様に正当なものである。西洋が、近代性に適合しない他の社会（共同体）に対して加える暴力を分析すれば、結局のところ他の文化の容赦ない破壊ということになる。セルジュ・モスコヴィッシはここで、民族学者ロベール・ジョランが一九七〇年代の初めに激しい言葉で表わした分析の一部を取り入れる。さらに状況が急を要することから、二人は、こうした行ないを終わらせることを目指して、活発に協力することになる。実際、西洋型の共生の普及は、憂慮すべき成り行きとなった。「（……）国家の形をとらない社会を犠牲にして国家社会が拡張すること、つまり『文明化された』、『文化的な』集団によって

『文明化されていない』『自然の状態の』集団がじわじわと窒息させられるのを、重要な歴史的現象として暴くことができるだろう。これははるか昔に始まったことであり、民族文化抹殺において公認された(原注23)。我々はこれを受動的に目撃して嘆くばかりである」。ロベール・ジョランと共にセルジュ・モスコヴィッシは、この文化的帝国主義の害について大学の教員や一般大衆に警告しようとする。パリ第七大学及び社会科学高等学院において彼らの主張が展開され、それはまた出版社を経営するクリスティアン・ブルグワ、及び彼らの研究分野について批判的な科学者を集めた団体「生きること、そして生き延びること」によっても広められる。同じ時期、つまり七〇年代初めに二人は、アメリカ両大陸の先住民たちの生きる悲劇的状況に対して世間の関心を高める。セルジュ・モスコヴィッシがロベール・ジョランを参照するのは頻繁であり、二人の間の友情は、後者が過激であったにもかかわらず弱まることは決してなかったようである。

セルジュ・モスコヴィッシの業績の主要部分は全て、未開と言われる社会の研究への好意的な予備課程と解釈することができる。未開社会は、西洋社会が休むことなく敵対しているものを固く守っているのではないか。未開社会は、自分たちの自然環境を尊重して、たいていの場合その中に収まることを受け入れているのではないか。欲動を自由に発露しているのではないか。我々が急いで除去してしまう世界の謎に対して敏感ではないか。しかし全くそんなことはないのだ。セルジュ・モスコヴィッシは未開と言われる社会をモデルとして認めない。というのも「人間は以前に存在したモデルに立ち戻るものではないし、また未開社会というものはむしろ反復という様式で生活している(原注24)」からである。自然と文化は恒常的な相互作用の関係にあり、従って歴史をある一定の瞬間に停止させようとしても無駄であり、むしろこの相互関係を考慮して歴史の流れを追い求めていく方が勧められるだろう。セルジュ・モスコヴィッシの自然主義は、歴史主義に陥って前へ逃げることなく、また今はなき過去を惜しむことなく、現在を引き受け、必要とあらばそれを変えるのである。ジャン＝ポール・リブが例えばクラストル〔ピエール：一九三四〜一九七七：フランス人の民族学者。進化論とマルクス主義を批判〕、サーリンズ〔マーシャル＝デイヴィド：一九三一〜：アメリカ人の人類学者。進化論、社会生物学を批判〕もしくはリゾ〔ジャック：フランスの人類学者・南米の先住民が専門〕の業績を拠り所として石器時代、豊饒の時代の理論に言及するとき、セルジュ・モスコヴィッシは「それでもこれらの社会は、自然の偶発事に大いに振り回されるのを耐え忍ばざるをえなかった（原注25）」と付け加えている。とはいえ、彼は何ページか先で、アメリカ両大陸の先住民の共同体と、フランスの農民の共同体が消滅したことを対比してみるのである。

そうなると、セルジュ・モスコヴィッシにおいて、未開社会の描写は、善良なる未開人に対するノスタルジー以上に、共同体に対する隠された賛美を表わしてはいないのかと我々は自問することになろう。この共同体に対抗して近代性が築かれたのである。「未開と言われる社会をより近くから見ると、自然及び社会の再生産の過程と生産の過程が密接に入り組んでいることがよく分かる（原注26）」。「文明化されたと言われる社会」とは逆である。セルジュ・モスコヴィッシが嘆くのはまさにこれら二つの領域の断絶ではないか。彼は、人間たちを自然の根から引き剝がして、共に生きる方法を後で選べるようにしようとする近代性を激しく批判する。それでは自然の共同体の存在を神聖なものとみなさなくてはならないのだろうか。この反体制的な自然主義者が、人間の集団は「自分たちに固有の生活形態、価値、慣行を壊すことで、自分たちの持っている独特のもの、独自のものを放棄することを（原注27）」余儀なくされていると嘆きつつ、時折り進んでいくのはまさにこの方向である。「今日、最後の最後まで、つまりこれこれの自然の産物、これこれの動物の種もしくは人間の集団の完全な消滅までやるという考え方が受け入れられている。ここではアメリカ先住民の消滅が、またあそこではユダヤ人の消滅が受け入れられ、また別の場所では近代国家を創設するために民族が囲いに入れられたり大量に殺されたりする（……）（原注28）」。少し先でさらにセルジュ・モスコヴィッシは強調して述べる。時折り再び姿を表わすのが「活発で自己表現をする有機的な生命――生活である。ブルトン人、〔フランス南部の〕オック人、アメリカ先住民、ケベック人、ジプシーなどは簡単には追い払われないのだ」。

世界を再び魔術にかけること

自然の中に戻ること。これがセルジュ・モスコヴィッシの自然主義的な著作全体から湧き出る呼びかけである。すでに見たように、脅威的なものとして提示される自然から頑なに距離を取ろうとする近代性に対して二つの主な不満が向けられている。科学的に見れば、自然／文化などという断絶は成り立たない。政治的には、解放の源として提示されるこの断絶には重いタブーが伴っている。この二重の確認からセルジュ・モスコヴィッシは出発して、反体制的と形容しうる異端自然主義の基礎を打ち立てるのである。この異端自然主義のスローガンは「世界を再び魔術にかけること」のように思われる。七〇年代初めに定式化されたこの望みは「ポストモダン」の流れと合流しないだろうか。そこに生気論〔各個体に、考える魂とも肉体の生理的特性とも区別される生命の本源があるとする考え〕の影を認めることはできないだろうか。

二つの言説に共通の要素を指摘することができる。実際、どちらもある希望の終わり、つまり人間を歴史の唯一の主体として設定するために世界を理解できるようにしよう、それから理性的に制御しようという希望の終わりを印している。どちらの場合にも、このような動きが結局のところ、一種の歴史主義的な前への逃避、つまり将来をどうしても予見可能にしないではいられない偏狭な科学主義に陥って、その本来の目的に敵対するようになってしまったことが嘆かれているのである。しかしながら、このような行き過ぎに対する（ソヴィエト帝国の分断さらには崩壊以来、結局のところありふれたものとなってしまった）異議申し立てを超えて、世界を普遍的な形で理解できるようにする可能性においてこそ、反体制的な自然主義とポストモダニズムが出会うのである。マックス・ウェーバーによって一般に広められた、世界の脱魔術化の理論は、近代性は世界を（一神教もしくは多神教によって）宗教的に説明する代わりに理性的に説明したとみなす。近代性はそこから、この世界を理解可能そして非宗教的にすることで、世界の流れを制御する可能性を人間に開いたのである。世界を再び魔術にかけようと望むことは、この場合、現実の世界の何らかの不透明性に戻ること、従って制御できなくなる状態に戻ることを意味しうるだろう。これがまさにセルジュ・モスコヴィッシの数多くの見解に現われることである。例えば、彼が繰り返し（自然の）共同体に対する賛美を書く時、問題だとしているのは、結局、社会の結びつきを（元々社会に属するよう定められている人間を犠牲にして）人工的に――

従って意思によって、理性によって——作り出す可能性そのものなのである。

異端自然主義は同様に生気論にも近いだろうか。ベルクソンは二十世紀の初めに強調していた。生命はしばしば人間には理解されないと。ところで再び魔術にかけられた世界も同様に完全には理解されない。また『飼い馴らされた人間と野性的人間』の序文で自然主義とは「生命の鏡」であるとみなしているのはセルジュ・モスコヴィッシではないか。彼は生気論を近接する流れ（至福千年説、ロマン主義、無政府主義など）と並べて公然と参照することはしない。それでも『時代の著作』（*L'Ecrit du Temps*）の依頼に応じて行なった、「現実の構築」に関する長い対談の中で彼は、自然は「人間によって創り出される」ことを述べているが、「しっかりと認めなくてはならないのは、我々の自然に関する新しい考え方には少々神秘主義的な側面もあることだ（原注29）」とはっきり述べている。さらにセルジュ・モスコヴィッシは率直に認める。今日彼がその出現を促しており、また正統派の重い流れに対してそのいわゆる解放者としての、端的に言えば絶対自由主義者としての役割を彼が強調して止まない異端勢力圏は、過去を通じて必ずしもこういうものとしては具現しなかったのである。『飼い馴らされた人間と野性的人間』において彼は、異端勢力圏はしばしば寛容主義とピューリタニズムの間で揺れ動いていると進んで認める。行き過ぎもその特徴であった（近親相姦、食人など）（原注30）。

異端の流れ／正統派の流れ、自然主義／文化主義。セルジュ・モスコヴィッシにとってこれら二つの流れはしばしば対立によって定義される。「文化主義は、人間と自然、歴史と自然、精神と物質、人間に関する科学と自然に関する科学の分離において繰り返される、社会と自然の間の分断を原則及び現実とみなす。（……）自然主義は社会と自然の一体性を確言する。人間、歴史などと自然の一体性を、人間に関する科学と自然に関する科学の一体性を前提とする（原注31）」。セルジュ・モスコヴィッシにとって、この積極的で異端的な自然主義は、彼が「反作用的な自然主義」と形容するものとも非常にはっきりと区別される。それはどういうことだろうか。〔反作用的な〕自然主義は歴史の流れを遡ろうとし、そうすることで失われた調和に到達することを期待する。本能的なものや有機的なものを強調し、人間以外の世界と対話を持とうとする点で、〔反作用的な〕自然主義は積極的な自然主義に近い。しかし歴史をないがしろにするゆえに、限られた関心しか惹き起こさない。というのも既に見たように、（文化的な意味での）歴史と自然が相互に、遡及的に反応する以上、失われた、決定的に失われた楽園を求めることは無駄なこととなるからだ。

三つの主要な考え方が積極的な自然主義の特徴を成している。

―人間は自分を取り囲む環境を産み出す。この行動は正当なものであるが、人間は何らかの形で自然に属するのであるから、自然を搾取してはならない。

―自然は我々の歴史の一部を成す。従って失われた楽園を求めても無駄である。自然の中に帰って行くほうが当を得ている。

―社会は、自然の中に、かつ自然によって存在する。従って自然で有機的な欲動を抑圧することをめざす禁忌を増やす謂れはない。人間を切断する謂れはないのだ。自然の相違、差異は存分に広がることができなければならない。「こうして人間は、それぞれの文化、それぞれの地方、及びそれぞれの集団に発言権を与えようという気になり、それぞれが自分の産み出すものを自由に使えるようにしておいてやろうという気になるのだ（原注32）」。

一九七三年にセルジュ・モスコヴィッシは、共同体の体験の最中に、エコロジストたちの間で、また同様に数多くの学問分野（科学、芸術など）において、反体制的自然主義のかすかな意志を認める。彼としてはもはや、政治的道筋を示してこの反体制的自然主義の到来を早めるしかないのだ。彼が実行しようという世界の再魔術化は、四つの主な点を中心に構成される（原注33）。

―自然のために闘うこと。人間たちは自分たち自身を産み出し、また自分たちの自然環境を産み出すから、自然は我々の歴史の一部を成すのであり、我々に根本的に無縁なものではない。従って自然を単なる原料の貯蔵庫とみなすのをやめることが重要である。従ってしつこく自然を破壊しようとするよりも、その組織を再び産み出すほうが当を得ているだろう。

―人間たちを根付かせること。既に見たように、その解放的な効果ゆえに根こそぎにすることを哲学的伝統がこぞって称えたが、セルジュ・モスコヴィッシの著作においてそれは極めて評価が低い。彼が見るには、根こそぎにすることとは、我々の工業化社会において特に人間たちの利に反して、また彼らの知らぬ間に行なわれる。しかしセルジュ・モスコヴィッシが根付かせることを擁護するからといってそれは閉鎖性を意味するわけではない。反体制的自然主義は実際、混血をも同様に擁護するのである。とはいえ、両義性を示さないではおかない言葉もなかにはある。「根付かせることによって、人間たちや自然の固有の土台、固有の特質から出発して、ある形態の生および生産を再生すること、人間たちや自然に対する関係を再生することが肝心なのだ（原注34）」。

―社会を仕切り直すこと。セルジュ・モスコヴィッシに言わせると現代社会は人間たちを無秩序の恐怖によって捕えたということになろう。この恐怖から歴史、神、成長、科学の意味の預かり人であろうとする階級制が生じた。しかし二十世紀の政治の大事件はこのような階級制が妥当であることを特に証明したわけではない。したがってセルジュ・モスコヴィッシは、様々な機関がバラバラに形成されるのを防ぐような異階制〔最上位を持たずに相互支配する関係〕を支持する。

―生を野生化すること。生を野生化するという提案はおそらくセルジュ・モスコヴィッシの仕事の頂点を成すものだろう。そこには、禁忌を増やす、自然／文化の分断に対する異議申し立てが凝縮した形で再び見い出される。タブーの撤回、抑圧された自然の欲動の回帰、あらゆる権威に対する異議申し立てなど。「肝心なことは、男と女が、自分たちの自然に繋がって、自分たち本来の好奇心、知性及び感受性を刺激することである（原注35）」。その結果として具体的には、個人に関しては肉体が解放され、また集団に関しては民族性を主張することが正当化されるだろう。セルジュ・モスコヴィッシはこの点について、少数国家が領土、言語また文化を主張することに非常に好意的な態度を見せ、「新たな民族共同体」ということまで言い出すのである。

セルジュ・モスコヴィッシは他の箇所で、生を再び野生化することを目指すこうした異端の流れの内容に立ち戻り、まさに自分の理論の精緻さにいくらかの矛盾を入り込ませる危険を冒してまでも、その八つの主要なテーマ（原注36）を手っ取り早く提示する。

―原初の状態とは、充溢した状態である。

―人間たちは完全であり、自らの力を十分に発揮できなければならない。

―人類は多元的であり、この場合、文明化された人間のモデルを広めるよりも、違いに価値を置く方が重要である。

—肉体及び自然とよりを戻し、また理性と文化の排他的な帝国主義を真剣に和らげる必要がある。

—この魔術を解かれた世界を再び自然に戻す必要がある。

—共同体のモデルは、ある一定の原則（違いを尊重した上での男女の平等）を尊重するなら、社会に実現性のある解決策を提示することができる。

—自然との和解は有益であろう。

—そして最後に、生を再び野生化することが望ましいであろう。


この反体制的な計画にのしかかる数多くの疑惑（神秘主義、反理性主義、無秩序など）を前にして、セルジュ・モスコヴィッシは、より徹底した理性は我にありと主張して反旗を翻す。とは言え、彼の計画の特徴には牧歌的なものがいくつかある。

彼が奨励する異階制とは、社会の中で任務の再配分を行なうはずのものである。それは、行為者たちに組織化の広い可能性を開くはずのものである。彼らはイニシアティヴを取る能力を示すことで、中央の権力が介入することなしに、自分たちのやり方で社会を調整するであろう。このような中央の権力のない異階制は幻想だと反対する者に対してセルジュ・モスコヴィッシは、雑誌『コミュニカシヨン』において、システム論は組織化の極めて弱い（生物的、物理的、社会的）システムが存続できることを証明している点に注意を促す。

セルジュ・モスコヴィッシが都市に向ける悲観的なまなざし（匿名性、非人格化など）は広く共有されている。提案されている数多くの解決策（小さな都市の建設、建築の多様化、庭園の促進など）が広く共有されているのとまさに同様である。しかし数世代にまたがった家族の効用に関する彼の問いかけはより特異なものであり、新たに共同体の熱狂的な称賛を生まれさせる可能性がある。こうした短所は、彼がジャン＝ポール・リブに応じたインタヴューにおいて明らかである。セルジュ・モスコヴィッシは、個人を主人として据える近代社会の否定的な特徴を指摘して悦に入っている。何一つ忘れられはしない。社会は分裂させ、分散させ、孤立させる。社会は個人しか考慮に入れず、自然のつながりを切り捨てて考えるという点で、大衆社会に行き着くのだ。それに加えて彼はさらに、国家と軍国化は彼に言わせれば多くの分野（思想、経済、科学など）において二人三脚で行くことを強調する。近代社会に対してこれ以上の辛辣さを示すことは難しい。しかし共同体にのしかかるあいまいさもこの社会学者は極めてよく感じ取っている。実際、明確に位置付けられた領土が、共同体のいかなる形成にも必要な前提条件だと彼は考えるにせよ、この共同体は外に開かれるであろうとすぐに急いで付け加えるのである。市町村が彼にとって個人の利益と集団の利益の理想的な平衡点を成す。その限定された地理的規模により、共同体の構造は住民が自分自身の利益と全体の利益のつながりを直接感じ取ることを可能にするであろう。セルジュ・モスコヴィッシによれば、共同体はこうして二つの異なった動機に応じることができる。偽の領土的統一に対抗する民族的な要求、及び孤立し分散した個人個人の再結集である。

共同体、世代にまたがった家族、生に開かれた学校などの称賛といった、多くの因習破壊主義の立場を見れば、最も温厚な者でさえ無関心ではいられない。この場合は、ジャン＝ポール・リブのほうが、（重苦しい村とは反対に）孤独は都市において自由の保証でもあると相手に反論して、セルジュ・

モスコヴィッシが都市に関して抱く世も末といったイメージを和らげようとすることになるのだ。セルジュ・モスコヴィッシは、初めはその反論を認める。しかしそれはすぐ後で状況を悲観的に見るためである。「誰も監視しておらず、自分が完全に自由だと思っているこの人間というのが、常に監視下にあり、登録されており、彼の移動はそのつど企画され、調整されます。（……）彼は一歩歩むごとに、規則に合わせなくてはならないのです（……）(原注37)」。その描写があまりにも戯画化されているものだから、ジャン＝ポール・リブはそれに輪をかけて「ええ、でも結局こうした制約はすぐ忘れてしまいますよ。マドレーヌからオペラまで行くのに、私は地下鉄の運輸規約七〇項を覚えている必要はありませんからね」と強調するのだ。しかし何の効果もない。セルジュ・モスコヴィッシは自分の少なくとも悲観的な、いやそれどころか偏執狂的な見方を頑なに展開しようとする。「まさしく、社会は少し軍隊のようになりますね。肝心なのは、そこでは目立たないことです。匿名性だけが管理から逃れることを可能にするのです。できるだけ取るに足らない様子をしていなくてはなりません」。

反体制的自然主義の射程

セルジュ・モスコヴィッシが積極的な自然主義とその遠い亜流である反作用的と称される自然主義を、断固として区別するよう気を配ったことは既に見た。それでも規範的な自然の影を認めることができる場合がまさしく二つある。一方で、自然は家族の構造が恒常的であることを示しており、他方で、取り立てて言われないことだとしても、自然のバランスは容赦ない淘汰に基づいているのである。

大体においてセルジュ・モスコヴィッシは、偏狭すぎる生物学的決定論はいかなるものでも有効だと認めることを拒否する。自然と社会は常に相互作用の関係にある。両極の一方から他方への一方的な影響はないのである。しかしながら、当のセルジュ・モスコヴィッシが、動物の社会に視点を広げてみれば、家族が社会の基礎の一つを成すことが確証されると指摘するのだ（原注38）。我々の社会が他の形態の社会を引き継いでいるにすぎないことを思い起こすならば、多くの絶対自由主義者たちが躍起になってその優位性に異議を唱える社会的実体の一形態が科学的に復権するのを、こうして我々は目の当たりにしていることになるのではないか。

女性の問題に関しても、似たような曖昧さが目に付く。セルジュ・モスコヴィッシは、種に関する余りにも生物学的な見方を退け、またエコフェミニズム（環境問題は男性優位の社会構造に起因するから、フェミニズムがエコロジーの鍵になるという考え方）の主張を採ることを拒否しつつも、それでも『自然に対抗する社会』において、（それぞれ家の外と家への）男女間の役割の伝統的な分離は、自然の条件に対する合理的な応答を成すと述べる。この分離は、（雄々しい男がしばしば女よりも威信を持つ）原始的と称されるいくつもの社会において同様に見い出される。さらに、猿の群れの研究はこのような仕事の分担を裏付けている。セルジュ・モスコヴィッシはこうして、絶対自由主義とされる反体制的な自然主義の彼の主張全般に関して、またもや明らかに不安定な立場にあるのではないか。というのも原初の自然の状態などというものを引き合いに出すまでもなく、（動物の社会から人間の社会へと）人間化された自然を受け入れることは、ここではそれだけで反体制的な自然主義の絶対自由主義的な面と食い違うからである。こうして、セルジュ・モスコヴィッシは、文明をこの世の終わりという具合に描き、また自然を褒めちぎって描くことから始めたものの、ときにはがんじがらめの規範的な自然（家族、主婦）の影を我知らず払いのけようとするはめになることがわかるのである。

自然の状態を決して一挙に悪者に仕立てることはしまい、それどころか好意的に描こうと頑なになっている者にとって、生存競争の問題もやはり同様に厄介である。というのも協調の現象は自然において実際よくあるとしても、生存競争は一層常に現われるからである。セルジュ・モスコヴィッシは例えば、生命を「自然淘汰は到底説明などしていない（原注39）」ことに注意を促しているが、それはしたがって自然淘汰が消滅していないことの不器用な証明である。この社会学者が動物の社会と人間の社会の根本的な分断を行なうのを拒む以上、人間はこの競争から外れるであろうか。答えはときには微妙であるように思われる。実際彼に言わせると、「闘争なき集団はユートピア的ではない。それはありえないのである（原注40）」。そして自然と文化の間の分断を既定の実証されたこととして考えるのを拒み、自然の状態を悪とみなすのを拒むならば、残酷な自然の表明（同じ種の動物の成員間における戦い）を一方的にまた永久に断罪することはできないのではないか。

セルジュ・モスコヴィッシは、自分の理論全般を否認はしないものの、場合によっては横滑りが起こりうると時には見て、自分の反体制的な自然主義を、他の形の自然主義から区別しようとした。それは彼の自然主義と近いがゆえに彼の絶対自由主義的なオーラを幾分曇らせてしまっているのである。土地や、根付くことや、支配階級ではなく一般人を称賛すること、また自然を常に引き合いに出すことなどは、何十年も前から極右に定着したテーマである。六八年五月の運動の後でようやく、似たような問いが幾つか、知的な討論において市民権を新たに獲得し、〔ドイツ占領下の〕ヴィシー体制によって投げ込まれた汚辱の中から脱することができたにすぎない。セルジュ・モスコヴィッシの業績を組み入れるべきは、当然この反体制の航跡においてであって、それ以前の反動的な伝統の中ではない。しかし彼の著作における幾つかの節を一度ざっと読んだだけでは、事情を知らない読者は疑いを感じないではいられない。「カースト制は、自然の秩序を社会秩序に、社会的再生産と生物的再生産を自然の再生産に一致させるために、つまり完璧な均衡に到達するためになされた最も練り上げられた試みである(原注41)」。自然の秩序を社会秩序に一致させようとすること(むしろ逆ではないのか)が突飛であるばかりでなく、この発言はその特異性ゆえに浮いている。実は、セルジュ・モスコヴィッシは自然の秩序という概念を自分のものとして使っているが、彼の理論の他の部分は何としてもその相対性を明らかにしようとしているのだ。自然の秩序という概念は、自然に均衡があることを前提としているが、セルジュ・モスコヴィッシは、自然が常に進化しているからにはそのような自然の状態など存在しないことを絶えず明らかにしている。自然への回帰という仮定はこうしてセルジュ・モスコヴィッシにとって、彼がそれに反対するからではなく、むしろ彼の描く自然が定義上それに適さないから、まさしく考えられないものである。曖昧さを一掃するために、セルジュ・モスコヴィッシは歴史的自然まで引き合いに出す。場合によっては下しかねない性急な結論を捨て去り、それから距離を置くために、セルジュ・モスコヴィッシはそもそも、自分の言う自然の「中への」回帰を自然「への」回帰から切り離して考える。例えば、この提案をしたところで彼の著作『自然に対抗する社会』が終わるのである。自然と文化は互いに浸透するということだから、彼は、一九七〇年代の初めに多くのエコロジストたちを惹きつける「ゼロ成長」という考えに反対することになる。「この点において、私は多くのエコロジストたちと分かれます。均衡——静止状態——は存在しないというだけの理由からです。それは理念上の理論的ケースのようなものです（原注42）」。より根本的には、自然の状態というのはセルジュ・モスコヴィッシにとって過渡的なものでしかありえないのだ。「人間が何千年以来踏破した行程において、自然の秩序が次々と生まれては消えたのである。こうした秩序が確立され展開するのに不可欠な行為は労働が産み出すものである。これが私の探求の中心となる考えであり、他の考え全てがこの考えから生じるのである（原注43）」。この中心となる考えの後で、セルジュ・モスコヴィッシは、「新しい物質を生み出し、その特性を計画的に広げていく能力（原注44）」は、昔からの手法を続けさせるだけだとまで考える。言い換えれば、化学は我々の現実の自然の枠組みに完全に収まるとみなしているのである。誤って人工的と称される化学物質はこの自然から生ずるものなのである。

人間は動物性から脱して文化に至ることによってのみ完全に人間として認められるとする、ある種の進歩主義をセルジュ・モスコヴィッシが拒絶するとはいえ（そして勿論のこといかなる反作用的な自然主義にも反対するとはいえ）、彼の積極的で反体制的な自然主義は漠然としたルソー主義の旗印のもとに手っ取り早く整理できるものではない。その理論の独創性によって彼は、大雑把で単純な分類に収まりきらないのである。この点は強調しておかなくてはならない。この六八年〔一九六八年五月の社会闘争〕より後の世代の自然主義を、失われた原初の楽園への回帰の何番目かのヴァージョンに性急に同化して、より深い検討をしないで済ます分析が余りにも多いからである。対峙する三つの主な自然主義（積極的、ルソー主義的、反作用的）について徹底して考えてみれば、セルジュ・モスコヴィッシの自然主義はまさにその定義によって他の二つの形の自然主義（反作用的、ルソー主義的）とは隔たっているのが認められるであろう。これら二つの自然主義は、明らかに対立しているにもかかわらず、それでも同じ第一原則、つまり自然の原初の状態という原則から出発している。この原初の自然の状態はセルジュ・モスコヴィッシにおいては存在しないのである。従って彼の著作において古い言説が蘇ったなどと見て取ることのないように注意しなくてはならない。そもそも失われた無垢を取り戻したいという希望を抱く人たちは、この社会学者の著作の中では往々にしてこきおろされているのだ。もっと具体的に言うと、彼は『自然に対抗する社会』の中で、失われた無垢への回帰という様式で行なわれる、六八年後世代の大地への回帰などというものを嘲弄するのだ。しかしセルジュ・モスコヴィッシが最もいきり立つのは、「自然への回帰」、さらには「社会の自然化」に対してである。

このような形で自然に訴えることは実際、後退的な様式で行なわれる。これは拘束的な自然の秩序、あるいは社会生物学主義への回帰を予測させる。前に見たように、セルジュ・モスコヴィッシの歴史的自然は、まさにその定義により、このような（不変で安定しているであろう）反作用的な自然で間に合わせることができなかったのである。それでもセルジュ・モスコヴィッシは、自分の著作において、わざわざ反作用的な自然の土台を爆破したばかりでなく、それが場合によってもたらす結果を並べ挙げたことを伝えておかなくてはならない。一様な自然という概念は、「それを構成する様々な存在の行動の妥当性に関しては処方的な特徴を持ち、それの特徴となる内容に関しては規範的な特徴を持つ（原注45）」のである。

数多くの本能と欲動が近代人においては不当に抑えつけられているとセルジュ・モスコヴィッシと

一緒になって考えることは可能だ。彼の説得力のある主張と、このような解放がもたらすと彼の考える絶対自由主義的効果は、いかなる読者にも訴えかけるものである。そもそもそれぞれの人間の私生活はこの方向に動いている。つまり、まともには理性的でない価値（恋愛、愛情、情熱など）に対して、大方の人間は関心を集中させるのである。しかし今まではそれぞれの人間の生活という狭い枠の中で称えられてきたこうした価値をこれ以後、より一般的な、政治的次元に拡大するならば、熱狂という好意的な先入観は時には疑いに変わる。二十世紀の悲劇的事件は、理性を放棄することがどのような破局に、どのような卑劣さに至りえたかを避けて通ることも、知らぬふりをすることもできないほどのものであった。本能への呼びかけは、闇に包まれた不吉な美しさの中で、ドイツ人の群集を巨大なスタジアムにおいてしびれさせ、最悪の汚辱を正しいものとしてしまった。欲動を甘やかしたこの悲劇的な時期は、世界をその熱狂で赤く燃やした。この点に関してセルジュ・モスコヴィッシの言うことは取り立てて慎重であろうとするものではなく、今日では奇妙に聞こえる。「（……）世界を再び魔術にかけるということは、システム以前のものを体験しようとする意志、教義に固まった眠りから引き剥がす大いなる目覚めの動きを結晶化しようとする意志を表わし、またそれは灰色の世界から発して近代の世界において航跡を描く、唯一手に入るエネルギーに点火することである（原注46）」。このような見解は、その名が群集や社会心理の動きに関するいくつもの著作と結び付いている高い水準の研究者、従って抑制不能の事態がおこりうることを非常に意識している大学教員から発せられているだけに一層驚くべきものである。このような観点で見ると、反体制的な自然主義は、理論化した表現に還元することが難しいのであるから、それを表明するのに、伝統的で理性的な政治形態（公開審議、投票など）に従う必要が本当にあるのか疑問であるということになろう。

同様の考察がすでに『自然に対抗する社会』において、「危機にある有機体」である社会に関して垣間見えていた。「しかしこうした社会の滑らかな皮膜の下で、その社会が惹き起こす無秩序の力が沸き起こり、閉じ込めてある情熱が沸き立ち、押さえつけてある不正が圧力をかけてくる（原注47）」。そして彼は喜びを包み隠さずに、あちらこちらにニーチェの語調が透けて見えるこの反体制的な自然主義の驚くべき賛辞へと突っ走るのだ。「野生化された人間たちは、自分が、自らに頼り、他人にとっても頼りになる力の人間、従って並外れた人間、そして自己確証の人間――肉体は封印を破られ、絆は解かれている――であることを見る」。「そこからこの激しい振動、この破壊的なきらめき、この波乱に満ちた猛威――この魔に憑かれた顔――が生じるのだ。それははるか以前から野生の無垢と純真さの後ろに垣間見えていたのである。そしてそれも理由あってのことだった（原注48）」。さらに彼らの「真の意図」は、「すぐに土台を浄化し再生させ始めること」であることが後にわかる。

こうして著者が擁護する野生化は、「禁忌の領域、原初の時代の純粋さに惹かれる気持ち」を当てにしているのである。これ以上はっきりしたものもあまりない。しかし様々な左派の動きに共通の空間において、このような暴力的な再生を企てることはやはり問題である。左派の大半は相変わらず近代性に執着し、自然／文化の断絶を自分たちの考えとしているのである。セルジュ・モスコヴィッシにはおそらくその予感がしていたのだろう。しかしセルジュ・モスコヴィッシは、左という印がついているもののマルクス主義とは無縁の政治的伝統（無政府主義、連邦主義など）を掘り起こすよりもむしろ、マルクス自身と自分の類似性を発見する。たとえば『飼い馴らされた人間と野性的人間』の序文において、彼は自然主義と社会主義は生を最終的な価値として賞揚するとみなし、その上、自然主義を伴わない社会主義は進歩の宗教になってしまうと付け加える。彼はこの著作の本文でこの点に立ち戻り、フォイエルバッハがマルクスに与えた影響に注意を促す。フォイエルバッハ〔ルートヴィヒ・・一八〇四～一八七二・・ドイツの哲学者。無神論で唯物的ヒューマニズムを主張〕は人間を形而上的な存在としてではなく、〔衝動を持った〕形而下的な存在として擁護したと考えられる。そしてセルジュ・モスコヴィッシは若いマルクスがこうした見解の一部を自分のものとして取り入れたと考えられる点に留意するのである。

しかしセルジュ・モスコヴィッシが追い求めているはずの政治的な目標を算定するよりも、むしろ反体制的自然主義がそれ自身その理論的な見解をどのように政治的に表現しようともくろんでいるかをこれからは見ていくほうが時宜を得ていると思われる。

政治における反体制的自然主義

セルジュ・モスコヴィッシの反体制的自然主義が、世を支配する、技巧と根こそぎの勝る文化に根本的に対立するなら、それはまたある種の進歩主義的近代性の弔鐘を鳴らしているとも結論できる。この自然主義は、はるか遠くにある普遍的な、解放をもたらすはずの地平の代わりに、知覚できないような斜めの歩みを考え、今ここで生を変えようとする。自然は多様性に富んでいるのだから、その多様性を促進することにこそ、自然主義的政治運動が取り組むべきなのである。この運動は従って余りにも野心的な政治改革の計画を立てることのないようにするべきなのである。

彼の言う「生を変えること」とは、進歩主義的左派が高く評価する「社会を変えること」に対する反駁たらんとするものである。彼は、自然の欲動や本能を、批判的な検討にかけることや、不確かな社会の変革に従わせることで抑制するよりもむしろ、今すぐここの日常性の地平において思う存分発揮させることを保証しようと考える。マルクス主義的な科学主義だけが標的にされているわけではない。自然に関する決定論から人間を引き離すのだと主張する要求の多い近代性も標的である。セルジュ・モスコヴィッシが、すでに見たごとくその数多くの失敗点を強調している近代性は、その約束を果たすことなしに余りにも耐えがたい束縛を課した。この社会学者は読者に、これまでの意識を改めて、多様性に富んだ世界、再び魔術にかけられた多元的な世界を再発見するよう促す。時には異端、時には積極的と形容されるこの自然主義が結局どれほど反体制的かが推し量られる。というのも進歩主義的なレトリックを用いながらも、彼はまさにフランス革命及び啓蒙哲学の遺産に立ち戻ろうと考えるからである。確かに攻撃は決して正面からなされることはないが、セルジュ・モスコヴィッシが異議を唱える自然に対抗する社会は、まさに彼が異様だという点に注意を促すこの近代性が生み出したものなのである。決してこの社会学者は（普遍的である）人権宣言を非難することはないが、その普遍的な狙いが惹き起こすあらゆる弊害（少数派の否定、民族文化抹殺など）をはやりたって数え上げる。意図的に情景を暗くするほどである。どれほど熱を込めてこの異端の自然主義者が現代社会をほとんど全体主義的な警察社会として描いて悦に入っているかはすでに見た通りである。セルジュ・モスコヴィッシにおいては、あたかも本当には普遍的な個人などもはやおらず、国民、民族、家族の羅列しかないかのごとくすべてが進行する。個人は自分の家族の中で自らを発揮し、家族はその民族の中で自らを発揮する。どんなに高潔であろうと、いかなる哲学的目的もこの配置をひっくり返すことは正当化されるようには思われない。従ってこの流派は生と今すぐここにある環境に向けて開かれているのである。この反体制的な自然主義は、社会の多少なりとも包括的な改革というものを企てることを拒む以上、見たところ極めて保守的でありながら、それでも少数派の、とりわけ性的な要求を支持する時、絶対自由主義的な調子を帯びる。人間たちが自らを発揮させるのをいじけさせる重苦しい伝統に対して、生――哲学ではなくて――は、抑圧された欲動を解放する起爆装置として自らを主張する。生を変える必要があるなら、それはこの意味において、つまり日常体験のレベルにおいてである。こうした変化によって生は多様性において自らを発揮できるようになるから、地域のあるいは他の少数派が全く自由に発展できるはずであろう。反体制的自然主義はあらゆる――自然の――少数派を尊重しようと考えているのであり、平準化することを拒むから、少数派のうってつけの共鳴箱となるのだ。従って政治的レベルでは、反体制的自然主義にはこの多様性を奨励する義務がある。こうしてエコロジストの運動は「地域、民族、社会などの少数派を再編成します。それはエコロジーの定義そのものなのです。統一的であるとしたら、我々の計画の逆ということになるでしょう。我々は実は、連邦制のようなもの、自立性を失いたくない集団の結束のようなものを形成するのです（原注49）」。セルジュ・モスコヴィッシの反体制的自然主義は、こうして政治的エコロジーを教唆するのに適した理論的な鋳型をなすのである。

近代性（人間が自分の掟を自分に与えるようにすること）及びその派生的命題（自然／文化の断絶、普遍性という地平、啓蒙思想の伝播、進歩主義的楽観主義など）の哲学的な計画に対して行なった批判により、セルジュ・モスコヴィッシは、こうした動きの具体的な結果によって自分もずたずたにされたと宣言する知識人の潮流に近づいた。「エコロジーの運動に加えて、現在最も重要な現象の一つは、地域のレベルで起きていることです。私の意見では、それは全面的な支配を行使する国家に対して社会が盛り返すようなことです（原注50）」。この発言の真の射程を位置付けなくてはならない。地方分権主義の動きはフランスでは、国民国家に対する反発として成立した。国民国家の人工的な結集は、ルナン〔エルネスト：一八二三～一八九二：フランスの宗教学者、言語学者、作家〕の表現を再び用いれば、主に共通の文化、共に生きようとする意思によって保たれているのだ。ところでフランスの国民国家は時を置かずしてフランス共和国と同一化したのであり、この近代の計画の中に完全に組み込まれる。自然／文化の断絶を自分のものとし、時にこの断絶の影響をやや先まで押し進めすぎる。つまり個人に展望の複数性を開くために、個人を市民権という角度でのみ考えることをめざして、国民文化以外の文化はすべて否定するということになるのである。この点に関して国民国家は、公共業務の使命を果たすあらゆる民間の組織に次第にとって代わっていき、公共業務をあらゆる市民が利用できるものとした。道路、病院、学校などである。地方分権主義の諸運動が国民国家に対して異議を唱えるのはまさにこの独占であり、これらの運動は、自分たちの自然の特異性を表現する権利、あるいは／そして自分たちの失われた主権の一部を取り戻す権利を要求するのである。社会による国家の見直しを望むことはこうして、地域で日常的に起きていることを意に介さずある種の普遍性に〔衆議院議員の可決する法律を経て〕達しようとする政治理論に対する不信をも同様に示している。ところで共和国が具体的に表明されるのは国家によってである。その反対に、地方分権主義はしばしば、個人が見直しをするよう奨励されることのない習慣や伝統を表わし続けるものである。地方分権主義は、共和制国家が頻繁に積極介入することよりも、今ここで小さな変革をすることの方をしばしば好む。セルジュ・モスコヴィッシは、集中した権力を征服するよりも、他の生活様式があちこちで開花することの方を好む。「国家に対する闘いは、権力の掌握というよりも社会的生活形態の創出を経ると思います。こうした創出は結局のところ国家の手を逃れてしまうのです(原注51)」。この論理において、セルジュ・モスコヴィッシは、国家の一枚岩的構造をがたつかせるあらゆる類の動きをも満足して迎える。地方分権主義、フェミニズム、若者の運動などである。中世の聖職者至上主義やマルクス主義的科学主義が崩れ去り、よりよき未来に対する希望を失わせてしまった現在、各人は自分なりに地上の楽園を建設するよう奨励される。未来の楽園の到来はもはや現在の窮乏に依存していない。今ここで各人によって実現できるのである。またこのすぐに来るべき楽園はあらかじめ社会を変革することももはや前提としなければ、また神や科学や経済成長などが支配することも必要としないのである。従って現在への回帰である。

具体的には、もはや都市をその総体において考えたり、人間をその普遍性において考えるべきだとはされておらず、大衆の望むことをただ自然の流れに任せるべきだとされているからには、こうした政策を行なうのに本来の政治的行動は必要ないのである。それ以外の目標は全て、生が多様性において存分に発揮されるに任せることである政治的エコロジーの本質そのものに背くことになるだろう。セルジュ・モスコヴィッシは、体系的な行動によって国家権力を征服することを目指す政党よりも、フェミニズム、地方分権主義、反原子力などの諸潮流といった様々な運動を連合させるだけにとどめるような社会運動の出現を望む。この目的のために、彼は二重のネットワークを創ることを提唱する。第一のネットワーク、つまりイニシアティヴの共同体ネットワークは近隣関係から成り立つはずのものである。第二のものは、原子力、都市計画、自由などの、分野横断的な特定の問題に取り組む市民団体から形成されるはずのものである。「それはエコロジー運動の二重の使命に相応するでしょう。まず政治をすることではなく、物事を変えることを望む運動であること、日常のことを引き受けようと考えることです。（……）情勢に対する我々の影響は無であり、我々は自分たちの生および歴史の傍観者です。まあ、ですから我々はこれからはありふれたこと、下卑たこと、我々の生の腐植土を作るものを手がけましょう。そこから大いなる選択、大いなる決定が生じるのですから（原注52）」。セルジュ・モスコヴィッシは、労働者によるある種の自主管理に賛意を表わして、エコロジストの運動が、とりわけ個人の自由のための闘い、ヒッピー、共同体主義者などといった一九六〇年から一九七〇年にかけて社会潮流となった数多くの考え方を発展させ擁護していることに満足して言及する。エコロジーのネットワークが複数あること（「地球の友」、「エコロジー運動」、「生き延びることと生きること」など）は、一九七八年の時点で彼の望みに適っているが、彼はそれでもこれらのネットワークに対して、効果を増すために相違点を結集させることを勧めている。この勢力圏は、地方権力、農村や都市の新しい体験を創り出すことを、必要とあらば非軍事的不服従もしくは非暴力ゲリラによって企てることができるであろう。しかしセルジュ・モスコヴィッシはその一方でミシェル・ロカールのような人間が提唱するような社会実験（公共部門や民間部門とは別の第三セクター）は却下する。実際、第三セクターはシステムにとって安全弁となるだろう。政治的エコロジーは自らの活動を周辺に限定すべきではないのだ。

まさにセルジュ・モスコヴィッシが、政治的エコロジーという行動をより党派的な行動と結び付けなくてはならないと一時譲歩することができたのは、様々な少数派を連合させることが、政治的エコロジーの主要な任務を成すからである。セルジュ・モスコヴィッシは、エコロジストたちが七〇年代の終わりに政治的であると同時に詩的である運動を構成しているとみなしたうえで、あらゆる周辺的な運動の出会いを固めていこうと考える。そこで、彼はエコロジストたちが他の少数派の勢力圏（地方分権主義者、フェミニスト、共同体主義者、農民など）の多くと、地区、地方などといった他の党や組織が見捨てた場で接触することを望む。それでも社会主義に対する彼の忠誠は変わらない。「我々が望もうとも望まなくとも、エコロジーの運動は社会主義の大河の中に位置付けられます。まず歴史的にそうです。ユートピア、つまりより階層化されていない、より相通じ合う、より公正な社会を欲する気持ち、こうしたもの全てが、つまりこうした社会主義の生まれつつある力全てが、今日エコロジーを取り囲んでいるのです（原注53）」。この反体制的自然主義者が付け加えて言うには、元来、社会主義の運動は「終身強制労働の社会の危険を示すことで、『進歩』及び生産至上主義を極めて真剣に批判していた」。「今や、エコロジーの運動に関して言えば、ある意味では再び社会主義の価値観を持つようになっていると思います（原注54）」。このようにしつこく言えば、ついには反響があるもので、歩み寄りの前ぶれとなるものである。「政治的エコロジーとは何か」というテーマに関して様々な立役者を集めた討論を、エコロジストの雑誌『野生』が音頭を取って一九七七年七月一日に発表した(原注55)。セルジュ・モスコヴィッシはこの機会に、とりわけブリス・ラロンド、ミシェル・ボスケ（別名アンドレ・ゴルツ）、アラン・エルヴェ、ミシェル・イザール及びアラン・トゥレーヌと意見を戦わせた。

この最後の人物は詳しく論ずるに値する。第二の左派〔一九七〇年代に主としてCFDT（フランス民主労働総同盟）の内部から生じた、既成の政党や団体と一線を画する左派。国家社会主義に反対し自主管理分権を主張する〕に近いこの社会学者は、数カ月に渡ってある調査を行なったが、それはエコロジストたちが社会運動の芽生えを成していることを証明する傾向のものだった。「反原発の予言」がこの運動である（この点には後に戻ることにする）。この予言は、権力を不当に占有したテクノクラシーに対する異議申し立てとそれを再び自分のものにしようという意思を表わしていると言える。こうした主張はそうするとCFDTやPSU（統一社会党〔社会党の母体、労働者インターナショナルフランス支部（SFIO）が一九五八年アルジェリア危機の際にド・ゴールを支持したことから、党を離脱した人々を中心に一九六〇年結成。自主管理社会主義を主張、六八年五月の運動を支持した。一九八九年に解散〕）など持ち出すまでもなく、ミシェル・ロカールだとか、パトリック・ヴィヴレやピエール・ロザンヴァロンの唱える労働者による自主管理の主張とそれほど隔たってはいない。こうして職業的にばかりでなく政治的にもあらゆるレベルにおいて一層直接民主主義が行なわれるよう訴え、生産至上主義に激しく抗議して、もはや日常生活の変革を社会の大々的な変革の下に置くことをしない集合体が左手に浮かび上がってくるのが見える。セルジュ・モスコヴィッシはこの革新的な協調に加わることを受け入れるのだろうか。彼が公の場でアラン・トゥレーヌに会うのはとにかく初めてではない。記憶されていることだが、この二人の社会科学高等学院の教員はすでに共同で、『危機の彼方』と題して検討の道筋をおおまかに描いていたのである。ところでノーマン・バーンバウム、リチャード・セネットなども登場する、二年にわたる出会いから生まれたこの共同著作の前書きにおいて、アラン・トゥレーヌは特に明確な言葉で自分の考えを表わしている。この社会学者は、理性と勝ち誇る進化論の支配が終わることを喜んでいる。進化論は資本主義と社会主義に共通の工業化文化を推進したと思われるのだ。彼はテクノクラート支配の国家に反旗を翻し、新しい政治文化の道筋を探る。この新しい政治文化は、社会の繋がりが現時点（一九七六年）で衰えている状況（都市部での暴力、フェミニズムなど）において姿を現わすと考えられ、アラン・トゥレーヌに垂直的で階層的な世界のイメージを放棄するよう示唆する。この社会学者は、主な要求事項は自然に基づくものであり、特殊性を追求するために画一化を拒んでいる点を指摘する（原注56）。そうなると、アラン・トゥレーヌとセルジュ・モスコヴィッシの間の同意は、この序文を信用するかぎり、完全であるように思われる。従って一年後、『野生』において二人の男は自分たちの立場をはっきりさせていくことになる。セルジュ・モスコヴィッシにとっては、（政治的）エコロジーは「左派の左に位置し、労働者の大規模な運動の記憶と繋がっていない新しい運動の誕生」を表明する。しかし彼は、生産至上主義に異議を申し立てることで、体制化した左派とはなお一層隔っている。それでセルジュ・モスコヴィッシは述べる。「私はトゥレーヌと共に、エコロジーの将来は左派の領域の中にあることを認めるが、左派の左派と私はいいたい」。さらにアラン・トゥレーヌは『飼い馴らされた人間と野性的人間』の一九七九年の版で裏表紙の宣伝文を担当し、「セルジュ・モスコヴィッシは、進歩の文明と、それが火と水の間で征服し破壊した領土との間の矛盾を次第に深刻に感じるようになってきている」ことを喜んでいる。しかしこの本を読むと「読者はしばしば抗議してくる」とも付け加えている。

反体制的自然主義の周辺

セルジュ・モスコヴィッシは、自らエコロジーの世界に打ち込んでいるにもかかわらず（彼が、「生き延びること」、「十人会」、「エコロッパ」、ベルナール・シャルボノーなどの数多くのエコロジーの団体や重要人物と交渉を持ち、また「地球の友」に具体的にかかわり、それから様々なエコロジストの立候補に支援を差し伸べたり、自分自身、時には候補として立ったりしたことを思い出して頂きたい）、実際には極めてパリ周辺に限られたエコロジストたちとしか接触していないようである。この周辺層は、非常に広い意味での環境（そして厳密な意味での自然ではない）の保護に一層関心を向けており、当時は、雑誌『野生』（一九七三年～一九八〇年）の航跡に特に位置付けられる。この雑誌は考えを闘わせることに注意を払い、またそこには、とりわけブリス・ラロンドが登場する。近代性及び、その自然に対する関係に関するセルジュ・モスコヴィッシの広範な問いかけは、現場の自然主義者にはほとんど関わっているように思われない。その代わりに反文化的六八年五月の後裔に位置付けられるエコロジストたちからの確かな反響に出会う。エコロジストの出版メディアに彼が直接関わる場合の他は、この専門的なメディアにおいてこの社会学者が取り上げられることはまれである。政治的エコロジーに関する様々な研究はそれでも彼を、時には付随的に、時には主として、影響力のあるエコロジー運動の理論家の一人として位置付けている(原注57)。エレーヌ・クリエも回顧して同様に、セルジュ・モスコヴィッシの著作は「地球の友」の勢力圏に大いに影響を与えたと考えている。「アメリカ合衆国から来た運動のフランス人理論家、セルジュ・モスコヴィッシとミシェル・ボスケの著作は、アメリカの『地球の友(Friends of the Earth)』の姉妹協会『地球の友』(AT)の最初の闘士たちの間で出回っている。またこの協会には創立以来、元組合活動家学生ブリス・ラロンドが加盟している(原注58)」。後に立ち戻る機会があるはずのブリス・ラロンドの証言を除けば、全ては、セルジュ・モスコヴィッシの反体制的自然主義が「地球の友」の勢力圏をしっかりと築き上げたと信じさせる方向にある。エコロジーの著作に共に署名を入れる機会を持ったブリス・ラロンドと長いこと近しくしていたドミニク・シモネも同様に、セルジュ・モスコヴィッシの理論を、『エコロジー主義』(原注59)と題したクセジュ文庫に収められた著書において要約したが、その一方でシモネはロベール・エナールのより保守的な自然主義を全く知らないのである。ドミニク・シモネはその中でセルジュ・モスコヴィッシのスローガン「自然の中への回帰」を自ら使うことまでしている(八六頁)。このスローガンの政治的影響力は以後周知の通りである。

エコロジストたちの世界の外では、セルジュ・モスコヴィッシの主張は、社会科学及び人文科学の研究者たち、また現代世界について思索する知識人たちに確かな関心を惹き起こしている。

学際的な研究をしながらも大学における細分化に反発するわけでもない社会学者エドガー・モランもその中に数えられる。彼はこうして、一九七四年に雑誌『コミュニカション』が「社会の自然」と題して組んだ大部の特集にセルジュ・モスコヴィッシを参加させた。「社会の自然」にはさらに、またとりわけジョエル・ド＝ロスネー、レミー・ショヴァン、フランスワ・ブルリエール、アンドレ・ベジャン、ジャン・ベシュレールの姿が認められる。セルジュ・モスコヴィッシはその中で、「我々の二重単一社会」について検討している。一九七二年にセルジュ・モスコヴィッシは同様に、エドガー・モランが「人間の単一性」に関して検討するよう促した数多くの知識人（アンリ・アトラン、ダン・スペルベール、ジョルジュ・バランディエ、エマニュエル・ル＝ルワ＝ラデュリ、イルノイス・アイブル＝アイベスフェルトなど）の中にも登場する（原注60）。

プロテスタントの傾向を持つグループ「若い女性たち」は一九六九年においておそらく、セルジュ・モスコヴィッシの著作を初めて本腰を入れて検討した人たちのうちに数えられるだろう。彼女らの雑誌において自分の主張を発表するようモスコヴィッシを誘ったのである。一九七一年には、今度はカトリックの知識人たちが『政治問題としての自然』と題して考察する番である。セルジュ・モスコヴィッシの著作はとりわけ彼らの一人、フィリップ・ダルクールの注意を惹きとめ、彼はモスコヴィッシに堅固な論考をささげている（原注61）。

スイスの自然主義者ロベール・エナールの業績が社会学者や哲学者たちにほとんど知られていないのに対して、セルジュ・モスコヴィッシの著作は逆に自然主義に関連してしばしば引用される。これらの世界では、セルジュ・モスコヴィッシは相変わらず、取り上げずに済ますことの難しい参照対象であり、しばしば敬意をもって引用される（原注62）。しかしながらセルジュ・モスコヴィッシの自然主義者としての業績がフランスの知的領域においてほとんど知られていないことを認めるには、ある種の驚きをともなう。セルジュ・モスコヴィッシは、政治思想の歴史に関する主要な著作において、まれにもしくは極めて付随的にしか登場しない。彼の著作に関する相当の研究と略歴が発表されるには、ジャック・ジュリアールとミシェル・ウィノックの監修した大部な『フランス知識人事典』が一九九六年に出るのを待たなくてはならなかった。試論『モスコヴィッシ（セルジュ）』の著者であるパスカル・ディビに言わせると、この社会心理学者は「また、その人類学上の業績及びアンガージュマンを通じて、フランスにおける政治的エコロジーのパイオニアでもある（原注63）」。パスカル・ディビはその上（また正当にも）セルジュ・モスコヴィッシの自然主義者としての業績を「傑出したもの」と形容している。

セルジュ・モスコヴィッシは、それ以降社会心理学へと向かって行き、一九七〇年代に展開した自然主義研究を事実上放棄し、今日では過去に発刊したものに対して冷めた視線を投げかけている。彼は、一九九四年に『自然に対抗する社会』が再版された際に付け加えたあとがきにおいて、特にこの著作が所々、論戦的であることを認め、それが「状況に位置付けられた本」であるとまで述べている。しかし、彼の主張に現在性と妥当性があるということに関しては、我々の意見では全く疑問の余地がない。七〇年代の初めに発表された時、彼の著作は自主管理主義の「第二の左派」の側からも同様に反響を受けた。一九七四年には、進歩主義の恩恵に疑いを抱く思潮（その中にはレヴィ＝ストロース、フーコーなどがいる）をあおっているとしてフランスワ・フュレから非難されるセルジュ・モスコヴィッシを助けにアラン・トゥレーヌが馳せ参じた。このような歴史の進化論的な見方が受け入れられなくなっていくのはアラン・トゥレーヌには明らかに見えたのである。しかしトゥレーヌはすぐに、これからはこの新しい自然主義を乗り越えて、社会的な人間関係を政治及び社会の現況の中心に組み込み直すべき時であると付け加えた（原注64）。最後に、アラン・トゥレーヌは、セルジュ・モスコヴィッシを『危機の彼方』（一九七六年にスーユ出版にて発行）と題された共同研究に参加させ、また『飼い馴らされた人間と野性的人間』の裏表紙の宣伝文を担当したことを再度指摘しておきたい。

こうして左派知識人の周辺層の一部は、マルクス主義及び政治行動のある種のジャコバン的文化〔フランス革命のジャコバン派に見られる急進的、中央集権的性格〕との決別の辞の材料をセルジュ・モスコヴィッシの自然主義に見い出すことができた。しかし彼は、その理論ゆえに本当に研究されるというよりも道具として使われたのである。

第二の左派の周辺

冗漫な社会学者、無数の出版物の著者であるアラン・トゥレーヌ（一九二五年生まれ）はまた、第二の左派の側に身を投じた知識人でもある。初めは労働運動を研究する傾向にあったこの社会学者は、次第に工業社会（及び脱工業社会）の全体構造について研究するようになった。彼は社会主義に関して、それから最近のいくつかの著作では広く近代性に及んで検討した。彼は大学関係の世界で（社会科学高等学院、パリ第一〇大学‐ナンテールなどで）最前面に現われる一方、自主管理主義の左派に近い政界、メディア界（統一社会党、フランス民主労働総同盟、『パリの朝』など）において討論会に積極的に参加した。研究者アラン・トゥレーヌの向ける視線は中立ではない。彼は二十世紀におけるマルクス主義の現在性——もしくは非現在性——に関する個人的な問題提起に強く囚われている。この問題提起は例えば、五月の運動に関して一九六八年に発刊された著作において明らかになる（原注65）。

一九七五年以来彼は、社会運動に対して、社会学者たちが予感しているその行動の意味を摑むよう促すことによって、社会運動を目覚めさせようと考えるユニークな「社会学的介入」の推進者となっている（原注66）。反原発の動きは、特にこのトゥレーヌ式産婆術の対象となったこうした運動の一つである。トゥレーヌ式産婆術は反原発の動きにその深い意味を明らかにしてやったのである。偶然であるかのように、反原発の動きの意義はこうした社会学者たちにとって、アラン・トゥレーヌが特に『五月の運動すなわちユートピア的共産主義』（原注67）の中で提唱する新しい社会運動の理論の有効性を十分に証明している。『反原発の予言』の第一章の最初の文はこうして「調査に懸かっているもの」を明確に説明している。「工業社会において労働者運動及び労働紛争が担っていた中心的な役割を明日演ずることができるであろう社会運動及び紛争を発見するために、今日の社会闘争を調べた結果、我々は反原発の動きが、社会運動と抗議を最も引き受け、社会の反モデルを最も直接的に担うことを期待している（原注68）」。一九七八年から一九七九年にかけて、アラン・トゥレーヌのチームの社会学者たちは従って、反原発の勢力圏の中にある「社会運動」を明らかにしようとしたのである。そもそもこの問題提起のポイントは繰り返し一挙に述べられる。つまり方法論のレベルでは、社会学者たちの決意の明確化、理論レベルでは、六八年後世代の勢力圏の中に反原発運動を位置付けようとする意思である。この結果生まれた著作においては、あたかもこの社会学者が、反原発派の大衆がなかなか自覚しない動きを十分に知っている前衛を成しているかのように全てが進んでいくように思われる。しかし反原発の動きに社会運動を見ようとこのようにむきになったところで、相変わらず信じない者もいた。アラン・トゥレーヌは、『反原発の予言』と題した著作の終わりで、ごくわずかにせよ、考察を政治的エコロジー全般に広げることになる。

残念なことに、反原発勢力圏のその後の展開により、この「社会学的介入」の妥当性は大いに疑わしいものとなった。その結果アラン・トゥレーヌは一九九二年に、エコロジーは社会運動ではないと遠まわしに認めるに至ったのである。確かに、アンドレ・ゴルツにとってはおなじみの、「テクノファシズム」に対する告発はもはやエコロジストの側からはほとんど反響を集めなくなっている。しかし問題の条件を根本的に変えた展開を認めることと歴史を書き替えることの間には深い溝があるのだが、アラン・トゥレーヌはそれをためらわずに超えてしまったのである。彼は一九九五年、週刊誌に、エコロジストたちは「社会運動を代表していると考えている」と見識家ぶって説明したが、彼が特にエコロジストたちに代わってそう考えていると伝えることは省いてしまった（原注69）。アラン・トゥレーヌはこうして社会運動に関する自分の主張を補強するという目的のためだけに、反原発の、またさらに広くはエコロジストの運動を大体において道具としてしまったようである。彼はこういうわけで、セルジュ・モスコヴィッシの業績が、フランスでとりわけ際立っている反自然的近代性を何らかの形で解体することを喜んだのである。しかし彼はすぐに、次の段階で、社会関係と社会運動の重要性に注意を促そうと努めた。民族学者ロベール・ジョランがセルジュ・モスコヴィッシの業績に向けた注意ははるかに利害の絡んでいないものだった。

民族文化抹殺に対抗するロベール・ジョラン

一九九六年に亡くなった民族学者ロベール・ジョランは、生前、知的領域において様々な受け取り方をされた。彼の業績は、七〇年代初めに大いに論じられたが、今日ではほとんど忘れられてしまっている。彼の業績の論争的な性格が、それがこうむった不評をだいたい説明するが、それでもこのようなボイコットを完全には正当化しないだろう。ロベール・ジョランは様々な民族学の調査を行い、特にチャドの一部族を研究した(これに彼の著作『サラ語〔チャドの南部で話される諸言語の総称〕の死』が由来する)。しかし彼はとりわけ、「民族文化抹殺」という概念を一般に広めることで注目を集めた。これは六八年五月のすぐ後にはそれなりに人々に受け継がれたのである。今では、アメリカ先住民の文化に対して相変わらず人々が熱中しているにもかかわらず、この概念のほとんど跡も残っていない。それに対して偶像破壊的な主張が増えるのを目の当たりにした六八年後世代の知的興奮は、彼にとって好都合であった。実際、彼の民族学に関する著作の背後にはしばしば、セルジュ・モスコヴィッシの問いと強く共鳴する、近代性の根本的な問い直しがくっきりと現われる。しかし近代性に対するロベール・ジョランの毒舌は多くの激しい非難を呼び起こした。

ロベール・ジョランのアメリカ先住民のための戦いは、一九七〇年における『白い平和:少数民族絶滅に関する序論』(原注70)の出版とともにまさに大きく広がった。この著作は、南アメリカで西洋化に直面している小さな先住民の部族に関する実地調査を成しており、この部族を脅かす西洋の論理について徐々に問いただしを進めていく。この本の中で、伝統的な生活様式の乱暴な解体によって、この先住民の部族は突然の混乱の中に投げ込まれることがわかる。西洋のヒューマニズムもこのことで栄光を増すわけではほとんどない。西洋のヒューマニズムは、実は人間をその自然の環境から乱暴に切り取ってしまうのだ。そこから一つの問いただしが生じる。これはセルジュ・モスコヴィッシの問いただしに繋がらざるをえない。根こそぎにして何がいいのか、自然に対抗する社会を重んじて何がいいのかという問いただしである。先住民の背後に数多くの少数派の運動（地方分権主義など）の要求がすでにはっきりと現われる。しかしこの七〇年代の初めにおいて、時はまだ理論的考察には適していない。民族文化抹殺の害に注意を喚起された研究者たちを動員するべき時なのだ。彼らの中には、一九七〇年のシンポジウムの際に、『アメリカ両大陸にわたる民族文化抹殺』（原注71）を暴露するのに貢献した者もいる。その中には、ロベール・ジョラン、ジャン・マローリ、ジャン・ピール、ジャック・リゾ、ピエール・ベルナール、ジャックリーヌ・コスタ、ミシェル・レーリスなどが認められる。この著作は二部から成る。まず、アメリカ両大陸における民族文化抹殺がどのような形を取っているかを、時間を制限せずに検討して、それから土着の諸部族に対する西洋の態度をさらに突っ込んで問いただす。しかしそこで一つの疑問が生じる。何が問題となっているのか。（個人主義的な発想の）人権を守ることとか、それとも（全体論的な発想の）部族の権利を守ることか。一九七〇年に出たもう一冊の選集は、強奪され辱められたアメリカ先住民の権利を守ることに当てられているものの、やはり事実に関する視点を超えて、哲学の領域に近づいている。実際『非文明化：民族文化抹殺の政策と実践』（原注72）は、しばしば部族の文化と先住民の精神性を称えている。ロベール・ジョランはといえば、さらにもう一歩踏み越える。彼にとって、これからはもはや空間的に位置を定められた少数派の一集団を守ることではなく、逆に征服する近代性によって世界中で脅かされているすべての文化の味方に立つことが重要なのである。従ってアメリカ先住民を通して、伝統が正当化する共同体の名において異議を申し立てられているのはまさに、本質的には個人主義的な共生の一形態なのである。結局のところ、どのような価値が問題となっているか（伝統的な諸価値、つまり部族、根源、戦争、多神教などの称賛）を知ることなどほとんど重要ではなく、肝心なのは、自分たちの郷土と伝統に愛着を抱く共同体を守ることである。農民たちや地方分権主義者たちは、アメリカ先住民たちと運命共同体を分かち持っていることを今や知るべきである。右派も左派も双方抽象的なヒューマニズムに結びついているということで、ロベール・ジョランによって同じように退けられる。国家、学校、そしてさらに広くは進歩、ユダヤ教、キリスト教、ヒューマニズム、マルクス主義などはこの非文明化に寄与している。こうして、基本的に合意が成り立っているはずのロベール・ジョランの立場（抑圧されたアメリカ先住民の擁護）がなぜ結局これほどの混乱を惹き起こしたかが理解される。ロベール・ジョランは、和解をする気にはほとんどならず、十年の間に自分の言説をさらにことさら過激にして、フランス革命を厳しく非難するところまで行く。この理論的な攻勢に、大学及び出版の前線における攻勢が重なるのである。

一九六〇年代の終わりに、自然に関して自分の書いたものを出版したセルジュ・モスコヴィッシは、仲間たちの不信に直面していた。ロベール・ジョランは、この社会学者の主張に感激した態度を表わした数少ない知識人のうちに数えられ、彼の方からモスコヴィッシに連絡を取ったほどだった。数多くの点で自分たちの意見が一致することを認めた彼らはそこで、他の人たちと共に、社会科学高等学院の学内で、それからパリ第七大学で、「海賊版」単位を始めることを決定した。これらの海賊版単位は盛況であったため、パリ第七大学はついに一九七〇年に、人類学及び宗教学の教育研究単位を創設するに至る。ロベール・ジョラン、セルジュ・モスコヴィッシ、ピエール・ベルナール、ジャン・トゥーサン＝ドサンティなどがそこで教える。この試みは始まるや熱狂的に迎えられたために、第一線の大学教員の注意を惹きつけることになる。反科学主義の雑誌『生き延びることと生きること』を中心に結集した科学者の小さなチーム（アレクサンドル・グロタンディック、ピエール・サミュエル、クロード・シュヴァレなど）が関心を抱く。さらに一般大衆に向けた行動が開始される。パリでは、これらの高名な研究者たちが街中で、自転車の効用を推奨しているのが見かけられる。パリ七の方は、アメリカ先住民運動の指導者たちを迎える。

「10／18文庫」で出ている『ジュシューノート』（ジュシューはパリ第七大学のある地区の名）は民族学の教育研究単位が盛り上がっていることを示している。一九七六年には、四〇〇ページ以上の選集が「民族学旅行」というテーマに宛てられている。あらゆる周辺的な運動がその中で研究されている。（『野生』あるいは『生き延びること』のような）エコロジー関係の出版物も同様にこの企画に注意を向けている。ロベール・ジョランの方は、二つのシリーズの著作を直接手がけ、その中で自分の主張に近い研究を発表する。ベルギーの「複雑出版」で、彼はこうして一九七四年に「シリーズ顧問」となっている。彼が主宰するシリーズには意味深い表題「複雑な人類」がついている。学際性がそこでは慣例となっており、現地調査が奨励されている。ロベール・ジョランはまた、クリスティアン・ブルゴワが「出版総連合」で監修するおなじみの（また非常によく読まれている）「10／18文庫」の中に七〇年代初めに収められた「シリーズ七」の監修も行なっている。「シリーズ七」で出された幾つかの書名もまた彼の関心事を反映している。そこには例えば、『白い平和』の再版やセルジュ・モスコヴィッシの『自然に対抗する社会』、科学者で「地球の友」であるピエール・サミュエルの『エコロジー：緊張緩和それとも悪循環』、膨大な『ジュシューノート』、ヨナ・フリードマンの『実現できるユートピア』などが見い出される。地球と調和する善良なアメリカ先住民のイメージはといえば、世界中でエコロジーの問題が増大するにつれて確実に広められていくのである。

アメリカ先住民の返礼

一九〇八年に生まれた人類学者クロード・レヴィ＝ストロースはロベール・ジョランの主張に非常に近いものを述べた。彼はおよそ二〇以上の著作を発表した。（近親相姦の禁止のような）様々な社会に共通の不変要因を発見したことで彼は構造主義の創始者の一人となっている。彼は様々な大学で教えた。しかしクロード・レヴィ＝ストロースはまた、ある種の近代性を非神聖化することに貢献した研究者の一人であり、逆に自然と調和するアメリカ先住民の小さな共同体を尊重したのである。人間が自然との間に保つ関係が、彼の著作の多くの中心を成している。ヒューマニズムも、彼はほとんど好意的に見ていない。ヒューマニズムは自然と断絶するよう人間を導き、人間はすぐに自然を軽んじるようになるということなのだ。自然に近いままに留まった部族を人間が軽んずるのとまさに同じことである。概して個人の権利を知らないこうした小さな共同体に向ける好意的な注意により、クロード・レヴィ＝ストロースは時には右派のアナーキストとみなされる。『遠近の回想』(原注73)の中で、彼は主体を主張する哲学者の不寛容を激しく非難し、(フランス革命が社会を余りにも抽象的なものとみなしているということで)フランス革命を厳しく検討する。下層階級、媒介層がもっぱら彼から好意的に見られるのである。

クロード・レヴィ＝ストロースのかつての協力者である、人類学者ピエール・クラストル(一九三四〜一九七七)は、自分の著作において、近代性に対してこれほどの不信を示しはしなかった。しかし彼は、六八年五月の絶対自由主義的側面が刻み込まれた世代の関心事と妙に共鳴する、国家に対する闘いの中にアメリカ先住民を引き入れてしまった。彼は、未開社会の暴力及び保守主義を避けて通ることをしない。しかし彼は、西洋型の国家に対する異議申し立てを支えるために未開社会を使うのである。彼において西洋型の国家は、悪役に仕立て上げられている。西洋型国家は文化の違いを取り除いてしまい、またその権力は暴力を含んでいるからである。ピエール・クラストルに言わせると(原注74)、未開社会に国家が欠けているというよりも、未開社会は国家を拒否しているのである。未開社会は国家が欲しくないのだ。というのも国家は、「命令—服従」という型の関係を課するからである。こうした牧歌的な、国家に対抗する社会に関して疑いがすぐさま浮かんでくる。個人個人に自分の義務を思い起こさせるはずの国家や真に首長と呼べる者が欠けているがゆえに、未開社会はその成員たちの肉体の深くにまで終生刻みこまれるのであり、従って成員たちは義務から逃れることはできないだろう。ピエール・クラストルはこの刻印の暴力を隠すようなことは全くしないが、国家の出現を妨げるというその究極目的をかんがみて、それを弁護しているように思われる。その上、この未開社会は同様に、社会的保守主義（性による仕事の分担は慣用的である）、及び共同体を団結させる戦争の賛美をも特徴とする。このように再度、アメリカ先住民は自分たちを通り越した闘いに引き入れられて、国家の誹謗者の引き立て役を演じてしまったように見える。

アメリカ先住民たちが自分たちの権利の要求を言葉に表わす時、彼らの土地や権利が未だにトップニュースになることは、彼らがそれらを奪われた暴力によって説明がつく。しかしこうした不正義を償うということだけでは、彼らがメディアに大挙して登場することの正当な理由とはならない。環境の危機ということもあり、アニミズムに近い彼らの共同体の習慣もまた、エクゾティズムという救済に飢えたメディアによってあれやこれやと好意的に、また得々と言い立てられるのである。それに対してアメリカ先住民たちの方も、自分たちの存在を思い出させるためにこの好機を摑む。そうして彼らはしばしば、自分たちの文化の、天使のようなイメージを提供するのである。そこでは生活の好戦的で英雄主義的な側面は小さく見積もられている。大学関係者の著作の中には、西洋文化よりもエコロジーに適った先住民文化という考え方に間接的にお墨付きを与えるものまである。しかしこうした大地との調和は、西洋の二元論を拒むことに基づいているが、また他の面では、ヒューマニズムも正当なものとして認めないのである。個人は常に部族の前に消え、英雄戦士の姿が先住民の伝統の中で最も共通した特徴の一つを成すようである（そういうわけで、女性的と言われる価値がそもそも低く見積もられることになる）。先住民文化は従って少なくとも保守的である。それでも世論の中では、平和的な先住民のイメージがまたたくまに広がるのである。誰の手にも届く先住民文学が、霊的探求や自然との接触などを称えて、書店に押し寄せる。映画は、かつては西側の征服者の手柄を語る傾向が多分にあったのが、先住民の襲来を受けている。先住民の大衆文化のこうした再評価はすべてが、思いがけず生じるわけではない。それはある形態の具体的な文化を復権させる道筋に沿ったものである。七〇年代には農村文化の再生が起こっている。ロベール・ラフォンの、民族主義的というよりも自主管理主義的な発想の地方分権主義が、当時、非マルクス主義的な、諸々の代替左派〔既成の共産主義、社会主義政党の国家主義に反発して生じた様々な左派の運動。永久革命を主張するトロツキー派。急進エコロジー主義者などを含む〕の仲間内で大いに論じられる。数多くの著作や雑誌が、地方分権主義や土着文化の擁護に乗り出す。土着の人々は、歴史の風がとうとう自分たちにとって都合のいい具合に向きを変えるのを見て、ひたすら有頂天になる。先住民たちは例えば、環境及び開発に関する国連会議が一九九二年にリオで開かれた好機を掴み、トップ会談の周辺に自分たちがいることをはっきりと示す。彼らは、自分たちの文化〔祖先崇拝、根づくことなど〕、自分たちの「民族権」などをそこで擁護するために来る。しかし国際社会は、土着の人々の権利を認めるのにやぶさかでないものの、彼らの要求を、より個人主義的な論理の中に組み入れ直すことによって、相当ねじ曲げてしまうこととなる。

エコロジー関係の出版物は、民族文化抹殺に関するルポや、アメリカ先住民たちのエコロジーに関する知恵に対する称賛に満ち溢れている。こうした記事の大半は、彼らの文化の前近代的な側面に触れないように細心の注意を払っており、先住民たちの過大評価されたイメージしか紹介しない。あの一八五四年のシアトル酋長の宣言〔アメリカ政府が、先住民のための保護地区の設定を条件に、彼らに土地の放棄を求めたことに関して、ワシントン準州知事に対してなされた宣言〕――そして一八五五年の偽の宣言（アメリカ大統領ピアースに送られた回答。その真正性は疑問を持たれている）ではない――は、このことに関しておそらく参照すべき文献であろう（原注75）。その宣言はエコロジストたちに言わせると、先住民たちの奥深い知恵を例証している。彼らは、自然を尊重することを知っているのだ。シアトル酋長に言わせると、先住民は実際、多種多様な方法で大地と結びついている。全ての生けるもの、大地、そして河は一つの大きな家族を成しているのだ。数多くの思い出が聖なる大地を覆っている。従って白人は、大地に働きかける際には、節度を示すように、そしてそれを砂漠に変えてしまわぬよう気をつけるよう求められるのである。

このシアトル酋長の宣言は、エコロジー関係の報道においてもはや数え切れないほど抜粋された。そこではエコロジストたちと先住民たちが近いことが何度も繰り返して強調されている。さらに一層示唆的なことに、「フランスのエコロジストたち」とアメリカ先住民たちの運動のヨーロッパにおける代表者たちに共通の一連の目標が、一九八一年の大統領選挙運動の際にまとめられた（諸民族、自然、非暴力などの尊重）ことを、雑誌『エコロジー』（原注76）は読者に知らせている。それでも、先住民贔屓のおめでたい理想主義は、一部のエコロジストたちの間で疑いの念を呼び起こす。ある者は、先住民たちはアメリカ両大陸においてそれほどエコロジーに適った運営をして見せたわけではない（そのうえ自分たちの天使のようなイメージを利用した）と指摘するし、他方またある者は、彼らは我々のように人間であり、従って同じように自然の状態から脱したいと切に望んでいると言い出す。その一方で、伝統的な先住民の姿を言わば道具のように使うことが次第に告発される。先住民たちが擁護する価値に関する問いただしも幾つか表面化する。この問題に関して最も轟然とし、かつきっぱりした宣言が、ドミニク・ヴワネによってなされることになる。彼女は「緑の党」から、手付かずの自然の保護者というイメージを切除し、党を社会の討論の中心に組み入れたいと願っている。「エコロジストとは、自然に関してルソー的な考え方をする先住民ではなく、現場の闘士である(原注77)」。

反体制的自然主義の後継者たち

絶対自由主義エコロジスト、ブリス・ラロンド

一九四六年に生まれ、法学士および古典文学士であるブリス・ラロンド(原注78)は六八年五月パリにいる。絶対自由主義の、あるいは彼自身の表現によるとロマン派的左派の傾向を持つ彼は、労働者による自主管理主義の統一社会党に一九六九年、加入することになる(一九七六年に除名される)。都市部における生活環境の問題に彼は没頭する。日常レベルで生活を変えることを望む彼は、一九七一年、国際的な団体である「地球の友」に加入する。この団体は当時、ポンピドゥー大統領が推進する「どこでも自動車」と闘っていたのである。校正者という職業ゆえ、彼は団体の雑誌『鯨通信』の編集に携わるようになり、その後一九七三年には、『ヌーヴェル・オプセルヴァトゥール』にならって出されたエコロジー雑誌『野生』の、三人の編集者の一人になる。現場でも同様に、エコロジストたちの

最初のデモ「自転車デモ」、「反原発デモ」などに参加している最中の彼の姿が見られる。

一九七四年、ブリス・ラロンドは、大統領選挙における初のエコロジスト候補者、ルネ・デュモンのキャンペーンに打ち込む。一九七六年には、衆議院パリ地区補欠選挙に立つ。そこで彼は極めて急速に、「地球の友」の勢力圏に対して支配力を持つようになり、事実上そのリーダーとなる。一九七七年には、ある非合法の民間ラジオ局を立ち上げる計画を支持する。一九七八年には、ドミニク・シモネとともに、非常に確固とした理論的射程を備えた彼の最初の著作を発表する。その中では、エコロジー、社会、政治的展望が取り上げられている（原注79）。この著作の中で発表した思想の勢いに乗って、ブリス・ラロンドは、一九七九年のヨーロッパ選挙において様々な少数派の勢力圏を連合させようと試みる。しかし彼は失敗し、結局、ソランジュ・フェルネクスが、よりオーソドックスなエコロジストの候補者名簿のトップに立つことになる。一九八一年に彼はそれでも大統領選挙において、フィリップ・ルブルトンに対抗して、首尾よくエコロジストの候補者として認められる（三・九％）。（「地球の友」が団体として手を引いたため）一九八一年以降ブリス・ラロンドは、事実上支持組織を持たないでいるが、その一方でエコロジストの大半は彼らの側に集結する。一九八四年、彼は中道左派に（ヨーロッパ選挙において中道エコロジストの候補者名簿に）いる。一九八八年には、フランスワ・ミッテラン大統領を支持までするが、それに対して「緑の党」は、彼らの側でアントワーヌ・ヴェシュテールを同じ選挙で候補に出すのである。ラロンドはこの支持を報われて、閣外大臣、それから環境大臣になる（一九九二年）。彼はこの機会を利用して、栄光に満ちた「地球の友」時代を復活させる「エコロジー世代」を旗揚げする。ベルナール・クラヴェル、ジャック・ロバン、フェリックス・ガタリ、ノエル・マメールなどの著名人が関心を表明する。この運動は、選挙の成功（一九九二年の地域圏選挙）に恵まれることとなり、一九九三年の衆議院選挙に向けて「緑の党」と協定を結ぶに至る。しかしブリス・ラロンドの日和見主義と気の変わりやすさは、「緑の党」の側と同様彼自身の運動の中でも急速に反対の動きを引き起こす。離脱と落胆が増す（一九九四年のヨーロッパ選挙では得票数が延びず、一九九五年の大統領選挙には候補が立てられないなど）。ブリス・ラロンドは、時には自らを自由主義者かつ絶対自由主義者として宣言しながら、なおかつ右の方を向いてレーモン・バール、ジャック・シラクなどに対して共感を表わし、最終的には自由主義のアラン・マドランに接近する。

　こうした面食らうような変化も、六八年以後の世代の絶対自由主義的文化に対するある種の忠実さには長いこと影響しなかった。彼は何度も繰り返して政治的エコロジーを、様々な勢力圏を己の周囲に連合させる一つの漠然とした集合体と定義づけ、確立しすぎた党派という形を長い間拒否している。彼の関心事は、（フランスにおいて反文化を一般に広める）『現在』(*Actuel*)、『開いた口』(*La Gueule ouverte*)、『野生』(*Le Sauvage*) 及び当時は極めて絶対自由主義的であった『リベラシオン』で取り上げられる。政治的エコロジーは様々な流れによって培われていることを考えて、ブリス・ラロンドとしては、自分の政治的エコロジーを、セルジュ・モスコヴィッシの反体制的自然主義の直系に位置づける。しかし政治のチェス盤上に右から左まで点在するテーマは数多くあり（統一ヨーロッパへの参画、改革主義、エコロジー、自由主義など）、それゆえ彼は今後、党派の境界に敏捷に二股をかけていくことができるのである。

　ブリス・ラロンドが啓発を受けた著者たちは数多い。彼らは、「地球の友」の政治的エコロジーを培ったが、それに一貫性を与えることはなかったようにも思われる。それに対してセルジュ・モスコヴィッシの著作は、ブリス・ラロンドの考察のいわば脊柱となった。その周りには、他の理論（クラストル、サーリンズの民族学的業績、ルルワ＝グルアンの歴史に関する業績、サミュエル、コモナー、ド＝ロスネー、モラン、ラボリ、ルブルトン、ラヴィンズ、ペルトの科学的業績、デュモンの第三世界支援主義、「ローマクラブ」、E・ゴールドスミス、J・-P・デュピュイ及びJ・ロベール、イリッチ、ヴァンサン、サックスの、工業化社会の行き詰まりに関する研究、ジュリアール、ローザンヴァロン、ヴィヴレ、「フランス民主労働総同盟」の「第二の左派」に関する試論、ド＝ルージュモン、マルクス、ラファルグ、ヴァネジャン、ブックチンのより哲学的な著作など）が集まった。セルジュ・モスコヴィッシのことを、ブリス・ラロンドとドミニク・シモネは非常に称賛していた。『お望みの時に』の中で、彼らは自然の状態から社会へ移行したことで本当に得られたものに関して問いただす。彼らは、数多くの指標から、この自然に対抗する社会がほとんど正当化されないこと（エコロジーの危機、非人格化など）を確認する。二人のエコロジストに言わせると、人類は自らの身体を切断し、各人の創造する能力を放棄し、社会性を損ない、性の調子を狂わせ、テリトリーを失った。しかし人間は、過去に戻ることなく、人間性、科学、民主主義などの増強に訴えかけることで、常にこの既成の事態を変えることができる。というのも「自然との再会は、自然的なものとは反対方向にある。……へ戻るのでなく、……の中へ戻るということである（原注80）」からである。反文化を喚起することで、二人の「地球の友」はまた、厳密には理性的でない現実へのアプローチ（神話、教訓、宗教など）の復権にも訴えかける。いわゆる原始的な民族の文化は悪いものと決めつけられはしない。そのうちの数多くは、その民族の環境への適応をうまく保証していたのである。自然、生の領域に属するものは、もはや理性の有無を言わせぬ判断に従うよう命じられることはない。「今まさに見積もることを学び直すときである。しかし単に勘定することばかりではない。自らの力、自分の感性を当てにすること、自分の欲望を当てにすること、セルジュ・モスコヴィッシの言葉によれば、生を再び魔術にかけることだ（原注81）」。『お望みの時に』の結論もまたセルジュ・モスコヴィッシの主張から多くを借りている。人類の単一性を改めて言う前に、鯨や海豚に優しいまなざしを注ぐ前に、日常生活に関する批判が高まることに満足する前に、自立の追求を称える前に、そして共同体の絆や人と人の間の助け合いを再構築することを訴えかける前に、ブリス・ラロンとドミニク・シモネは、自分たちが他者性を擁護することの根拠を、自然と共に生きることへの呼びかけに置いている。「今後、大きいということに物を言わせても勝つことはできない。もはや支配してはいけない。共に生きなければならない。自然と共に、他と共に。異なるものすべてが不可欠なものとなるのだ（原注82）」。

　一九八一年、自伝的特長の際立つ『緑の波に乗って（原注83）』の中で、ブリス・ラロンドは自然という概念に立ち戻る。この概念もまたセルジュ・モスコヴィッシの著作から直接生じたように思われる。自然と文化は区別できないほど繋がっている。彼がその他者性を尊重するよう呼びかけるのは、自然に生じた違いは、たとえ社会の真っただ中においてであっても、全く乗り越えるには及ばないからである。こうした自然に生じた違いは至るところに存在する。いかなる解放の目標もそれを黙らせることは正当化されない。それどころか、自然に生じた違いは、非難されるべきものではないから、十二分に現われることができなければならないのだ。理性に収まらないものは全てこのように新たなる尊厳を獲得するのである。例えば女性の問題に関して、ブリス・ラロンドは、自然に生じた違いに価値を置く一種のエコフェミニズムに実に近い。『緑の波に乗って』の一つの章全体（第四章）がこの問題に充てられている。フェミニズムによっては、こうした違いを乗り越えて男と女の完全な主体性を確証するよう訴えかける近代性に直接繋がるのに対して、反体制的自然主義は、このような目標を無駄で（自然はジャングルではない）拘束の強い（欲動を支配することは抑圧的である）ものだと判断するということである。同じ視点で、ブリス・ラロンドは肉体の快楽主義的な再発見（身体的満足感、官能、スポーツ、解放的自然主義などの効用）を復権させる。

自然に対する人間の作用は、ブリス・ラロンドに言わせると、自然に対する人間の勝利によってではなく、第二の自然の創造によって実現する。人間の創造したものは、何らかの自然の連続の中に収まる。例として、ナイフが時に歯の役目を果たすことを彼は指摘する。ナイフは自然に対立するよりも自然を延長するのである。このことから、彼は、技術が我々の自然の一部を成すことを主張するに至る。彼にとって神聖なる自然は存在しない。このようにみなされる自然はしばしば人間によって、それも都合のいいように形作られたのである。フランスの田園は農耕者と牧畜者の活動の幸運な果実であるとブリス・ラロンドは判断する。自然と文化の解くことのできぬ繋がりに関するこうした考察によって、彼は、もはや存在しない厳密な意味での自然（もしこのような観点でそれがかつて存在したことがあったならば）ではなく、生を全体的に守るよう対話の相手に求めることになる。さらにこのような立場によって彼は後に、エドガー・モランが展開する複雑性に関する主張（自然／文化というデカルト的二元論の拒否）に非常に感銘し、そのうえ多くの社会的事実を生物学に還元して説明する社会生物学（アンリ・ラボリがしばらくの間似た主張を展開することになる）に注意を向ける態度まで見せることになる。ロベール・エナール（そして彼に続いて大半の自然の擁護者）が考えるような手つかずの「自然」は存在せず、従って神聖なものとは考えられ得ない限りにおいて、ブリス・ラロンドが、従来の自然主義者のような（自然を手つかずの状態で守る）自然保護の先駆者をもって任ずることは理屈から言ってできないのである。その代わりに、技術によって自然に対して、また自分の自然に対して働きかける人間であるブリス・ラロンドは、同胞たちに、この自然、自分たちの自然を選ぶよう粘り強く呼びかける。このような立場は、従来の自然主義者には常軌を逸したように見えるだろうが、それでもセルジュ・モスコヴィッシの主張の観点において検討すると、完全に一貫している。「おおまかに言うと、市民が自然を、自分たちの自然も含めて選択することができるようにすることが課題なのです。何としても自然を守るという考えは実際時代遅れです。どの自然を選ぶのか。これが今後の問題なのです（原注84）」。力を込めて、またおそらく底意を抱いて、ブリス・ラロンドは、エコロジストで自然主義者であるアントワーヌ・ヴェシュテールの昔からの選挙地盤であるオー・ラン県〔文字通りは高地ライン川：アルザス地方にある〕のミュルーズ〔この県にある都市〕で、社会党〔一九〇五年に結成された労働者インターナショナルフランス支部（ＳＦＩＯ）を母体として一九六九年に結成〕と「エコロジー世代」が一九九〇年に開いた討論会の際にこのような立場を繰り返すことになる。このアントワーヌ・ヴェシュテールは、後にわかるが、反体制的自然主義の対極にいる。ブリス・ラロンドはこうして、数多くの聴衆にはっきりと、自然を「守る」のでなく、「選ぶ」ように促すのである（原注85）。ストラスブールでは、ロカール派の社会党員たちが一九九〇年八月に開いた討論会の際、彼は政治的エコロジーの核心を位置づける。「それに対してエコロジー主義すなわちエコロジーの政策は、人間と自然の関係を組織することを目標とする。宇宙のなかで孤立しているものの、人間はそれでも自然の外にいるわけではない。人間は自然によって生み出され、また自然を生み出す。（……）こうして、はるか以前から人間は自然をこしらえあげてきたのである（原注86）」。それで、ブリス・ラロンドが続けて言うには、「自然の選択」に関する諸問題は、今日各人の関心を呼ぶだけ一層政治的である。触れてはならない生命の土台がもはや本当にはない（肉体、遺伝的特質の改造）からである。至るところで人間たちは自分の自然を選ぶ。しかしこの「エコロジー世代」のリーダーは、この自然の選択が事実上専門家と技術者によって占有されているのではないかと案ずる。それゆえ彼は自然に関する問題を政治討論の中心に置こうと考えるのである。今後何度も繰り返し、また止むこと無しに、彼は自然の選択に取り組む必要性を主張することになる。現場の自然主義者たち――ロベール・エナールが彼らの抱負を定式化したと考えることができる――の側からすれば、このような主張は異端に属するものでしかありえない。アントワーヌ・ヴェシュテールはそもそも一九九〇年に、このことを知らせずにはおかなかったのである。ブリス・ラロンドは「エコロジー」ではなく「環境」をやっている（原注87）（言外の意味：彼は自然を道具にしており、その他者性を尊重していない）。二人の人間の葛藤はこのように深い理論上の相違に帰せられるのであって、単なる人間としてのライバル関係を表わしているわけではまったくないのである。

セルジュ・モスコヴィッシが促進し、またブリス・ラロンドが受け継いだ反体制的自然主義は、「自然の選択」を促進することに加えて、とりわけ政治的なものに関する独創的な、また政治行動に関する特異な考え方に至る。都市は、もはや積極介入主義の発想による共生もしくは人工的な構築が結実したものとは考えられない。それは、むしろ輪郭の固定しない、多かれ少なかれ自然にできた共同体が並んだものである。今後は、自然に生じた違いはもはや非難されるべきものではないから、何らかの普遍性に達するためにそれを乗り越えようとするいわれはもはやないのである。それどころか、抽象的なヒューマニズムが余りにも長い間軽んじてきたこうした自然の違いを損なわぬよう、細心に気を配ることになろう。こうした自然の違いを乗り越えようと言う呼びかけは、(例えば公民権に関する)具体的で明確な目標に達しようという目論見で、臨時になされるのみであろう。達せられるや、各々は自分の個別のことに、地方の文化に、習慣に戻ることができるだろう。一九七七年にブリス・ラロンドはこのように公然と、自然主義の流れの筋に自分を位置づけ、例えば、個人、共同体、地方が国家に隷属し、人間がこうして彼の目から見れば、本当の自立性を完全に失っていくことを嘆く。こうして彼としては、私立学校の再生と彼が形容することにそれほどショックを受けないのである。

公然とブリス・ラロンドは、「社会の自然化」を改めて要求する(原注88)。これは彼が、エコロジー運動特有の活動を成すと考えるものである。彼は、自分の主張を支えるために、社会が自然の中に根を下ろしていることを指摘する。そして、時代は政治的自然主義が発展するのに好都合であると考える。数ある歴史主義はもはや受けがよくないし、普遍主義は、違いに対する権利(これを彼は評価する)を要求する声によって滅茶苦茶に叩かれている。「エコロジーの闘いは従って、社会計画よりも、明確で詳細な目標によって決定される(……)(原注89)」。こうしてエコロジストたちは、政治的計画など押しつけることのないよう気をつけるだろう。また様々な柔軟で詳細な戦術によって表現できる、拘束性のより少ない倫理的スローガン（平和、自由、寛容などを守ること）を表明することの方を好むだろう。「人と人の間の関係全体、制度の外にある日常生活（原注90）」とおおまかに定義される市民社会が、彼らの特に好む分野を成すだろう。彼らは、新しい技術の助けをかりて、そこで新しい形の社会性を実験するだろうし、あるいは古い形の社会性（共同体、団体などの発展）を復権させるであろう。

「平等及び国家の安全（原注91）」に対抗して、ブリス・ラロンドは多様性と自立性の推進者をもって任ずる。こうした観点において、エコロジストの勢力圏は六八年後世代の他の社会運動に出会う。しかしこの合流は、これら様々な社会運動が己の特性を捨てて、一つの大きな政党へと融合しなくてはならないことを意味するわけではない。このような目標は、自然に反することになるだろうし、またそもそも要求している、違うことの権利を否定することになるであろう。ブリス・ラロンドは柔軟なネットワーク、（フェミニズム、地方分権主義、絶対自由主義などの）様々な社会運動を連合させるような漠とした集合体を組織することを選ぶ。彼が当時リーダーであった「地球の友」としては、この自立への願望を具体化するよう留意する。ネットワークという形で組織される「地球の友」は非常に分権化されている。従来の政党のようには組織されていない。急進的な空間が企てられているのである。

このような立場は、当然のことながら全てのエコロジストたちが分かち持っているわけではない。フィリップ・ルブルトンやアントワーヌ・ヴェシュテールの周りに集まるエコロジストもしくは自然主義者たちは、急進的な空間においては、ほとんど自分が自分でないように感じてしまうのであり、逆に本格的なエコロジー政党を創ってエコロジーの問題にがっぷりと取り組もうと考えるのだ。

それでも、深刻な概念上の違いを超えて、数多くの点で彼らの大半は連合する。これらの点により、一九八一年には統一候補をたてることができるようになる。すべてのエコロジストたちに共通するこれらの点の多くは、ブリス・ラロンドが積極的に支持した一九七四年におけるルネ・デュモンの大統領選キャンペーンの際に既に表明されている。しかしこのキャンペーンは、(ルネ・デュモンの社会主義的及び第三世界支援主義的公約ゆえに)一九八一年におけるブリス・ラロンドの大統領選キャンペーンよりも、恨みがましく、また左よりであった。(自分の前任者をそう呼ぶ機会があったように)炎の如く燃える預言者というよりも愛好家であるブリス・ラロンドの方は、革命的というよりも快楽主義的傾向の政治的エコロジーを展開する。そして一九八〇年六月に全てのエコロジストたちの候補者として(フィリップ・ルブルトンに対抗して)選ばれるとすぐさま、その多くが彼のライバルの周りに集まっていた自然の保護者たち、つまり自然主義者たちに保証を与える。

『生きる力:エコロジストたちとブリス・ラロンドの計画(原注92)』は、様々な勢力圏のエコロジストの著名人二〇人以上を結集させたグループの著作である。五つの章がこの著作を構成している。第一章(「生を守ること」)はプラグマティズムを特徴とする。数値が豊富に登場する。目標は、とりわけ汚染や浪費と闘うことによって、自然の遺産を守るのに貢献することである。生産至上主義の農業の弊害が強調されている。健康への新しい取り組み方、つまりより予防的なものが望まれる。『生きる力』の第二章は、「孤独を打ち破り」、質的な価値を高めようと考える点で、六八年後世代を引き継いでいる。自律協働性が計画に上っている。この目的のために、エコロジストたちはフランス人の生活環境(団体活動、直接民主主義、地方分権、パートタイム労働など)を改善することを考える。学校に関して、長い論考が展開される。エコロジストたちは、学校が生に対してもっと開かれることを望むのである。

文化エリート主義のようなものは拒否される。違うことの権利は推進されるが、絶対的なものとしてではない。社会生活及び政治生活において女性の数を増やすことが望まれている。エコロジストたちは、「創造的参加」という文化のために働く心づもりである。『生きる力』の第三章は、浪費と闘い、仕事を分け合い、また技術の民主主義を制度化することで「経済を飼い馴らすこと」を望む。また企業の内部にも自律協働性を創り出したいという希望が表明されている。『生きる力』の第四章においてようやくエコロジストたちは国際問題に取りかかる。第三世界支援主義及び連邦主義（いくつもの地方から成るヨーロッパ）が計画に上っている。エコ開発が推進される一方、国防政策及び移民政策の見直しが望まれている。最後に、第五章つまり最終章は、「国家を制限すること」を提唱する。直接民主主義、国民投票の拡充、地方の称賛に行き着く反国家的非難、公民の自由の擁護、団体生活の推奨などが計画に上っている。

つまりは、エコロジストたちのこの膨大な共通計画において、ブリス・ラロンドの反体制的自然主義はほとんど消えてしまっているのである。彼の提案の独自性が再び現われるのが見られるには、政治的エコロジーのライバル同士である二つの分派が改めて違いをはっきりさせるのを待たねばならないだろう。

政治運動に向かって

ブリス・ラロンドがセルジュ・モスコヴィッシの反体制的自然主義を政治的に表現しようとしたの

は、「地球の友」の中においてである。しかし彼は、長い間その最も一般に知られた立役者であったとしても、創立者ではない。

国際的組織「地球の友（Friends of Earth）」のフランス支部は一九七〇年にアラン・エルヴェ（一九三二年生まれ）のイニシアチヴで創設された。詩人であり、航海士であるアラン・エルヴェは、この時期には政治のことなどほとんど気にかけていなかった。彼は当時、雑誌『現実』の名リポーターだった。一九七三年から一九八〇年の末まで、彼は『ヌーヴェル・オプセルヴァトゥール』誌の後ろ盾のもとに創刊されたエコロジー月刊誌『野生』の編集長をつとめる。一九七九年に彼は『野性的人間（原注93）』を発刊する。それを読むと、人間は地球の間借り人であって、家主ではないということ、人間は生物圏に属すこと、そして親類関係によって人間は生物界の他の部分に結ばれていることを教えられる。怠惰を思う存分称賛する、「フランス地球の友」の創立者は、人間中心主義を痛撃し、また社会主義者も自由主義者も同様にはねつける。読者に対して生活を即刻変えるよう呼びかけるこの著作の中には「ニューエイジ」（西洋文明を批判して、東洋やアメリカ先住民文化を取り入れてエコロジー問題などを全体論的に捉えようとする一九八〇年代以降の潮流）臭さが感じられる。それはまた「地球の友」が追求することになる目標でもある。

この団体は特に環境の保護（エネルギー、汚染、人口などの問題）に専心する。厳密に自然主義というわけではなく、広く生活の質の問題（都市環境など）に関心を抱く。「地球の友」にとって、エコロジーは同時に科学であり、倫理であり、政治理論であり、経済システムであり、また他の多くのことでもある。「それは、人間が依存し、その一部を成す自然のメカニズムを新たに理解することである。

それは、人間が自然に対して課すことができると信じていたテクノロジー支配のシステムの終わりを通告することである。それは、全ての者が参加することを要求する新しい生き方を考え出すことである（原注94）」。団体はこのように具体的にエコロジーの教訓を表現している。経済成長競走、仕事崇拝に反対する。自主管理という発想に基づく「地球の友」は、（一九七〇年代に活発だった）反原発闘争、代替経済及び代替技術、公共交通の推進、危機に瀕した種の保護、汚染との闘いなどにおいて頭角を現わす。彼らはこの目的のために様々な手段（研究、集会、デモなど）を用いる。非常に分権化されているため、この団体は地方のグループを数多く（およそ一五〇）抱えているが、パリ支部が事実上リーダー格となっている。司法部門を備え、また（連絡用会報の発行の他に）活発な出版活動に乗り出した。功績としては、例えば一九七二年にファヤール社と共同出版した、ポール・アーリックの（人口危機に関する）『「P」爆弾』のフランス語訳が挙げられる。ピエール・サミュエルとドミニク・シモネの方は、叢書「地球の友」をジャン＝ジャック・ポヴェール社で監修する（この出版社からは、例えば一九七七年に、国立環境科学センターが一九七五年に開催したシンポジウム「生を失って勝ち取る」の報告論集が、あるいはさらに、一九七七年に、『フランスのテクノクラシー：ルイ十四世から原子力までのテクノクラートの方法』を扱ったイヴ・ルノワールの著作が出版されることになる）。「地球の友」はまた自分たちの名前でも著作を出版する。例えば、一九七八年にはストック社から『核の詐欺』と題した共著を、あるいは一九八四年には「発見出版社」から、一九八三年の「エコロジー対失業」を扱ったシンポジウムの報告論集を出す。「地球の友」のメンバーはまた個人としても、大挙して書店に並んでいる。例えばピエール・サミュエル、ロラン・サミュエル、アラン・エルヴェ、ギー・アズナール、ピエール・ラダンヌ、クロード＝マリ・ヴァドロ、ブリス・ラロンドなどは皆、一冊もしくは数冊の著作を出した。彼らの中には著名な人物も数人いる。例えばピエール・サミュエルは、名高い数学者である。大学教員である彼は、一九七〇年代初めに、自分たちの科学活動の政治的究極目的について問いただす科学者たちの勢力圏（後に、アレクサンドル・グロタンディエック、クロード・シュヴァレらが主宰する「生き延びることと生きること」となる「生き延びること」の運動）に接近した。ブリス・ラロンドの人柄に説得されて彼は「地球の友」に加盟することとなった。彼らの中でも、ピエール・サミュエルが、都市問題に積極的に関わる科学者として特に存在感がある。彼はこうして様々な著作（原注95）を連携させることによって、エコロジーの科学を一般に広めることに貢献するのである。「お人よし」のイメージにもかかわらず、「地球の友」という団体はこのように世に認められた能力を持つメンバーを集めているのである。

一九七七年末に「地球の友ネットワーク」なるものが創られたこと（これは一九八三年に、団体の再編成に際して解散されることになる）は、セルジュ・モスコヴィッシの反体制的自然主義の政治的表現を確固としたものにするように思われる。ブリス・ラロンドは、「地球の友」に当時与えられた新しい方向性の意味をたびたび明らかにすることとなった。フィリップ・ルブルトンの周りに集まった一部のエコロジストたちが、当時、エコロジーの関心事を軸として強く結束した政党もしくは選挙連合を創ることを選択するのに対して、ブリス・ラロンドは反対に、「地球の友」の使命として、様々な少数派の勢力圏を結集することを定める。連盟を創ろうというこのような意思は全く前代未聞である。その上、ブリス・ラロンドがそれに対して与える理論的基礎は、彼がセルジュ・モスコヴィッシに対して負っているものと伴わせると、既に見た通り全く独特である。生を再び魔術にかけ、自然の中に戻り、他とともに生きるということなのだ。「地球の友」はこの理論的立場を具体化する。一九七八年にブリス・ラロンドとドミニク・シモネは「諸政党の只中における運動」の到来を告げる。この運動は、包括的な社会計画を持ってはおらず、反対に明確に限定された目標に専念する。「社会『計画』などというものを保持するという考えですら、それだけでうぬぼれているように見える。何もかも盛り込みすぎた計画はすぐに、ばかばかしい足かせとなるものだ。だいたいの輪郭と部分的なイメージ、美しく変えられた日常生活の詩的スナップに留めておいた方がよいのだ(原注96)」。このようにエコロジストたちは、国家レベルもしくは国際レベルの政策を、広範囲に渡るが一時的な諸運動の提携を支えとして、厳密に限定された目的のために例外的にのみ(例えば原発計画を中止させるために)行なうのである。しかし彼らははっきりそれとわかるイデオロギー上の企画を推進することはない。具体的には、「地球の友」はこのように党派的構造とは根本的に異なる構造、すなわちネットワークを選択するのである。エコロジストたちは、「絶対自由主義的社会主義と社会的自由主義」の間を渡り歩いて、柔軟な外縁を持つ一つの極の真中で他の勢力圏(フェミニストたち、地方分権主義者たち、自主管理主義者たちなど)と落ち合う。そこでは、それぞれが自分の独自性を保っており、行動の統一性は一時的なものでしかない。

一九七八年の「地球の友ネットワークの合意文書(原注97)」は、彼らのリーダーの関心事を反映している。この文書は三つの点を中心に展開する。

――「地球の友」が提唱するエコロジーの流れの沿革は、エコロジー運動の複数性(衛生学者、反原発主義者、六八年世代、フェミニスト、反科学主義者、反文化主義など）を際立たせている。これにより、この運動にとって、その成立における生物学者及び自然主義者の主導的役割を低く見積もることが暗黙のうちに可能になるのである。この漠とした集団の輪郭が定められたゆえに、「地球の友」は、「新たなる結束」がエコロジストたちと他の社会運動の間で明らかになると指摘する。

―「地球の友ネットワークの合意文書」がエコロジストたちの自立性を扱った部分は、より詳しく展開されている。論調は積極介入主義であり、エコロジーの科学的側面が強調されている。しかしエコロジストたちの計画はまた社会的で政治的でもある。そしてエコロジーのこうした側面は、科学的真理ではなく選択に属することである。「人間による自分たちの基本的な欲求の定義に関しては、エコロジストたちは、その中に創造、性行動、一つの場所と幾つかの社会的共同体への帰属（……）を含める。多様性とは、あらゆる違い（年齢、性、人種、文化、意見など）、あらゆる少数派を尊重すること、及び自由、優しさ、快楽、交換など質的なものを評価することを暗に意味する」。地球の友はまた、国家及び様々な道具、生産至上主義、経済成長、テクノクラシー、中央集権化などが占める度を越した地位にも異議を唱える。彼らは自主管理に賛意を表わす。

―最後の部分は、組織の問題に取り組む。「地球の友」は、一九七四年におけるデュモンのキャンペーンの提言を積極的に引き継ぎ、また一九七七年の市町村選挙の際に練り上げられた「サン・トメール憲章」を参照する。国家権力を、地方自治体及び個人へ再配分することが望ましいとされている。（自宅や職場での）生活の質が特に重視される（労働時間の削減など）。第三世界支援主義及び非暴力が改めて述べられる。「地方、住民及び彼らの文化の多様性が存分に発揮されるようにし、地方分権を助長しよう。（……）平等は画一性の正反対にある。それは多様性を熱烈に受け入れることである。いかなる少数派も（地域的なものであれ、人種的なものであれ、文化的なものであれ、性に関するものであれ）嫌がらせをうけることはない」。

ブリス・ラロンドと「地球の友」が七〇年代の終わりに主張していた考えの全般的な色調に引きずられて、ニュース解説者の中には、政治的エコロジーを、絶対自由主義的社会主義を踏襲するものとして、当時「第二の左派」と通例呼ばれていたものに近づけて考える者もいた。しかしながら、セルジュ・モスコヴィッシの自然主義のほうが、絶対自由主義的社会主義よりも、エコロジー思想の形成において理論上の資料体系としてはるかに重要な役割を果たしたと考えることができる。それはドミニク・シモネ自身が一九八二年に、大半のエコロジストたちはプルードン〔ピエール＝ジョセフ：一八〇九～一八六五：フランスの社会主義者で無政府主義、労働組合の父と称される。私的所有権を批判〕もマルクーゼ〔ヘルベルト：一八九八～一九七九：ドイツ出身のアメリカ人哲学者。マルクス主義および精神分析を用いて工業化社会を批判〕も読んだことがないと指摘しつつ、力を込めて断言した通りである（原注98）。ブリス・ラロンドとドミニク・シモネが公然と掲げるこの反体制的自然主義の具体的な表現は、その後様々な選挙の際に示されることになる。「地球の友」は、様々な少数派勢力圏を、「イタリア急進党」〔一九五五年「イタリア自由党」の左派が分離して結成された党。自由主義、絶対自由主義及び国際的な急進運動を推し進める〕が展開する精神に近いものにおいて連合させたいという意思を具体化しようと何度も試みることになる。

一九七八年の衆議院選挙の際、ブリス・ラロンドは、様々なメディアで自分の目標を詳しく説明する機会を得る。一九七九年のヨーロッパ選挙の展望が論争を再び活発にする。政治的エコロジーは、他の立場の近い勢力圏を自分の周囲に連合させるべきか、それとも何らかの概念上の自立を主張して、党派としての独占性をあくまでも求めるべきか。この論争はエコロジストの新聞雑誌で大荒れとなる(原注99)。ソランジュ・フェルネクスやアントワーヌ・ヴェシュテールのように一部の者は、幾つかの団体にのみ開かれた「ヨーロッパエコロジー」という候補者名簿の作成に取り組むが、「地球の友」は(当初名簿を出すことなど考えていなかったが)、「統一社会党」及び「急進左派運動」に向けて、様々な少数派を連合させる候補者名簿を作ることに原則として賛成することを宣言するアピールを発する。しかしこの名簿は実現しない。ブリス・ラロンドは、フェミニスト、消費者、非暴力主義者、自主管理主義者、急進左派などを集結させることを期待して、自分の漠とした集合体を具体化しようしたが、失敗したのである。一九八一年における自らの大統領選キャンペーンが終わった後もなお、彼はエコロジー運動をエコロジー政党に変えることを断固として拒む。その時「イタリア急進党」の独特な経験が、このフランスのエコロジスト周辺層を魅了する。「イタリア急進党」は、余りにも際立ったイデオロギー的性格を一切拒否するが、非マルクス主義的ヒューマニズム社会主義、絶対自由主義、さらには自由社会主義の枠内に収まる(原注100)。その目標は、包括的な社会計画を提案することではなく、当面それ相応に対処すべきだと考えられる、何らかの問題点に関して具体的な成果を得ることである。この目的のためには、立場の近い勢力圏と一時的な同盟を結ぶのにやぶさかではない。イタリアでは例えば、「イタリア地球の友」と同盟して原子力発電所に反対するキャンペーンを行なった。

柔軟な政治的勢力圏を作ろうという同様の意思は長い間ブリス・ラロンドによって、九〇年代初めまで擁護されることになる。

しかしながらエコロジストの大半は、自分たちの相違を乗り越えて、長続きする緑の政党を創ろうとして、この点に関してラロンドに従わない。「地球の友」の中には、一九八一年以来「エコロジー総同盟」なるものに力を注いできた者がいて、これが一九八四年の「緑の党」の始まりにおける二つの構成要素の一つとなる。したがって「緑の党」の創設（「エコロジー総同盟」-「エコロジー党」）はブリス・ラロンド抜きで行なわれる。もっとも新党の規約は、少数派に非常に有利であることがわかるが。一九八四年のヨーロッパ選挙に向けた「緑の党」の候補者名簿も同様に彼抜きで作成される。彼は、ライバルの候補者名簿（中道派のオリヴィエ・スティルン及び急進左派のフランスワ・ドゥバンのいる「ヨーロッパ合衆国のためのエコロジスト急進協定」）に登場する。これはある意味では、様々な政治的勢力圏を集結させる一つの極を作ろうという彼の呼びかけを具体化するものである。ブリス・ラロンドはさらにこの機会に、『自然闘争』（原注101）において、一九七三年以来彼の運動のやり方が一貫していること（もっともナショナリスト的でなく、生産至上主義的でもなく、国家管理主義的でない伝統的政党に対して開かれていること）を強調することになる。それで様々な著名人がこの「エコロジスト急進協定の流れ」を支持する。ジャン＝フランスワ・カーン、アルーン・タジエフ、アンヌ＝マリ・ド＝ヴィレヌ、コリヌ・ルパージュ、エドワード・ゴールドスミス、アラン・エルヴェなど。しかしながら「エコロジスト急進協定」の候補者名簿は当てにしていた成功には恵まれない。そこで一九八三年に「地球の友ネットワーク」が解散して、（産業の危険性、人口増加、土地の有限性などを指摘する）単なる環境擁護団体が一つ残ると、ブリス・ラロンドは、数年間続けて、政治運動にまともには加わらないでいることになる。彼が自ら掲げる、開かれた政治的エコロジーの松明を再び手に取る姿が見られるには、一九九〇年を待たねばならない。もっとも彼はそれをのちに幾分放り出すことになるが。

「エコロジー世代」

実際、「地球の友ネットワーク」の解散の七年後、また「緑の党」の創設の六年後に、ブリス・ラロンドは政治の舞台に戻って来ることを決心する。それまで彼は自分の政治的貢献やエコロジストとしての専門知識を他の運動や省庁にもたらしただけであった。一九九〇年の初めに彼は、七〇年代の絶対自由主義的エコロジーの延長上にあるエコロジー運動を始める決心をする。様々な点が、彼にとって新しい運動を創ることを正当化している。当初から国際問題が扱われる。地球をエコロジーに則って運営する必要性、ナショナリズムの誘惑に対してヨーロッパを建設する必要性は新たな動員を要する。それからブリス・ラロンドは自分の立場を幾つか詳しく説明する。七〇年代に推奨した、違いに対する権利を称えることを暗に打ち切って、彼は以後、フランス人としてのアイデンティティが選択であると同時に努力であると考える。その一方で彼は、七〇年代の自分のスローガンを、力を込めて再び主張する。これはセルジュ・モスコヴィッシの著作から直接生じたものである。「我々の自然を創る」。(原注102)この論理の延長において彼は、「技術に関する選択を民主化する」ように、また世界を「再び魔術にかける」ことによって「進歩に意味を与える」ように訴えかけるのである。ブリス・

ラロンドが擁護する他の選択は、厳密な意味ではエコロジーに属するものではないが、それなりに、絶対自由主義的な発想の快楽主義的な政治的エコロジーの一連の主要テーマを全て再び取り上げるものである。つまり（アンドレ・ゴルツあるいはイヴァン・イリッチの選択の延長上にある）人格の自立性の発展、（ギー・アズナールにならった）雇用の分かち合い、余暇活動及び実質収入の成長である。最後に、ブリス・ラロンドは、右派／左派の区分（これを彼は企画の中心に据える）は次第に妥当ではなくなってきているとみなす。従って彼は、他の問題を公開討論の中心に据えようと考える。自然と技術の問題が、彼には何よりも重要であると思われるのである。結論として彼は同胞たちに「政治生活を組み立て直す」ように、また「計画及び堅実な思想の感覚」を取り戻すように促す。一九九〇年にブリス・ラロンドはこうして自らのエコロジー思想に積極介入主義をいくらか加える。しかし彼のエコロジー思想はこのような考え方に対して当初は極めて頑なであったのだ。「エコロジー世代」はこの快楽主義的エコロジーを担っていくことになる。「三千年紀の曙において、我々の世代の運命と自由は新たなる世界、つまり和解した人間、社会、自然を作り出すことにある。『エコロジー世代』は政党ではない。野心的な考えや行動を担った運動の母胎である（……）（原注103）」。「エコロジー世代」は二重の所属を認めており、このようにしてそのメンバーに対して、日常生活及び団体活動に積極的に参加することを同じ様に奨励しようとするのである。全く理屈から言って、ブリス・ラロンドの運動はこのように、選挙に参加することを付随的なものとしか考えていないのである。

創立一年後、「エコロジー世代」は声高にまた強く、自らの組織を運動であると主張し、六八年世代とのつながりを強調する。「二十年（原注104）」と題された記事の中で、「エコロジー世代」は、「敷石の下は浜辺」、「生活を変えること」、「フラワーパワー」などのスローガンは言ってみればエコロジストの要求を表わしているのだと改めて言う。「エコロジー世代」は教条を拒否し、「全」権力ではなく「いくらかの」権力を欲する。新しい左派を組織することにほどなく賛意を表することになる。この六八年後世代的な論は数多くの知識人、政治家及び専門家の注意を惹く。初めの頃、「エコロジー世代」はその活動メンバー（しばしば委員会の責任者）に、ノエル・マメール、マリ＝ノエル・リーヌマン、ギー・アズナール、クリスティアン・ユグロ、フェリックス・ガタリ、ジャック・ロバン、ユーグ・ド＝ジュヴネル、ギー・コノプニッキ、ミシェル・カンタル＝デュパールなどがいることを誇らかに掲げる。政治的エコロジーにヒューマニズムの色合いを与えようという意志と左派への定着が当時、フランスにおけるこの勢力圏に新たなる息吹を与えるのである。「緑の党」は実際、同じ時期に、非常に厳格で仰々しいアントワーヌ・ヴェシュテール（自然主義者で職業は生態系エンジニア）が擁護する、非常に確固としたエコロジストの立場に陣取っている。それに対してヒューマニズム、社会主義、及びエコロジー主義がブリス・ラロンドにおいては結びついているのだ。政治の「党」ではなく、「運動」によって担われたこのような立場こそが後にアルレム・デジールなる人物（八〇年代の反人種差別のリーダー）を惹きつけるのである。しかし他の者にとってと同様、彼にとっても落胆は厳しいものとなる。「エコロジー世代」の中でブリス・ラロンドが独裁的に権限を行使したことは、掲げられた意向とは矛盾し、数多くの人たちが辞めていくこととなった。もう一つの要因がこれらの辞任を説明する。ブリス・ラロンドは年が経つにつれて、当初強く主張していた左派への定着を大いに和らげて中道右派に接近するのである。ブリス・ラロンドは、七〇年代の（政治の将棋盤の左側に位置する）周辺層の推奨から、（彼と全く同様にナショナリズム、国家管理主義、生産至上主義に関して慎重な）中道派の、合意を重んずる知恵の称賛へと移行したのである。その上、「地球の友」の元リーダーは、政治勢力圏を組織するという意向を次第に捨てて、「エコロジー世代」に従来型の政党の役割を与えるようになっていく。

ブリス・ラロンドの考え方が変化する前兆は、エコロジー運動／党に与えられる役割に関しては、かなり早い時期に感じられる。「エコロジー世代」が創設されるよりも前に、ブリス・ラロンドは、政治行動に関してより積極介入主義的な考えかたへと方向を定めていた。一九八八年四月二十二日（アントワーヌ・ヴェシュテールが政治的エコロジーの旗印を掲げて立つのが見られた大統領選挙の第一回戦の二日前）に『ル・モンド』に掲載された論壇がこの変化を予想させる。ブリス・ラロンドは、現職大統領のフランスワ・ミッテランを支持しつつ、その中でエコロジーの活動をいくつか示唆する。しかしこの文章の興味深い点は、全体に行き渡る深い両義性にある。六八年後世代的なエコロジーはすでに抹消されているように思われるが、政治行動に関するより従来型の考え方に賛同するかについてはためらっている。そこでは専門家がエコロジーの問題を技術的に管理することの必要性が、周辺層を保護することの倫理的な配慮に取って代わっている。六八年後世代のエコロジーはもはや議論の対象とはなっていない。同じ機会に、自然に（余りに）も対抗するこの社会に対する敵意の根拠となり、また全ての抑圧された少数派の擁護を正当化していた理論的土台（セルジュ・モスコヴィッシの自然主義）が全て暗黙のうちに放棄されていることがわかる。さらにブリス・ラロンドは、七〇年代の、日常の「生活を変えること」から、政治的積極介入主義へと移行したのである。それ以降彼は世界を変えることを考える。

六八年後世代の、自然主義的、絶対自由主義的な政治的エコロジーとの臍の緒は一九九三年、公式に断ち切られることになる。「第一様式のエコロジストは終わりました。私は統治する側のエコロジストを養成したいのです(原注105)」。運良く、この根本的な方向転換は、一九九三年衆議院選挙が近づいてきた際、当時政治的積極介入主義がきわめて確かなものとなっていた「緑の党」と選挙協定に調印したことと時期を一にするのである。「緑の党」と「エコロジー世代」の間で結ばれたこの協定の前文の第一文を読めば、その起草者たちを駆り立てていた精神の状態を思い描くことができる。「我々は極めて大きな野心を抱いている。人間社会の今現在の展開を転換させること、及び大胆に、かつ想像力を働かせ、いかなる者も道の脇に置き去りにしない未来を創りだすことである(原注106)」。おそらくブリス・ラロンドよりもアントワーヌ・ヴェシュテールの筆によるところの多いこの宣言は、エコロジーの危機の重大さと深刻さを強調する前文の他の部分の厳粛さによって誇張されている。提案されている方策はと言えば、全てのエコロジストたちになじみのものである(比例代表制投票、国民が発議権を持つ国民投票〔現憲法では、国民投票は政府もしくは両院の提案に基づいて大統領の発議によってなされる〕、地方分権化によるフランス社会の民主化、経済と生物圏の和解、分配による不平等の減少、軍事産業の転換など)。「知的及び理論的体系」と政治的「企画」を築くことが「エコロジー世代」にとって今後の課題となる(原注107)。この「運動」はもはや「党」という形容を拒むことはないだろう。ブリス・ラロンドはこの点について、自分の運動の歴史に関して啞然とするような書き替えすらやってしまう。これは現実とほど遠い関連しか表わさないものである。「(……)『エコロジー世代』は、初めから統治する側の党として自らの位置を定めていました。デモをやるのにくたびれていたからかもしれません(原注108)」。

このようにして「エコロジー世代」の創設は、「地球の友ネットワーク」が始めた運動を続けて行なう最後の試みを表わすのである。ブリス・ラロンドは、その出世主義――彼が次々と、ミシェル・ロカール、エドワール・バラデュール、レーモン・バール、(一九九五年の大統領選挙で彼が支持することになる)ジャック・シラク、アラン・マドランなどに接近するのが見られるだろう――と「エコロジー世代」のトップにおいて行なった独裁的なやり方(原注109)により、以後次第に、自分の運動を従来型の政党モデルに合わせていき、また極めて特異な自分の反体制的自然主義の擁護を放棄するようになっていく。

《原注》

1 Cf. MOSCOVICI Serge, *Chronique des années égarées. Récit autobiographique*, Paris, Stock, 1997 ; RIBES Jean-Paul (dir.), *Pourquoi les écologistes font-ils de la politique ? Entretiens avec Brice Lalonde, Serge Moscovici et René Dumont*, Paris, Editions du Seuil, 1978 ：邦訳：『エコロジストの実験と夢』辻由美・訳、みすず書房一九八二年、及び放送《A voix nue》, Serge Moscovici と Pascal Dibie の対談, France-Culture du 5 au 9 avril 1993.

2 エコロジーと自然主義に関する彼の業績(著作及び論文)のうち以下のものを記憶に留めておこう。*La Société contre nature*, Paris, Union Générale d'Editions, 1972, rééd. Paris, Seuil, 1994 ; 邦訳：『自然と社会のエコロジー』、久米博、原幸雄・訳、法政大学出版局、「叢書・ウニベルシタス」、一九八四年〔本文では内容との関連上、

『自然に対抗する社会』と訳してある］。« Nos sociétés biuniques », *Communications*, Paris, Editions du Seuil, 1974, pp. 135-150 ; « Quelle unité : avec la nature ou contre ? », *in* : Morin Edgar et Piatelli-Palmarini Massimo, *L'Unité de l'homme, tome III : Pour une anthropologie fondamentale*, Paris, Seuil, 1974 ; rééd., Paris Seuil, 1978, pp. 286-319 ; « Le réenchantement du monde », *in* : Touraine Alain, présentation, *Au-delà de la crise*, Paris, Seuil, 1976, pp. 137-176 ; « L'écologie considère les sociétés du point de vue de la nature...», Jean-Paul Ribes との対談 : Jean-Paul Ribes, *in* ; Ribes Jean-Paul, *op. cit.,* pp. 49-146 ; *Hommes domestiques et hommes sauvages*, Paris, Union Générale d'Editions, 1974, rééd., Paris, Christian Bourgois Editeur, 1979 ; 邦訳：『飼いならされた人間と野性的人間』、古田幸男・訳、法政大学出版局、「叢書・ウニベルシタス」、一九八三年 ; « Pour en finir avec le bricolage », Daniel Bougnoux との対談 , *Silex*, Grenoble, Presses Universitaires de Grenoble-Silex, n° 18-19, 4e trimestre 1980, pp. 133-139 ; « La nature créée », Marie Moscovici との対談 , *L'Ecrit du temps*, Paris, Les Editions de Minuit, n° 8-9, printemps 1985, pp. 43-64 ; « Les thèmes d'une psychologie politique », *Hermès*, Cognition, Communication Politique, Paris, Editions du CNRS, n° 5-6, 1989, pp. 13-20 ; *Essai sur l'histoire humaine de la nature*, Paris, Flammarion, 1977 ; rééd., Paris, Flammarion, 1991 邦訳：『自然の人間的歴史』大津真作・訳、法政大学出版局、「叢書ウニベルシタス」一九八八年 ; « La polymérisation de l'écologie », *in* : Abeles Marc (dir.), *Le Défi écologiste*, Paris, L'Harmattan, 1993, pp. 15-26.

3 Serge Moscovici, 一九九四年一月三一日における著者との対談。

4 *La Société contre nature*, *op. cit.,* p.200.

5 «Quelle unité : avec la nature ou contre ?», *op. cit.,* p. 289.

6 *Hommes domestiques et hommes sauvages*, *op. cit.,* p. 222.

7 同書、p. 219.

8 同書、pp. 191-194.

9 *La Société contre nature*, *op. cit.*, p. 202.

10 同書、p. 385.
11 « Nos sociétés biuniques », *Communications*, *op. cit.*, p. 143.
12 *Essai sur l'histoire humaine de la nature*, *op. cit.*, pp. 123-127.『自然に対抗する社会』の中にも同様に以下のような興味深い一節が見い出される。「人間は、生き延びようとするなら、自らの動物性と和解し、その絶えず沸き起こる、遺伝的欲求を尊重し、社会においてなす選択をこの方向に修正する以外の手段を持たないのである。」(p. 369)
13 同書、p. 458.
14 *La Société contre nature*, *op. cit.*, p. 294.
15 « Le réenchantement du monde», *op. cit.*, p. 141.
16 討議における発言：«Qu'est-ce que l'écologie politique ? », *Le Sauvage*, 1er juillet 1977, p. 16.
17 同一個所。
18 *In* : RIBES Jean-Paul, *Pourquoi les écologistes font-ils de la politique? op. cit.*, p. 57.
19 同書、p. 58.
20 *Hommes domestiques et hommes sauvages*, *op. cit.*, p. 224.
21 *Pourquoi les écologistes font-ils de la politique?*, *op. cit.*, pp. 100-101.
22 *Essai sur l'histoire humaine de la nature*, *op. cit.*, p. 14.
23 «Quelle unité : avec la nature ou contre ?», *op. cit.*, p. 316.
24 « L'écologie considère les sociétés du point de vue de la nature… », *in* RIBES Jean-Paul, *op. cit.*, p. 141.
25 同書、p. 86.
26 «Quelle unité : avec la nature ou contre ?», *in* : MORIN Edgar et PIATELLI-PALMARINI Massimo, *op. cit.*, p. 315.
27 « L'écologie considère les sociétés du point de vue de la nature… », *in* RIBES Jean-Paul, *op. cit.*, p. 66.
28 同書、p. 68.

29 « La nature crée », *in : L'Ecrit du temps*, n°8/9, Paris, Editions de Minuit, printemps 1985, p. 44.
30 *Hommes domestiques et hommes sauvages*, *op. cit.*, p.51.
31 同書、p. 90.
32 同書、p. 97.
33 « Le réenchantement du monde», *op. cit.*, pp. 152 及びそれ以降。
34 同書、p. 162.
35 同書、p. 169.
36 *Hommes domestiques et hommes sauvages*, *op. cit.*, pp. 28-33.
37 *In* Ribes Jean-Paul, *op. cit.*, p. 108.
38 «Quelle unité : avec la nature ou contre ?», *op. cit.*, p.304. 同様に *La Société contre nature*, *op. cit.*, pp. 87-89, 114-115, 234, 297, 313-314 を参照のこと。
39 «*Quelle unité* : avec la nature ou contre ?», *op. cit.*, p. 293.
40 *La Société contre nature*, *op. cit.*, p. 84.
41 *Essai sur l'histoire humaine de la nature*, *op. cit.*, p. 154.
42 «L'écologie considère les sociétés du point de vue de la nature... », *op. cit.*, pp. 64-65. 同様に、セルジュ・モスコヴィッシは技術を蔑視する人々に組するのを拒んでいることに注意を促したい。「近代の技術が我々から我々の自然を奪うと声高にわめきたてるとき、判断の誤りを犯している。」(*Essai sur l'histoire humaine de la nature*, *op. cit.*, pp. 36-37.)
43 *Essai sur l'histoire humaine de la nature*, *op. cit.*, p. 52.
44 同書、p. 105.
45 *La Société contre nature*, *op. cit.*, p. 380.
46 « Le réenchantement du monde», *op. cit.*, p. 176.

47 *La Société contre nature, op. cit.,* p. 402.
48 *Hommes domestiques et hommes sauvages*, *op. cit*., p. 39.
49 « Pour en finir avec le bricolage», *op. cit.,* p. 135.
50 討議における発言：Serge Moscovici, « La paysannerie, en réserve de quelle civilisation ?» *Autrement*, dossier «Avec nos sabots…La campagne rêvée et convoitée », Paris, n° 14, juin 1978, p. 236.
51 同書、p. 241.
52 « L'écologie considère les sociétés du point de vue de la nature… », *op. cit.,* pp. 127-132.
53 同書、pp. 135-139.
54 討議における発言： « La paysannerie, en réserve de quelle civilisation ?» *op. cit.,* p. 239.
55 *Op. cit.,* pp. 15-19.
56 « Présentation » *in* : Touraine Alain, *Au-delà de la crise*, *op. cit*., pp. 9-20.
57 セルジュ・モスコヴィッシは、一九七七年にピエール・サミュエルの監修のもとに執筆された共同著作の書誌の中に、このように紹介されているが、自然主義者ロベール・エナールに近しい二人、ソランジュ・フェルネクスとアントワーヌ・ヴェシュテールが共同執筆した著作の本文には、彼の反体制的自然主義の痕跡すらほとんど見当たらない。Cf. Samuel Pierre (dir.), *Les Ecologistes présentés par eux-mêmes*, Verviers (Belgique), Marabout, 1977. Favrod Charles-Henri (dir.), *Encyclopédie du monde actuel*, « L'écologie », Paris, Charles-Henri Favrod-Le Livre de poche, 1980, において二ページ (pp. 130-131) がセルジュ・モスコヴィッシにあてられている。そこには彼の自然主義者としての業績の簡明な概観が載っている。Touraine Alain, Hegedus Z., Dubet F. et Wieviorka M., *La Prophétie antinucléaire*, Paris, Editions du Seuil, 1980, pp. 101-102 において、ミシェル・ウィーヴィオルカも同様にセルジュ・モスコヴィッシに言及することになる。
58 Hélène Crié , « Les deux familles de l'écologie française», *Libération*, Paris, 9 novembre 1991.
59 Simonnet Dominique, *L'Ecologisme*, Paris, PUF, 1982, pp. 49, 56-57, 81, 86-87, 123-124. 邦訳：『エコロジー、人

間の回復をめざして』辻由美・訳、白水社「文庫クセジュ」一九八〇年

60 これらの発表の二つの出典を改めて述べておこう。Serge Moscovici, «Nos Sociétés biuniques», *Communications*, Paris, Editions du Seuil, n° 22, 1974, pp. 135-150, et «Quelle unité : avec la nature ou contre ?» *in:* Morin Edgar et Piatelli-Palmarini Massimo, Centre Royaumont pour une science de l'homme, *L'Unité de l'homme*, tome III: *Pour une anthropologie fondamentale*, essais et discussions présentés et commentés par Edgar Morin, Paris, Editions du Seuil, 1974, pp. 286-319.

61 Philippe d'Harcourt, « La nature, problème politique » *in:* Centre catholique des intellectuels français, *La nature problème politique, sommes-nous des apprentis sorciers?*, Paris, Desclée et Brouwer, 1971, pp. 127-142.

62 Cf. 例えば、Luc Racine, «Crise écologique et symbolique de l'apocalypse», *Sociologie et sociétés*, Montréal, Presses Universitaires de Montréal, volume XIII, n°1, avril 1981, その中でも特に、pp. 107-110. リュック・ラシーヌはその中で、著作『飼い馴らされた人間と野性的人間』を「自然主義に関する注目すべき小試論」と形容している。社会学者ジオヴァンニ・ビュジノの方も同様に、セルジュ・モスコヴィッシの主張が社会心理学者や学際性にのぼせた研究者に対してどれほど権威を持っていたかを確証している。Cf. «Nature et artifice dans les sciences sociales», *in:* Fuchs Eric et Hunyadi Mark, *Ethique et natures*, Genève, Editions Labor et Fides, 1992, pp. 81-83. Florence Rudolf の *L'Environnement, une construction sociale*,(Strasbourg, USHS, 1993) と題された博士論文も同様に参照のこと。これはセルジュ・モスコヴィッシの主張を発展させている（pp. 102-135）。その他にもあり。

63 Pascal Dibie, «Moscovici (Serge)» *in:* Julliard Jacques et Winock Michel (dir.), *Dictionnaire des intellectuels français. Les personnes, les lieux, les moments*, Paris, Editions du Seuil, 1996, pp. 810-812. パスカル・ディビは同様に、一九九三年四月五日から九日まで「フランス文化［ラジオ局の名］」でセルジュ・モスコヴィッシに捧げられた一連の対談「生の声で」を制作している点に注目しよう。彼は様々なエコロジー運動の常連である。

64 Alain Touraine, « Limites du nouveau naturalisme » *in*: *La Société invisible, Regards 1974-1976*, Paris, Editions du Seuil, 1977, pp. 31-32. 前の年の一九七三年に、そもそもアラン・トレーヌとしてはすでに同様の視点を擁護する機会があった（*Production de la société*, Paris, Editions du Seuil, 1973, pp. 7-11 et 66）。

65 Touraine Alain, *Le Mouvement de mai ou le communisme utopique*, Paris, Editions du Seuil, 1968.

66 この点に関しては、Alain Touraine, «Notes sur l'intervention sociologique», *in*: Touraine Alain (dir.), *Mouvements sociaux d'aujourd'hui. Acteurs et analystes*, Paris, Les Editions ouvrières, 1982, pp. 14-15 et 12. を参照のこと。

67 『五月の運動あるいはユートピア的共産主義』はマルクス主義の超克とでも言うべき試みである。新しい階級闘争がこの運動を通じて現われるとされている。古い階級闘争は賃金労働者と生産手段の私有者を対立させていた。新しい闘争は今日、社会運動と一種のテクノクラシーを対立させるはずのものである。この新しい階級闘争の争点は決定権ということになろう。この意味で、この社会運動は一種のユートピア的共産主義と似たようなものとなるだろう。しかしこの社会運動が対決するはずの敵は、アラン・トゥレーヌにおいては特に不鮮明な輪郭をまとっている。告発されている機構は全て、経済的政治的権力の匿名化され、合理化され、官僚化された行動手段のようである。逆に、このテクノクラシーである敵に対立する社会運動も全く同様に不鮮明である。決定権を奪われた様々な階層（学生、教員、研究者、技術者など）を集めたものらしい。自主管理がその目標となるようだ。結論として、アラン・トゥレーヌは最後に、読者に対して自分は歴史書を書いたわけではなく、新しい社会闘争の出現を知らせようと考えたのだと告げる。後に彼は、自分の仮定に科学的威厳を与えることによって、自分の社会学者としての能力を直感の役に立てることになるのだ。

68 Alain Touraine, «1. L'enjeu d'une recherche» *in*: *La Prophétie antinucléaire, op. cit.*, p. 11. 同じ意味で、pp. 31-32, 343-344, 347, 356 を参照されたし。

69 Alain Touraine, «Pas de renaissance, une réinvention», *L'Événement du Jeudi*, Paris, 2 mars 1995. 同様に « Une mutation politique », *Le Nouvel Observateur*, hors série, Paris, n° 11, juin, 1992, p. 17 も参照すると興味深いであろう。「(……) エコロジーは、経営者階層や他の社会階層の社会的利益よりも工業化文化に異議を唱えている

から、社会運動の逆である」。

70 Jaulin Robert, *La Paix blanche. Introduction à l'ethnocide*, Paris, Editions du Seuil, 1970：邦訳：『白い平和：少数民族絶滅に関する序論』、和田信明・訳、現代企画室一九八五年（インディアス群書、第四巻）

71 Jaulin Robert（本文及び資料の収集）*L'Ethnocide à travers les Amériques*, Paris, Librairie Arthème Fayard, 1972.

72 Jaulin Robert（選）, *La Décivilisation. Politique et pratique de l'ethnocide*, Bruxelles, Editions Complexe, 1974.

73 Lévi-Strauss Claude et Eribon Didier, *De près et de loin*, Paris, Editions Odile Jacob, 1988: 邦訳：『遠近の回想』竹内信夫・訳、みすず書房、一九九一年

74 特に、Clastres Pierre, *La Société contre l'Etat. Recherches d'anthropologie politique*, Paris, Les Editions de Minuit, 1974：邦訳：『国家に抗する社会：政治人類学研究』渡辺公三・訳、白馬書房、一九八七年を参照のこと。

75 Lalonde Brice et Simonnet Dominique, *Quand vous voudrez*, Paris, Les Amis de la Terre-Jean-Jacques Pauvert éditeur, 1978, に再録された文献 (pp. 211-215)。

76 «Quand Indiens et écolos font sentier commun»；これは『エコロジー』によるとフランスのエコロジストたちとアメリカ先住民たちの運動のヨーロッパにおける代表者たちによるものである。*in :* *Ecologie*, Montargis, n°343, 15 février 1982, p. 8.

77 Dominique Voynet, ジャン＝ポール・ミュロによる引用。Jean-Paul Mulot, «Celle qui fait de l'ombre à Waechter», *Le Quotidien de Paris*, 17 novembre 1992.

78 ブリス・ラロンドの伝記資料は、以下の著作から抜粋。Brice Lalonde, «Nous nous bagarrons pour des urgences... », *in :* Ribes Jean-Paul (dir.), *Pourquoi les écologistes font-ils de la politique ?*, Paris, Editions du Seuil, 1978, pp. 17-47 ; Lalonde Brice, *Sur la vague verte*, Paris, Editions Robert Laffont, 1981 ; Pronier Raymond et Jacques le Seigneur Vincent, *Génération verte. Les écologistes en politique*, Paris, Presses de la Renaissance, 1992, pp. 139-159 et 171-187 ; Brice Lalonde, « Les origines du mouvement écologiste », *in :* Abeles Marc (dir.), *Le*

Défi écologiste, Paris, L'Harmattan, 1993, pp. 33-40 ; Daniel Boy, « Lalonde Brice », *in* : Sirinelli Jean-François (dir.), *Dictionnaire historique de la vie politique française au XXe siècle*, Paris, PUF, 1995, pp. 561-563.
79 Lalonde Brice et Simonnet Dominique, *Quand vous voudrez*, Paris, Amis de la Terre-Jean-Jacques Pauvert éditeur, 1978.
80 同書、p. 66.
81 同書、p. 144.
82 同書、p. 192.
83 Lalonde Brice, *Sur la vague verte*, Paris, Editions Robert Laffont, 1981, pp. 50-51.
84 インタビュー。*Libération*, Paris, 9 février 1990.
85 M.‐Th. フクスが引用。Brice Lalonde, cité par M.-Th. Fuchs *in* : *Dernières Nouvelles d'Alsace*, Strasbourg, 24 juin 1990.
86 Brice Lalonde, « Quelle nature voulons-nous ? », *Les Cahiers Convaincre*, Paris, n°1, novembre 1990, pp. 7-9.
87 Antoine Waechter cité par S.P., « Waechter-Lalonde, dans leur numéro de Verts ennemis », *Libération*, Paris, 26 juin 1990.
88 Brice Lalonde, « Ecologisme et tactiques politiques », *Cadmos*, Genève, n° 5, printemps 1979, p. 45.
89 同一箇所。
90 同書、p. 50.
91 同書、p. 51.
92 *Aujourd'hui l'écologie. Le pouvoir de vivre. Le projet des écologistes avec Brice Lalonde*, Montargis, *Ecologie mensuel*, n°spécial, mars 1981（三〇〇ページ近い文庫本の形で刊行）.
93 Hervé Alain, *L'Homme sauvage*, Paris, Editions Stock, 1979.
94 «La terre a besoin d'amis, les Amis de la Terre ont besoin de vous », publié *in* : Centre national pour une science

de l'environnement, *Perdre sa vie à la gagner. Compte-rendu d'un colloque sur l'emploi et l'environnement*, Paris, Amis de la Terre, Jean-Jacques Pauvert éditeur (Société nouvelle des Editions Jean-Jacques Pauvert), 1977, pp. 127-128.

95 例えば、*Ecologie : détente ou cycle infernal*, Paris, UGE, 1973 ; *Le Nucléaire en questions*, Claude -Marie VADROT, との対話。Paris, Editions Entente, 1975 (rééditions ultérieures) ; Yves GAUTIER et Ignacy SACHS との共著 : *L'Homme et son environnement*, Les Encyclopédies du savoir moderne, Paris, Retz-CEPL, 1976 ; *Les Ecologistes présentés par eux-mêmes*, Verviers, Marabout, 1977.

96 LALONDE Brice et SIMONNET Dominique, *Quand vous voudrez, op. cit.*, p. 170.

97 « Texte d'accord du Réseau des Amis de la Terre », *in* : LALONDE Brice et SIMONNET Dominique, *Quand vous voudrez, op. cit.*, pp. 224-234.

98 SIMONNET Dominique, *L'Ecologisme, op. cit.*, pp. 123-124. エコロジー思想にささげられたこの「クセジュ文庫」の第四版は、以前あれほど称えたセルジュ・モスコヴィッシの自然主義の長所を完全に黙殺していることに留意したい。彼は、その一部が「自然と文化の和解」に充てられている(pp. 122-123)最終章へ追いやられている。一九九四年に、ドミニク・シモネは結論として、「エコロジー主義はヒューマニズムである」と噛んで含めるように言うのだ。全く別の自然主義的観点を提供する、ロベール・エナール及びそれを継ぐアントワーヌ・ヴェシュテールの保守主義的自然主義、そして「ディープエコロジー」が舞台の前面に登場したことが、おそらくはこの根本的で意味深い修正の説明となるだろう。

99 数多くの傍聴者がこれらの論争を書きとめている。Cf. 例えば、Claude JOURNES, « Les écologistes, l'Etat et les partis», *in* : BACOT Paul et JOURNES Claude (dir.), *Les Nouvelles Idéologies*, Lyon, Presses Universitaires de Lyon, 1982, pp. 45-72 ; PERROT Chantal, *Les Mouvements écologistes face à l'action politique*, mémoire pour le DEA d'études politiques, jury présidé par Roger-Gérard Schwartzenberg, Paris, Université Paris-II, 1979 ; SORNETTE Christian, *La Question des médiations politiques dans les mouvements écologistes et féministes*, thèse de 3e

cycle dirigée par Jean-Marie Vincent, septembre, 1980, Paris, Université de Paris-Ⅷ ; SAINTENY Guillaume, *La Constitution de l'écologisme comme enjeu politique en France. Mobilisation des ressources et stratégie des acteurs*, thèse de doctorat en science politique dirigée par Pierre Birnbaum, Paris, Université Paris-I, 25 mars 1992（中でも特に六六四―一二〇六ページ。しかしながらアラン・トゥレーヌの「地球の友ネットワーク」に対する役割が過大評価される一方、セルジュ・モスコヴィッシの役割が大幅に過小評価されている点は惜しまれよう）。

100 「イタリア急進党」に関しては、le dossier «Parti radical italien ? », *Nouvelles radicales*, Bruxelles, octobre 1986 ; brochure « Pour un parti transnational, les Etats-Unis d'Europe, la non-violence, le droit à la vie et à la liberté », supplément à *Nouvelles radicales*, Bruxelles, août 1987, を参照のこと。

101 Cf. le n°spécial de *Combat Nature* consacré à la liste « Entente radicale écologiste européenne», Périgueux, n° 63, juin 1984.

102 Brice LALONDE, «Editorial», *Après-demain*, Paris, n°326, juillet-septembre 1990, pp. 3-5. これらの主要な点は次の資料に再録。« La Charte de Génération Ecologie ; le mouvement de Brice Lalonde», Paris, Génération Ecologie, 日付なし。しかし一九九五年に発表。

103 « La Charte de Génération Ecologie, le mouvement de Brice Lalonde », *op. cit.*, p. 4.

104 無署名記事、« 20 ans », *Génération Ecologie*, Paris, n°7, juin 1991.

105 インタビュー：Brice LALONDE, entretien au *Journal du Dimanche*, Paris, 12 septembre 1993. 一九九三年九月に発表されたこの宣言は、実はこの年の初め以来固まっていた根本的な方向転換を暗に確認するものである。実際、何度もブリス・ラロンドは、政治的積極介入主義の効果を折に触れて称えていた。このことの例証は、彼が一九九三年に、『惑星地球を救うこと：エコロジーと人間精神』と題したアメリカ副大統領アル・ゴアの著作のフランス語版に宛てた序文の中に見い出されるだろう。何食わぬ顔でブリス・ラロンドは、政治において意思が戻ってきたこと、及びアメリカ合衆国で「大いなる意図」が描かれつつあることを喜ぶのである（cf.

Brice LALONDE, «Préface » *in:* GORE Al, *Sauver la planète Terre. L'écologie et l'esprit humain*, 1992, trad. fr., Paris, Editions Albin Michel, 1993, p. 8)。

106 Accord entre les Verts et Génération Ecologie reproduit *in : Ecologie politique*, Paris, n°5, hiver 1993, p. 78.

107 Brice LALONDE, « Discours de clôture (extraits) », *La Lettre de Génération Ecologie*, Paris, n°8, juin 1993, pp. 13-15.

108 Brice LALONDE, «Nous avons à essayer de faire naître le rassemblement des réformateurs de l'an 2000 !», *La Lettre de GE*, Paris, n°spécial Université d'été, septembre 1994, p. IV.

109 例えば、以下を参照のこと。Daniel BERNARD, « Balladur fait des vagues chez les écolos », *Le Quotidien de Paris*, Paris, 23 février 1994 ; Vanessa SCHNEIDER, « La justice annule le coup de force de Lalonde au sein de GE », *Libération*, Paris, 23 novembre 1994 ; Didier HASSOUX, « Lalonde vote Barre », *La Croix*, Paris, 30 décembre 1994 ; Vanessa SCHNEIDER, « Lalonde tresse des lauriers à Chirac », *Libération*, Paris, 14 avril 1995 ; Dominique FOING, « Brice Lalonde en pince pour Madelin », *L'Evénement du Jeudi*, Paris, 26 décembre 1996.

第二章　保守主義的自然主義

セルジュ・モスコヴィッシが反体制的自然主義の手ほどきをしているのと時期を同じくして、ロベール・エナールの方は、保守主義的自然主義を理論化していた。これは自然環境の保護団体に馴染み深いものとみなすことができる。そもそもこれらの団体の多くが彼の書いたものの中に自分の姿を認めたのである。

ロベール・エナールの保守主義的自然主義

一九〇六年ジュネーヴに生まれたロベール・エナールは、「ジュネーヴ芸術学校」に通い、そこで彫刻家の職の初歩を学ぶ。彼はそれから何百もの彫刻や版画を制作し、何千ものデッサンを描いたが、その大部分は彼の自然主義的情熱を反映している。彼は数多くの国々で展覧会を開く（ワルシャワ、モスクワ、ロンドン、パリなど)。彼はすぐに、自然主義者たちの世界で国際的な評判を享受する。主に彼の論文を発表する自然主義の新聞雑誌(一般には鳥類学及び哺乳類学の雑誌)は今日数百にも上る。一九三八年、このスイスの自然主義者は、東ヨーロッパの知識を深めたいと思っていたところが、ブルガリアのボリス国王に個人的に招かれ、国王は彼を二週間泊める。とはいえ政治的問題はほとんど彼の関心にはない。しかしロベール・エナールは単なる現場の自然主義者ではない。一九四三年、彼は地味だが論争調に『それで自然は? ある一人の画家の考察』と題された彼の最初の著作を世に出すが、これは厳密な意味での自然主義者の領域をはみ出して、哲学的問題に真正面から取り組むものである。この本は、確かに脈絡はないが、それでも議論の対象となる理論的業績の最初の道しるべを成すものである(原注1)。『それで自然は?』において、独学者ロベール・エナールは哲学者であるところを見せ、才気煥発にカントやベルクソンを論じる。経済、仕事、理性などの様々な偶像崇拝がそこでは厳しく批判される。そして一つの倫理が素描される。しかし節によっては、この著作は読むのが苦痛である(コスモポリタニズムに対する憎しみなど)。それでもアンリ・ド=ジーグレールという第一線に立つスイス人大学教員が序文を添えている。そして第二版はフランスWWF(世界自然保護基金)のジャン=フランスワ・テラスによって序文をつけられることになる。認識論学者フェルディナン・ゴンゼットの方は、一九四六年、ロベール・エナールの二番目の著作『自然とメカニズム』に長い序文を提供することになる。これはそれ以来二度にわたって再版される(そしてさらに大学教員でエコロジストのフィリップ・ルブルトンによるもう一つの序文を加えられる)。フェルディナン・ゴンゼットはその中で、緊張状態にある二つの極に関するエナールの理論は、認識論学者として彼が確証したことにつながると述べている。さらに彼は、「チューリッヒの対談」にこの自然主義者を招き入れることになるのだ。一九四八年には、ロベール・エナールは『ヨーロッパの野生の哺乳類』と題された二巻からなる著作を発表して、自然主義の舞台の前面に戻ってくる。何年にも渡る研究の結実である、この教育的使命を担った著作は、その序文を書いたフランスワ・ブルリエール教授の言うところを信じるならば、やがて自然主義が準拠する手引きとして不可欠なものとなる。著作の威光はその著者にも及び、彼は次第に、自然主義者として専門の新聞雑誌さらにはそれを超えたところでも（『ジュネーヴ新聞』など）意見を述べることを求められるようになる。ロベール・エナールはまたいくつもの自然主義団体の会員でもある。例えば彼の姿は、一九八九年には、「野生動物保護協会」の支援委員会において、あるいはメディアで盛んに取り上げられる、テオドール・モノ主宰の「狩猟反対者連合」の名誉委員会において見られる。しかしこうした自然主義者としての名声をもってしても、彼に対して全ての扉が開かれるわけではない。ロラン・ド＝ミレールはロベール・エナールに奉げた著作の中でそのことを悲しんだ（原注2）。一九六七年に現代芸術に対して極めて厳しく軽蔑的な試論『イメージの擁護』をラ・バコニエール社から出したにもかかわらず、ロベール・エナールは、一九六九年新たに名声を確立する。ジュネーヴ大学が彼に名誉博士の称号を授与するのである。この新たなる称号は彼に新たなる威信を与えることになり、これは彼の著作がいくつか再版され、また新しいものが出版されることによって裏付けられる。一九八八年、『野生の世界』についての彼の本に作家ベルナール・クラヴェルによって序文がつけられることになる。一九九一年には共著の小選集『ロベール及びジェルメヌ・エナールをめぐる証言』が出る。哲学者ジャンヌ・エルシュはその中で、自分は常にこの自然主義者の思想の力強さに感嘆していたと打ち明けるが、しかし〔彼においては〕どうにもならない違いが人間と動物を隔てていると評している。

逆説的だが、ロベール・エナールは、政治の分野においてはごくわずかにしか出てこない。彼は自分の著作の中で、仄めかす程度にしか政治には触れていないのである。それは、彼が登場した頃の政治的エコロジーの絶対自由主義的な色合いが、彼が自然主義者として確証したことにほとんど繋がらなかったからである。彼が参加している政治的宣言は非常に数少ない。たとえば一九七一年にエコロジー平和主義者ジョルジュ・クラソヴスキーが出した「人間の生き残りのための宣言」に署名している。彼の政治的影響力は間接的なものに過ぎず、政治に打ち込んでいる彼の崇拝者たちの仲立ちによって行使される。自然と文化の「補い合う倫理」を擁護するロベール・エナールは、もっと徹底的な問い直し（人間中心主義や「環境」の概念の見直し）に、経済情勢のための方策が取って代わることが多すぎると嘆く。彼がまれに政治の領域に入り込んだ場合には、その徹底性（デカダンスに対するおそれ、極左主義や同性愛に対する敵意、家族の賞揚、抽象及びシュルレアリズムの告発など）によって異彩を放っている。「私がこれほどまでに自然を愛するのは、自然が、その中の全てが密接に結びついていながらも異なっており、全てが己の位地にある広大な構造だからである。己の位地に留まるべきである。多くの人間たちが、神の位地につこうとしたがために死ぬことになるだろう（原注3）」。極左主義と自然保護が絡み合うことが彼には面白くない。生は美しいかもしれないが、厳しいものである。生が、西洋で言い表わされているように、人権を確固たるものにするかどうかは定かではない。左よりの教育を受けてはいるが、極左に対しては激しい敵意を抱くロベール・エナールは、自分は「右でも左でもない」と宣言したが、それでも無政府主義が、社会の重苦しい拘束を自然状態の拘束に置き換えようと考える時、これを好意的な目で見る。一九八八年、ロベール・エナールは、彼の崇拝者の一人に短いが重要な後書きを進呈した。「あるエコロジー思想が機械的に賛同しているある極左主義が、抑圧的とみなされた組織をむやみに非難している。根本的な誤りである。組織は開放するのだ。形のない塊の方こそが呑みこみ、押しつぶすのだ（原注4）」。そしてこの擁護文を一つの予言によって終える。これは彼の著作を政治的に読むことを正当化するものである。「このように、野性的で自由な自然は社会改革の目標となるだろうが、また原動力ともなるだろう」。ロベール・エナールに近い自然主義者たちは、単なる団体の活動家として政治権力によって評判を貶められていることに苛立って、彼の主張をもっと遠くまで、つまり政治的レベルまで持っていくことになる。最初に政治的エコロジーをフランスで、いや世界で開始することになるのは、ロベール・エナールの友人たち（フィリップ・ルブルトン、ソランジュ・フェルネクス、アントワーヌ・ヴェシュテールなど）である。彼らは長いこと彼の哲学をよく知っており、すでに六〇年代の終わりから機会があればそれを論じている。非公式の検討委員会「ディオジェヌ」〔＝ディオゲネス：紀元前四一三から紀元前三二七まで生きたギリシャのキニク派哲学者の名。彼は一切余分な物を持たず、社会慣例を無視し、節制した自然な生活を追求した。〕がまさに七〇年代の初めに彼らを集結させていた。こうして、どの自然のためにロベール・エナールはこのように戦うつもりなのか、そしてどの程度政治的要素はこの目標によって影響されるのかを今や検討しなくてはならない。

ロベール・エナールの保守主義的自然主義は、西洋で共通して分かち持たれている考えに基づいている。文化は自然に対立するというものである。従って、このスイス人自然主義者は、同時代人たちに、征服的なヒューマニズムを抑えて、この自然界に対する支配を制限するよう提言することとなる。

自然の他者性

ロベール・エナールは実際、対立によって進行する自然という定義を提唱する。つまり自然と文化は本質的に排除しあうというものである。「このように生きた世界を感じることは、自然を感じることである。自然とは、我々の外の生であり、それ自身で動く世界である。それはまさに最も聡明な活動、最も効果的な組織でも生み出すことができない全て、成長するのを辛抱強く待たなくてはならない全て、いたわり、尊重し、保存するしかない全てである（原注5）」。この定義は従って、はじめから訓戒までも含んでいるのである。自然の他者性は、本質的に人間世界に対立するものであり、これに同調するようには定められていない。人間は、自然の世界を自分に従わせる正当な権利を必ずしも持ってはいないのである。自然は人間なしで生きており、これゆえ尊重されるに値する。自然は人間に仕えているわけではなく、従って人間には、自分の意のままに自然を支配したり抑えつけたりする権利などまったくないのである。ロベール・エナールが提唱するこの自然の定義は非常に全般的なものであるように見えるかもしれない。しかしよく考えてみると、人間に属するものと、人間にはあくまで根本的に異質のものとの間に引いた非常にはっきりした境界ゆえに、この定義は非常に厳密である。従って他のいかなる意味にもとらぬように用心しなくてはならない。この定義をごくわずかに曲げただけで、たとえば馴染みの世界に移った人間の仕業（田園、産業、家内工業など）を含みがちであり、重大な結果をもたらすことになり、しまいには手つかずの自然の保護を無に帰してしまうかもしれない。「そうなると、産業に対して自然の破壊を責めることはもはやできなくなるのである(原注6)」。それで「好きなように物事を裏返してみるがよい。そうすると『自然』という言葉が、人間の作らなかったもの、人間のシステムの外で生きているものしか意味しえないことがわかるだろう(原注7)」。このように仮定すると、農民は手つかずの自然を自分の生産過程に従えるという点で、それを破壊する最初の人間である。ロベール・エナールのいう自然が、セルジュ・モスコヴィッシのいう自然とはるかに隔たっていることは、明確である。そもそも、モスコヴィッシは、化学製品のいくつかは我々の現在の自然から生じた結果にすぎないと考えるまでに至ることを思い出してほしい。このような考え方は、エナールの哲学を分かち持つ者にとって全く理解しがたく馬鹿げているのである。

自然がその誇り高き処女性によって定義される以上、このような仮定において、自然保護の政策を定義することはそれほど難しくない。ただし、この厳密さゆえにロベール・エナールは、「環境」保護のことを持ち出すのは激しく拒否することになる。実際、この概念は、人間を自然の主人かつ所有者として据えるものであり、こうした見方において自然は思う存分こき使われるものとなるのだ。自然の世界はロベール・エナールの目にはもっと価値のあるものである。せっついて気晴らしをする人間のための単なる遊園地ではない。自然の世界は、存在するという事実によって、尊重されねばならないのであって、軽んじられることを正当化するものは何もない。「我々が自然を愛するなら、それを守るという処置しか自然が我々に残した余地はありえない。自然が定義上(私の定義だが)それ自身で、我々の行為の外で生きるものであるからには、我々は自然をなすがままに放っておく以外何もできないのである（原注8）」。このように一つの型の倫理が、自然の世界を尊重しようという呼びかけを根拠付けているようである。

ロベール・エナールの著作における、自然の他者性を尊重しようというこうした呼びかけは、自然の世界に対する魅惑のようなものから生じているように思われる。自然の世界の豊かさは、書き表わすことのできない混沌、もしくは全ての全てに対する野蛮な戦争とは程遠いものであって、人間の理解力を超えており、根気をもってしか捉えられないのである。この点に関して、ロベール・エナールは、自然の世界を幾つかの有理方程式に還元しても無駄であると判断する。人間は、この連関した世界が複雑であるということ、活動を目的として練り上げられた合理的抽象化は決してこの現実を完全には明らかにするに至らないで、その具体的な部分はすっぽり抜け落ちてしまうだろうことを認めるよう求められているのである。理性と直感、分析的視点と包括的アプローチが、現実を捉えるには組み合わされねばならない。このスイス人自然主義者は、自然の世界を形容するのに「奇跡」を持ち出すことまでする（原注9）。このような形容の仕方は不器用に見えるかもしれない。奇跡は、ものごとの自然な流れに背くという点で、実際、超自然的な権威を想定している。そうするとこの超自然的な権威こそ崇めなくてはならないということになり、それは自然を軽んじることになるだろう。スイス人自然主義者が読者を導いていくのは明らかにこのような視点ではない。こうして我々は、現場の自然主義者というものが実際的に練り上げる理論がおよそどのようなものとなるかを暗示的に目の当たりすることになる。

ロベール・エナールの感嘆を惹き起こす複雑な自然は、従って主にその有機的自発性と非合理性によって現われる。そこから結果として、人間の活動は逆にその技巧と合理性を特徴とするということが導き出されよう。それはまさに早い頃からロベール・エナールにとって明らかなこととなっている。「もし私が世界を二つの部分に分けるとすれば、一つは合理化された世界であり、もう一つは非合理の世界、自然であるということだ（原注10）」。しかし自然の世界に魅惑されていても、彼は人間の世界を拒絶するようにはならない。じきに分かるが、彼は人間の世界の有用性と正当性を認めているのである。それは、彼が理論上、人間を自然の中に再び置いて、近代世界を考え直すことを望んでいるわけではないのと同様である。自然／文化という対立は定義上のものであって、闘うべき敵を示しているわけではない。二つの世界は正当なものであり、補い合ってすらいる。「自然と文明を分け隔てることはできないが、それでも両者は、ただ一つの現実の二つの極のように真っ向から対立している。文明は人間を自然の状態から引き出すものであり、また自然はそれ以前に、あらゆる文明の外に存在するものであるから、両者は定義上対立するのである（原注11）」。これら二つの極は従って、スイス人自然主義者に言わせると、緊張状態にあるが、同様に正当であり、尊重されるに値するのである。よって、一方が他方を否定するためでなく、二つの極が補い合うために働かなくてはならない。「そして特に、我々自然の擁護者の間で（……）、人間を自然の真っ只中で生活させるべきだなどと考えたことは一度もないのであって、人間が自然を知り、じっくり見るようにするということなのだ。自然の擁護者は自然への回帰の喧伝者ではない。彼らは、それぞれが精彩を失うように混ぜこぜになることではなく、同じく活力のある二つの極の間の緊張を維持することを強く勧めるのである（原注12）」。

具体的には、このような自然の擁護は例えば自然公園つまり人間の干渉から保護された空間の政策という形をとることもありうる。この空間は、整備された自然すなわち田園とは異なる。田園には人間の跡が認められるからである。すでに強調したように、農民は、農民に対してほとんど敬意を抱いていないスイス人自然主義者に斬って捨てられる。ロベール・エナールは農民に対して非常に厳しい言葉を用いる。それに対して企業家、技術者の方は必ずしも自然の敵対者ではない。

合理主義と合理主義的全体主義

ロベール・エナールは従って、人間を延々と責めたてるわけではない。彼は、人間が厳しくまた時には過酷な（病気、飢饉など）自然の世界から抜け出そうとするのは全く正当なことだと判断する。彼は、人間が自分の理解力を使う権利を否認しないし、また人間が自分の都市を築くのを禁ずることもしない。そのようなことをすれば、万一の場合、人間から自分自身の一部を奪い取ることになるだろう。それは合理的な部分であり、それが非常に発達していることが、生物界のその他に比べて人間の特徴となっているのである。しかし理性は現実を全て捉えようとすることはできない。現実とは動的で、有機的で非合理的な現われ方をするものであり、このような現実と専ら合理的なアプローチ方法との間には、言わば嚙みあわぬものがあるのだ。従って時にはこのアプローチに微妙な含みを持たせなくてはならない。

世界に対する、専ら合理的なアプローチ方法は、文句のつけようのない切り札を出してくる。行動を可能にする、うわべの分かりやすさを与えてくれるのだ。合理主義は、こうした視点から見ると、人間にとって役に立つ救いとなる。しかしまたこの仮定では、限定された目的に役立つ、何よりも道具としての性格も持っていることになる。図式的に世界を理解して、その一部の側面をどうにか制御するという目的である。「我々の理性は、働きかけるのに、また明確で限定された結果を得るのに役立つ道具である。我々は、物事を我々の理性に適応させ、その図式の中に入れることによってしか物事に働きかけることはできない（原注13）」。

彼はこのように理性を称えているが、その意味をとりちがえてはならない。ロベール・エナールが理性に与える役割は最も限定的な部類に入る。この理性というのは道具にすぎない。それは人間が自分の存在、生成、実存について問いめぐらすのに用いる理性ではない。人間が自分の歴史を打ち鍛えるのに用いる理性でもない。この理性は、スイス人自然主義者に言わせると、何よりも知識の方法なのである。それには、世界の不可思議な本質を我々に明らかにしてくれる力はあくまでもないのである。人間には、自分の概念的な範疇を生物界にあてはめて、現実のものを余すところなく説明しようなどと言う正当な権利はない。というのも現実は機械的な構築物ではないからである。従ってその限界を意識してのみ、理性はこの複雑な世界の中で我々を導くことができるのである。

このように、ロベール・エナールが合理主義を非難する時、時には少しやり過ぎたかもしれないと認めるほど彼が攻撃するのはその覇権であって、合理主義そのものではない。スイス人自然主義者は、非常に早くから、人間活動の中には軽んじすぎたものもあると後悔するほどであった。彼は「数学が量の技法であることを、言葉が概念の技法であることを、機械工学が図式化された運動の技法であることを、産業がまた生成を図式化することを不当に非難（原注14）」したことを認めたのである。というのもこのように有機的なもの、非合理的なものの側に立ち、人間の特性ということになる技法に対立するということは、特に人間的な部分を否定することに等しいからである。ところでこのようなことは、二つの極（人間／自然）が補い合うために闘うスイス人自然主義者が追い求める目的ではない。真実は生の二つの極（理性と感覚）の、統合ではなく均衡にあるのだ。「知性とは、理性と感覚、経験の和解である（原注15）」。そしてこの公理を振りかざして、ロベール・エナールは頑固者たちを追及するのである。機械工学に対する情熱とは？　それはしばしば異常者、それどころか無道徳者という事実であろう。主知主義及び合理主義とは？　それは精神が弱いというしるしであろう。我々の合理化された世界とは？　それのせいで、いつの日か我々は馬鹿になるだろう。理性の実用面での成功は、その覇権を正当化しない。このような覇権は不当なのだ。「理性のおかげで、我々は幾つかの実に驚くべき実用面での成果に達することができたが、理性は謙虚さというものを全て損なった。理性は単純で絶対的な概念を望む。理性は極端へと赴くが、それに対して生は幾つかの動く力の間の不安定な均衡である（原注16）」。合理主義の原理主義者は世界の中に、巨大な機械仕掛けしか見ない。そしてこのような魔術から解かれた世界こそが、感覚的なもの、非合理的なものを（形而上的あるいは歴史主義的な）遠い世界に追いやってしまうのである。ラミュ〔シャルル＝フェルディナン：一八七八～一九四七：スイス人フランス語作家。その自然主義的傾向は超自然的な神秘性を伴う〕及びカレル〔一八七三～一九四四：アレクシス：フランスの外科、生理学者。彼の優生学的思想は批判を呼び起こす〕を参照し、ベルクソン〔一八五九～一九四一：アンリ：フランスの哲学者。主知主義、実証主義に異を唱え、直感を重視する〕を引用しつつ、ロベール・エナールはこのことを嘆く。

今日、ある種の保守主義を推奨し、積極介入主義の放棄を正当化するあらゆる政治思想の常套句である、（ものごとの）「複雑性」（原注17）は、自然主義及び生物学の世界から直接生じた概念である。この概念は、ロベール・エナールにおいては、感覚的、有機的、非合理的現実と、人間が現実を首尾よく完全に明らかにしようとして、それに与える合理的な像とを隔てる距離を表わしている。一方では、多様でつかみ所のない特性を備えた、常に逃れていく現実が目の前に生じ、他方では、この現実を量的に整理しようという骨の折れる試みが現われる。現実と理性は還元できないものであるから、それならば現実を恣意的に切り抜くよりも、それを自分に浸透させようと試みなくてはならない。こうして、知識人は、現実を切り抜く傾向があるだろうから、現実を捉えることに失敗するだろう。それに対して農民や職人は成功するであろう。しかし人間はいかなる幻想も抱いてはならない。現実の断片しか捉えるには至らないであろうから。「理性は、孤立したものを並べ、それらの間の関係がどのように打ち立てられるかを問う。しかし現実には、全体が部分に先行するのであって、どのように区分がなされるのかを問わなければならない（原注18）」。この複雑な世界には様々な段階がある。従って動物から人間に至るまで、連続性が確かにあるのだ。どちらも生物界に属する。人間が動物と異なるとすれば、単にその神経系統が最も発達しているということによる。しかしこのように異なるからといって、動物の世界と根本的に隔たっているということにはならない。全ての生物は有機的世界の一部を成しており、この世界の動く豊かさは常に合理的分析から漏れてしまうことだろう。世界を考えるということは、この包括的な連絡を考慮に入れるということも意味する。ならばこの計り知れない現実を前にして、行動を一切あきらめなければならないのだろうか。この点に関して、ロベール・エナールは反発する。彼は、行動を放棄して、「受動的になる（原注19）」人々の部類ではないと断言するのだ。スイス人自然主義者は、偶像に祭り上げないという条件で、あくまでも理性と抽象にしっかりと執着している。というのも生、つまり「この複雑な現象（原注20）」は、分析と統合を組み合わせる包括的なアプローチを必要としているからである。

自然の世界への包括的なアプローチに賛意を表するということはまず、理性はその巧妙さによって自然の創造の力には決して並ぶことができないということを忘れないことを意味する。結果として、人間は分析と統合の能力、理性と本能を巧みに組み合わせなくてはならないということになろう。世界は複雑であるのだから、思考も複雑でなくてはならない。理性を締め出してはならないが、大胆すぎる知的構築は警戒しなくてはならない。

こうした論理において、ロベール・エナールは勢力〔力を及ぼすこと〕を所有〔とりつかれること／とりつくこと〕に対立させる。勢力とは、自分の図式を自然に押し付けようとする人間の意志を表わすと考えられる。所有の方はといえば、世界と結びつこうとする意思を示すと考えられる。「基本的な姿勢が二つある。一つは、ものごとを自分に合わせること、物質を行動へと、具体的なものを抽象的なものへと曲げることである。もう一つは、自分を世界に合わせることである。一つは支配することで、もう一つは熱愛することである。これら二つの姿勢は分かつことができず、またいかなる行動の中にもある。しかし一方もしくはもう一方のどちらが勝るかによって、目指す方向は逆である。一方は科学であり、他方は芸術である（『科学は勢力を目指し、芸術は所有を目指す』）（原注21）」。ところで現代文明は、過度に科学、つまり勢力を重視する。ロベール・エナールに言わせると、現代の思考は、世界を、中立のメカニズムによって調整される、自分の力で動かぬ、生命のない物質に還元してしまったがゆえに、彼が我々の現在の社会において見抜いているニヒリズムがますます広がってきていることに対して大いに責任がある。勢力を求めるがむしゃらな競走は、おそらく人間の行動する力のペースを落としたであろうが、その結果は不確かである。このことは、人間が世界に対する余りにも合理的なアプローチに過剰な信頼を寄せたことに由来する。「一つの観念とは、一つの現実の便利で持ち運びできる記号にすぎない。一枚の紙幣が百キロの小麦粉を表わすようなものである。余りにも便利で、余りにも軽い記号（原注22）」。しかしそうなると、現実は人間たちに捉えられないのではないだろうか。ロベール・エナールの名目論〔一般的、抽象的概念は存在せず、名称、言葉にすぎないとする考え方〕は、人間が世界の形を変える可能性に関して、楽観的な見通しを全く許さない。スイス人自然主義者は、例えば「余りにも大きい、潤いのない、非人間的な、情け容赦のない（原注23）」組織は観念の上に打ち立てられること、そして観念論は工業化及び合理化から生じることを指摘する。「我々は黙示録の真っ只中に生きている。我々は全てをひっくり返したいと思い、それから我々の軽はずみで支離滅裂な行為の結果を前にして、我慢ならなかったことが失われた楽園に思われ、そしてそれほど変えるべきことはなかったのかもしれないということ、また可能性はとにかくかなり狭まったものであることに気が付くのである（原注24）」。当たり前の結論が生じる。つまり軽率な思弁や知性による構築によって具体的なものから離れないよう気をつけなくてはならないということである。しかしそれは現代社会がとる方向ではない。現代社会はさらに、労働者を歯車装置の位地へ追いやって、テイラーシステム（アメリカの技術者フレデリック・テイラー（一八五六〜一九一五）の発案による、工場労働者の勤務時間、賃金を管理する科学的経営管理システム）の犠牲者としているのだ。ロベール・エナールが、根こそぎ、抽象化、理論を優遇する現在の教育に対して、この上なく慎重な態度を取っていることを強調する必要があるだろうか。「私はあえて、自分が多くのことがらで保守的であることを打ち明ける。私が無数の心の琴線で繋がれている、なじみのゆっくりとした研究からは、新しいことよりも、充実、さらには驚きを期待しているのである(原注25)」。自然と本能的に調和しつつ発展することをあえてしないような者をおそうであろう落胆は、理論上この非常識で、無分別なやり方から生じる。抽象的な観念とは、知識人の合理的な産物であり、生から切り離されており、それが自然の複雑性とは無縁の構築物という形をとるとき、破局に行き着くしかないのである。したがって、自然は合理的な図式には還元できないことを忘れてはならない。そして自然はその上、尊重に値するもろもろの生物が進化する「充溢した世界」なのである。

ロベール・エナールは、このように方法論を知らせるにとどまらず、その後こうして人間の力に見合った倫理を考え出すに至る。

自然に対する感情

これはすでに述べたことをもう一度繰り返すにすぎない。ロベール・エナールは原則として近代社会に反対しているわけではなく、彼にはその恩恵が分かっている。歴史によって人間は生の過酷な不確実性から自分の身を守ることができた。「原始の自然に戻るということは後戻りすることになるだろう。無駄に歩んできたわけではない道の恩恵を部分的に失うことになるだろう（原注26）」。この自然主義者が時に近代社会に非難の指を向けるとしても、世界との直接的な接触を回復するよう彼は呼びかけているのであって、近代性をただ全く拒否するよう呼びかけているわけではないのである。この点において画家は秀でている。理性の影響は主に科学によって表わされるゆえに、知識のもう一方の側面、つまり感覚に訴える芸術を復権させなくてはならない。科学と芸術は相互に補い合うものである。そもそもすべてが、「それぞれの要素が相手によってのみ生き、相互に映し出し、釣り合うような（原注27）」対立物の対、すなわち男／女、親／子供、敵意／助け合い、個人／社会、種／個体、そして最後に自然／精神によって動かされているのである。

芸術家がこの観点において、必要とあらば自分の限界を認めることを知りつつ、世界の神秘的な部分を前にして頭を垂れつつ、見るように、生との接触を身体で感じるように促されている。合理主義者は、有機的な現実を細分化してそれからそのつながりを再構築するから、生の動きそのものには結局無関係なままである。逆に、具体的な調和が何よりもまず芸術家の注意を捉えるのであり、それで芸術家の方がはるかに世界の複雑さを復元することができるのである。「音楽というのは、音符の音の間に成り立ち、素晴らしい感情となって花開く関係のことである（原注28）」。この非常に明快な例により、合理主義者と芸術家のうち誰が大自然の諸要素に意味を与える調和を捉えるであろうかが推察される。細分化され、原子に還元されたのでは、自然は、分析的な、したがって機械的な視線を逃れるしかないであろう。音符の音を足しただけではメロディーはできないのである。それに反して芸術家は、この複雑な世界を自分のものにしようという情熱にさいなまれており、自然の様々な要素を結びつける神秘の部分を受け入れるであろう。生は、あくまでも芸術の手法の中心にあるが、それに対して論理的なメカニズムに還元できない有機的な発現全てに不信を持つ合理主義者によって、そそくさと脇へのけられるのである。ロベール・エナールに言わせると、絵画は人間が世界と通じ合おうという気持ちになるようにしなくてはならない。『イメージの擁護』において、この画家にして自然主義者は、画家は征服への希求と現実に対する謙虚な服従をこのように逆説的に、しかし解きほぐせない具合に絡めていると評している。「絵画は知識の手段であり、合理的でないが現実主義的で、厳密かつ直接のコントロールに従う思考である(原注29)」。自然の動くニュアンスを捉えるのに適した宣言者であるロベール・エナールは、実は、自らの自然主義の懐に画家を連れ戻しているのである。彼の自然主義は画家に主題を指定することになろう。現代芸術はこの点に関して、己の固有の掟にしか従わないという限りにおいて、彼に嫌悪しか感じさせない。「そう。抽象画、また特に抽象彫刻の形は悪い形である。しまりがなく、へこんでおり、磨り減っていて、はりがなく、ぞっとする形だ(原注30)」。それはいかなる緊張の表現でもない(ところで世界は二つの対立する極の間の緊張から成り立っていることを思い出していただきたい)。彼はそのうえ、現代芸術を現代の時代から切り離すことが難しいことを指摘する。気付かぬほどではあるが、ロベール・エナールはこのように、しばしば、世界を過度に合理化することの批判から、合理性そのものの批判、さらに広く近代世界の批判へとずれていくようである。ロベール・エナールの意図は、人間を最高の価値に仕立て上げた現代の世界を根底から覆すというこの論理にあるのではないだろうか。

今や、人間たちに対して、単に放って置いたと言うだけの理由で今まで存続してきた手つかずの自然を守る必要性を気付かせる時が来た。「自然に対する感情の力強い文化を発展させなくてはならない（原注31）」。しかしこの「解放」という観点に取りつかれ、その勢いに流されたロベール・エナールは、自然主義の拡張主義を推進してしまう。その覇権は、緊張状態にある二つの対立する極の均衡したヴィジョンをはるかに超えるものである。

したがって有機的な生に惹かれる立場は主として、過度に合理化された世界に対する反対から生じているのである。ただしこの自然主義者は、このような振り子の作用にだまされはしない。彼は、「このような野生の自然に対する欲求が、文明人の欲求であり、図式的過ぎるがゆえに圧迫する世界に対する不服の申し立てであり、それは原始人が巨大であるがゆえに息が詰まる森を火と斧によって逃れるようなものであることを十二分に知っているから（原注32）」である。したがってこの衝動は、何よりも人間の欲求を満たすものであって、元はと言えば愛他的な脱自己中心化を表わすものでは全くないのである。こうして、反人間中心主義的側面を数多く備えた理論的著作の土台そのものに、一種の人間中心主義が見い出される。このことはロベール・エナールが打ち明けて認めている。「いずれにせよ、私が自然を守ろうとするのは、自然そのもののためにではなく、自然が人間に与える喜びゆえであることを認めなくてはならない（原注33）」。文明が広がり、理性の果たす役割がますます大きくなるにつれて、抑圧された生に対する欲求は一層切迫したものとなる。この理由で、自然のわずかな擁護者たちはほどなく大多数の人間たちに追従されることになる可能性があるのだ。文明の排除として定義される自然に対するこの情熱によって、ロベール・エナールは時に守勢に立つことがあった。彼は、一種の自然主義的原理主義の熱烈な信奉者ではないのか。この疑いによって、彼の方として見解をはっきりさせることとなった。定義そのものからして自然と文化の間に対立があるとしても、両者はあくまでもメダルの両面のようなもので、互いに補い合っている。「どのように自然は定義されるのか、自然の興味深い点は何か。自然は非人間的である。あるいはより正確に言えば、自然は合理的な図式に従って生み出されるものすべてに対立する。自然は文明に対立するが、それは光が陰に対立し、デッサンにおいて、引き立たせるために黒が白に対立するようなものである（原注34）」。実際、緊張状態にある二つの極の理論によれば、自然の中に完全に浸ってしまうことは一切不可能である。しかしそれでもロベール・エナールがこのように自然への渇望を強調することから、（個人の主体性の価値を高める）近代性と断ち切れた人類学的な概念が芽生えてくる。スイス人自然主義者に言わせると、人間は根本的に宗教的な存在である。しかしこの宗教的な憧れは、人間においていかなる形而上学に根を下ろしているわけでもない。エナールは超越的存在を一切拒絶する。そもそも超越論的な宗教は、神をあの世へと追いやり、その結果この世の価値を下げてしまう以上、自然に対する真の愛とはかみ合いようがないのである。キリスト教において、神は人間を自分の姿に基づいて創った。神は霊であるから、人間はしたがって同様に霊によって、またとりわけ抽象化し合理化する能力によって表わされ、それゆえ有機的な生一切及びこれとの交流一切の価値が低められる。同じ論理において、ロベール・エナールは、（理性をやたらに持ち上げる）現在の大半の哲学やイデオロギーは、世界を副次的な地位に貶め、氷の世界とみなしていると認める。世界はこうした文化の流れにとって何の意味も持たない。もっぱら搾取され、人間に従うためにある。まさにこのようにして、科学と経済は世界を機械仕掛けとみなす正当な権利を持つということになる。つまり、「自然に対する配慮を現在の様々な哲学の中に入れようとすることは、必ずや失敗することを意味する。というのも現在の諸哲学は全て自然に対立して考え出されたものだからである（原注35）」。

したがって、スイス人自然主義者はためらわずに自分は汎神論者であると宣言する。「私は心底から汎神論者である。私は、自分にではなく、私としては裏切らないようにしている大いなる力、その中では私など（ある強さを持っているかもしれないが）小さな結び目でしかないような大いなる力に信頼を抱いている（原注36）」。ロベール・エナールはこの論理を非常に遠くまで推し進めていく。彼は、人間と世界の関係は自分にとって人間と人間の関係よりも優先されるとまで考えるに至る。こうして彼は、知らず知らず自然と文化が補い合うことを称える自分の理論を放棄するのである。人間を現実に従わせようという意思がしばしば元々の目的に勝っているようである。考察から有無を言わさぬ判定へと、ロベール・エナールはしばしば、近代世界に対する激しい告発の音頭を取る。

現代社会の弊害

人類は「世界の正真正銘の癌であり」、我々は「常に一層不条理で住めない世界」へと向かって行く（原注37）。産業文明が広がったことがその原因である。実際、この文明は人類を豊かな社会、余暇社会へと向かわせる（このような社会はロベール・エナールにとって、「精神のおぞましき消耗」でしかありえないだろう）。（経済、学校教育など）多くの分野で画一化が進むことによっても同様に人類は調子を崩している。しかしいかにしてこうしたへまを修正するか。大部分の宗教や哲学がともに自然に対して無関心である限りにおいて、単なる自然に対する感情を推奨するにもがんばりとしぶとさが必要である。結果としてロベール・エナールは、問題提起をもっと推し進めて、問題の文化的な側面について問いただす。「それでゲルマン民族はどうだったのか。彼らにとって自然は別のものだったと私は思う。そして私はしばしば、彼らの文明が、もしローマ、ギリシャ、ユダヤ人、アラブ人の影響に大方吸収されるようなことにならなかったとしたら、どのようなものになっていたかを夢想したのである（原注38）」。「自然に対する真の感情は、特に我々の「ラテン的」文明においては、かなり稀である。そこでは自然は人間化され、人間の生活が演じられるための背景のようにみなされているのである（原注39）」。そしてスイス人自然主義者は、例えば一般的になっている、意図的に粗野に表わされた動物のイメージ（つまり性質が人間と全く異質の動物、あるいは喜劇の登場人物のような、人間化された動物）を引き合いに出すのである。園芸は、自然がこのように道具にされてしまっていることのもう一つの具体例を成す。

ロベール・エナールにとって自然の保護は、その自然な、元々の形を保つという目的でしか構想されえない。それでも全体としては、このスイス人自然主義者はその全歴史を非としているわけではない。これまでの自然保護はものごとの自然な流れを曲げようとしていることが共通して認められるのである。人間が自然の中での生活のリスクから身を守ることができるようになるから、こうした自然保護は正当である。例えば「農業の発見は天才のひらめきであった（原注40）」と彼は平然と言ってのける。

彼は、人間を自然の中にどっぷりと漬け込んで、文明を考え直すことを望んでいるわけでは全くないのだ。「自然の人間が原始の人間だとすれば（そしてどこまでさかのぼる必要があるのだろうか）、当然、こうした人間がどれだけ苦労したかはよく知られたことであり、その経験は繰り返すべきものではない。裸足で生活し、穀粒やら果物を食べ、好みにしたがって百年、五百年、二千年、もしくは二万五千年、後戻りするというように、自然に帰ることを言っているのではないのだ（原注41）」。その代わりに、彼は粘り強く、手つかずの自然の空間を保存するために働くのである。人間が正当な必要性を超えて、世界の支配を絶えず広げるから、この目標が優先される。ところで自然の世界は、人間化された世界と全く同様に尊重されるに値する。自分の主張を例証するために、ロベール・エナールは、広大な自然の空間といくらかの人間化された空間が共存するのが見られた先史時代を引き合いにまで出す。旧石器時代に、自然と文明が、二極の一方がもう一方を食い尽くすことなく共存していた限りにおいて、この時代は特に彼が良しとする時代である。「これほど長く続いた旧石器時代の状況に戻る必要がある。豊かで、多様で、ゆったりとした自然の余剰で生きており、その自然を極めて局所的にしか変えない、数が多すぎない人類という状況である。新石器時代の経験のうち、獲得した最も洗練され最も有効な経験を利用しながら戻るのだ（原注42）」。「そして勿論、即座の有用性から可能な限りの土地を解放するためなら、私は最も集約的な耕作を望む（原注43）」。それにもかかわらず、彼は、自分は文明と自然の均衡にこだわると絶えず断言しつつも、自然を擁護するだけには留まらない。彼は同様に、文明に対する呪詛と歯に衣を着せぬ批判を繰り返すのである。そうするとこの自然主義者の考察は、手つかずの自然を守るという当初に定めた目標をはるかに超えることになる。平準化及び画一化をする消費社会の無気力化は、ロベール・エナールが理想として称える自然の救済的な厳格さとことさら対照を成している。人間に労苦と努力を節約させることを目指す消費社会が祭り上げられることはほとんどない。実際この社会は、彼の目から見れば、精神のなくてはならない補完である自然から人間をそらしてしまうのである。

人間に関するある概念もまた浮き彫りになって現われる。抽象化する理性に対して、ロベール・エナールはしばしば自然に生じた違いに対する権利を対立させる。「合理化によって、画一性が世界中を侵略している。すべてが何らかの単純で大雑把ですらある要求に一致する。標準化は、一層便利で簡単だが、一層貧しい生活へと導いていく。(……)すべてがありふれたものとなる。というのも理性は至るところで同じであり、あらゆる多様性は自然から来るからである(原注44)」。(自然に生じた)違いの尊重によって、ロベール・エナールは同様に、反植民地主義の擁護へと進んでいく。しかし植民地主義が確かに、恥知らずな経済的搾取と密かな人種差別によって実現したとしても、それは一時には、疎外する伝統の中に締め付けられた諸民族に啓蒙を普及させるという高邁な意思を表わしたかもしれないということも忘れてはならない。ロベール・エナールにおいて、非難は植民地主義の二つの面に向けられているようである。「我々の利益の源泉を広げるために、それから我々は他の生活形態を考え出すことができないから、我々がいたるところでヨーロッパ的な生活様式を押し付けようとする激しい執念は、人間の文化を貧しくし、我々にとって汲み上げるべきものが大いにあるかもしれない独自の源泉を涸らしてしまうのである(原注45)」。何年か後に、彼は『存在することの奇跡』の中で植民地主義に改めて触れることとなるが、特にそれのもたらす経済的荒廃を嘆く。

しかし他のところで、彼は違いを余りにも厳密に尊重すること、つまり崇拝することの疎外的な性格を暗黙のうちに認めることになる。「今、現実に貧しく、絵になるような自然の状態の国々を観光産業の役割に閉じ込めてしまおうとすることもまた、植民地主義の一形態である。（……）それはこれらの国々の人々を何らかの形で屈従させておこうとすることである（原注46）」。したがって普遍主義的な展望がすべて放棄されるわけではない。それでもこうした展望は、しばしば自然に生じた違いを軽んじていると疑われるという点で、ロベール・エナールの著作において厳しい検討を施されるのである。

自然主義者の前衛？

さしあたっては、「安楽の中に埋没すること（原注47）」の危険を払いのけるために、ロベール・エナールは新たなる将来展望を示そうと考え、この目的のために宇宙規模の倫理に訴える。自然に対する感情を重視するような、我々の力に見合った倫理である。自然主義者の仲間たちとともに、彼はこうして「真の進歩主義者」であると宣言する。「というのも我々は、多くの者がすでに宿命として受け入れており、全ての者がやがて宣告された刑として受け入れるだろう進歩をあえて疑問に付すからである（原注48）」。この作業は、第一に人口の脅威を払いのけなくてはならないから、まず物質的な広がりを持つ。しかし自然が、「神経衰弱、退廃、及び成り上がりの下劣な放蕩（……）に付けねらわれて不条理へと滑っていく文明にとって唯一の頼みの綱である（原注49）」ことを示す必要があるから、特に哲学的な広がりを持つ。勝利には程遠い。一九四〇年代に、ロベール・エナールは、社会主義、ファシズム、ボルシェビズムの三者いずれもが工業化を称え、臆面も無く自然を搾取していることを、嘆きつつ確証している。それ以来、(一九七〇年代の初めに環境問題が政治舞台の前面に出されたとしても)事態はほとんど収まっていない。しかし自然主義者たちは見張っている。『それで自然は?』以来、そもそもロベール・エナールは、自分の生を見事に仕上げる人々と、金を稼ぐことで凡庸にあくせくしている人々を区別している。前者の人々のほうが結局、より自然の恩恵を利用することが許されるのではないだろうか。ロベール・エナールは、「適度な数の人類が自然に、平等で親密に接すること、つまり完全に貴族的で、機械以外の奴隷のない社会(原注50)」を望むと断言する。しかしこれでも、人間たちが野生の自然に押し寄せてくることにならないだろうか。ロベール・エナールが付け加えて言うには、こう仮定すると、大衆を抑えつけて、一部の自由な者が手つかずの自然を享受できるようにすることを検討しなくてはならない。「それは私にとって嫌なことだが、平等よりはましである。というのも実のところ、私にとって興味のあることは、人間の生の質であり、平均などよりも見事な生き方だからである」。そもそも彼にあってはしばしば、強く精力的な人間が無気力な大衆から身を解放すよう呼びかけられている。エリート主義的な匂いが彼の著作のあちこちでぷんぷんする。ロベール・エナールは、例えば、生活水準の鎮静効果を嘆く。「幸福な時代であるはずの我々の時代における悲劇は、金持ちで幸福な人たちや民族において、飽満が食欲を呑みこんでしまっていることである(原注51)」。政治のことはたいして分からないと主張しつつも、時に哲学者たちとやり合う自然主義者ロベール・エナールはそれでも、彼がブルジョワの象徴的な姿と結び付けている文明が崩壊したことを一九四三年に喜びさえする。「私がこれを書いて以来、まさに私が苦闘していた相手である文明が崩壊しつつあるように思われる。私は、この文明は崩壊に値したのだと思う。というのも自由を擁護すると主張しながら、もっとも良き自由を損なっていたからである〔原注52〕」。彼に言わせると、真の自由とは、必然性の表現、表明でしかない。したがって、「本能、感情がきちんと組織された者には、倫理の教義などほとんど必要ないのである〔原注53〕」。しかしスイス人自然主義者は、すぐさま、自分は社会有機体説〔社会は個人を超えたレベルにあり、独立した有機体のように成長、衰退するという説〕はほとんど信じていない、また「世界の歩みは強いものの勝利と弱いものの排除に基づいているというのは、あまりにも単純な考えである〔原注54〕」と付け加える。

ロベール・エナールが非難する文明が崩壊したあげくに行き着いた大殺戮は、この自然主義者の確信を全く変えない。戦後、同じように論争的で傲慢な口調で、彼は人間たちに、生の過酷な掟と、時にはそれに従うことの必要性を警告する。彼は、過去の時代における教育上好ましい厳しさを懐かしむ言葉でこの警告を補う。ロベール・エナールが指摘するところによると、かつて人間は自らの努力によって生きる資格を得なくてはならなかった。今日、人はこの世に生まれたという事実のみによって生きる権利を要求する。「無責任のよい例は、どんなものでもいいからと『性的幸福』を要求することである。社会保険加入者の考え方だ。俺には幸福に対する権利があるというのだ。食われるか、肥やしになるかの自然権しかない。生は勝ち取られ、守られるものだ〔原注55〕」。そしてロベール・エナールは、性的少数派、及び「あらゆる者のための幸福に対する権利」を激しく攻撃し始めるのである。ついでに、精神分析とヘルベルト・マルクーゼがこき下ろされる。マルクーゼは世界を遊戯の側面からしか見ないからいけないというのである。救いは、自然に対する愛にしかありえないのであり、この愛とは、さしあたり人間の勢力拡大、つまり癌と同じことである浪費社会を止めることを意味する。しかしそれはたやすいことではない。「我々が『近代的』と呼ぶほとんど全てのものが、この必要性と逆向きである。各々の活動が自律を主張し、固有の要求、固有の法則に閉じこもっている。『純粋』詩、さらにはレトリスム〔一九四五年頃現われた前衛詩の思潮。文字や音声の配列効果を探求〕、抽象芸術、エロティシズム、そして最後にあらゆる事物の根本的な否定である麻薬といった活動のことだ(原注56)」。それに対して、過去の時代は、生は、実のところ全般的な平準化でなく、対立する二つの極の間の緊張から生じるということを、もっと鋭く感知していたのである。一九四三年、時代の空気は彼の直感にかなり近い。「このとき、ル＝コルビュジエ氏〔一八八七〜一九六五：スイス出身のフランス人建築家、画家。鉄筋コンクリートの造形性を強調する建築を特徴とする〕とムッソリーニ氏（私はまだヒットラー氏のことを聞いたことがなかった）は行動の人間を謳いあげていた。自然において、力と力の厳しい作用でなくて、何に私は感嘆するだろうか。（……）あなた方は旺盛な食欲や多産を称えるが、人類が自らを制限するとお考えなのだろうか。闘いは自然の掟である。自然が自ら、我々にそれを乗り越え、支配することを教えてはいないだろうか(原注57)」。原始時代の厳しさもロベール・エナールの関心を惹く。実際、人間が生の厳しさから逃れたことを全く遺憾に思わないながらも、ロベール・エナールはそれでも「原始的」といわれる民族のほうが先進的といわれる民族よりも衰弱していないようだと指摘する。この自然主義者の考察はここで、これらの民族が西洋の無気力に影響されないようにしたいと気をつかう民族学的なタイプの考察と驚くほど重なり合う。「我々が尊大に『後進的』と言うこれらの人々は、実にしばしば尊厳、高邁さ、欲望の力、生に対する信頼を備えている。これらのものを我々はもう持っていないのである。彼らの目が活発さ、つまり野生動物の目の火を備えているのに対して、文明人の目はしばしば家畜小屋の動物の目のように消えている。彼らは読むことを知らないというのか。しかしものを読むことが、大切な能力を窒息させてしまったのではないだろうか（原注58）」。

このようにロベール・エナールは、終始、自然の中に生の規範を捜したい気持ちに駆られているようであるが、その一方で終始、社会的なものを自然化しようとすることは控えている。自然は彼にとって賢い助言者なのである。

賢い助言者としての自然

ロベール・エナールの反人間中心主義は独特という以上のものである。実際スイス人自然主義者は、人間に、固有の社会を打ち立てまた生の厳しい法則から逃れる権利を認める。この点から見れば、彼は人間中心主義と（自律の希求と言う哲学的な意味での）近代性に反対するというよりも、それらを制限するのである。実際のところ彼は何を主張しているのか。人間が自分の力に見合った倫理を取り入れること、自然の他者性を尊重することであって、自然の法則に従うことではない。ロベール・エナールは、生物の世界に人間を再び根付かせたいと思っているわけでもなければ、自然を理論上の主体として打ち立てたいと思っているわけでもない。彼をディープエコロジーの信奉者のうちにあえて数えようとするような者は、こうして考え違いをするのである。結局、近代性と人間中心主義は単に制限されるよう求められているのであって、決して根本的には否定されていない。しかし食われるか肥やしになるかの自然権しかないとするならば、文化に固有のものとして何が残るのかを考えることは当然許されよう。

それでも、当初スイス人自然主義者は、人間に固有のもの（文化、理性など）を否定したいなどとは全く思っていなかった。しかし自然主義者としての活動によって、彼は絶えず、人間を知らず知らずのうちに生物学的な組成に還元してしまうような比較対照を行なうようになるのである。彼の汎神論的な信条は、この点に関して、彼の自然主義者としての活動の下に潜む論理を支えるばかりである。論がずれていくのがしばしば見て取れる。それは例えば、自然の非常に広い定義にひょいと現われる。一九四四年以来すでに、ロベール・エナールは例えば、自然は「人格、人種、文化の豊かさと多様性をも含む」と強調してきた。「自然は非常に厳密に定義される。すなわち最も知的な活動、最も有効な組織ですら生み出すことができないすべて、こうした活動、組織がいたわり、尊重し、保存することしかできないすべてである。しかし我々、つまり野生の自然、景観、植物、動物の保護者は、最も過激主義的であり、最も根源に近いのである（原注59）」。こうして一挙に人間、人種、そして文化が自然だと宣言されているのだ。そして突然これらは互いの違いにおいて固定される。これらはまさにいたわられ、尊重され、保存されるものだから（また理知的、合理的には理解されず、意識的に展望を変えうるものですらないから）、ほとんど永遠に続くよう定められているということになるのだ。ここにおいて我々は、文化の領域をわずかな割り当てに減らしてしまう保守主義をまたもや目の当たりにするのである。

前に我々は、ロベール・エナールが行なう自然／文化という徹底した区別は部分的には幻想であることを見た。この画家が自ら打ち明けるように、やはり人間も絶対的にこの自然の一部を成すからである。このように区別するのは、手つかずの自然を人間のあらゆる侵食から守るという断固とした目的にかなうからである。しかしスイス人自然主義者は、しばしば人間を自然の厳しさから守るよりも、自然を人間の襲撃から守ることの方に気を取られているように見える。彼は、自分の自然主義者としての非妥協性を忘れ、逆に自然を前にした人間の権利を守ることをほとんど気にかけない時がある。このようにして少しずつ人間はこっそりと自然の中に引き戻されているのだ。この微妙な移行は二段階に渡って行なわれる。

第一段階において、ロベール・エナールは、人間と動物を、そしてさらに広く人間と自然を隔てる溝を埋めようとする。「私には人間の能力と動物の能力の間に類似を見い出す傾向がかなりある。しゃべる動物がいると信じているわけではなく、我々の身体器官の機能が動物の身体器官の機能に似ており、また我々はだいたいにおいて本能的衝動に導かれていると私は強く感じるからである（原注60）」。人間が動物の能力を計るとき、それは、頂点に技巧、抽象的に考え推論する能力といった、とりわけ人間的な資質が君臨する価値の尺度に応じてなされる。しかし、人間を称えて自然の主人及び所有者として据える傾向のあるこの判断の、非常に偏っていて恣意的な性格を認めるとしても、動物と自然が再評価されていることも分かる。ところでまさにこのような有機的な生の再評価こそロベール・エナールが、例えば思考だけが脳の為すことではないと述べつつ行なうことなのである。人間と動物は、考えられているよりも近い。「やはり当たり前のことだが、人間は宇宙の一部を成す。人間はその頂点とみなされうる。（……）しかしとりわけ己の動物的なもの、非合理的な自発性、身体、情念における人間こそが豊かさの源泉である。人間の合理的な産業活動は私にとってたいした意味を持たない（原注61）」。ひとたびこの類比が行なわれると、人間は極めて低いものに還元される。

人間と自然の間の類似をこのように指摘すると、たちどころに両者を同じ法則に従わせることになる。スイス人自然主義者が、人間をあらゆる決定論から解放しようとする哲学的手続きを、皮肉を込めて揶揄する時、ヒューマニズムに対する批判が明確になる。攻撃は正面からのものであり、自然の側から為される。「野獣の愛とは、自由に対する愛でもある。ああ、哲学者たちや我らが偉大なる文士たちの、不決定にすぎない自由とは正反対の自由だ。強く厳密な決定に従う自由なのだ(原注62)」。一種の反主知主義がこの言葉から貫き出てくる。ロベール・エナールが擁護する自由に関して言えば、それは実に特異である。彼の目には、自由は必然性に従ってしか開花できないのである。(必然性に応じる)この自由に対する欲求は実に止むに止まれぬ性格のものなので、社会の慣例に対立する正当な権利を持つ。ニーチェ的な口調が時に現われる。抑圧された本能は、今にも文明を打ち倒すかもしれない。ロベール・エナールは、危険を感じ取っていても、このような仮定を全くためらわずに述べる。「こうして止むに止まれぬ情念のみが燃え、我々の人格をかつらや付け鼻のように妙な具合に飾り立てる教育、日常の仕事、偶然の状況から生じた先入見、寄生的な習慣を吹き飛ばすのだ。死の間際まで追い詰め、最後のエネルギーを動員し、処方し、全てを修正させ、粛清するような必然性とがっぷり組み合わなくてはならない(原注63)」。凡庸な輩が世界を形作るのを見るはめになるだろうと予測される以上、ロベール・エナールとしては、このようなショックが時には表明されてもいいということになるのだ。スイス人自然主義者にとって、個人とは結局、もって生まれた生物学的基礎の表現にすぎないように思われる。これを人間は多かれ少なかれ一定方向に導こうとするのだ。この点に関して、自然は多様性の宝庫を秘めており、これが文明の平等主義的な偏見に時として真っ向から対立する。

確かに文明は人間を自然の過酷さから守ってくれるが、その技巧は人間をその真の姿から遠ざける。「私は、我々の天分が個人として、また人種として、かなり多様であると信じる（原注64）」。このようにロベール・エナールは、自然の中に刻み込まれた、違いに対する権利の使徒をもって任ずるのである。「ああ。我々が、人種、文化の多様性、そしてさらに悪いことに自然、土壌、種、気候の多様性まで取り除いてしまったとき、世界はなんと単調になることだろう（原注65）」。

しかし自然が諸々の存在をその特異性において固定するならば、どのような地位を文化、歴史に留保すべきだろうか。そしてこの視点から出発すると、自然に決定されたものから離れて普遍的なものへ向かうよう人間を促す近代哲学の伝統全体をどう考えるべきだろうか。自然は多様性に富んでおり、また人間は何らかの点でこの自然に属しているから、コスモポリタニズムに関してもどう考えるべきだろうか。「私は、確かに人種差別を擁護しようとしているわけではない。それでも自分の人種や自分の生き方に執着しうるということは認めなくてはならない。そしてもしこの生き方というのが余暇（私は南フランスの人たちを考えている）、あるいは広い空間（私は遊牧民を考えている）を持つことなら、それを働きながら、そして子供をたくさん抱えて守ることはできない（原注66）」。一九四三年にすでにロベール・エナールは、世界は生まれつき異なった人間たちで一杯だと考えていた。「純粋種の馬と引き馬がいるように、多かれ少なかれ他とは相容れない資質を持つタイプの人間がいる（原注67）」。従ってそれぞれが自分の立場に留まる方が望ましいのである。「自分の立場にいれば、それぞれが自分の尊厳を十分に見い出す。自分の立場にいれば、それぞれが自分は強いと感じる。そしてそれはとても重要なことだ。というのも自分が強いと感じる者は、思いやりがあり、寛容で包容力があるからだ。（……）

平等とは、安直で誤った考えである（原注68）」。その上世界は元来非常に複雑であるから、人間の方がそれに自分の証を印そうとするなどというのは正気の沙汰ではないだろう。この点、歴史は、しばしばむきになって人間たちの意思をものごとの自然な流れに押し付けようとするから、ほとんど好意的な目では見られない。国民国家はこうしてスイス人自然主義者の著作において信頼を失ってしまう。実際、国民国家は、抽象的な公民権に基づいた人為的な構造を、自然に生じた集団に押し付けているのではないか。それは自然に反するのではないか。啓蒙精神やフランス革命が伝える解放の約束も同じ非難にぶつかる。世界を前にして、全ての人間たちの自由と平等を宣言することが本当に理にかなっているのか。人間が自分の立場に留まり、自分の奥深い必然性（これがスイス人自然主義者にとって自由の根拠になることは見たとおりである）に応じることの方が当を得ているだろう。平等は自然に反するから、むきになって平等主義の政策を実施しようとするのは馬鹿げたことになる。それでも、ロベール・エナールは、自然の秩序に背く偶発的な一過性の出来事を埋め合わせるという限りにおいて、一時的な連帯は認める。弱いものを長く助けすぎることは、弱いままでい続けるように誘うことになる。「エゴイズム、連帯、相互性、これが健全な社会生活の柱である（原注69）」。最小限のエゴイズムが不可欠である以上、ロベール・エナールは、社会を「お互いにだましあう場として（原注70）」見るよう読者を促す。ロベール・エナールは、遠まわしに自分は生存競争に賛成であるとさえ宣言する。というのも自然が何らかの均衡を見い出すことができるのは、まさに生存競争によるからである。人間たちに調和した有様を見せてくれる生命は、実際、一方ではそっけなく容赦ない調整を受ける。病気のもの及び余剰の個体は根こそぎ排除される。しかしこうした調整は、自然の均衡に必要なのである。人間に関しては事情が異なるだろうか。人類もやはりこのような調整を受けなかったろうか。霊能者のような口ぶりで、スイス人自然主義者はまず、「あらゆる種類の技巧と保護によって、人間は、自由競争が排除したであろうものを生かす」から、人間はほとんど「自然の方向には」沿っていないことを指摘する（原注71）。もっとも、人間の自由と尊厳にこだわると宣言する以上、彼はこのような政策を遺憾に思うようなことは自らに禁ずる。それでも、自然は、彼の自然主義者としての著作においてすぐに復権する。というのも「もし力が常に勝ち誇らなかったとしたら、世界はとんでもないおぞましい病院になっているだろう（原注72）」からだ。ロベール・エナールの言葉を政治思想の領域の中に位置づけようとするならば、極めて右よりの位置以外において考えることは難しい。

それでもスイス人自然主義者は、社会有機体説を断固拒否する。有機体の比喩を用いて社会を扱うことなど、彼には馬鹿げたことと思われるのだ。しかしそこでもやはり、語っているのは人間というよりも自然主義者である。社会有機体説は、人権に反する（従って哲学的もしくは倫理的に受け入れられないということになろう）からというよりも、自然の現実に全く一致しないからはねつけられるのである。社会有機体説は、ロベール・エナールにとって抽象観念にすぎない。実際、「一個の生きた存在として捉えられた集団もまた、我々の生を毒しているこうした途方も無い抽象観念の一つである。（……）私は、我々の細胞が意識をもった人格であるかどうかは知らないが、集団がそうでないことは確信している。唯一の現実、それは人間たちであり、人間たちだけが感じ、生きているのである。あらゆる集団は（……）、相互の奉仕と相互の犠牲による個人個人の幸福のみを目的としている（原注73）」。同様に、経済的相互依存及び集合体は、彼の目には、まったく共同体を成さない経済的実体しか織り成さない。個人だけが存在するのである。

しかしこのように有機体の比喩をことごとく拒否しながらも、ロベール・エナールは、同じような欠点に頻繁に陥る。しばしば彼の著作において、個人は種の前に消えるのである。人口問題がこの偏流を例証する。一つの種の生き残りは、生命が過剰である自然において、しばしば数知れない個体の死に依存している――ここから人口の安定が生じる――ことを何度も指摘しつつ、ロベール・エナールは、一つの生は一つの死によって釣り合わなくてはならないという、理論的に言って当然の結論に達する。これは全ての動物の種にかかわる。人間に関してはどうなのか。人間を種として考えると、個人としての人間を副次的な位置に置くことになる。こうしてそれぞれの人間の個人的な運命を、種の救済が要求する必然性に従属させることになるのではないか。社会的には、ロベール・エナールは、人間がそれぞれの人間の生により一層の価値を認めることが全く正当なことであると承認する。しかし科学的には、このような見解はどうにも支持しがたい。このテーマに関して、スイス人自然主義者の考え方の中には、その過激さゆえに驚くべきものがある。例えば一九四三年、自然の多産性は、「当然の帰結として異常なほどの破壊をともなう（原注74）」と指摘した後で、ロベール・エナールは、次のページで、「人は、最も悲惨な人々、それも単に金銭的な視点からのみでなく、最も悲惨な人々が最も人数の多い家族を抱えていることに驚く。それは私には、自然の中で生じていることと全く調和しているように見える」と述べる。しかし人口問題を前にすると、ロベール・エナールは、あれこれためらう。あるときは、スイス人自然学者は、人間に多くの過酷さを（治療、衛生、避妊などによって）逃れさせてくれる医学の進歩に敬意を表わし、またあるときは、ロベール・エナールは、自然淘汰に対するこのような足枷は、長い目で見ると、人類全体に跳ね返ってこないわけがないと述べる。実際、限られた資源は、いつの日か、数の多すぎる人間たちにとって不足する危険がある。「というのも効果的なのは、若い人たちの死だからだ。年寄りはと言えば、ものを食べるわけで、これは残念なことである。しかしもう繁殖することはない（原注75）」。感傷は一切控えて、彼は時に、少なくとも過激な提案を展開する。これはしばしば問題に対する単なる数学的なアプローチを超えるものである。「子供を持つことを、余りにも容易でまた得なことにしてはならないだろう。そのようなことをすれば、劣等な個体の増殖を助長することになる。子供を持つことは特権であるべきで、功績であってはならないだろう（原注76）」。彼のこのテーマに関する急変動は数知れない。彼を称える、フランス人伝記作家ロラン・ド＝ミレールは、例えば殊のほか仰天させるような未発表の語録を掘り出した。「残酷であろうとなかろうと、私は淘汰の必要性をますます確信しており、例えば軽愚者や麻薬中毒患者のために人があれほど骨を折ることに驚いている（原注77）」。しかしスイス人自然主義者は、麻薬やアルコール中毒による荒廃を見て憤ることもやはりないのである。「これはそれほど大きな損失だろうか。よい淘汰ではなかろうか、ひょっとしたら唯一可能な。衣食足りて、安寧にあってなおも真の征服の欲求を感じる者、この者において生は声高に語り、この者の人種は保存されるに値する。（原注78）」。確かに、それは一九四三年に、闘いは自然の掟であると考えていた同じロベール・エナールである。「あなた方は旺盛な食欲や多産を称えるが、人類が自らを制限するとお考えなのだろうか。闘いは自然の掟である。自然が自ら、我々にそれを乗り越え、支配することを教えてはいないだろうか（原注79）」。

ロベール・エナールの理論的著作の検討を終えるにあたって、我々は、逆説的にもこのスイス人自然主義者が元々掲げている立場の対蹠点にいる。ロベール・エナールは手つかずの自然を人間の襲来から守るつもりであった。しかし論証を重ねるにつれて、人間が自然に捉えられてしまうことになったのである。人間の合理的な能力が人間を自然と根本的に区別するとみなされていたとしても、人間の生物学的組成が明白なこととして認められ、人間を自然の中に再び組み込むのである。スイス人自然主義者は、自分が自然に魅惑されていることと自分が人類に属することとの間で何度もためらう。結局、ロベール・エナールが人間にまさしくどのような地位を保留しているのかを根本的に捉えることは難しい。あるときは、スイス人自然主義者は、人間に秩序、衛生を打ち立てる権利を認め、そして事実上自然の過酷な法則よりも上に人間を置く（そうするとロベール・エナールは、自分の主張する自然／文化の二分化、及び二つの極という自分の理論に忠実であることになる）。しかしまたあるときは――そしてこれがよくある場合だが――人間は（異常な状態の描写から問題がよくわかるが）自然によって厳しく譴責され、その法則に従うよう強く促されることになる。彼の崇拝者の何人かにおいても時に同じ両面性が見い出されるであろう。

保守主義的自然主義の周辺

ロベール・エナールの保守主義的自然主義が与えたであろう影響を正確に測るのは難しい。それでも、それは自然主義の間では、文化的なレベルでも、また、より本来的に政治的なレベルでも明らかであるように見える。そこでは、ロベール・エナールの姿は崇められ、彼の一般向け啓蒙書は相変わらず参考書となっている。彼の哲学的考察は、見たところそれほど知られていない。しかしスイス人自然主義者が推奨する、二つの極の理論と自然に対する感情は、一般に広まった感情を表現しているようである。セルジュ・モスコヴィッシの自然主義が多くの知識人（大学教員、研究者、学生など）の間で否定できない反響を呼んだとすれば、ロベール・エナールの自然主義のほうは、自然と環境の擁護者の間で確かな関心に出会ったのである。

漠とした連合的集合体

フランスにおいて、環境保護団体の数が多いことは、市民が、時に余りにも性急に自然と形容される、自分たちの慣れ親しんだ環境に頑固な愛着を抱いていることを意味している。均衡のために或る景観を保護することや、一つの生態系の中でエコロジーの破壊が惹き起こされるかもしれないという理由で或る施設の設置を拒否することに至るエコロジー的な関心の向こう側に、その同じ地域もしくはその構成要素の一つに対する、感情的、感傷的なタイプの衰えることのない愛着もあり続けるのである。こうした二重の要求が表現されるのは、環境保護団体を経由してのことである。これらの団体が定着したのは、フランスでは比較的最近のことである。ジャン＝ピエール・ラファンは、初の自然保護団体は一八五四年にさかのぼり、外国種のフランスへの移入を企てることを目的としていたと指摘した（原注80）。この「帝国動物馴化協会」は、一九六〇年に「フランス全国自然保護及び馴化協会」へと衣替えすることになる。しかしこのような手直しにもかかわらず、個人のイニシアティブが増えるのをせき止めることはできなかった。これにより、並行して、国中に自然主義の団体が生まれ、一九六八年には、今日「フランス自然環境」（ＦＮＥ）となっている「フランス自然保護協会連盟」（ＦＦＳＰＮ）の創設に至る。さらにその後、科学的エコロジーの飛躍が、科学と感傷的な献身を結び付けた、より「自然主義的な」方法を、周辺に追いやらないではおかないのである。しかし環境保護のこうした漠とした集合体が何を表わしているのかを正確に査定するのは難しい。

この分野において第一人者である、果敢な「全国自然保護協会」（ＳＮＰＮ）はいまだに存在する。フランスワ・ブルリエール教授は、その最も活発なリーダーの一人であった。「全国自然保護協会」は今日、自然主義と科学的エコロジーの合流点に位置するが、そのキャンペーンと雑誌（『自然通信』及び『地球と生命』）は手つかずの自然に対する実に特別な偏愛を示している。協会は、この問題に関して素人と専門家を結集させせようと考える。この理由で汚染の問題や、国土整備の問題に関心を寄せるのである。養成課程、資料の編集発行、自然保護区の管理などが、こうした教育上の関心を支えるようになる。自然の（動物あるいは植物の）種の保護のためのキャンペーンが協会の戦績に挙げられる。

「フランス自然環境」が追求する目標はより広範囲に渡る。そもそも協会の使命が異なるのである。この協会は何よりも、自然主義、および環境保護の他の団体の大半を連盟させたうえで、その努力を集結させ、公の舞台において確実により目につくようにすることを目指す。協会は『ハリネズミの手紙』を発行する。一五〇以上の地域圏及び県の団体（しばしばこれら自体が他の地方組織をまとめている）がこうして連盟しているのである。その創設以来、「フランス自然環境」（ＦＮＥ）はその唯一の自然主義的な目標から脱して、介入の領域を広げてきた。広い意味での環境保護がその目標（自然保護、持続性のある発展の実施など）を成す。ピエール・アゲス、フランスワ・ラマド、ジャン゠ピエール・ラファン、ジャン・アンテールマイエールなど高名な研究者あるいは大学教員が議長を務めた。この協会は、初めから圧力団体であろうとしていたわけであり、政治的エコロジーとの関係は時に波乱に富んでいた。実は、連盟の創設が一九六八年にさかのぼるとはいえ、その創立は「事件」によるものでは全くない。政治的エコロジーの最初の大々的なデモは、その中に様々な六八年後世代の勢力圏が合流していたが、自然及び環境保護者においては必ずしも熱狂を惹き起こしているようではなかった。公権力に対しては、「フランス自然環境」は恒久的反対派というよりも対話者であろうとする。それにもかかわらず、この協会の数多くのリーダーたちは、政治的エコロジーに個人の資格で加わったのである。というのも彼らは、政治的エコロジーの弱体化は、自分たちとって常に不利であるとたちどころに見て取ったからである。こういうわけで、協会の幾人かの傑出したメンバーが積極的にエコロジストの候補を支持するのが見られたのである（例えばパトリック・ルグランはドミニク・ヴワネを一九九五年に支持する）。連盟はその上、非常に早くからその力を証明した。一九六九年のヴァヌワーズ〔イタリアに接するアルプス地方の山塊〕事件は記憶に残っている。環境保護者たちの前例のない動員が当時、フランスの国立公園第一号の一部が不動産開発業者に引き渡されるのを最終的に妨げたのであった。今日では、現役の環境大臣が、連盟の議会の演壇で自分の計画を発表するのが普通に見られる。こうした全国規模の動員という並外れた仕事に加えて、「フランス自然環境」は、さらに上のレベルの、「国際自然保護連合」（IUCN）―「世界自然連合」の活動に参加する。一九四八年に創立された「国際自然保護連合」-「世界自然連合」（IUCN-UMN）は、数十カ国及び数百のNGOを結集させ、自然の世界を守ることを目指す国際的な団体である。四千人の科学者及び専門家がその作業に参加している。この団体は、やはり自然主義的目標を追求する、「世界野生生物基金」（World Wildlife Fund）の一九六一年における創立を積極的に支持した。

見ての通り、上のレベルでも下のレベルでも、「フランス自然環境」は、環境保護の無視できない団体となっている。この連盟は、フランスで最も活発な環境及び自然保護団体を結集させると自負できるものである。「ロナルプ（ローヌ・アルプス）自然保護連盟」（FRAPNA）と「自然のアルザス」（旧AFRPN）は最も闘争的な部類に入る。二人のエコロジーの立役者がそれぞれの団体の第一歩を印した。フィリップ・ルブルトンとアントワーヌ・ヴェシュテールである。しかしフランスの東部だけが、団体のこうしたダイナミズムにかかわっているわけではない。そのことを納得するには、『自然闘争』（*Combat Nature*）が環境保護の諸団体の発表にあてている欄をじっくり読めば十分である。工業設備もしくは、大規模なインフラによって多少なりとも脅かされる、あらゆる自然のもしくは擬似的自然の区域において、このタイプの団体が一つか数個、急に出現するのがみられる。たとえばブルターニュでは、生態系の大災害（重油流出など）の厳しい試練を経て、長くから存在する自然主義の流れが増大するのが見られたのである。

「フランス自然環境」の創立メンバーである「ブルターニュ自然研究及び保護協会」は一九五九年

に創立されたが、この協会そのものがさらに古い団体から生まれている。その共同創立者の一人、ミシェル＝エルヴェ・ジュリアンはまた、フランスにおける自然主義及びエコロジー諸問題に関する全く最初の一般向け著作の一つ、『人間と自然(原注81)』の著者でもある。初めのうち、「ブルターニュ自然研究及び保護協会」は、管理者としての姿勢を取って、公権力と良好な関係で活動した。また今日でも相変わらず数十カ所の保護区を管理している。ところがフランスの原子力発電計画が加速したことにより、数多くの若い科学者たちが七〇年代の終わりごろに健康を害した。そこで彼らは非常に戦闘的な雑誌『酸素』を創刊し、これは公権力を数年間続けて叱責したのである。古くからの支持者は語りたがらないが、ブルターニュの自然主義の運動はこうして政治的な問題にも直面することになる。そもそもクリスティーヌ・ジャン、イヴ・コシェ、あるいはアラン・ユーグワンのような「ブルターニュ自然研究及び保護協会」の数名のメンバーもしくはシンパは、確かに政治に身を投じたのである。このように「ブルターニュ自然研究及び保護協会」のケースは、数多くの自然主義の活動家たちに影響を与えた基本的な運動の例となっている。これらの活動家たちは、七〇年代に、当時の情勢によって、団体としての大義を抱いたもののその限界を見て取るに至った後、政治に直接力を注ぐことになったのである。

野生、自然の生命を守るという点で、自然主義の団体に近い「狩猟反対者連合」及び「野生動物保護協会」もまた「フランス自然環境」のメンバーである。「狩猟反対者連合」（ＲＯＣ）は、数多くある自然主義団体の良質の実際主義とは正反対の位置にある。この団体は、狩猟を闘うべき害悪とみなし、大騒ぎになるとしても後に引かない。相当な数のプロパガンダ要員がその行動の支援に来る。

一九七六年に活動を開始したこの団体は、当初のメンバーの中にテオドール・モノやロベール・エナールを数える。何度もテオドール・モノは、動物相を保護する気がほとんどないジロンド〔ボルドー周辺の大西洋に面した地域〕の狩猟者たちに対抗して、アラン・ブグラン＝デュブール及び、彼の「鳥類保護連盟」が組織した、しばしば大荒れとなったデモに参加して花を添えた。「狩猟反対者連合」の目標に近い、一九八三年に創立された「野生動物保護協会」（ASPAS）もまた、「フランス自然環境」に加盟している。その支持委員会は、何人かの重要人物を掲げており、その中には、ブリジット・バルドー、ジャン＝ジャック・バルロワ、アラン・ボンバール、ロベール・エナールなど「狩猟反対者連合」の常連も何人か見い出される。このメンバーもまた、メディアと通じて執念深い行動に訴え、それに法的行動を重ねることをためらわない。

これら様々な自然主義の団体の直接行動主義は実を結んだ。狩猟反対者たちによって組織される様々なデモは、常にメディアによって興味深く伝えられる。さらに「緑の党」がそれに近い立場を取るに至った。まもなく熊も狼も一緒にされるのが見られる。このような結託は狩猟者たちの側にも及んだ。皆があっけに取られる中、彼等の方も一九八九年、ヨーロッパ選挙に「狩猟、漁業、自然、伝統」の候補者名簿を提出して政治の舞台を席捲するという策にでた。一九八九年の、彼らの政権発表の第一文は雄弁で多くを明らかにする。「陸と水の男と女である自然は我々の文化である」。エコロジストたちや自然主義者たちに、彼らが手つかずの自然を崇めているのは誤りであるとこれほどうまく通告することはできないだろう。さらに「狩猟反対者連合」のメンバーであるドミニク・ヴワネは、数多くの機会において、狩猟者のロビーの激しさに直面することになった。

最後に、国際的メディアの舞台のどこにでも登場し、そのプロフィールは伝統的な自然保護団体とは無縁の、特異な組織についてざっと一言述べておかなくてはならない。「グリーン・ピース」である。「緑の平和」は一九七一年、自然主義団体「シエラクラブ」(一八九二年、自然愛好家の団体としてアメリカ西海岸に生まれ、後に自然保護団体となった)のメンバーである、二人のアメリカ人が、核実験の実施に反対しようと、音頭を取って生まれた(原注82)。したがって彼らは核実験を妨げるために海を縦横に行き交う。次第に、「グリーンピース」はこうして、人目を引く作戦行動に訴えて、環境保護に有害であると判断した行為(核廃棄物の海中投棄、捕鯨、自然空間に対する脅威など)を具体的に妨げる圧力団体へと組織される。「グリーンピース」は非合法の活動を行なうために、「エコロジーの正当性」を理由にするところまで行く(原注83)。漠然とした非暴力的で平和主義的なエコロジストの基底が、これ以上まとまった体系を策定することを拒むこの組織を動かしている。大量の物流(船舶など)を使える中核的小集団が、何百万もの寄付者に頼るこの組織の行方を決める。しかしこの組織はまたその不透明性をも特徴としている。数多くの内部の危機に揺さぶられたのである。こうしてそれらの危機の一つが、同じような目的を追求する団体「ロビンフッド」(一九八五年に創設され、パリに本部のある非政治団体。国際捕鯨委員会及びワシントン協定オブザーバー)の創設に至ったのである。

「フランス自然環境」に加盟していようがいまいが、大半の自然主義者及びエコロジストの団体は、気前がよく、また果敢な季刊誌『自然闘争』の欄にしばしば支えを見い出す。

『自然闘争』の重要性はしばしばエコロジーの専門家に過小評価されている。確かに、その厳格であると同時にあまり六八年世代的でない性格により、この雑誌はほとんど人を魅きつけない。しかしまさにこの真剣さによってこそ、この雑誌は、エコロジー雑誌が大量に消えていく中で、何年にも渡って淡々と生き残ることができたのである。二つの雑誌が合併した結果生まれた『自然闘争』は、一九七四年にアラン・ド＝スワルトによって創刊された。彼はそれを「環境擁護団体の雑誌」にしようという心づもりだった。実際この雑誌は、このテーマに強い関心を抱く人たちにとって無視できないものとなった。環境に結びついた団体、大学、公共企業体は興味深くこの雑誌を読んでいる。この雑誌の成功は、その独特な手法によるものである。必要不可欠になることで様々な読者層を固定化することができたのである。記事の多くは、環境擁護者に固有の問題に関するものであり、また他の多くは、自然主義者及びエコロジストの団体が提供する声明を全国レベルに反響させたものである。最後に、『自然闘争』は知識人の論考にも小さなスペースを確保しており、怠りなく政治的エコロジーの紆余曲折を追っている。この部分は自然主義及びエコロジーの要求を政治的レベルに有効につなげるという理由で、雑誌の中でも人気を博している。アントワーヌ・ヴェシュテールは、この欄で今までにない熱狂に浴した。それに反して、政治的エコロジーの左傾化は、アラン・ド＝スワルトの側に、極めて深刻な留保を惹き起こした。しかしこの人物の政治的選択が、反感を買うことがあったかもしれないとしても、雑誌の評判を曇らせることはなかった。その一貫した活動には一九九七年、ルネ・デュモン、ディディエ・アンジェ、ユゲット・ブシャルドー、ミシェル・バルニエ、リオネル・ブラール、ピエール・サミュエル、ミシェル・クレポなどの立役者が参加した。

現場に立つ闘争的団体

フランスにおいて――自らの意思とは関係なく――自然主義者の熱狂に浴した動物は数多い。熊がその一つである。熊に対する熱狂は最近のもののように見える。かつては、破壊的で捕食性の寄生動物とみなされていたのであり、この評判ゆえに猟者たちは、よってたかって熊を狙ったのである。そればかりか、この動物は根拠なく悪者にされることとなり、神話化され、またそれに対して勇敢な人間が立ち向かうということになった。この神話にはいくつもの異本が作られ、村落共同体が寄り集まるための口実となった。エコロジストの間では、このテーマは逆転する。熊は、言わばどんな代価もしくは賞金を払っても保護しなくてはならないひ弱な動物とみなされているのだ。熊の運命は次第に国民的な問題になった。こうして一九八四年、「環境及び生活の質省」内の自然保護副所長は、季刊誌『自然闘争』の読者にもったいぶった調子で、「自然のための努力を維持することは、スポーツ大会や文化活動に割り当てる予算を維持するのと全く同様に正当である(原注84)」と説明するのであった。記事全体に、自然主義の典型的なテーマが認められる。エコロジーの領域に固有のいかなる基本的な議論も(生態系の本質的な要素、不可欠な捕食者などの保護)、あるいは経済の領域に固有のいかなる基本的な議論も彼の主張を支えるために登場するわけではない。ジルベール・シモンは守りの姿勢で、自然はそれ自体、文化と同様考慮されるに値すると考える。目の前の財政的な利益を全て越えた自然固有の価値に対するこうした主張は、そもそも記事の短い前置きの段落にも同様に現われている。その中で筆者は、ピレネー〔スペインとの国境をなす山脈、及びその周辺の地方〕の熊は、世界において絶滅の途上にはない種に属すると正直に強調する。単に「野生生物の、我々の最も美しい象徴を」救うことが問題なのである。

一九八四年には熊計画がすでに練り上げられている（様々な保存地域の設定、損害が惹き起こされた場合の羊飼いに対する補償など）。そこで巨額の金（前年までにすでに出された数十万フランに続いて一九八四年には二〇〇万フラン）が省によって捻出される。何年か後には、熊は南西部における自然保護の象徴となり、論戦は全国レベルに広がることになる。エコロジストのミシェル・ロードは、「ピレネーの熊、平安であれかし（原注85）」という多くを語る題のついた記事の中でこれらの論戦を報告した。彼はその中で、ピレネー国立公園とつながりのある何人もの科学者と環境大臣ブリス・ラロンドとが対立する激しい衝突を伝えている。「自然に対する二つの非常に異なった見方がここでは対決している」。自然主義者テオドール・モノが支持する前者にとっては、何よりもまず倫理の問題である。熊は静かに放っておかれる必要がある。（人間のためではなく熊のために）熊を救うには、自然に対する乗っ取りをやめることを受け入れ、広大な保護区を与えなくてはならない。後者、ブリス・ラロンドにとって（そして様々な省にとって）、自然そのものなど何百年も前からもはや存在せず、人間の跡がついている。したがって、広大な保護区はどうしても必要なわけではないのであり、熊には必要に応じてえさを与えることになろう。実は、保守主義的自然主義と反体制的自然主義の対立が再び見い出されるのである。

現場の自然主義者たちの議論に感化されやすいエコロジストたちの側では、熊の保護問題は一九九二年に頂点に達する。熊はその際、もはや野生生物の象徴ばかりでなく、より広く、道路設備の計画（道路トンネルの建設）に脅かされる谷全体（アスプの谷〔ピレネー地方にある〕）の保全の象徴として神聖化されている。しかし闘争精神に続いて次第に疲労が生じてくる。一九九三年の末、ジャーナリストのファブリス・ニコリノは簡潔に、「十年余りで、無駄に、何千万フランもが費やされ、何十人、時には何百人もの役人が動員されたことになろう（原注86）」と認めている。熊が出版界の前線で（新聞雑誌及び一部の出版社で）次第に元気になるとしても、ピレネーにおけるその数はそれでも減りつづける。一九九六年末、熊はもはやわずか六頭位（一九六二年におよそ六〇頭だったのに対して）しかいないようである（原注87）。よそから来た熊を導入することは常に成功に恵まれるわけではない。そして牧羊を大好物とする動物の捕食行動は羊飼いたちの神経を逆なでする。自然主義者たち自身も今日、自分たちの闘争の正当性について問いめぐらしている。

熊よりも一層悪い評判を博している狼もまた、一部のエコロジストたちが、同様の理由により、保護したいと願う動物である。狼は今日ではフランスの南部に戻ってきている。自然主義者たちに言わせると、狼の保護（これはベルン協定〔一九八二年に締結されたヨーロッパ自然保護条約〕が定めている）は、倫理的に正当化される。「ロナルプ（ローヌ・アルプス）自然保護連盟」のメンバーであるジャン＝クロード・クルビスは、『自然闘争』に記事を発表した際、この動物の崇高さについて延々と述べている。彼自身は、「見事に書かれ、また素晴らしい図版の入った」ロベール・エナールの著作『ヨーロッパの野生哺乳類』において、狼のための弁護を見い出したのである。「ロベール・エナールは、狼の美しさ、その捉えどころのない性格、長い彷徨、夜吠える声の刺すようで不気味な特徴を称えて尽きることがない（原注88）」。「緑の党」の中にも狼の大義に心を動かされる者がいた。一九九四年のヨーロッパ選挙のための「緑の党」元筆頭候補マリ＝アンヌ・イスレール＝ベガンは、フランスに狼が再び見つかったことに満足の意を表わした。「ロレーヌの『緑の党』は、自由な動物相の代表者に長寿と幸運を願っている。この代表者は、非常に長い不在の後、ヴォージュ山脈〔フランス東部ロレーヌ地方にある〕を安息の地として選んだのである（原注89）」。しかしこうした賛辞は、時に自分たちの羊の群れの数が著しく減るのを目の当たりにする羊飼いたちの好むところではない。こういうわけで、自由な動物相の象徴としてのかけがえのない生物は、どこでもこのような熱狂を惹き起こすとは限らないのである。一九八七年、一つの事件がフランスの南部で話題となった。一匹の狼が、自然主義の専門家の見解によると、えさとして必要な数をはるかに上回る羊を殺していたのだが、一人の狩猟家によって射殺されたのである。「野生動物保護協会」は、「ブリジット・バルドー基金」の協力を得て、ベルン協定で保護されている動物を殺したという理由で、すぐにこの軽率な狩猟者を裁判所に引きずり出した（原注90）。それ以来、狼の味方と敵が情け容赦のない追撃を交える。

熊、狼など、人間でない生物を、どれだけ高くつこうとも、純粋に倫理的な（そして生態学的でない）理由で守ろうとする意思は、自然主義者たちの自然に対する永遠の愛着を理解すれば、説明がつく。というのも全国、そしてあらゆる階層に分散している自然主義者たちの団体の影響を過小評価してはならないからである。彼らの妥協のなさはどこまで行くのだろうか、といった問いがなされる。しかしこのような過激さはすべての環境保護者によって分かち持たれているわけではない。例えば、よく知られた自然主義者ジャン・ドルストは、そこそこの規模で行なわれる時には、狩猟を正当なものとみなすようになった。この自然主義者が述べるところによると、実際、狩猟は動物の数の均衡を保つのに貢献している。人間はこの場合、自然の捕食者としてふるまっているのである。当時「国際自然保護連合」（ＩＵＣＮ）の副議長であった彼は、強調して、また皮肉を込めて、自然の均衡を保全することは、未開拓の空間を永久に固定することとは同じではないとも述べている。「それは勿論、地球全体が原始の状態に戻るべきであるという意味ではない。原始の状態などというのは、自然主義者にとってはおそらく悪くはないだろう純粋なユートピアだ（原注91）」。したがって、ジャン・ドルストは自然主義者たちに、感傷的な先入見を捨てるよう勧める。生態学者たちの方は、より感傷的でなく、またより合理的であるから、自然であると思われると時として神格化されてしまう生の具体的な表明よりも、あくまでも生全体に注意を向ける。生物学者のルネ・デュボスは、とりわけ名高い報告書『我々にはたった一つの地球しかない』の共著者であるが、こうした自然主義者の苛立ちをこのように相対化することを忘れなかった。「保全主義者が何と言おうと、たとえカンムリヅルやコンドルやセコイアが絶滅させられようとも、自然は進化しつづけるだろう。丁度、時の流れとともに地球の表面から消えた何百万もの他の種が消滅した後も、進化しつづけたように。はるか昔に消え去った無数の形をした、化石となった堆積物が、人間は地球の生物構造を変えた要因のうち最初のものではなかったことを証明している（原注92）」。

ロベール・エナールの否定しがたい影響

しかしこのような考察は、しばしば自然主義者とは無縁である。彼らのうち実に多くの人たちが実際、ロベール・エナールという人物の自然主義を直接受け継いで、自然の空間をむきになって擁護しつづけているのである。

一九八八年の大統領選における「緑の党」の候補者であり、一九八九年のヨーロッパ選挙における「緑の党」の名簿筆頭候補者であるアントワーヌ・ヴェシュテールは、何年も続けてフランス「緑の党」のリーダーを務め、一九八九年に党をヨーロッパ議会へ導いた。自然主義者として、彼はロベール・エナールに奉げる称賛を隠したことがない。一九九〇年に発表された著作『惑星を一つ描いてください』において、彼は数回繰り返して、スイス人自然主義者に対して力のこもった崇拝の念を表わしている。序文からすでに、彼は「パイオニアだったロベール・エナールとルネ・デュモンの影響力に（原注93）」敬意を表わしている。数ページ後で、ロベール・エナールは、マリー・ブックチン、イヴァン・イリッチ、ドニ・ド＝ルージュモン及び他数名とともに、エコロジーに関する「最初の思想家たち」の中から引用されている。アントワーヌ・ヴェシュテールは、ロベール・エナールの、二つの極の理論を全面的に支持する。彼は何度もそのことを開陳したことがある。当時「緑の党」のスポークスマン〔緑の党では、党責任者はスポークスマンと称される〕の一人だったクリスティアン・ブロダグの著作『目標地球』へつけた序文において、彼はまた雄弁にロベール・エナールに崇拝の念を表わした。この短いながらも示唆的な序文の中で、彼はさらにエコロジーを「権勢の論理、及び人間の地球に対する支配を制限せよという勧告（原注94）」と定義している。

大学教員で、有力な「ロナルプ〔ローヌ・アルプス〕自然保護連盟」（ＦＲＡＰＮＡ）の元主要推進者であり、フランスにおける政治的エコロジーの初期に密接にかかわっており、一九八一年の大統領選挙においてエコロジスト候補へ名乗りをあげて拒絶されたフィリップ・ルブルトンもまたロベール・エナールの崇拝者である。例えば一九八六年に彼はロベール・エナールの著作の再版に序文を添える。「何はともあれこうして四十年間、ロベール・エナールは、驚くべき近代性に関するいくつかの本源的な真実を、世界に真正面から投げつけてきたのだった。つまり工業社会を生み出す人間中心主義の批判、科学主義、すなわち純粋に分析的、従って還元主義的な手法の批判（……）である（原注95）」。フィリップ・ルブルトンはさらに、「あらゆる類のインテリ、哲学者、政治家の舌先三寸と比べて」、「エナールの哲学」に完全に満足していると付け加える。ロベール・エナールの主張の妥当性をフィリップ・ルブルトンが認めたことは、必然的に知的影響をもたらす。つまり自然／文化という断絶を行なうことを拒否するセルジュ・モスコヴィッシが擁護する主張に対して距離を取ることである。フィリップ・ルブルトンはこうして特にこのパリの社会学者と反対の立場を取り、スイス人自然主義者を擁護するのである。自著『自然の人間的歴史』の中で、セルジュ・モスコヴィッシは自然／歴史（物質／精神、肉体／魂）といった単純に割り切りすぎた対立を皮肉る。これに対してフィリップ・ルブルトンは、ロベール・エナールに対する共同の賛辞に自分も与っているので、腹を立てる。「人間ではないすべてと定義された自然のこうした自律を否定するのに、どうしてこうまでもけんか腰になるのか、いやそれどころかなぜこれほどまでの悪意をこめるのか。明らかに、我々に何も負うところのない（……）何かが、存在して生きることが可能であると認めざるを得ないことに対する傲慢ないらだちである（原注96）」。具体的には、自然に関するエナールのこの概念により、自然主義者たちはこのように、自然を慎重に運営するのではなく、自然を守り一切の人間活動から離しておこうという気になるのである。このことは例えばベルナデット・リゼが察知して、（この場合はフィリップ・ルブルトンが擁護する）こうした立場は、「自然主義者ロベール・エナールの遺産（原注97）」に負うものであると指摘した。

何度か繰り返して「緑の党」のスポークスマンを務め、一九七九年のヨーロッパ選挙のエコロジスト候補者名簿筆頭であったソランジュ・フェルネクスもやはり、ロベール・エナールの思想に馴染んだエコロジストたちのうちに数えられる。一九八七年に彼女は、一九八八年の大統領選挙のための選挙運動の間に、長々と彼に敬意を表わした。しかしながら彼女は、彼の立場の一部に感じるためらいも率直に伝えた。エナールが自分のエコロジストとしての参画に与えた影響を認めながらも、プロテスタントであるソランジュ・フェルネクスは、エナールがユダヤ・キリスト教文明を断罪していることに反発する。彼女は、スイス人自然主義者の糾弾にショックを受けたとまで言っている（原注98）。

その多くが専門の出版社から出ているロベール・エナールの著作は、自然主義者たちやエコロジストたちの間で回し読みをされており、第一線のエコロジストの内何人か――アンドレ・ビュシュマン、ソランジュ・フェルネクス、フィリップ・ルブルトン、アントワーヌ・ヴェシュテールなどの場合がそうである――は、こうして彼の書いたものを知ったが、それでも彼の提案すべてに組みすることはなかった（原注99）。しかしロベール・エナールが提案する人間の力に見合った倫理は、このような具合に一人ならずの環境保護者たちに訴えかけた。例えば高名な自然主義者テオドール・モノもしくはジャン・ドルストがそうであり、ドルストは汎神論を拒否しながらも、自然を、尊重するに値するパートナーとみなすのである。

政治的エコロジーの曙における「ディオジェヌ」

ロベール・エナールの読者にして崇拝者たちは、この自然主義者の書いたものを熱心に読んだり、彼の著作の哲学的な側面について問いめぐらすだけにはとどまらない。彼らは非常に早い時期に、一つの連合に結集した。

当初、考察は非公式のものであった。たとえば一九六九年に、雑誌『若い女性たち』が「自然と社会」(原注100)に関する大部の特集を組む。これはこの運動のアルザスのチームが率先して行なったものである。この特集の一部は、アルザスでおよそ百人以上の女性(そして男性)を集めた週末の勉強会から直接生まれた。この週末ではロベール・エナールの発言が中でも際立った。『若い女性たち』の特集はこれらの討論にさらに他の発表を加えて豊かなものにしており、その中の一つにはセルジュ・モスコヴィッシが署名を入れている。「自然」という概念に関する討議が始まる。この討議から生まれる考察は、一つの非常に柔軟なグループにおいて明確な言葉で表わされることになる。

「一九七〇年から一九七三年まで、エナールは『ディオジェヌ』(=ディオゲネス。ギリシャのキニク派哲学者(紀元前四一三〜紀元前三二七)。一切余分な物を持たず、社会慣例を無視し、節制した自然な生活を追究した。裸足でマント一枚だけまとい、樽の中に住んだと言われる。)の主導者であった。これは『人間、自然及び成長』に関して考察し、また自然保護の諸団体を経済成長及び人口増加に対する異議申し立てへと方向転換させようとする、数十人のフランス人からなる非公式なグループである(原注101)」。フィリップ・ルブルトンの、強力な「ロナルプ自然保護連盟」（FRAPNA）がグループ「ディオジェヌ」とともに活動する。「リヨンでは、『ロナルプ自然保護連盟』はフィリップ・ルブルトンのたくましい推進力のもとに、グループ『ディオジェヌ』によって駆り立てられている（原注102）」。グループ「ディオジェヌ」にはまたアントワーヌ・ヴェシュテールも加わる。彼は当時、ドイツの国境区域にある工業地域ルールに対抗する目的で、アルザスのために準備されている計画を見て、アルザスの数多くの自然主義者たちのように、愕然としたのである。局限された連合活動の限界に気付いた彼は、他の人たちと同様に、討議を惹きおこすことに決め、システム全体を見直そうとする。時機は好都合である。「マンスホルト書簡」および「ローマクラブ」に提出された報告書が話題になっている。「こうしたこと全てによって、自然保護団体の推進者たちが結集するようになった。このグループは、『ディオジェヌ』と名乗った。（……）『ディオジェヌ』をイメージ化したものの中には、全裸で、堆肥の上で考え込んでいるものがある。このシンボルは、消費社会に正反対の主張をするために選ばれた。主として東部及びパリ地域出身の人々からなるこのグループは、農業と工業を別の方法で発展させ、フランスの社会を一層民主化する方法について考えるという目的をもっていた。選挙に参加するという考えは、当時ちらりと触れられただけであった（原注103）」。『自然闘争』においてアントワーヌ・ヴェシュテールは、こうした自覚がなされたのは一九七一年だとしている。彼はその中で、数多くのエコロジストたちがこのサークルに通ったことを改めて述べている。「『ディオジェヌ』は、「ロナルプ自然保護連盟」（FRAPNA）の代表者たちとフィリップ・ルブルトンやフランシュ・コンテ〔スイスと接するフランス東部の地方〕及びブルゴーニュの「連盟」の代表者たちを結集させていた。そこにはブリス・ラロンドまでが見られた（原注104）」。ソランジュ・フェルネクスも同様に、そこでブリス・ラロンドを見たことを、またそこでジャック・ドロール、ドニ・ド＝ルージュマンなどと顔をあわせたことを思い出している（原注105）。資料収集家のロラン・ド＝ミレールがそれに参加していた。当時、この考察サークルに注意を向ける政治学者やジャーナリストはほとんどいなかったが、それでもこのサークルは、フランスにおける政治的エコロジーの将来のリーダーを何人か集結していたのである。このサークルの仕事の足跡は、（確かに、このグループの活動が終わりに近づいた頃に現われた）エコロジー関係の新聞雑誌の中にはごく例外的にしか見当たらない。『自然闘争』の新しいシリーズの第一号は、エネルギー危機に関するディオジェヌの調査、「ディオジェヌは、政策を提言する（原注106）」を発表している。この機会に、雑誌は読者に対してグループを手短に紹介している。『自然闘争』に言わせると、「ディオジェヌ」は、二千年以上前に、自然に従って生きることを強く勧め、富と社会的なしきたりを軽蔑した、同名のギリシャの哲学者へと繋がる。エコロジストの勢力圏において、ディオジェヌの研究は、その真剣さによって画期的である。例えばアンドレ・ゴルツは、フランスの反原発計画に関して、ディオジェヌの活動に詳しく言及した（原注107）。

こうした実質的な活動にもかかわらず、ロベール・エナールの周囲に集まった勢力圏は、政治学者たちの関心をごくわずかにしか惹かなかった。ロベール・エナールは、政治的エコロジーの専門家（政治学者もしくはジャーナリスト）たちに全く無視されることもある。このような無視は、常に他意のないものだろうか。問うてみる価値はある。雑誌『今日性としての非暴力』は例えば、一九九一年に出たアントワーヌ・ヴェシュテールの著作から取った引用を、一部削除して載せた。ところがこの引用は、少なくとも保守的な二人の立役者、ロベール・エナールとドニ・ド＝ルージュモンが、政治的エコロジーの理論的構築において演じた役割を黙殺しているのである。次に挙げるのが、アラン・ヴェロネーズが『今日性としての非暴力』において伝えている、著作『惑星を一つ描いてください』からの抜粋である。「エコロジーの理論的枠組みの起源は（とりわけ）マリー・ブックチン及びイヴァン・イリッチにある（原注108）」。そしてアラン・ヴェロネーズは、政治的エコロジーのこれら二つの進歩主義的な起源に満足するのである。不幸なことに、アントワーヌ・ヴェシュテールの著作は、この和らげられたヴァージョンとは若干異なっている。「エコロジストたちの行動は、確かにまだ不完全ながらも一貫した理論的な枠組みの中に収まっており、それを最初に考えたのは、マリー・ブックチン、ロベール・エナール、イヴァン・イリッチ、ドニ・ド＝ルージュモン、及び他の人々であった（原注109）」。政治的エコロジーに充てられた大学関係の著作の大半も同様に、ロベール・エナールの演じた役割を無視している。

エコロジストたちの世界によく通じているベルナール・シャルボノー（一九一〇〜一九九六）は、この問題をよく見通していた。それも長く前からである。田園の擁護者である彼は、ロベール・エナールの著作の過激主義的な面を明らかにしつつ、時にそれに激しく異を唱えた。この無政府主義的人格主義者の知識人は、国というものに関するある種の考え方を常に擁護しており、それは自然と文化の密接な結びつきとみなされるものである。つまり、ロベール・エナールが推奨する、二つの極（自然／文化）の間の緊張とはやや異なる理論である。この相違に加えて、ベルナール・シャルボノーは、ある種の自然主義の偏流を批判した最初の人間の一人でもあった。「自然回帰主義の原理主義は、R・エナールのようなほとんど知られていないが時に影響力のある理論家たち、生物学者たち、及び自然主義者たちの所業であり、彼らは、その専門ゆえに自然や生命にこだわるようになるのである。しかしナチズムの失敗以来、ローレンツ〔コンラート：一九〇三〜一九八九：オーストリアの動物学者。動物の集団行動を本能、特に攻撃本能によって説明する〕にとってと同じく、彼らにとっても、動物の社会に関する彼らの科学が抱かせる、人間の社会に関する判断を明確に表現することは困難になっている(原注110)」。不可知論者であるがプロテスタンティズムに近いベルナール・シャルボノーは、ロベール・エナールの著作の汎神論的な面も強調した。「こうして、キリスト教の中に自然の破壊の根を見る、ドイツ人カルル・アメリ〔『摂理の終わり』〕あるいはスイス人R・エナール及びその弟子たちのような、ある種の自然回帰主義的エコロジストたちが抱く敵意の説明がつく。自然回帰主義は汎神論に、母なる自然の崇拝に帰着し、人間はその一つの要素にすぎないということになる。こうなると、否定されているのは自然ではなく、人間の自由なのである(原注111)」。こうして、ベルナール・シャルボノーはおそらく、（例えば、ソランジュ・フェルネクスが時々行なった発言を除けば）ロベール・エナールの著作のある面が感じさせるためらいを、系統的かつ公に述べた、エコロジストたちに近い唯一の知識人であると考えることができるだろう。

我々〔ジャン・ジャコブ〕の研究「肥やしとして使われる権利、すなわちエコロジーの隠された面について(原注112)」が出版されたことに、一部の自然主義者たち及びロベール・エナールの崇拝者たちはいくらか苛立った。この研究では、彼の理論〔緊張状態にある二つの極、我々の力に見合った倫理など〕を示し、同時にその横滑りを明らかにし、スイス人自然主義者の真の影響を明るみに出そうと考えたのである。それでもこの研究は、ロベール・エナールに対する賛辞が増すことの妨げとはならなかった。

オーギュスタン・ベルクただ一人が、我々の知る限りでは、それ以来、この極めて保守主義的な自然主義に不安を感じたのである（原注113）。

「地球の血出版」

ロベール・エナールの後継者は、そもそも人が想像するよりも多い。この自然主義者の崇拝者たちの中には実際、フランスで最も重要なエコロジー関係の出版社の一つとなった「地球の血出版」に関連している者もいる。

今日ではよく参照される出版社となり、そのカタログは非常に多様な著者を並べている「地球の血出版」には、それでもきな臭い過去がある。『自然闘争』に出た告示が、実は「地球の血」と命名された政治運動の創設を告げたが、これには明日がなかった。しかしその主要な推進者は数カ月後に「地球の血出版」の責任者となる。ドミニク・ビグルダンが一九八六年に発表した宣言は、この運動を「エコロジー的であり、非政治的であり、保守主義的である（原注114）」としている。宣言は、この運動が「雇用・自然」と名づけられた団体の創始者たちによって始められたことを明らかにしている。この政治運動「地球の血」は、「地球が死の危機に瀕しており、フランス人はそれを十分に意識しなくてはならない（……）という理由でエコロジー的である」。従って、フランスのエコロジー政府が絶対に必要であるということになる。この運動「地球の血」はまた「フランス人たち、またその中でも自然の擁護者たちは、政治の癌（……）に苛立っているという理由で、非政治的でもある。非政治的な計画を実行することによってのみ、フランス人たちに、自分たちの大地のために働く意欲と手段を再び与えることでフランスの衰退を食い止め、フランスを再建することができるであろう」。最後に、運動「地球の血」は、「自然と生を守るということは、まず過去の世代によって伝えられる遺産である腐植土を保ち、維持することであるという理由で保守主義的である。（……）自然の、また歴史的な、そして精神的なフランスの遺産を尊重する、エコロジー的な進歩によってのみ、『我らが時代の真の問題』（ロベール・エナール）である、人間と世界の間の均衡を再び打ち立てることが可能である」。こうしてロベール・エナールは、この政治宣言の中で引用される唯一の人物なのである。『自然闘争』の欄に「地球の血」運動の告示が載ったことは、それでもいくらか混乱を惹き起こした。一人の女性読者が、そこにペタン主義〔フィリップ・ペタン：一八五六〜一九五一：第二次世界大戦中のヴィシーにおけるドイツ傀儡政権の元首〕の跡をいくらかかぎつけたのである（原注115）。

「地球の血出版」の目的は、その運動の目的にいくらか繋がる。「ドミニク・ビグルダンは、生活衛生を保ち、汚染と闘い、自然との絆を結びなおし、フランスの大地からヨーロッパにおける将来の可能性を汲み取るという目的で、非政治的エコロジーの知識及び思想を広める道具を可能な限り広い公衆の役に立てるために地球の血出版を創立した（原注116）」。「環境及びエコロジーを専門とする独立した唯一の出版社」と自らを定義する「地球の血出版」は、当時、「いかなる財団からも、いかなる政治的もしくは思想的党派からも独立した」一〇人の株主に立脚していた。創立から五年も経ぬうちに、この出版社は、およそ五〇点もの本を出版したと誇れるほどになる。当初出版社はそれでも、いくつかの疑問を提起していた。歴史家のジャン・シェスノーは例えば、編集方針を案じていた（原注117）。しかしこれは数年でかなり変わった。緩和されたのである。一九九二年、出版社のカタログは、四人の編集顧問を掲げており、その中には人間中心主義を断固として非難する大学教員ジャック・グリヌヴァルト(原注118)、それからロベール・エナールの著作のフランスにおける主な普及者であり、「ディープエコロジー」に感化されているロラン・ド＝ミレール(原注119)がいる。一九九三年、カタログにはもはやいかなる顧問も載っていない。イデオロギー的な射程を持つ文庫(「作家と大地」、「起源への回帰」、「自然の感性」など)は徐々に消えた。技術系の著作の出版が、より社会参画的な著作の出版に急速に取って代わった。その上、序文の執筆者数名は、とりわけ名高く、また疑わしい点が全くない人たちである。今日、「地球の血出版」はさらに、実用書及び子供向けの本を出しているボルヌマン出版社と提携している。それでも己の本当の目的に関する問い直しは続いている。一九九八年、「地球の血」は例えば、新右派(反共産主義の様々な保守派。ファシズムや伝統保守的と一線を画す)に非常に近い雑誌『森への訴え』と提携し、アラン・ド＝ブヌワとともにシンポジウム「進歩に対抗するエコロジーか?」を開いた。同じ年に、この出版社はさらに、(地球のメッセージ、生物動力学(生物の活発な生命現象を扱う分野)、生物発生説(生物は生物からのみ発生するという説)、教育などをテーマにした)一連の講演会を開き、「地球の血、非政治的および自然神教的エコロジーのために」と自己紹介をしたのだった。

影響下のアルザスの自然主義

ロベール・エナールは、フランス東部の自然保護主義者たちの特に大きな反響に、とりわけアルザスで出会った。ところで政治的エコロジーの始まりが表明されたのは、やはりこの地域においてである。この地域は、自然に対するより確固とした愛着によってフランスの他の地域と異なることを思い出していただきたい(原注120)。

組織的には、アルザスの環境保護主義者たちが、一九六五年、「自然保護地方連合協会」(AFRPN)のもとに連合し、これが一九九一年に「自然のアルザス」となる。当時、この地方をドイツの工業地域ルール(重工業、新しいインフラ構造など)のフランス版にしようと望む国に対して、強力な連合勢力を対抗させる必要が迫っていた。これは今ではこの地方連合にとって終わったことであり、今日この連合は、およそ一五〇の環境保護団体を結集している(その中には「自然に関する科学委員会」や「ヴォージュクラブ」がある)。自然保護に焦点を当てた「自然保護地方連合協会」(AFRPN)は、大規模な政治上の選択が環境の激変という形を明確に取った時から、その問いかけを徐々に広げるようになった。例えば一九七〇年、オー・ラン県におけるフェッセンナイムの原子力発電所建設の反対に立ち上がる活動家もいくらかいる(そしてフランスで最初の反原発デモが組織されることになる)のに対して、慎重に協会の非政治主義に留まる者もあった。ここでも他の場所でも、その後意見の対立はひどくなるばかりである。一九七二年、古株の保護主義者と、闘争を徹底したいと思う新しい世代が対立する。アントワーヌ・ヴェシュテールのように、古株の保護主義者のうちの一部はそれでも、協会のメンバーとして軽んじられることに嫌気がさして、一九七三年に「エコロジーとサバイバル」(フランスで最初のエコロジー政党)の創設に積極的に参加することになる。原子力発電所、幅の広い運河の建設、マルクコルスアイムの美しい森(アルザス地方のバ・ラン(低地ライン)県にある)の外れにおける化学工場の建設といった、政治的異議申し立てを正当化する理由が増加する。この時、異議申し立てをする者は、用地を占拠することになる。訴訟に勝つまで五カ月間続けてである。一九七六年、新しい世代の活動家たちは、ついに古株の保護主義者たちを排除してしまう。伝統的な協会活動（ヴォージュ山脈やオオヤマネコなどの保護）は続いているが、自然主義者たちは今後、メディアを動員して騒々しくデモを行なうことをもはや厭わなくなる。「自然のアルザス」は今日科学的な厳密さと世論の賛同に対する希求を組み合わせている。環境保護のためにその時々に行なわれる活動の後ろに、強い倫理的な側面が現われることがある。自然主義的な文化（自然の他者性の尊重）に加えて、環境の擁護は、アルザスでは時に、哲学的さらには神学的なタイプの考察（アルベール・シュヴァイツエールの影響）に支えられているのである。

「ミュルーズ（オーラン県にある都市）・自然に関する科学委員会」は、「自然のアルザス」（元AFRPN）に加盟している協会の一つである。（一九四五年以来休眠状態だった後）一九六九年に再始動した、オー・ラン県で活発なこの委員会は、一部の自然主義者たちを結集しており、その中にはフランスにおける政治的エコロジーの始動に積極的に参加している者もいる。彼らの中にはまた、ロベール・エナールに非常に近い者もいる。ミシェル・フェルネクス、アントワーヌ・ヴェシュテール、あるいはアンリ・ジェヌは、当初からこの委員会に打ち込んでいる。分厚い『ミュルーズ産業協会会報』をめくってみただけで、ロベール・エナールが発するオーラを確認することができる。スイス人自然主義者は、その中で何度か、自然主義者としての活動と同様、哲学的な考察ゆえに称賛を込めて引用されている。この会報の中には、ロベール・エナールの書いた挿絵の複製や文章の再録が数多く見い出される。一九九四年、委員会は例えば、余りにも漫然とした環境の概念を拒否し、それよりもロベール・エナールが定義した「自然」の概念のほうをよしとする（原注121）。ミュルーズの会報以外で発表された様々な研究も同様に、ロベール・エナールがアルザスの自然主義者たちの仲間内で獲得したオーラを裏付けている。しばしばスイス人自然主義者は、文献目録にも登場するが、彼の理論的著作も同様に高く評価されている。

アルザスの保護主義者たちの精力的な活動はすぐに、フランスの自然主義者たちの間で熱のこもった関心を惹き起こした。非常に早くから、全国規模の新聞雑誌が様々な特集をこれらのがむしゃらな活動家たちに奉げている。彼らの過激な闘争性が人を驚かせ、また尊敬を惹き起こすのである。諸団体の中にあって非常に活発であり、出版界において存在感がある彼らの中の一人が、しばらくの間フランスにおける政治的エコロジーのリーダーシップを取ることになる。

保守主義的自然主義の政治的後継者たち

エコロジー政党に向けて

エコロジストたちが政治的にまた組織としてアルザスに定着したことを扱った一つの研究が実際、

フランスにおける政治的エコロジーの発生においてアルザスのエコロジストたちが果たした非常に重要な役割を明らかにしている(原注122)。一九七三年一月に真のエコロジー政党「エコロジーとサバイバル」を始動させようという考えが生ずるのは、アルザスの環境擁護者たち数名からであり、その中には、アントワーヌ・ヴェシュテール、ソランジュ・フェルネクス及びアンリ・ジェヌがいる。「ビーデルタル(決定集会が開かれた場所)の決定」は、ある事実を確認した結果なされたものである。団体に属する環境擁護者たちは、政治家たちに意見を聞いてもらうことはしばしばあるが、彼らは選挙という点からみれば何も代表していないので、ほとんど了解されることがない。従って、ものごとの流れに影響する唯一の方法は、エコロジー政党を設立することにあるのだ。一九七三年の衆議院選挙は、アルザスのグループにとって、自分たちの候補者第一号を代議士職に出す機会となる。

在野の自然主義者アンリ・ジェヌはこうして「エコロジーとサバイバル」の旗印を掲げ、ソランジュ・フェルネクスを補欠当選者とし、また選挙キャンペーンの組織に関してはアントワーヌ・ヴェシュテールの補佐を受ける。彼は二・七パーセントの票を獲得する。「エコロジーとサバイバル」は当時辛抱強く、様々な選挙(県議会、市町村議会、衆議院など)に候補者を出し続け、また立場の近い候補者を積極的に支持し続ける(一九七四年のルネ・デュモンのキャンペーン)。彼らの考え方は、ブリス・ラロンドの友人達を突き動かしている絶対自由主義の雰囲気とは根本的に異なっており、フランスにおける政治的エコロジーの初め数年間は、対立する野心を抱いた、二つの主要な勢力圏の間のひそかなライバル関係を特徴とするのである。長い間ブリス・ラロンドの「地球の友」のまわりに集まっていた一方にとって、国家権力を獲得する理由など本当はないのであり、よってこの目的のために政党を作る理由もないのである。政治的エコロジーは、むしろ輪郭の柔軟な、様々な少数派を連合させるべきだということになる。何らかの明確な目的がある場合にのみ、より大きな範囲の規律がそのつど必要となるだろう。フィリップ・ルブルトン、ソランジュ・フェルネクス、アントワーヌ・ヴェシュテールなどが率いるもう一方にとっては反対に、エコロジーに向けて行使するために国家権力を獲得することを目指す、（自然の他者性を尊重する）真のエコロジー政党をできるだけ早く結成することが重要である。この相違を、エコロジストの専門家であるジャーナリスト、ジャン＝ポール・ベセはしっかりと捉えている。「一方には、ブリス・ラロンドと『地球の友』がおり、彼らはどちらかと言えば『環境科学者』で、断固として反党派主義者である。他方には、『アルザス派』がおり、彼らはより政治的で、一九七四年十一月に『エコロジー運動』（ＭＥ）を設立する（原注123）」。ジャン＝ポール・ベセはそれから、この相違は増していくであろうことを指摘する。こうしてアントワーヌ・ヴェシュテールの周りに集まった「アルザス派」は、エコロジーを政治的に組織化することを絶えず要求することになるのに対して、ブリス・ラロンドの友人たちは、様々な勢力圏を単に調整すればよいと表明することになるのである（原注124）。結果として、党という形はロベール・エナールに近い人々にある種の反響を見い出すのであり、彼の理論（政治行動の正当性）とかなりかみ合うことが確認される。よって、フランスにおける政治的エコロジーの二つの主要な集団の対立は、人間同士の単なるライバル関係をはるかに越えるものを表わしたと考えることが可能なのである。

ロベール・エナールと全く同様に、彼の崇拝者は常に、社会的なものを自然化したり、あるいは政治的なものを扱う際に有機体の比喩を数多く使う傾向がある。こうした保守主義的な論調は、右派が政権についており、野党の大半が事実上左派であり、野党は何らかの曖昧な点について詳しい説明を行なう義務を暗黙のうちに免除されている限りにおいて、最初は必ずしも見えてこない。その上、エコロジストたちは当時、「第二の左派〔一九七〇年代に、既成組織から一線を画して、自主管理を掲げた運動〕」及びそれが一九七〇年代の半ばに申し立てていた主張に対する非常に好意的な文化的雰囲気も感じ取っていた。一九七六年にさかのぼる「エコロジー運動」のある文書がそれを示している。「『エコロジー運動』は、エコロジー的な社会、すなわち均衡及びエコロジーの法則（……）と一致した調和のある生活を人間のために再び見い出し、また回復させる社会の到来のために働くことをその任務及び計画とした。このような社会は、自主管理社会主義（……）という展望の中に収まるしかない。『エコロジー運動』の目標は、自主管理の社会（……）を確立することである（原注125）」。他の部分に関しては、この「エコロジー運動」の自己紹介は「国家権力の奪取のために作られた諸政党の駆け引き」も同様に拒否し、「生産至上主義」の弊害を告発する。したがって左派の活動家あるいは有権者の疑いを呼び覚ましうるものは何もないのである。極めて「第二の左派」的なこの論調は、一九七六年の末に、ミュルーズで「エコロジー運動国民集会」が練り上げた、市議会選挙のための綱領にも見い出される。その中では、都市化の短所、自主管理の欠如、自足、非暴力、社会主義的展望などが触れられている（原注126）。同じ文書において触れられている人間中心主義に対する異議申し立てに関してあれこれ問いただす者はいないだろう。

曖昧な点がいくつか現われてくるのを見るには、より理論的な著作を参照する必要がある。当時パリの「エコロジー運動」とつながっていたミュルーズの「エコロジーとサバイバル」は、一九七七年に『不安から希望へ――緑の道を通って』と題された一般向けの著作の構想に参加した（原注127）。中にはその過激さによって人を驚かせるくだりもある。この共同著作は、非常に保守的なギュンター・シュヴァプ及びアンドレ・ビールにならって「バイオ政治」に触れている。この著作は、「エコ政治」を推奨し、家族が「子供と社会の、自然で不可欠な基礎となる核」を成すと指摘し、私学が公教育に対して「健全な競争心」を持つことを望み、さらには学校における「十六歳以上の『寄生者』もしくは計画的な攪乱者」をすみやかに再教育することに賛意を表わし、病気は「自然の法則に対する過ち」を成すと考える『澄んだ生活』を引用し、非行の様々な原因（道徳教育の欠如、緩みすぎた教育、現代都市での人工的な生活）を公然と非難し、「社会を浄化すること」を望み、保守的もしくは反動的とされる危険を犯しても「現実感覚」を持っていることを誇るのである。『不安から希望へ――緑の道を通って』の全体的な論調は、それでもより従来型の様式となっている。そこには政治的エコロジーの大命題（エコロジーの束縛の喚起、経済の方向転換、原発の拒否、人口増加の調節、非暴力、直接民主制の称揚、世界規模の連帯など）が見い出される。

「アルザス・エコロジーとサバイバル」、「中央・エコロジーとサバイバル」、「ロナルプ・エコロジー運動」及び他の地方運動が参加した、「エコロジー運動」の政治的計画書『今日のエコロジー社会に向けて』（原注128）にも同様に、驚くべき点が幾つかある。しかし全体はどちらかと言えば型どおりである。人間は、生きるものの単一性と多様性に気付くよう求められている。そのためには、生産至上主義を終わらせ、経済の方向を転換させること（分かち合い、自律生産、一種の農業自給自足の探求）が重要である。違うことへの権利が主張される。個人を（あらゆる面で）十分に開花させることに道を開くような社会（自由時間、労働時間の短縮、自治領域、最低所得など）の到来が望まれる。エコロジー的社会は地方分権化され、地方が優遇され、都市計画は考え直されるであろう。非暴力がなおも大きく企画に上っている。柔軟な政治形態（「運動」）を優遇するという表向きに掲げられた意思はこの場合、政治権力に対する根本的な不信に対応するものではない。「エコロジー運動」は単に、現場での闘争を他の目的に向けた道具にはしないつもりなのだ。よき「構造改革」を喜んで迎える用意ができているのである。「エコロジストたちを特徴付けるものが、権力に対する、敵に対する憎しみではなく、愛であってほしい。生に対する、我らが地球に対する愛であってほしいものだ」。したがって全体として、「エコロジー運動」は、世界に影響するエコロジーの諸問題に主として焦点を合わせ、その元がある種の産業的（そして社会的ではない）論理にあるとし、他の勢力圏（非暴力）はついでにしか受け入れず、また政治的な責任を取ることを退けはしないということが確認できるのである。

一九七八年三月の衆議院選挙の見通しを立てたフィリップ・ルブルトンは、特にエコロジストである候補者を支持するための共闘組織「エコロジー78」を始動させることにした。この時は、エコロジストとしての非妥協性が支配する。「諸問題へのエコロジー的なアプローチ」が不可欠であるから（原注129）、協調は、幾つかの点を必ず尊重するという留保つきでのみ可能であり、二回戦において、いかなる立候補者取り下げも予定されない。このように右派左派ともに排除して真のエコロジー政策をはっきりと打ち出そうという意思は、当時何人かの「地球の友」とりわけブリス・ラロンドの強いためらいを惹き起こす。ラロンドらは、統一社会党（PSU）を中心として、非暴力派、エコロジスト、地方分権論者及びフェミニストを連合させる「自主管理戦線」を作る考えをこの上なく熱を込めて歓迎していた（原注130）。一九七九年のヨーロッパ選挙の見通しは、対立を一層強めるばかりである。新たなる選挙共闘組織、「エコロジー運動地方間共闘」（ＣＩＭＥ）が、選挙キャンペーンに参加する目的で配置される。「エコロジーとサバイバル」は、この共闘の最も熱心な推進者に数えられるが、それに対して、「地球の友」は不賛成を告げ、このキャンペーンへの参画を一切拒否する（原注131）。「エコロジーとサバイバル」に言わせると、このような集まりに加わることによって、エコロジストたちは自分たちの主張を表明し、ヨーロッパの諸地方及び諸民族の連帯を確固としたものにすることができるはずである。ソランジュ・フェルネクスが音頭を取った「ヨーロッパエコロジー」の候補者名簿が提示する政見発表は、非常に具体的な一連の提案を列挙して、範を示している。「エコロジーは成長至上主義及び無分別な消費を疑問に付す。エコロジーは人間と自然を尊重して、（……）ヨーロッパのために別の野心を提案する（原注132）」。結果として、「エコロジーのヨーロッパ」（新たなるエネルギー、自然の保全、エネルギーの節約など）の構築が、「諸々の自由と諸々の地方のヨーロッパ」（少数派や排除される者の権利、貧困に対する闘い、女性の権利、国民の発議による国民投票の採択、地方自治など）及び「平和的で連帯心のあるヨーロッパ」（軍縮、労働時間の短縮、第三世界に対する援助）を建設しようという意思に先立つことになる。「ヨーロッパエコロジー」の候補者による綱領の十三点も同様に、エコロジー固有の問題（原発の放棄、浪費の停止及び労働時間の短縮など）に立脚しており、より一般的な問題（国民国家に対する異議申し立て、排除される者の権利、障害者の権利、第三世界に対する援助、非暴力、女性の権利など）には次の段階でしか触れていない。同じ候補者名簿にある、より妥協的なもう一つの文書は、「選ぶ権利」に対する要求が、現実に様々な勢力圏（エコロジスト、女性、消費者、自主管理派の組合員）

を統一することができると認めている。第一線のエコロジスト数名が、ソランジュ・フェルネクスの名簿に（特に第四世界〔先進国における最貧層、もしくは途上国のうち最貧国〕の支援者の側に）登場する。ディディエ・アンジェ、（「SOS環境」の）ジャン＝クロード・ドラリュ、アントワーヌ・ヴェシュテール、（雑誌『エコロジー』の主宰者）ジャン＝リュック・ビュルガンデール、（バイオ農業の専門家）フィリップ・デブロス、（放射線に対する闘いの先駆者）ジャン・ピニュロ、テオドール・モノ、（『自然闘争』の主宰者）アラン・ド＝スワルト、（ジャーナリスト）ジャン・カルリエなどである。「ヨーロッパエコロジー」の候補者リストはさらに、「統一社会党」あるいは「左派急進主義者運動」との接触に終止符を打つことで、典型的なエコロジストとしてのアイデンティティをはっきりと打ち出すという方針を公然と取った。同じ一つの名簿の中で、様々な勢力圏を、様々な少数派の戦線のようなものとして連合させようという展望は、実際エコロジー関係の新聞雑誌で数年間続けて議論された（原注133）。このように特にエコロジスト的なテーマに関して候補者リストを運営していこうという意思は、しかしながらブリス・ラロンドに近い「地球の友」の側から反発を惹き起こした。

ヨーロッパ選挙の後で、そして「エコロジー運動」に続いて創設された「政治的エコロジー運動」（一九八〇年〜一九八二年まで）は、特にエコロジストの政党を確実に存在させようというこうした意思を再度打ち出すものであり、フィリップ・ルブルトン、ソランジュ・フェルネクス、アントワーヌ・ヴェシュテールなどを結集させている。「肝心なことは、第一に、社会の計画を提案することである（……）。諸々の拒否や少数意見を収斂させても、理論的及び政治的なまとまりが出現する保証とはならない（原注134）」。

一九八一年の大統領選挙は、「地球の友」と「政治的エコロジー運動」（ＭＥＰ）の支持者たちを対立させる相違を一時的に沈黙させることになる。唯一のエコロジー候補を推そうという配慮によって、大半のエコロジストたちは、ブリス・ラロンドの後ろに一丸となる。彼は（様々な運動の）エコロジストたちの過半数によってフィリップ・ルブルトンよりも好まれたのである（原注135）。しかし真の「エコロジー党」の推進者たちの気は収まらず、一九八一年の末の政治討論にまともに参加する意思を繰り返す。これは、一九八二年にＭＥＰが「緑の党‐エコロジー党」へと改変したことで決着がつく（原注136）。

一九八四年、有効性に対する配慮から、再びエコロジストたちは結集することになるが、今回は永続的となる。一九八一年以来、「地球の友」及びブリス・ラロンドの友人たちは実際、団体としての軌道修正を行なってきた（これは一九八三年に公示される）。しかし（リーダーをのぞいて）彼らのうちの一部は、大統領選挙の後も引き続き政治行動を遂行したいと望み、すでに（雄弁な名の）「エコロジスト総同盟」（これはその後「緑の党‐エコロジスト総同盟」となる）を創立しており、その中にはイヴ・コシェ、ドミニク・ヴワネなどがいる。一九八四年、この二人は、結局「緑の党‐エコロジー党」に加わることに決め、一般に「緑の党」と呼ばれる「緑の党‐エコロジスト総同盟‐エコロジー党」を創立する。これは現在でもフランスの主なエコロジー組織である。

イヴ・コシェに近い人々は、「緑の党」の中でブリス・ラロンドの絶対自由主義的エコロジーの松明を再び掲げ、一九八四年から一九八六年にかけての初めの段階においては、「緑の党」において過半数を占めることになる。しかし過半数の逆転が一九八六年に生ずる。真のエコロジー政党なるものを支持し、ロベール・エナールの弟子である男が「緑の党」のリーダーとなる。アントワーヌ・ヴェシュテールは、一九八六年から一九九三年まで、フランスの「緑の党」に深く刻印を押し、その後周辺に退くことになる。

アントワーヌ・ヴェシュテールが「フランス緑の党」のトップに立ったことで、非常に多くのエコロジストたちが喜びに満たされる。また政治的エコロジーを六八年五月を受け継ぐものとしか考えていなかった傍観者たちの中にはまごつく者も多い。その中にはヴェシュテール時代を、頑なに不慮の事故としか見ようとしない者もいる。それは例えば、ロベール・エナールに関する研究が全くないことが証明している。しかしアントワーヌ・ヴェシュテールは、何度も彼を、称賛を込めて引用しているのである。ところでアントワーヌ・ヴェシュテールは「緑の党」の活動家の間でのみ成功を収めているわけではない。彼が「緑の党」のトップに立ったことを、いくつものメディアが熱烈に歓迎したのである。それはまず、環境保護諸団体の果敢な季刊誌『自然闘争』の場合である。この雑誌は一九七三年より規則的に発行されており、前に引用した諸団体の共鳴箱を成している。何度も、その主な推進者であるアラン・ド＝スワルトは公然とアントワーヌ・ヴェシュテールに対する支持を表明している。雑誌『エコロジー・ニュース』（一九七五年から、発行周期や名称を様々に変えて現在に至る）は、エコロジー関係のニュースを流し、エコロジストたちに全国レベルの論壇を提供することで、七〇年代に非常に重要な役割を果たしたのであるが、これもまたアントワーヌ・ヴェシュテールに近い人物が主宰している。「エコロジーとサバイバル」の元メンバーのジャン＝リュック・ビュルガンデールであり、彼は独立したエコロジーを積極的に支持していることを隠したことがない(原注137)。リヨンの絶対自由主義的エコロジー雑誌『沈黙』は、昔から様々な代替勢力圏を収斂させようと考えているが、極左的セクト主義や小集団的な策謀に対する不信感から、逆説的にもやはりアントワーヌ・ヴェシュテールの言説に感化されていることを明らかにしている(原注138)。アントワーヌ・ヴェシュテールが「緑の党」のトップに立ったことは従って、エコロジストたちの世界(党、団体、新聞雑誌)に真の熱狂を惹き起こすのである。

「緑の党」が数年間続けて配布した「緑の党」の綱領「生の選択」(原注139)は、この方針転換を示している。まさにエコロジーが、極めて積極介入主義的な発想を持つこの計画の結節点を成している。はなから読者は警戒を促される。汚染が至るところで増加し、この領域では、資本主義も社会主義も危険を増加させたのである。ではどうしたらよいのか。答えは資料の二ページ目で読者に与えられている。「『緑の党』の計画：自然と調和して生きることができる社会における、全ての女性、男性にとっての尊厳に対する権利」。ここでは「緑の党」が追い求める目標が複数あることが見て取れる。それぞれの人間の境遇を向上させると同時に、自然の他者性を尊重しようと考えているのである。とりわけ野心的なエコロジーの定義がその上で提案されている。「エコロジーとは、共生的な社会において、生と人格の開花を重んじる人間の歴史を読むことである。それは、力への意思と物質的財産の蓄積に基づいて地球の資源を略奪し、人類の生存そのものを脅かす文明を批判することである。それは、全ての者のために、愛、美、尊厳に対する権利を確立することである」。第一に、この資料はこのように、元々の科学的な定義とは対照をなす(政治的ではあるが特に明記されていない)エコロジーの定義を提案している。エコロジーは、実は新しい政治的理論として提示されているのである。しかしこの定義を注意深く読むと、実際は他の理論を幾つか凝縮していることが推察される。「生」を重んずることで、エコロジーは人間に焦点をあてた他の政治的理論と暗に袂を分かち、人間を生きた世界に組み入れ直しているのである。政治的エコロジーは、ここでは科学的エコロジーにしっかりと根を下ろしている。それから人格主義の影響が感じられる（「人格」の開花を重んじ、さらに「共生的な社会」を育成すること）。ドニ・ド＝ルージュモン及びイヴァン・イリッチがフランスのエコロジストたちによって念入りに読まれたことを思い出したい。その次の文（「それは（……）批判することである」。）のほうは、実に様々な出所を参照している。力への意思や物質的財産を求める競争に対する異議申し立てによって、金銭に変えられない自然の他者性に敏感な自然主義者たちと、社会的成功の唯物的視点を断ち切りたいと願う六八年後世代を同時に結集させることが可能である。地球の資源の略奪に対する異議申し立て及び、人類が生き延びるための闘いのほうは、典型的にエコロジー関係の記録を参照するものである（自然主義者、生態環境学者、第三世界支援者、「ローマクラブ」の報告）。最後に、「全ての者のために、愛、美、尊厳に対する権利を確立すること」は、自然主義者と同様六八年後世代といった様々な流れの願望を改めて統合するものである（特に状況主義者〔一九五〇年代後半から六〇年代に活動した政治、芸術運動「状況主義インターナショナル」のメンバー。商品消費社会を攻撃する。六八年五月の運動のきっかけをつくった。〕たちが要求する「今ここでの」幸福、非暴力及びヒューマニスト的社会主義を考えていただきたい）。

網領「生の選択」はそれから、第二段落で、人間が搾取を目的として、「他の形態の生命、及び他の民族」を自分の支配下に置くことを嘆く。このような搾取に反対して、「緑の党」は、「協力及び尊重の関係」を主張する。これは、生が歪められたところで生の多様性を回復させ、経済を制御し、軍縮のために参画すること、「あらゆる文化が存在する権利を確立すること」を経てなされるはずである。最後に、この綱領の第三のそして最後の段落は、こうした経済的な力への意思が激化した結果、社会に跳ね返ってきたものを検討する。排除、失業、極度の貧困、人口爆発、移住、南北の紛争などである。こうした手綱の外れた競争に対して「緑の党」は連帯を推奨する。一連の具体的な提案が、この政治的エコロジーの包括的な定義に続く。人間の尊厳を尊重すること（複数文化主義、肉体と精神の尊重）、質のよい生活環境を取り戻すこと、原発を放棄すること、地方自治を促進すること、仕事と所得を分かち合うこと、社会保障収入を確実なものにすること、非暴力を実験すること、健康に対する権利を（質的な角度から）保障すること、社会的な緊張（失業、郊外の問題、移民問題）と闘うことである。このようにして、「緑の党」は、人間たちに「（自分たちの）進歩を選ぶよう」促す。この「生の選択」という一九九〇年に初めて出た資料において、党員たちは、したがって伝統的な政治組織に対する独立を主張し、団体としての根強さを強調するものの、それでも市民社会における活発な潮流である地方分権主義者、第四世界支援者、フェミニスト、代替派などにも直接繋がっていることを改めて述べるのである。

このように、アントワーヌ・ヴェシュテールが「緑の党」のトップに立ったことは、非常に積極介入主義的な発想の、エコロジストによる真の政治計画を力強く打ち出そうという意思の形を取った。彼は、彼なりに、フランスのエコロジストたちの間で、独立した政治的エコロジーのために長い間行なわれてきた闘いを具現しているのである。

影響下のエコロジストの立役者たち

アントワーヌ・ヴェシュテールは、ロベール・エナールに啓発されたただ一人の人間ではない。ソランジュ・フェルネクスとフィリップ・ルブルトンが、彼に先行している。

一九三三年生まれのフィリップ・ルブルトンは、リヨン第一大学の生物学教授であったことがある。エコロジー関係の著作をいくつか書いている彼は非常に速やかに、諸々の環境保護団体にも精力を注ぐこととなった。長い間、強大な「ロナルプ自然保護連盟」（FRAPNA）の主な推進者であった彼は、様々なエコロジー関係の意思表明（ヴァヌワーズ公園〔イタリアとの国境に近いアルプスの国立公園〕のための闘い、反原発闘争、デュモンの選挙キャンペーンなど）に積極的に参加した。現場の自然主義者で、ロベール・エナールの側近であり、グループ「ディオジェヌ」の主宰者であるフィリップ・ルブルトンは、真の政治的エコロジーを作り上げることに賛意を表わした最初の人間の一人でもあった。彼はさらに、（「エコロジー運動」としばし繋がっていた）「ロナルプ・エコロジー運動」、「エコロジー78」「政治的エコロジー運動」などの始動に参加した。同時に、彼は例えば、「地球の友」に加入し（彼はそこにそれほど熱意を持たずにしばし留まった）、「エコロジー世代」の公認候補となり、あるいは今はなき『開いた口』に規則的に投稿することで、他の勢力圏においても自分の存在を確立していた。極左も、政府関係者もしばしば、フィリップ・ルブルトンの意見をおおいに重視して聞いた。しかし彼の全国レベルでの政治的キャリアは一九八〇年に失敗を経験する。エコロジストの活動家たちは当時、政治的エコロジーを一九八一年の大統領選挙に担ぎ出すのに、彼よりもブリス・ラロンドの方をよしとしたのである。

フィリップ・ルブルトンは、自然をロベール・エナールと同じ角度から見ており、エナールを何度も参照している。しかし彼はやはりロベール・エナールのように、広大な文化的空間を、凝固させて一つの或る本質となし、それを再び自然の部類へ入れてしまうことにもなるのである。彼の目には、左派も右派も同じように生産至上主義者である。しかしこのリヨンの自然主義者は、それでも政治的エコロジーを社会主義の後継者として位置づけることを考える（原注140）。というのも、フィリップ・ルブルトンに言わせると、政治的エコロジーは、金銭に対する権利の代わりに幸福に対する権利を、そしてまた人々の間の友愛を推奨するものだからである。この確信に支えられて、彼はこうして、エコロジー思想が脱工業化社会への移行を可能にするであろうと判断するのである。このことは精神的な変容を要求する。しかしながら、このヒューマニスト的な決意は、生物学的な考察の想起によって絶えず緩和される。例えばフィリップ・ルブルトンは、違いに対する権利を称えることによって、人種の混交に反対し、「地域の民族的現実」を認めることに賛意を表する。このように何でも生物学的に捉える立場がまさに、数多くのエコロジスト活動家たちの顰蹙《ひんしゅく》を買うことになるのである。

一九三四年に生まれたソランジュ・フェルネクスは翻訳家を職業としている。彼女は、非常に早くに、違いに対する女性の権利、「人間たちの地球」における第三世界支援、そして最後に非暴力のために積極的に活動した（原注141）。ロベール・エナールの友人であるが、プロテスタンティズムに深く影響されている彼女は、彼が聖書に対して向ける非難にショックを受けていることを明らかにする。南の国々において西洋の開発方法がもたらしている弊害により、彼女は開発一般について問いめぐらすようになる。この関心は、一九七三年に彼女が（さらにグループ「ディオジェヌ」に通いながらも）フランス最初のエコロジー党、「エコロジーとサバイバル」の創設に参加する時、彼女にとって主要な問題となる。彼女は早い時期からエコロジストたちの間で積極的に活動していたことによって、瞬く間に第一線に推し進められる。一九七九年のヨーロッパ選挙においてエコロジストの名簿筆頭候補者となるソランジュ・フェルネクスはまた、「緑の党」のスポークスマンにも数回なる。彼女はその後も党に居続ける。真のエコロジー政党を創ることに乗り気であるソランジュ・フェルネクスは、一九七九年に、様々な少数派を再結集させるヨーロッパ選挙候補者名簿を作成することを受け入れず、結果としてブリス・ラロンドの留保を招くこととなった。環境保護及びエコロジーの均衡が当時、彼女の作った「ヨーロッパエコロジー」の名簿における優先課題であり、より社会的な問題は、次の段階で初めて触れられるのであった。以来、ソランジュ・フェルネクスは、本質的には自然主義的な、かなり特異なフェミニズムを展開しながら、「緑の党」で自己を表明していった。例えば、女性は、生命を与えるがゆえに、平和を推し進め、生を守る傾向が生来あるということである。ここに、フィリップ・ルブルトンやアントワーヌ・ヴェシュテールにも同様に見て取れる、社会的なものを生物学的に見る例の潜在的な傾向が改めて見い出される。

アントワーヌ・ヴェシュテールのエコロジストとしてのアイデンティティ

一九四九年にミュルーズに生まれたアントワーヌ・ヴェシュテールは、少年期の大部分を田園で過ごした（原注142）。思春期になって町に戻ってきたアントワーヌ・ヴェシュテールは、「キリスト教学生同盟」（JEC）に打ち込み、一九六五年にミュルーズで「動物及び自然の若き友」というグループを結成することを決心する。様々な道路整備計画を知った彼は、より積極的に活動するようになる。オー・ラン県の自然主義者たちの所へ通ううちに、医師のミシェル・フェルネクス（ソランジュ・フェルネクスの夫）に出会うこととなり、フェルネクスは彼を一九六九年に「自然保護地方連合協会」（AFRPN）に加盟させ、そこで彼は様々に主導性を発揮する。同時に彼は生物学の勉学を続け、一九七四年にはストラスブール第一大学（ルイ・パストゥール大学）で、ムナジロテンに関する博士論文の公開審査を受けるところまでいく。「自然保護地方連合協会」（AFRPN）の最もダイナミックな推進者の一人に数えられるアントワーヌ・ヴェシュテールは、この協会を闘争的な行動（工事現場の占拠など）へと巻き込み、並行して現代の世界の発展に関する考察を始める。一九七〇年代の初めに彼は、フィリップ・ルブルトンやロベール・エナールの周りに集まった考察グループ「ディオジェヌ」に参加する。純粋な団体という形の行動の限界が感じられたので、アントワーヌ・ヴェシュテールは、ソランジュ・フェルネクスの周りに再結集した、フランスにおいて政治的エコロジーを創設する核（「エコロジーとサバイバル」）に参加する。それから彼は、一九七四年におけるデュモンの選挙キャンペーンへの積極的な支持、一九七七年の市議会選挙、一九七八年の衆議院選挙、一九七九年のヨーロッパ選挙への自らの立候補といった、政治的な参画を重ねていく。一九八一年、彼は大統領選挙において、ブリス・ラロンドを、それほど熱意を込めずに支持する。フィリップ・ルブルトンと同じように、彼は非常に早くから、特にエコロジスト的な企画を明確に打ち出すような、エコロジストの党としての組織を作るために積極的に活動していた。彼は例えば一時、「エコロジー運動」の議長を務めたこともある。一九八四年、大半のエコロジストたちと同様に「緑の党」に加わる。一九八六年に「緑の党」党員として地方圏議員に当選した彼は、同じ年に、（当時フランスのエコロジー第一党であった）「緑の党」の中でも過半数を獲得し、数年間連続して（一九八九年から一九九三年まで）それを維持することになる。一九八八年の大統領選挙における「緑の党」の候補者として指名された（得票率三・八％）彼は、フランスのエコロジストたちをヨーロッパ議会へ導いたが（当選九人、得票率一〇・六％）、その後次第に彼のオーラは衰えていくことになる。

結局、アントワーヌ・ヴェシュテールがいつのまにか政治的エコロジーに打ち込むようになったのは、厳密な意味での自然保護のためである。そもそも彼は自然主義の幾つかの著作に名を連ねている。ダニエル・ダスクとともに、例えば一九七二年に『生きているヴォージュ』（原注143）という著作を著しており、その中で彼は、哺乳類、両生類、爬虫類に充てられた部分を担当している。また一九七四年には、『アルザスの動物』（原注144）というもう一冊を著している。アントワーヌ・ヴェシュテールは、また同じ年に、ヴォージュの森林山塊について広く一般の人々に対して行なわれたアンケート調査の回答を集めた共同著作『ヴォージュが生きるために』の結論にも署名を入れることとなった。その中で、このエコロジストの筆は科学的であるというよりも復讐心に駆られている。ヴォージュ山脈を様々な侵害から守る目的で、アントワーヌ・ヴェシュテールは、この侵害に加わっている企業をボイコットし、関連する工事現場を占拠し、大挙してデモを行ない、責任のある議員に投票によって圧力をかけることを考えなくてはならないとみなしている。こうしたことは全て、大規模整備計画を放棄させるに至ること、また一部の地域において別荘を禁じることなどを目的としている。「我々の第一の任務は、聖堂から商人を追い出し、整備計画から、それに染みついた身売りの金儲け主義を毟《むし》り取り、女衒《ぜげん》を晒し台にかけることである」。というのも「ヴォージュは、山小屋の色をしている癌と銭の悪臭がする壊疽《えそ》を病んでいるからである。どちらの場合にも、切除が、最も効果のある可能性が高い治療法である(原注145)」。妥協を探ることは、団体として行動するアルザスの若い活動家たちが得意とする点ではないということがわかる。

ロベール・エナールがアントワーヌ・ヴェシュテールに与えた影響は決定的である。彼の立場を、寄せ集め(「ディープ・エコロジー」、極右主義など)などと言わずに説明しようとするならば、この点を考慮しなくてはならない。一九九〇年に出た著作『惑星を一つ描いてください』の中で、スイス人自然主義者(ロベール・エナール)は、崇め祭られ、何度か引用されている(原注146)。「野生を受け入れること」と題された第十章は、明らかにエナールの著作から着想を得たものである。アントワーヌ・ヴェシュテールは、「環境」という概念が次第に「自然」という概念に取って代わったことを嘆く。アルザスの自然主義者(アントワーヌ・ヴェシュテール)はこの変化をよしとしない。というのも「環境」という言葉は、余りにも人間中心主義的(人間を取り巻くもの)であり、生命をもった世界の人間以外の部分を道具化していると彼は考えるからである。こういうわけで彼はそれよりも「自然」という言葉のほうを好むのである。というのも「自然は、人間の制御の利かない、生まれて、生きて、そして死ぬあらゆるものだ」からである。アントワーヌ・ヴェシュテールはこのような論理で、人間は他の何百万もの有機体の中の一つであるから、「エコロジー哲学」は「あらゆる形態の生命に、自立した生存に対する権利があるとみなす」と考えている。手つかずの自然に対する軽蔑と無関心は、彼によると、工業化社会の到来と強く関連している。今日全てが、人間によって金儲けを目的として道具化されている。こうした自然、他者性に対する軽蔑は、ある種の非神聖化によるものかもしれない。少なくともそれが、ロベール・エナールやフリッチョフ・カプラがすでに主張しており、アントワーヌ・ヴェシュテールが慎重に伝えている説明である。アルザスの自然主義者は特に、西側諸国の人間が自分自身の力に限界を与えることができないことに憤慨している。そして彼は、『惑星を一つ描いてください』の中で、改めてロベール・エナールに力のこもった賛辞をささげるのである。「ロベール・エナールは、一九〇六年ジュネーヴ生まれ、自然主義の画家にして彫刻家であり、おそらく現代の最もすぐれた自然に関する哲学者である。スイスのフランス語地域及びフランス東部のあらゆるエコロジストたち、フランス語を話す全ての自然主義者たちは、この傑出した人物に多くを負っている（原注147）」。人間でないものすべてとして定義された自然を尊重するという論理において、アントワーヌ・ヴェシュテールは読者たちに、野生を受け入れるよう求める。こうした野生の尊重は、二つの理由により正当化される。まず倫理的な理由である。人間には、自然全体を専ら自分の利益に従える権利がないとアントワーヌ・ヴェシュテールは考える。それから彼独自の理由である。人間は野生の自然と接触することで豊かになる。したがってその最大限を保存するように注意をしなくてはならないのである。この考え方の延長において、『惑星を一つ描いてください』の読者はそれから、（自然の）「多様性の賛辞」を見い出し、これは一つの生物学的な確認へと開かれる。「生命は多様性であり、また増大する複雑性へ向かう緊張である」。しかしこの複雑性は、生きているシステムを貧しくする人間たちによって危うくされている。アントワーヌ・ヴェシュテールはそれから、生物学的なものと社会的なものの関連付けを行なう。「諸々の文明は、それらが根を下ろしている、生きた領土に似て様々である。この文化的多様性は、生物の多様性と同様に脅かされている。一部の文明が、自分たちの優越性を確信しており、自分たちに普遍的価値があることを宣言して、あらゆる空間を占めようとするからである（原注148）」。しかしこのような単一性を求めることは、生物学が惜しみなく与える教訓に逆らうことである。多様性は豊かさの源である。文化と生物学の対比を行ない、一部の文明もしくは国が覇権を主張するように至った哲学的な動機を考慮しない、こうした確認の延長上に立って、アントワーヌ・ヴェシュテールは、植民地主義を嘆く。今日でもまだ、民族文化抹殺と大量虐殺は、世界の一部の地域で結びついているとアントワーヌ・ヴェシュテールは指摘する。

アントワーヌ・ヴェシュテールが自分の宣言の幾つかにおいて時々参照する「新しきヒューマニズム」は、『惑星を一つ描いてください』のある節を検討してみると、独特な相貌を表わす。理性によって定義される啓蒙された抽象的な人間は、そこにはほとんど登場しない。代わりに「人格」というものが見い出され、そのアイデンティティという側面が特に打ち出される。「というのも話し方、伝統、技量、歴史によって、アイデンティティが分かる共同体に対する愛着、つまり風景によってこの共同体の魂を表わす土地に対する愛とは、人格の基本的な側面だからである。根を抜かれることは、惨事であり、精神的な不安定および実存的な困難の原因となる。人格の第一の基本的な権利とは、アイデンティティを持つことであり、このアイデンティティは、人格が属する人間集団のアイデンティティと区別されない（原注149）」。人格が「属する」人間集団と「区別されない」アイデンティティに対するこうした権利は、例えば数多くの迫害された少数派や危機に瀕した文化（コルシカ人、バスク人（フランス・スペイン両国にまたがるピレネー山脈西部に住む人々）、ブルトン人、場合によってはアルザス人）によって主張されている。しかし時にこうした一次的なアイデンティティにあえて立ち向かうように人間たちをしむける哲学的な動機（共和国の普遍的な目標）は、その強制的な側面（例えば第三共和政の学校教育政策）しか考慮に入れないアントワーヌ・ヴェシュテールによって、低く価値付けられている、いやそれどころか無視されている。しかしアイデンティティを打ち出すことは、アントワーヌ・ヴェシュテールに言わせると排他的ではない。それは、彼の目には、（フランス人として、ヨーロッパ人として、地球人として）普遍的なものへ向けて開かれることを促すようにすら見えるのである。民族文化抹殺を告発しつつ、彼は諸民族のアイデンティティを擁護する決心をする。このようにアイデンティティに関して考えるゆえ、彼は、国民国家がいくつもの国籍に分裂してしまう可能性について過度に憤慨することはない。彼においては（そもそもフィリップ・ルブルトンにおけるように）、あたかも自然のアイデンティティ（原注150）が人工的な政治構造を常にその原初の本質に呼び戻しているかのように、全てが進行する。そこから、彼が地方分権主義のために、また特に有機農業に訴えることによって行なわれる農村世界のアイデンティティ維持のために掲げる擁護が生まれてくるのである。都市に関する章までもが、現在の都市は、それが組み込まれている地方のアイデンティティ、さらに精髄を映し出していないと嘆く。『惑星を一つ描いてください』のもう一つの章は「醜くされたフランス」を扱っている。多くの要因が風景を損なうのに一役買っている。「特徴がなく、無国籍の」工業資材、高速道路（その推進者は、「皮をはがれた地球の嘆き」に無関心である）などである。危機を煽るような調子であるが、問題が重大なので正当化される。風景は人間と大地の関係を示すものだから、保存されるに値するアイデンティティを表わしている。ところが風景は今日、それを形成した共同体が分解されるのとまさに同じように分解されている。世界及びヨーロッパを扱った『惑星を一つ描いてください』の第十四章（「国民国家を超えて」）には、なおもアイデンティティに対するこうしたこだわりの跡がある。「世界の諸国民の議会」が確立されることを望んだあとで、アントワーヌ・ヴェシュテールは、諸地方からなるヨーロッパに賛意を表する。この諸地方からなるヨーロッパは、一部の非常に保守的な連邦主義的主張の延長にあり、上から及び下から国民国家を超越しようとするものである。この仮定において、アントワーヌ・ヴェシュテールが推進する地方は、「その文化、言語、領土によってアイデンティティが分かる共同体として構想される」。このように、『惑星を一つ描いてください』という著作は、著者の自然主義的及びエコロジー的教養によって強く特徴付けられているのである。

現代世界が大変動を起こし、また（エコロジーの均衡が崩壊するという科学的観点と同様、自然の他者性を尊重しないという倫理的観点から）自分としても反発を感じる原因を追求した結果、アントワーヌ・ヴェシュテールは、何よりもまず産業の生産様式を非難することとなった。政治的エコロジーの元リーダーはこうして、抽象化された人間を自然に対立させるようなエコロジー危機の単純な分析（例えば「人口爆弾」の懸念を呼び起こす二元論）と、実行されているある種の社会的論理（長期的な見方に対して無関心な利益競争）を非難する分析のあくまでも中間に立ち、中道（生の複雑性を無視するある種の生産様式の告発）に構える。アルザスの自然主義者は、エコロジーの科学の教訓を忘れはしなかったのである。彼はさらに、『惑星を一つ描いてください』の第十五章で、有機体の比喩によって社会を論じるに至る。これに関して彼は、ジョエル・ド＝ロスネーの理論（多様性の保存、フィードバックの過程、地方分権化）を手短に説明する。結果として、「サイバネティックスの法則をフランスの社会に応用しよう」ということになる。別の言い方をすれば、アントワーヌ・ヴェシュテールは、国民の発議による国民投票が確立され、また地方分権が強められることを望むのである。右派も左派も同様に生産至上主義であると考えられる限りにおいて、彼は、エコロジーの思想をこの分裂を越えたところに据える。彼は左右の分裂など時代遅れだと判断するのである（そして彼はその真の重要性を過小評価している）。そして彼において、政治のこうしたエコロジー的な読み方は、倫理的な理由（自然の他者性の尊重）から自然を尊重する、ある種の自然主義の文化と組み合わされている。この自然主義的及びエコロジー的な台座に、他のエコロジーの提案がつなぎ合わされることになるのだ。優先順位が定められたからには、もはやぐずぐずためらう余地はない。アントワーヌ・ヴェシュテールは、読者に対して、消費社会の浪費を制限し、「道路の錯乱」と闘い、「核の独裁」を拒み、人口（「数の挑戦」）を制御し、「平和戦略」を推進し、「分かち合いの経済」のために働くよう促すのである。「別のやり方の政治」と題された第十七章は、前の部分で打ち出された積極介入主義の方針を繰り返す。しかしアントワーヌ・ヴェシュテールは、歴史の流れを変えようという自分の意志は、人間の力に見合った倫理の草案に従属することを決して忘れない。こうして「制度」とは、「人類と生物界の他の部分、西洋社会と他の文明の間の新たなる関係を確立する」ために働く「精神性の革命」を「表現するものであって、推進するものとはならない」のである。この場合、このような「精神性の革命」はまた、団体としての行動、知識人、あちらこちらで生まれている経済の代替案の成果でもあるだろう。これから先、アントワーヌ・ヴェシュテールには、社会を変える目的で、すみやかに真のエコロジー政党の中で積極的に活動するようエコロジストたちを促すことしか残されていないのである。

アントワーヌ・ヴェシュテールのエコロジー党

エコロジストの過激さが打ち出されたことで、それが行き着いた一徹さに人々はしばしば驚いた。アントワーヌ・ヴェシュテールが一九八八年の大統領選挙に、「緑の党」の名で立候補した時、疑う余地はなかった。まさに権力を奪取してエコロジーの方向へ向けて行使することが問題なのである。アントワーヌ・ヴェシュテールはそこで市民に対して、問題に真正面から取り組むよう促す。このエコロジスト候補者の手順を明らかにした文章は、簡明であり、問題の核心を一挙に突いている。工業化された文明は危機に瀕しているというものである。そこで「我々の進歩を選ぼう」（原注151）ということになる。「というのも、フランスの衰退が始まっているからである。私はここで、本当の、深いフランス、ブルトン人たちやアルザス人たち、サヴォワ人たち〔フランス東南部のスイスおよびイタリアと接している地域に住む人々〕やセヴェンヌ人たち〔フランス中央山塊東南部のセヴェンヌ山脈のあたりに住む人々〕のフランス、思想家たちや詩人たちのフランス、寛容や生きる喜びのフランスのことを言っているのである」。四つの点が特にエコロジスト候補の注意を留める。

――生を取り戻すこと。これは新たなるエネルギー政策の実施、環境汚染に対する闘い、大都市圏の拡大の停止、風景の保護などを経る。

――地方の多様性を開花させること。地方の多様性は、人間にアイデンティティを与えるから、それが開花できるようにしなくてはならない。地方分権化の拡充及び直接民主制の拡大が計画に上っている。

――平和を促進するような雰囲気を創りだすこと。これは北と南の対立を減少させること、また軍縮のために闘うことを前提としている。自立調整型の発展および非暴力が推奨されるだろう。

――仕事と収入を分かち合うことにより、失業と戦うこと。


結論として、アントワーヌ・ヴェシュテールは、問題の争点、つまり人類が生き延びることを位置づけ、生全般の保護に軸を合わせた、非常に野心的なエコロジーの定義（すぐに「緑の党」によって打ち出されることになる定義に近い）の概略を述べる。案の定このような宣言は、自然及び環境保護論者の熱狂を惹き起こす。この立候補はこうして、右派や左派に対する政治的エコロジーの教義上の独自性を確信しているエコロジストたちの勝利を確立するのである。一九八六年以来、このような方向性が「緑の党」において支配的となる。

一九八六年、左寄りの一部のエコロジストたちが、新しい代替政治勢力を組織するために、極左の集団（「統一社会党」、自主管理派諸派など）に向けてアピールを発したのに対して、ソランジュ・フェルネクス、アンドレ・ビュシュマンおよびその他アントワーヌ・ヴェシュテールの周囲の人々を集めた闘争的なエコロジストたちの中核は、逆に「エコロジストたちの政治的アイデンティティを打ち出す」ことを提案する。一九八六年十一月に「緑の党」の総会で提出されたこの動議は、「政治的エコロジーの概念的独立」を主張している。「エコロジーの思想が、人類と惑星地球の生物界が向き合う点にその起源を置いているのに対して、他のあらゆる思想上の典拠は、人間を宇宙の中心にしている（……）(原注152)」。この動議の署名者たちは、エコロジーを社会党の補助的な力とみなすことは全く考えておらず、逆に政治的な討議及び行動に全面的に参加する心づもりなのである。こうした行動方法によって高揚した「緑の党」はそれから、左派との対話を支持する者（ディディエ・アンジェ、ジャン・ブリエール、イヴ・コシェなど）を少数派の位地へと追いやる。アントワーヌ・ヴェシュテールが提案するその後の動議は何らかの点を打ち出すかもしれないが、常にこの自立を明示することになる(原注153)。彼の「緑の党」における覇権が異議を唱えられるのは一九九二年、さらに彼が主導権を失うのは一九九三年になってからである。

ヴェシュテール路線が余りにも徹底していたために、「緑の党」としては、一徹だという評判を払拭するために、時としてより社会的な他の問題（人種差別反対など）に対する関心をことさら掲げることになった。そもそも移民との連帯の強調、少数派の承認、人種差別に対する闘いは、エコロジストの活動家たちにとって重要なテーマを成すのであり、彼らの多くが、素養としては左派に非常に近いと感じているのである(原注154)。「緑の党」のほぼ全員が「国民戦線」〔一九七二年に設立された、ジャン＝マリ・ル＝ペンの率いる極右政党〕に対して敵意をいだいていることは、実際疑いの余地がない。しかし極右は極端に推し進められた生産至上主義の論理を表わしているに過ぎず、「緑の党」以外の他の政治勢力と基本的に変わらないだろうとみなす限りにおいて、「緑の党」の一部の党員たちは、このような徹底性故に、極右が表わしている危険を意図的に過小評価することにもなった。アントワーヌ・ヴェシュテールが力を込めて打ち出した「右でも左でもなく」は、こうして、他の政治勢力を全て生産至上主義とみなして、「国民戦線」をそれらと同一線上に並べるのである(原注155)。したがって「国民戦線」に対抗する目的で、他の政治勢力との行き当たりばったりの同盟を受け入れれば、これほどまでに嫌悪する生産至上主義の勢力に暫定的に加わることによって、エコロジストのメッセージとその妥当性を弱めることになるであろう。「国民戦線」に対する立場がこのようにいい加減であるため、ジャン・ブリエールやイヴ・コシェのような一部の「緑の党」党員は、「国民戦線」の特殊性を激しい調子で強調することとなった。しかしこの特殊性は、多くの党員にはなかなか見えてこない。このように極右の本当の特殊性が見えないことから、もう一つの帰結が生じる。政治的エコロジーの自立に執着する一部のエコロジストたちが、やがて他の政治勢力、特に左派の政党との協力の展望を一切、断固として拒み、その非妥協性によって自己を表明するのである。地方分権主義、アイデンティティへの典拠、農村世界の賛美などが、一束のテーマのようなものを成し、これによって一部の者は、緑のレッテルを掲げて保守主義的な立場に陣取ることができるようになるのだ。右派と左派の隔たりの、本当の性質が見えないアントワーヌ・ヴェシュテールの懐においてまさに、こうした特に非妥協的な活動家たちが現われる。

モーリス・ジャヤールは、代わる代わるジャン・ジヤール＝ド＝サン＝ジルあるいはジャン・ド＝サン＝ジルの筆名で署名を入れているが、とりわけ明確な立場のこれらヴェシュテール派の一人であった。自然医療を支持し、「自然と進歩」のメンバーであるジャヤール医師は、「緑の党」から除名された後、今日では、（フランスワ・ドガンが議長を務める）「独立エコロジスト総同盟」の副議長である。彼は数冊の本を著している。アラン・ボンバールが序文を添えている『医療のエコロジーによる健康目標』（原注156）は、よりエコロジーに適った医療（ホメオパシー〔病原因子と同じ症状を惹き起こす微量の薬物を用いる類似医療〕、鍼など）の効用を称え、医療漬けに異議を唱える。『健康目標』は、何度も繰り返して、患者が一層責任を担うことも訴え、時にはこの方向に非常に先まで進む。現在の社会の無料で限りない寛容さに対して反対の意を唱えるジャン・ジャール＝ド＝サン＝ジルは、大多数の正直な人たちが、逸脱者（「札付きの酔っ払い」、「性的なはぐれ者」など）のふるまいに資金を提供していることに憤慨する。さらに医師は、女性が家事労働に加えて「八時間の残業をあえてする」ことに憤慨する。同様に、その後には「子宮内殺人」つまり中絶、また西側諸国における生の潜在能力を破壊する避妊の普及に関する他の考察も見い出される。ジャン・ド＝サン＝ジル（ジャール医師のもう一つの筆名）のもう一冊の著書『行動のエコロジー：基本的な道筋』（原注157）はと言えば、人類の精神的な伝統の方へ敢えて踏み込んでいる。この著作は、現在の社会に対してその前の著作において下した厳しい判断を再び行なっている。ジャン・ド＝サン＝ジルはその中で、放縦、倫理的不品行、非行、麻薬、同性愛、（常に殺人とみなされる）中絶、アルコール、そして様々な堕落に対して、一層激しく抗議する。倫理をないがしろにし過ぎると、人間は（社会的もしくは自然の）思わぬむごい失望にさらされる危険がある。したがって、理性や数学を偏重する西側諸国は、世界の宗教的伝統に新たなる源泉を求めるべきではないだろうかと。

ジャール医師は、現代世界の断罪を最も徹底して行なったエコロジストの一人かもしれない。それでも反動的な発言は、彼の専売特許ではない。月刊誌『もう一つの新聞』は、フランスの南部に、寛容性に乏しい、妙なエコロジストの活動家たちがいることを突き止めた。そこで公に質問をすることになった。「『緑の党』よ、ヴァール〔地中海に面した県。県庁所在地はトゥーロン〕のエコロジストたちは極右か(原注158)?」しかし最も完全で最も反論の余地のない調査は、フランスにおける政治的エコロジーを迎え入れた最初の雑誌の一つであった月刊誌『現在』によって行なわれる。この月刊誌は、クリストフ・ニックが「ファッショ・エコロジスト」(原注159)について行なった一二ページほどの調査を発表する。それはエコロジストたちの側で一斉に激しい反発を惹き起こす。大半は、彼が文脈から逸脱して引用をしていることを責め、また他の者は、混同がなされていること(「緑の党」と「国民戦線」の党員からの引用の関連づけ)に憤慨する。それでもこの調査は、一部のエコロジストたちの、アイデンティティや地方分権主義に関する苛立ち〔人種の混交、移民などに対する敵意〕を指し示す、憂慮すべき一連の引用を集めている。『現在』の次の号は、この調査の発表が惹き起こした反響に一〇ページ近くを割いている。そこには過剰なまでの反論権が見られる。

「緑の党」の内部では、党に対する主導権がアントワーヌ・ヴェシュテールを離れていくのにつれて、左派の傾向を持った党員と、自立にこだわる党員の間で、とげとげしさが増す。タイミングというものを最もわきまえず、また党員に対して最も喧嘩早く、極度に怒りっぽいと思われる者の実に多くが、非妥協性と保守主義においても同様に最も徹底している。一部の性急な者は、アントワーヌ・ヴェシュテールに先んじて離党し、「より連帯性のある世界において(……)よりよく保護された惑星」を到来させようと考える「独立エコロジスト総同盟」を創設する。一九九三年に少数派に転落したアントワーヌ・ヴェシュテールは、自分の党の新しい方向性に対して次第に公然と敵意を表わすようになる。彼と「緑の党」の決裂は、一九九四年に完了する。そこでアントワーヌ・ヴェシュテールと彼の友人たちは、権力を奪取して行使することを目標として創られる真の政党として構想する「独立エコロジー運動」を創設する音頭を取る。彼らは、六八年後世代のエコロジストたちの、がちがちの周辺性文化というべきもの（スポークスマン〔緑の党にあっては責任者〕の数が多いこと、議員の持ち回りなど）を断ち切るよう、公然と呼びかける。「新しく、また自立した政治思想」（原注160）に対するアントワーヌ・ヴェシュテールの信頼は相変わらず全面的である。彼の目には、政治的エコロジーは、同じように生産至上主義で、限りなく土地を搾取したいと考える右派と左派から常に区別されるのである。政治的エコロジーは、彼に言わせると逆に、商品にはならない質的な価値を担うものであり、また世界に対する人間の支配を制限する「生の倫理」を拠り所とするものである。自分に責任があると表明するように、自分の力を制限して制御するように、また全ての人間たちの連帯を組織するように人間を導くことが重要であるからには、エコロジーの危機に対して出すべき答えは、政治的で文化的なものである。そして、現在の重大な問題（人口、環境の悪化、都市の肥大、アイデンティティの解体など）を解決してくれるであろうこの野心的な政治的計画を担うために、アントワーヌ・ヴェシュテールは、自分の希望を真の政党に賭けるのである。何人かの元緑の党党員の立役者がこの冒険で彼に合流する。ジェラール・モニエ＝ブゾンブ、ジュヌヴィエヴ・アンデュザ、クリスティアン・ブロダッグ、パトリス・ミランなどである。しかし「独立エコロジー運動」は、群集を再結集させるには至らない。この芳しくない出発は、一九九五年、大統領選挙へのアントワーヌ・ヴェシュテールの立候補が失敗したことで（彼は必要とされる五〇〇人の推薦を集めるに至らない）確定してしまう。それ以来、失敗の悪循環が続くようであり、アントワーヌ・ヴェシュテールは選挙における失望にしばしば見舞われるのであった。

《原注》

1 以下に彼の主な本を挙げる。：*Et la nature ? Réflexions d'un peintre*, Genève, Editions Gérard de Buren, 1943（再版：Editions Hesse, 1994）; *Nature et mécanisme*, Neuchâtel, Editions du Griffon, 1946（再版：*Le Miracle d'être. Science et nature*, Paris, Sang de la terre, 1986 et 1997）; *Les Mammifères sauvages d'Europe*, 2 tomes, Neuchâtel, Delachaux et Niestlé, 1948/1949, rééd. 1961/1962 ; *Une morale à la mesure de notre puissance*, Bernex-Genève, 1963（再版：相当量の加筆を含む。*Expansion et nature. Une morale à la mesure de notre puissance*, Paris, Le Courrier du livre, 1972）; *Défense de l'image*, Neuchâtel, La Baconnière, 1967, rééd. Neuchâtel, La Baconnière, 1987 ; 対談 *Tension avec la nature*, entretiens avec Roland de Miller, Lys, Editions d'Utovie, 1980 ; *Le Guetteur de lune*, Paris-Genève, Hermé-Tribune Editions, 1986 ; *Le Monde sauvage de Robert Hainard*, Paris-Gembloux, Editions Duculot, 1988 ; *Le Monde plein*, Genève, Editions Melchior, 1991.

2 Cf. Miller Roland de, *Robert Hainard peintre et philosophe de la nature*, Paris, Editions Sang de la Terre, 1987. 他にもロベール・エナールに奉げられた著作がある。Blanchet Maurice, *Robert Hainard*, Editions Pierre Cailler, 1959, rééd., Neuchâtel, La Baconnière, 1985 ; *Témoignages autour de Robert et Germaine Hainard* (collectif), Genève, Editions Melchior, 1991 (Valentina Anker, Jeanne Hersch, Philippe Lebreton, Philippe Roch, Daniel

Ducommun などによる証言)

3 Robert Hainard, « Vertu de l'isolation », *CoÉvolution*, Paris, n°8-9, printemps-été 1982, pp. 21-23.

4 Robert Hainard, « Postface » *in* : Lebreton Philippe, *La Nature en crise*, Paris, Sang de la terre, 1988, pp. 329-332.

5 *Le Miracle d'être, op. cit.*, p. 123.

6 *Le Guetteur de lune, op. cit.*, p. 171.

7 同一箇所。

8 同書、p. 73.

9 *Le Miracle d'être, op. cit.*, p. 106.

10 *Et la nature ? Réflexions d'un peintre, op. cit.*, p. 37.

11 *Expansion et nature. Une morale à la mesure de notre puissance, op. cit.*, p. 168.

12 *Le Guetteur de lune, op. cit.*, p. 168.

13 *Et la nature ?, op. cit.*, p. 37.

14 同書、p. 44.

15 同書、p. 39. 同様に p. 38 も参照のこと。

16 同一箇所。

17 同書、p. 36.

18 *Expansion et nature, op. cit.*, p. 74.

19 *Et la nature ?, op. cit.*, p. 99.

20 同書、p. 45.

21 *Défense de l'image, op. cit.*, p. 145.

22 *Et la nature ?, op. cit.*, p. 129.

23 同書、p. 130.

24 同一箇所。
25 同書、p. 131.
26 同書、p. 209.
27 同書、p. 43.
28 同書、p. 124.
29 *Le Miracle d'être, op. cit.,* p. 120. スイス人自然主義者に言わせると、イメージは三つの特徴によって定義される。イメージは、ある種の幾何学的感覚だが恣意的ではないもの、ある種の明晰性だが知性化され過ぎていないもの、最後に、ある種の単純性だが単純化を避けたものを組み合わせる。cf. *Défense de l'image, op. cit.,* p. 48.
30 *Expansion et nature, op. cit.,* p. 58.
31 *Et la nature ?, op. cit.,* p. 206.
32 *Le Guetteur de lune, op. cit.,* p. 44.
33 *Et la nature ?, op. cit.,* p. 31.
34 *Le Guetteur de lune, op. cit.,* p. 126.
35 *Expansion et nature, op. cit.,* p. 18.
36 Robert HAINARD cité *in : Témoignages autour de Robert et Germaine Hainard, op. cit.,* p. 104.
37 *Expansion et nature, op. cit.,* p. 13.
38 *Et la nature ?, op. cit.,* p. 210.
39 同書、p. 18.
40 LEBRETON Philippe, *La Nature en crise, op. cit.,* の後書き、p. 329.
41 *Le Miracle d'être, op. cit.,* p. 142.
42 LEBRETON Philippe, *op. cit.,* の後書き、p. 330.

43 *Le Miracle d'être, op. cit.,* p. 135. 同じ趣旨で、ロベール・エナールは次のように宣言するに至った。「私は、きわめて未開のままの自然がある土地をいくらかでも確保するためには、(私の愛する) 手入れの悪い田園を犠牲にするだろうし、人間が使って擦り切れた数多くの地方を犠牲にするだろう (そしてもちろんそれには確かにその詩情があるが、それでも貧弱で情けないものだ)」(*Et la nature ?, op. cit.,* p. 207).

44 *Et la nature ?, op. cit.,* p. 132.

45 同一箇所。

46 *Expansion et nature, op. cit.,* p. 173.

47 同書、p. 37. 次のページで、ロベール・エナールは、「愛する能力を」持たぬような者が「(……) 苦痛の中でも最悪であるかもしれない、生きることに対する嫌悪を逃れようとするならば、もっとも穏やかな安楽死によって排除されるであろうことを期待しよう」と考えている。

48 同書、p. 40.

49 同一箇所。

50 *Expansion et nature, op. cit.,* p. 166-167. Cf. 同様に *Et la nature ?, op. cit.,* p. 162 :「凡庸が中位のレベルで計られる以上、大衆は定義上凡庸である。(……) 重要なことは、むしろ大多数の凡庸な幸福よりも見事な生が実現されることだとすら言えるのではないか。」

51 *Et la nature ?, op. cit.,* p. 211.

52 同書、p. 212.

53 同書、p. 222.

54 同書、pp. 216-217.

55 *Expansion et nature, op. cit.,* p. 113. ロベール・エナールは一九四三年にすでに同様の考察を書き表わしていた。「というのも、勝ち取られたものでなければ価値のあるものは何もないからだ。私は十分に納得しているし、自然のやりとりはこの感情を強めるばかりである。つまり皆、食われる権利を持ってしかこの世にやって来ないのだ。私は、強いものが弱いもののために生きなければならないとは思わない。なぜなら多分弱いものをさらに弱くするばかりだろうからだ」。（*in* : *Et la nature ?, op. cit.*, p. 153.）

56 *Le Guetteur de lune, op. cit.*, p. 196.

57 *Et la nature ?, op. cit.*, pp. 34-35. 同じ著作で、ロベール・エナールは、劣等な構成員（そして人は、ある面では優等で、また他の面では劣等であることもありうる）を従わせたり、高い地位につけたり、もしくは抹消したりすることで、「どの程度（もっとも良い意味での）貴族的な人類が、実現されうるかを知ることは、私の仕事ではない」と告げる。しかし「自分の種に関して言えば、私はウサギでなくワシの生に憧れる」とも書いてある。（*Et la nature ?, op. cit.*, それぞれ pp. 206, 168.）

58 *Expansion et nature*, *op. cit.*, p. 123.

59 *Le Guetteur de lune, op. cit.*, p. 127.

60 *Et la nature ?, op. cit.*, p. 30.

61 *Le Miracle d'être, op. cit.*, p. 132.

62 *Défense de l'image*, *op. cit.*, p. 78. 同じ趣旨で、cf. :「自由を経験したことのない人たちは、自由を弛みと混同する。こうした人々は組織を破壊することで自由を手に入れられると思っている。しかし組織は開放するのであり、罠をかけ呑み込むのは、ものであれ人間であれ、無定形の集まりである。自由とは噴出であり、噴出ということは圧力ということだ。（« Vieillir debout », *in* : *Témoignages autour de Robert et Germaine Hainard*, *op. cit.*, pp. 100-101.

63 *Le Miracle d'être, op. cit.*, pp. 137-138.

64 *Et la nature ?, op. cit.*, pp. 17-18.

65 *Le Guetteur de lune, op. cit.*, p. 55.

66 *Expansion et nature*, *op. cit.*, p. 158.

67 *Et la nature ?, op. cit.*, p. 157.

68 同書、p. 221.
69 *Le Miracle d'être, op. cit.,* p. 129.
70 同書、p. 87.
71 *Expansion et nature, op. cit.,* p. 68.
72 *Et la nature ?, op. cit.,* p. 154. 同じ趣旨で、『それで自然は』の以下の意味深長なくだりを参照されたい(p. 134)：「あきらめて受け入れなくてはならない。生とは清潔なものでも単純なものでもない。その一方の面が子供や花のみずみずしさとかがやき、若い肉体もしくは鳥の胸の丸みだとすれば、もう一方の面は死、腐敗、発酵である。そして、死は生の移動にすぎないのであり、生は変化することによってのみ永続するから、このようであって素晴らしいのだ。我々自身、絶えず細部において死んでは生まれているのであり、みずみずしさで輝く肉体は死と腐敗の工場なのだ。
73 同書、p. 156.
74 同書、p. 167.
75 *Le Guetteur de lune, op. cit.,* p. 188.
76 *Expansion et nature, op. cit.,* p. 183.
77 Robert Hainard, cité *in* : Miller Roland de, *Robert Hainard peintre et philosophe de la nature, op. cit.,* p. 230.
78 *Et la nature ?, op. cit.,* p. 151.
79 同書、p. 35.
80 Jean-Pierre Raffin, « Le lien entre les scientifiques et les associations de protection de la nature : approche historique », *in* : Cadoret Anne (textes réunis et présentés par), *Protection de la nature. Histoire et idéologie. De la nature à l'environnement*, Paris, Editions L'Harmattan, 1985, pp. 61-67.
81 Julien Michel- Hervé, *L'Homme et la Nature*, Paris, Librairie Hachette, 1965.
82 Cf. Greenpeace, « Album de famille : 20 ans de campagne », *Greenpeace*, juin-août, 1991.

83 André Ruwet, « Légitimité écologique », *Greenpeace magazine*, mars-mai 1994, p. 3.
84 Gilbert Simon, « Souhaiter la présence d'ours au lieu de la subir », *Combat Nature*, Périgueux, n° 65, août 1984, pp. 15-16.
85 Michel Rodes, « L'ours des Pyrénées : la paix soit avec lui », *Réforme*, Paris, 7 juillet 1990, p. 12. しかしながらブリス・ラロンドも、熊に多少なりとも保護区を与えなくてはならないと譲歩することになる。
86 Fabrice Nicolino, « Qui veut la peau de l'ours ? », Télérama, Paris, 24/11/1993, p. 30. 一九九四年には、ジャン・ギヨが一九九四年二月二日の『ル・モンド』（« Plus de 70 millions de francs pour sauver l'ours des Pyrénées »）で、七〇〇〇万フランがこの目的のために今後五年間に渡って出されるであろうことを伝える。
87 Cf. Armelle Heliot, « Giva l'ourse hôte des Pyrénées », *Le Figaro*, Paris, 20 mai 1996. この記事を読むと、スロヴェニアの雌熊一頭の輸入が四五〇万フランかかったらしいことが分かる。一九九六年にスロヴェニアから輸入されたもう一頭の雌熊は、一九九七年九月に、おびえた一人の若い狩猟者によって二メートルのところで殺されることになる。「野生動物保護協会」（ＡＳＰＡＳ）は後に『自然闘争』（*Combat Nature*, n°120, février 1998, p. 18）で、この雌熊、及び同種の二頭を導入したことで最終的に二〇〇万フラン以上かかったようだと算定している。
88 Jean-Claude Courbis, « Retour controversé du loup », *Combat Nature*, Périgueux, n° 115, novembre 1996, p. 23.
89 Marie Anne Isler Béguin, « L'homme est un loup pour le loup », *Vert Contact*, Paris, n°352, 22/10/1994, p. 1. この場合、こうした熱狂は、ヴォージュ山脈に一匹の雌の狼が現われて、何人もの人々をパニックに陥れた後に表明された。それでこの野生動物の捕獲計画が立てられ、環境省の承認を得た。しかしそれは、エコロジストたち、また自然主義者たちの他の団体を軽んじることであった。彼らはこの機会に、狼はベルン協定によって保護されている野生種に属することを改めて指摘したのである。
90 Cf. Christiane Ruffier-Reynié, « Au loup ! », *Combat Nature*, Périgueux, n°84, février 1989, p. 12. 一九九一年、オートザルプ（高地アルプス）県の一人の牧畜業者が、一体どんな動物が、一晩で彼の羊二八頭の咽喉を食いち

ぎり、そのくせ食べなかったのかと思案する。一年余り後、被害は三〇〇もの死骸に上る。殺戮はこの狼が撃ち殺される日まで続く。この日、エコロジストたちによる追及に対する不安が広がることとなる。（Cf. Florence AUBENAS, « Histoire d'une bête traquée. A Asques, tant crie-t-on au loup qu'il meurt », *Libération*, Paris, 29 décembre 1992, pp. 18-19.）

91 DORST Jean, *La Nature dé-naturée*, 1965, rééd., Paris Points-Seuil, 1970, p. 47（そして狩猟に関しては 179-180).

92 DUBOS René, *Les Dieux de l'écologie, 1971-1973*, trad. fr., Paris, Librairie Arthème Fayard, 1973, p. 120.

93 WAECHTER Antoine, *Dessine-moi une planète. L'écologie maintenant ou jamais*, Paris, Albin Michel, 1990, p. 9.

94 Antoine WAECHTER, « Préface » à BRODHAG Christian, *Objectif terre. Les Verts de l'écologie à la politique*, Paris, Editions du Félin, 1990, p. 15.

95 Philippe LEBRETON, « Préface » à HAINARD Robert, *Le Miracle d'être. Science et Nature*, 1946（第１版は *Nature et mécanisme* という表題による), rééd., Paris, Editions Sang de la terre, 1986, p. 7.

96 Philippe LEBRETON, « Hommage à Robert Hainard », *in : Témoignages autour de Robert et Germaine Hainard, op. cit.*, p. 24.

97 Bernadette LIZET, « De la campagne à la " nature ordinaire ". Génie écologique, paysages et traditions paysannes », *Etudes rurales*, Paris, janvier-décembre 1991, p. 174, note 14.

98 Solange FERNEX, インタビュー： *Foi et vie*, Paris, n°3-4, juillet 1988, p. 87. 神学者オットー・シャフェール＝ギニエも、その後ロベール・エナールのキリスト教に関する立場を伝えることに注意しよう。 *in :* SCHÂFFER-GUIGNIER Otto, *Et demain la terre...christianisme et écologie*, Genève, Labor et Fides, 1990, p. 22.

99 JACOB Jean, *Les Sources de l'écologie politique*, Paris/Condé-sur-Noireau, Arléa/Corlet（collection « Panoramiques »), 1995 を特に参照のこと。

100 *Jeunes Femmes*, dossier « Nature et société », Paris, n°114, décembre 1969. 雑誌『若い女性たち』は当時、プロテスタントの傾向を持つ生涯教育で広く知られた「若い女性」及び「女性チーム運動」というグループの連合の雑誌であった。

101 MILLER Roland de, *Robert Hainard peintre et philosophe de la nature*, *op. cit.*, p. 177.

102 Amis de la Terre, *L'Escroquerie nucléaire*, Paris, Stock, 1978, p. 303.『証拠』に発表された記事の中で、クロード・フィシュレールは「ロナルプ自然保護連盟」と「ディオジェヌ」によって発表された「なぜ、どのようにエネルギーを節約するか」という資料にも言及する（Claude FISCHLER, « Le mouvement écologique et ses contradictions », *Preuves*, Paris, n°19, automne 1974, p. 14）。

103 Antoine WAECHTER, « Le malaise de la société industrielle », *Dernières Nouvelles d'Alsace*, Strasbourg, 27 septembre 1987, p. 7. また「ディオジェヌ」の略歴（「ディオジェヌ」においてフランス東部の自然主義者たちが特に一九七一年、一九七二年に集結したこと、このグループが第三世界支援主義者、それから平和主義者へと次第に広がったこと、一九七三年にはこのような考察には限界があることを認めたこと、そこから政治的エコロジーが成立したこと）も、Antoine WAECHTER, « De l'écologie à la politique » *in* : ABELES Marc (dir.), *Le Défi écologiste*, Paris, L'Harmattan, 1993, p. 41 において見い出される。年代的に見ると、このようにアントワーヌ・ヴェシュテールは、「ディオジェヌ」が一九七三年におけるフランスの政治的エコロジーの出現に先立つということを強調できたのである。Cf. Antoine WAECHTER, インタビュー：*Foi et vie*, Paris, n°3-4, juillet 1988, p. 84.

104 Antoine WAECHTER, « Avril 1988 : sortir des impasses de la civilisation industrielle », *Combat Nature*, Périgueux, n° 78, août 1987, p. 22.

105 Solange FERNEX, 一九九二年一二月一七日、ストラスブールでのヨーロッパ議会における著者との対談

106 Diogène, « Diogène propose une politique », *Combat Nature*, (*Maisons et Paysages-Mieux vivre*), revue des associations de défense de l'environnement, revue trimestrielle, n°13, mars 1974, pp. 25-27.

107 GORZ André / BOSQUET Michel, *Ecologie et politique*, Paris, Editions Galilée, 1975, 1977, rééd., Paris, Editions du Seuil, pp. 126-127.

108 Alain VÉRONÈSE, « Ecologie et politique », *Non Violence Actualité*, Montargis, mars 1991（ヨーロッパ緑の党の記

事紹介欄に再録）.

109 WAECHTER Antoine, *Dessine-moi une planète. L'écologie maintenant ou jamais*, Paris, Editions Albin Michel, 1990, p. 17.

110 CHARBONNEAU Bernard, *Le Feu vert. Auto-critique du mouvement écologique*, Paris, Karthala, 1980, p. 89. ベルナール・シャルボノーはさらに、「この原理主義は、今まで進歩主義的な知識人左派の支配によって周辺に押しやられていたが、それでもエコロジー運動の小集団やセクトの中で、重要な役割を演じている」と明確に述べている。後にシモン・シャルボノーは同じく、「人間を、あらゆる生態系の不均衡の元である有害な種とみなそうとする自然主義の傾向（優れた動物画家ではあるロベール・エナールの著作を参照せよ）」を厳しく非難する。Simon CHARBONNEAU, « Le déficit théorique », *Combat Nature*, Périgueux, n° 93, mai 1991, p. 30.

111 Bernard CHARBONNEAU, « Christianisme, science et technique, sectes et écologie », *Combat Nature*, Périgueux, n° 110, août 1995, p. 47.

112 Jean JACOB, « Du droit de servir de fumier ou la face cachée de l'écologie », *Esprit*, Paris, février 1994, pp. 23-39.

113 BERQUE Augustin, *Etre humains sur la terre... Principes d'éthique de l'écoumène*, Paris, Gallimard, 1996, p. 73. 一九九六年に出たこの著作において、一ページ以上がロベール・エナールに充てられている。「自然主義からファシズムへ」と題された本文において、オーギュスタン・ベルクは、『エスプリ』に載った［我々の］記事に公然と言及して、殊のほか戦闘的な態度を見せている。

114 Dominique BIGOURDAN, président de l'association Emploi-Nature et cofondateur du Mouvement Sang de la Terre, « Mouvement "Le Sang de la Terre" », *Combat Nature*, Périgueux, n° 71, février 1986, pp. 65-66.

115 Geneviève CUISSET, « "Le Sang de la Terre" est conservateur, donc politique », *Combat Nature*, Périgueux, n° 72, mai 1986.（投書欄）

116 「地球の血出版」の紹介状。日付はないが、おそらく一九九一年のもの。

117 Jean CHESNEAUX, « De la religiosité tellurique à l'écologie politique », *La Quinzaine littéraire*, Paris, n°537,

01/08/1989, p. 34.

118 一九四六年生まれのスイスの大学教員であるジャック・グリヌヴァルトはロベール・エナールの崇拝者ではないように思われる。彼は、科学哲学を専攻し、数多くの高い水準の科学雑誌に寄稿した。彼は「ディープエコロジー」の潮流が提起する疑問、及び生物圏に対する権利を承認するという展望をいわば熱狂的に歓迎した。

119 文献目録調査を専門とする資料収集家のロラン・ド＝ミレールは、数多くの新聞雑誌に寄稿し、多くのエコロジー団体（「ディオジェヌ」、ＥＣＯＲＯＰＡ、「地球の友」、「狩猟反対者連合」など）に参加した。彼はまた、ロベール・エナールのための熱心な宣伝により頭角を表わした。後に彼は、自分の論文や本を何本かフランスで出版する。そもそも一九八七年にロベール・エナールの大部の伝記が出版されるのは、ロラン・ド＝ミレール、つまり「地球の血出版」に負うものである。この伝記の幾つかのくだりは行き過ぎによってショックを与える。「ディープエコロジー」の支持者であるロラン・ド＝ミレールは、エコロジーとその文化に関する研究及び資料センター（元エコ哲学資料センター）を始めたが、また何冊かの本も書いており（とりわけ *Nature mon amour. Ecologie et spiritualité*, Paris, Editions Debard, 1979）、その中では、田園の知恵、大地との婚礼、「ニューエイジ」、精神性などが、賞揚されている。

120 例えば、Cf. CNRS-Groupes de recherches sociologiques, *Prolégomènes à l'étude des représentations sociales de l'environnement*, Nanterre, 1991. 同様に、Kempf Christian, Alsace, Paris, Berger-Levrault, 1981. あるいは自然保護に関する *Saisons d'Alsace* 特別号 (n°42 printemps 1972). また、アンドレ・ビュシュマン、ジャン＝リュック・ビュルガンデール、ジャック＝イヴ・クストー、ジャン・ドルスト、ソランジュ・フェルネクス、ブリス・ラロンド、ロラン・ド＝ミレール、アントワーヌ・ヴェシュテールなど数多くのエコロジストたちにアルザスが与えた文化的影響についてより深く考えてみることは興味深いだろう。「自然のアルザス」に関しては、Cf. le supplément au n°22 d'*Alsace Nature Infos*, n° spécial 30e anniversaire, novembre 1995. また同様に、Gauchet Grégoire, *Implantation politique et associative des écologistes en Alsace*, Mémoire de DEA d'études politiques, Strasbourg, Université Robert Schuman, 1991.

121 Comité des sciences de la nature de la Société industrielle de Mulhouse, « Avant-propos », *Bulletin de la Société industrielle de Mulhouse*, Mulhouse, n°1-1994, pp. 5-9.

122 GAUCHET Grégoire, *Implantation politique et associative des écologistes en Alsace*, Strasbourg, Université Robert Schuman (mémoire de DEA), janvier 1991.

123 Jean-Paul BESSET, « La grande saga des écolos », *Politis*, Paris, mars 1993, p. 11.

124 これらの点に関しては、cf. Guillaume SAINTENY, *Les Verts*, Paris, Presses universitaires de France, « Que sais-je? »,1991. フィリップ・ルブルトン、アントワーヌ・ヴェシュテール、ソランジュ・フェルネクスなどが一九八〇年に「政治的エコロジー運動」（ＭＥＰ）を創設することは、溝を一層深めることにしかならない。「地球の友」（ブリス・ラロンド、イヴ・コシェ、ピエール・ラダンヌなど）は柔軟な構造を維持するよう主張し続けるのである。真の政党としてまとまろうという意思は、一九八一年、フィリップ・ルブルトンなどの「政治的エコロジー運動」によって公にされ、「地球の友」の激しい反発を惹き起こす。「地球の友」は自分たちの反対を知らせる。この意思は、一九八二年十一月、「緑の党 - エコロジー党」へとＭＥＰが発展解消することで具体化し、この政党は、一九八四年、「緑の党 - エコロジスト総同盟」に連合し、「緑の党」（エコロジスト総同盟 - エコロジー党）を創設する。勿論、ギヨーム・サントニーあるいはダニエル・ブワが行なったように、それぞれの党の地位をより詳しく調べることによって、この初めてのアプローチを発展させ、各党の実際の活動を検討する必要があるだろう（« Les écologistes », *in* : CHAGNOLLAUD Dominique (dir.), *La Vie politique en France*, Paris, Editions du Seuil, 1993, pp. 310-328）。

125 Mouvement écologique, « Où va le mouvement écologique ? », *Politique hebdo*, Paris, 14 novembre 1976, p. 33.

126 *Action écologique*, revue mensuelle du Mouvement écologique, Paris, n° hors série（約五〇ページ）, 1977.

127 Mouvement d'Action écopolitique, *De l'angoisse à l'espoir... par la Route Verte*, Paris, Mouvement d'action écopolitique, 1977.

128 Mouvement écologique, *Vers une société écologique aujourd'hui. Projet politique du Mouvement écologique*,

Paris, Editions Le Sycomore, 1978, pp. 21, 24, 31…

129 Cf. la plate-forme pour un collectif Ecologie 78 (Lyon, 2-3 juillet 1977). Lebreton Philippe, *L'Ex-croissance. Les chemins de l'écologisme*, Paris, Editions Denoël, 1978, pp. 343-344 に再録。グループ「エコロジー78」の綱領は、産業社会にエコロジー危機の主な責任があるとみなしている。綱領はまた、(環境保護のための、地方のアイデンティティのための、個人の権利を守るための、第三世界のための、国家理性に反対するための)様々な闘いは、人間の環境に対する関係にかかわるのだから、エコロジーの領分に属すると付け加えている。具体的には、この政治的エコロジーは、市町村、地域圏、国というレベルでの民主主義の拡充(直接民主制、少数派の尊重、地方分権など)、また部門別のエコロジー政策の採用(都市計画、交通機関、田園の世界、エネルギーなど)という形で表わされるだろう。より全般的な様々な方策に加えて、「エコロジー78」は、統一ヨーロッパ、包括的軍縮及び第三世界の尊重にも賛意を表する。「エコロジー78」の声明が後に、この集団の選挙戦略を明確にすることになる(原発計画に対する反対、立候補者取り下げの拒否など)。

130 Cf. Perrot Chantal, *Les Mouvements écologistes face à l'action politique*, mémoire pour le DEA d'études politiques, Paris, Université de Paris-II, 1979, pp. 81-84.

131 Cf. Decouan Catherine, *La Dimension écologique de l'Europe*, Paris, Editions Entente, 1979, pp. 33-38.

132 Europe Ecologie, « Europe-Ecologie : refuser le gaspillage et arrêter le pillage du tiers monde », *in* : *Le Monde. Dossiers et documents*, Paris, supplément aux dossiers et documents du *Monde*, juin 1979, p. 58. 同様に、cf. Europe-Ecologie, « Plate-forme des candidats d'Europe-écologie », *Combat Nature*, Périgueux, n° 36, mai 1979, p. 4-5 ; Solange Fernex, « Europe écologie c'est vous », *Le Sauvage*, Paris, n°66, 1er juin 1979, pp. 98-99.

133 特に雑誌『エコロジー』において。

134 「政治的エコロジー運動」(MEP)の誕生において鍵となった文書。ドミニク・ユングによる引用。Dominique Jung, « La création du " Mouvement d'écologie politique " : une conséquence logique de l'impact des Verts », *Dernières Nouvelles d'Alsace*, Strasbourg, 23 février 1980, p. 33.

135 三つの大勢力圏が当時抜き出ていた。「政治的エコロジー運動」（MEP）、「地球の友」、及びいわゆる未組織者たちである。Cf. Hélène Crié, « Les deux familles de l'écologie française », *Libération*, Paris, 9 novembre 1991.

136 エコロジー諸政党の発展に関する特集を参照のこと。*Combat Nature*, Périgueux, n° 54, février 1983, pp. 25-28.

137 厳密に言えば、『エコロジー（ニュース）』は一九七五年に創刊されたが、実際には『エコロジー復権通信（APRE）会報』を引き継いだのであり、後に『週刊エコロジー』それから『エコロジー・ニュース』となる。この雑誌に関しては、cf. Allan-Michaud Dominique, *L'Avenir de la société alternative. Les idées 1968-1990...*, Paris, L'Harmattan, 1989, pp. 303-304. モンタルジスに本拠を置く『エコロジー』はさらに一九七七年「エコロジー運動」の『エコロジー活動』と合併した。『エコロジー』は、例えばブリス・ラロンドの一九八一年の大統領選挙公約を文庫版の形で発行することで（Aujourd'hui l'écologie-Ecologie, « Le Pouvoir de vivre. Le projet des écologistes avec Brice Lalonde », Montargis, n° spécial d'*Ecologie mensuel*, mars 1981, 三〇〇ページに近い著作）、エコロジストの集団において、それなりの役割を果たした。一九九二年以来、この雑誌は、経済的理由により、売店から永久に姿を消したようである。

138 Cf. « Convergences 85 Ecologie alternatives non-violence », *Silence écologie, alternatives, non-violence*, Lyon, n° 70, 6 mai 1985, p. 2. 一九九一年の末に、アントワーヌ・ボンデュエルは『政治的エコロジー』の中で、『沈黙』の編集班は、「時に『ヴェシュテール絶対自由主義』（原文のまま）（……）の様相を呈する」と認めることになる（Antoine Bonduelle, *Ecologie politique*, Paris, n°1, p. 113）。Francis Vergier, « Ecologie. Quelle expression politique ? », *Silence*, Lyon, n°183, novembre 1994, pp. 22-24.

139 Les Verts, « Le choix de la vie », Paris, Groupe Vert au Parlement européen, 1990 (6 pages).「緑の党」と題され、「生の選択としてのエコロジー」を発展させようという趣旨のもう一つ別の資料が、その後、当初の文書の方向を転換することになる。その中でエコロジーはもはや明確ではなく、社会問題が非常に重要な位地を占めている。Cf. パンフレット *Les Verts*, Paris, Les Verts, 1996 (4 pages). この資料は、ドミニク・ヴワネが「緑の党」のトップに立った後のものである。

140 Cf. LEBRETON Philippe（MOLLO-MOLLO Professeur のペンネームで）, *L'Energie c'est vous*, Paris, Editions Stock, 1974, 及び LEBRETON Philippe, *L'Ex-croissance. Les chemins de l'écologisme, op. cit.*

141 Solange FERNEX, 一九九二年、一二月一七日、ストラスブールでのヨーロッパ議会における著者との対談。

142 アントワーヌ・ヴェシュテールに関する伝記的情報は、以下の著作より抜粋：Antoine WAECHTER, « Avril 1988 : sortir des impasses de la civilisation industrielle », *Combat Nature*, Périgueux, n° 78, août 1987, pp. 18-24 ; PRONIER Raymond et JACQUES LE SEIGNEUR Vincent, *Génération Verte. Les écologistes en politique*, Paris, Presses de la Renaissance, 1990, pp. 102-116 et 120-121 ; Antoine WAECHTER, « Ecologie politique », *Encyclopédie de l'Alsace*, Strasbourg, Editions Publitotal, volume V, 1983, pp. 2635-2637 ; Daniel BOY, « WAECHTER Antoine » *in* : SIRINELLI Jean-François (dir.), *Dictionnaire historique de la vie politique française au XXe siècle*, Paris, PUF, 1995, pp. 1061-1062.

143 DASKE Daniel et WAECHTER Antoine, *Vosges vivantes*, Colmar-Ingersheim, Editions SAEP, 1972.

144 DASKE Daniel et WAECHTER Antoine, *Animaux d'Alsace*, Strasbourg, Editions Mars et Mercure, 1974.

145 Antoine WAECHTER, « Conclusion », in : *Pour que Vosges vivent !*, Mulhouse, section du Haut-Rhin de l'AFRPN, 1974, pp. 87 et 89.

146 WAECHTER Antoine, *Dessine-moi une planète. L'écologie maintenant ou jamais*, Paris, Editions Albin Michel, 1990.

147 同書、pp. 154-155.

148 同書、pp. 161-162.

149 同書、p. 163. 同様に、「文化の共同体は、世代の連続が行なわれる土壌、アイデンティティが、他の何にも似ていない風景の具体的で目に見える形を取る土壌の上にしか開花することはできない。」(p. 165)

150 これら二つの章に加えて、アイデンティティの擁護は、しばしばアルザスの自然主義者の筆のもとに繰り返し現われる。『惑星を一つ描いてください』において例は実に多い。場所の精霊の擁護(p. 18)、何百万人もの人々のアイデンティティを定める共同体および生まれ故郷(p. 78)、千年を経た農民の文明(p. 92)、地方のアイデンテイティの壊滅、郷土の終わりという形をとる、フランス全国レベルの民族文化抹殺（p. 94）、土地の精霊（p. 121）、アイデンティティの土台としての風景（p. 122）など。様々なアイデンティティを壊滅させる現代の世界の発展が彼に抱かせる懸念の跡を留めている章がいくつもある。政治討論に移し換えられると、このようなアイデンティティに関するレトリックは、排除と外国人嫌いを正当化する可能性がある限りにおいて、不安を起こさせないわけにはいかない。アントワーヌ・ヴェシュテールは、このような偏流を完全に過小評価しているように思われる。アイデンティティの否定は、彼にとってスターリニズムと同義語なのである（Antoine Waechter, 一九九一年九月十二日、ストラスブールでのヨーロッパ議会における著者との対談）。

152151 Antoine Waechter, « Choisissons notre progrès », *Combat Nature*, Périgueux, n° 80, février 1988, pp. 12-15.
主としてアントワーヌ・ヴェシュテール、ミシェル・ドロール、ソランジュ・フェルネクス、アンドレ・ビュシュマンなどによって提出された動議「エコロジストたちの政治的アイデンティティを打ち出すこと」。シルヴィ・ピクノによる引用：Sylvie Piquenot, « "Les Verts" : écologie d'abord », *Combat Nature*, Périgueux, n°76, février 1987, p. 30.

153 例えば、cf. Antoine Waechter, « Les courants chez les Verts », *Revue politique et parlementaire*, Paris, n°945, janvier-février 1990, pp. 44-45.

155154 この点に関しては、ダニエル・ブワ（Daniel Boy）及びアニェス・ロッシュ（Agnès Roche）の研究を参照のこと。
Cf. Antoine Waechter, « C'est vrai que Le Pen crie plus fort que nous », *Quotidien de Paris*, Paris, 25 juin 1990, 及び、動議 « L'écologie, une philosophie du partage » signée par Geneviève Andueza, François Berthout, Nicole Bouilly, Christian Brodhag, Andrée Buchmann, Guy Cambot, Patrice Miran, Gérard Monnier-Besombes, Michel Pizolle, Antoine Waechter… *in* : *Combat Nature*, Périgueux, n° 92, février 1991, pp. 44-45.

156 Gillard de Saint Gilles Jean (docteur), *Objectif santé par l'écologie de la médecine*, préface d'Alain Bombard, Editions Présence, 1979.

157 Saint Gilles Jean de, *Ecologie des comportements. La voie fondamentale*, préface de Martin Gray, Genève,

Editions Hélios, 1989.

158 Fabrice Nicolino et Jean-Michel Aphatie, « Verts, Les écologistes du Var sont-ils d'extrême droite ? », *L'Autre Journal*, Paris, novembre 1990, pp. 16-27.『木曜の出来事』はすでにこの年の初めに、かなり長い記事を割いて、ある種の偏向について考察していた：Murielle Szac-Jacquelin, « Les écolos dans la marée brune », *L'Evénement du jeudi*, Paris, 11 janvier 1990, pp. 34-35.

159 Christophe Nick, « Les écolos fachos », *Actuel*, Paris, n°9, octobre 1991, pp. 8-20.

160 Antoine Waechter, discours de fondation du Mouvement écologiste indépendant, 12 juin 1994, Châtelguyon, reproduit *in : Le Recours aux forêts. Vers une nouvelle culture*. Sartrouville, volume II, n°1, 1995, p. 55（「新右派」に非常に近い雑誌である）

結論

これら二つの自然主義勢力圏が固有の領域で広がったのと全く同じように、それらの周辺層も特有である。反体制的自然主義は実際、反文化、さらにはロマン主義と多くの類似点を見せているのに対して、保守主義的な自然主義はしばしば科学的エコロジーに結びつく。しかしこの点に関しては、ここでは一言二言に留めておこう。

セルジュ・モスコヴィッシやブリス・ラロンドのように、アメリカの反文化は、余りにも人工的なある種の現代性に対して個人として異議を唱えるための強力な手段を、自然の中に見い出した。プロテスタント神学者としての教育を受けたアラン・ワッツ（一九一五〜一九七三）は、質は不均等ながらも、多くの著作を著しており、そのうち何点かは仏教を一般に向けて説明している。この反文化の先駆者はまた、どのような点で自然に対する新しいアプローチが反体制的となりうるかも非常にすばやく理解した。一九五八年に出版された著作の中でアラン・ワッツはこうして、生命の世界は複雑で、有機的なつながりによって織りなされていることを証明する科学的な業績を記録している（原注1）。彼はしたがって率直に問う。自然が、もはや戦争状態でないとすれば、政治秩序に対する代替策となりうるのではないか。自然に対抗する社会という考え方がその正当性においてどれほど改めて揺さぶられているかが見て取れる。というのも、もし自然の状態が万人の万人に対する闘争に還元されるものでないならば、まさにこの過酷な自然から人間たちを守ろうという国家による拘束をどうして正当化できるだろうか。そもそもアラン・ワッツの著作は、欲動の復権を擁護して止まないのである。マリー・ブックチンは、おそらくこの論理を自分の様々な著作において最も遠くまで推し進めることになる人物だろう。

一九二一年生まれのマリー・ブックチンは、才能豊かに、一種の無政府主義的エコロジー主義を理論化した。一二冊にもなる著作を著し、そのうち何点かはフランス語に翻訳されている（原注2）マリー・ブックチンは、非常に早くに（五〇年代にすでに）エコロジーのキャンペーンに打ち込んだ。彼は一九七〇年代には、反文化に同調することになる。彼もまた、社会の（国家の、また同様に家族及び職業の）拘束はもはや正当化されないと認める。彼の目には、こうした拘束の維持を正当化していた希少性が、西側諸国では消えつつあると映る。したがって、これからはより拘束性の少ない社会形態へと向かって行くことが可能である。啓蒙主義の哲学的伝統に位置するマリー・ブックチンは、仲間たちに、階層的でない、絶対自由主義の、高度に分権化された社会（様々な共同体は、こうしてネットワークへと連合するようになるだろう）のために尽力するよう促す。科学は、単一性が多様性において実現することを証明するから、この方向へ進むよう支援してくれるであろう。

フランスにおいて、自律組織の効用を証明する科学的エコロジーの教訓は、連邦主義あるいは自主管理主義の社会主義者の周辺層をも同様に惹き付けた。彼らは、極端にジャコバン派的な（フランス革命期のジャコバン派のように、熱烈に中央集権を支持する」社会主義の伝統に対抗するために、科学を拠り所とすることができるのにこの上なく満足したのである。一九六〇年代の終わり頃にはこうして、社会主義者で元閣僚（キリスト教民主）のロベール・ビュロンが、自分の周囲に、ハードサイエンス（サイバネティックス、生物学など）に門戸を開いた知識人集団（原注3）を結成するのである。ジャック・ロバン、アンリ・ラボリ、エドガー・モラン、ミシェル・ロカール、ジャック・ドロール、ジョエル・ド＝ロスネー、ジャック・アタリなどが関心を寄せた有名人として数えられる。考え方の相違にもかかわらず、彼ら全員が、より分権的で自主管理的な政治形態を熱心に支持しているのである。やがて「参加型の民主主義」を促進し、「市民社会」を再生させることが議論される。「第二の左派」はもはやそれほど遠くない。一九七〇年代初めに、アンリ・ラボリはこうして、無政府主義に近い「政治的生物学」を展開し、幻想に過ぎないヒューマニズムを告発し、いわゆる普通選挙を問題にする。これほど決定論者ではないものの、生物学とエコロジーの政治に対する貢献を全く同様に確信しているジョエル・ド＝ロスネーのほうは、「共生的人間」の支援に乗り出す。エドガー・モランはといえば、一九七〇年代の初めに、生物学に親しんだカリフォルニアでの滞在から熱狂して戻ってきて、やがて「複雑性」に関する思想上の師として崇められるようになる。この「複雑性」という考え方を彼はそれから数多くの社会的な問題に適合させることになるのだ。彼はまた、無政府主義に対する関心も表明し、複雑性の先駆者であるロマン主義に公然と敬意を表するところまでいく。

ロマン主義をエコロジーによって再生させるという可能性は時々述べられることがあった。このような仮定はトマス・ケラール（原注4）、ロベール・サイイール及びミカエル・ルウィのような一部の研究者によって詳しく展開された。しかしサイールとルウィは、政治的エコロジーの説得力ある系譜を描くよりも、マルクス主義をその還元主義的な唯物主義から、またロマン主義を尚古主義とされるものから解放することの方に熱心であるように見える。それでも彼らの主張は妥当性を欠いてはいない。『反抗とメランコリ、近代性の流れに逆らうロマン主義』（原注5）において、二人の著者はまず、ロマン主義が、近代の資本主義的ブルジョワの世界に対する、（個人の主体性と単一性への渇望を結びつける）近代批判を成していると考える。したがって、どれほどこの闘いがマルクス主義者の闘いに近いものとなるかが推し量られる。二人の著者はよって、多くのロマン主義が過去の方へ向いていると認めるとしても、ロマン主義に尚古主義のみ見ることに甘んじることはないのである。革命的ロマン主義を彼らは拠り所としており、それは今日、過去に啓発された代替的な生活様式の探求、前近代の共同体の質的な価値に対するノスタルジー、また原始文化への典拠として表明されるようである。そしてこの限りにおいて、ミカエル・ルウィとロベール・サイールは（技術及び経済の進歩を疑問に付し、人間と自然を和解させようと望む）政治的エコロジーをロマン主義に関連付けるのである。しかしこのように仮定すると、政治的エコロジーは、政治的エコロジーとして研究されるよりも、専らロマン主義を尚古主義のわだちから引っ張り出すという目的で、ロマン主義の反資本主義的な再活性化に組み入れられてはいないかと、時には考えてみることが可能である。この著作の重要なポイントは、むしろマルクス主義を刷新することにあるように見える。

結局、政治的エコロジーの「絶対自由主義的な」周辺層だけが、ロマン主義に接近するように見える。現場の自然主義者たちの方は、このロマン主義という教養に対してより懐疑的である。この教養は結局、自然の他者性を尊重しようという、利害にとらわれない配慮ではなく、個人的な欲動を満足させようという意思しか表わしてはいないのである（原注6）。

保守主義的自然主義を継ぐ形で科学的エコロジーは生まれた。シルヴィ・ムワン＝ド＝アーズは、科学的エコロジーを、「諸々の生物の生存条件及び、それらが互いに、また環境とともに表明する相互作用を研究する科学」（原注7）と定義する。それから、多くの歴史家がするように、ドイツ人生物学者エルンスト・ヘッケルによるこの言葉の語源（生息環境の科学）を改めて述べながら、著者は科学的エコロジーを、生物学の最も複雑なレベルに位置づける。精密な小さな有機体の研究から、この世の生命を説明する生物圏の研究まで、幾つかのエコロジーが可能である。その詳細にこれ以上立ち入らずとも、この科学の分野がこうして、自然主義の領域を相当拡大することが確認できるであろう。自然主義そのものがその根本で消滅してしまうほどである。実際今後は、もはや厳密な意味での（人間を除いた）自然ではなく、生けるものを研究すること、したがって必要とあらば、人間とその活動をも同様にその研究領域に統合することが課題となるのである。自然と文化の断絶は消え、人間の特異性も同様になくなる。ベルナデット・リゼは、自然主義者と生態環境学者を対立させる溝を実によく感知した。「対立は、科学的方法、世界及び自然の表現、また社会的実践全てに関するものである（原注8）」。自然主義者たちが、裸眼で生物に関して勉強し、多かれ少なかれ自然である風景を守ることに関心を抱きまた注意を払っていることを見せ、情熱を込めて活動するのに対して、生態環境学者は、目に見えないメカニズムを研究し、自然の資産の管理に関して論じ、また結局、自然の資産を多かれ少なかれ人工的なものとみなすのである。実践という点では、逆に、同じ人間が二つの帽子（生態環境学者と自然主義者）を被っているのがよく見られる。賛否両論を惹き起こしたエルンスト・ヘッケル（原注9）（一八三四〜一九一八）の人物像がその実例を提供してくれる。ヘッケルは依然として自然主義者だったのか、すでに生態環境学者だったのか、それとも同時に両者だったのか。

大学教員のエルンスト・ヘッケルは、実際「エコロジー」という新語をつくった人物であり、彼はこの言葉の哲学的及び政治的影響を考えた。ダーウィンの弟子である彼は、機会あるごとに何度も自分の見解を発表した。『宗教と科学の間のつながりとしての一元論：一自然主義者の信仰告白』（原注10）において、彼は自然に関する科学と精神に関する科学を区別することを拒んで、汎神論に近づく。この著作において、ある種の助け合いが数多くの動物に見られること、しかしまた生命は同様に容赦なき闘いに依拠していることが分かる。エルンスト・ヘッケルは、「生態環境学と社会学の進歩、および寄生虫学と病理学によって深められた、有機体の相互的な関係に関する我々の知識」を伝えている。こうしてヘッケルにおいてすでに、自然と人間は同じ科学の管轄に属するのである。

こうした〔自然主義の領域の〕拡大は、（生物の種の生を、その環境を考えた上で理解する）必要に迫られて、常に調査の分野を広げていくことになる自然主義者たち自身によるものだと考えられるかもしれない。大学教員にして自然主義の活動家であるジャン＝ピエール・ラファンは、科学的エコロジーが生まれた際に、自然主義者〔＝自然学者〕たちが重要な役割を果たしたことを強調した。「十九世紀半ばに練り上げられたエコロジーは、アレクサンダー・フォン＝フンボルト（一七六九〜一八五九）やチャールズ・ダーウィン（一八〇九〜一八八二）のような偉大な自然学者、またイジドール・ジョフルワ

＝サン＝ティレール（一八〇五～一八六一）もしくはエルンスト・ヘッケル（一八三四～一九一九）のような生物学者に多くを負っている学問分野である。それまで生物界の様々な種を描写すること、範疇ごとに集めること（分類学、系統学）に特に専念していた科学者たちは、その後次第に生物の集合体の機能に関心を傾けるようになる（原注11）」。逆に、共産系勢力圏に近い科学者たちは、この自然学者たちの影響を大いに割り引いて考えることになる（遡りすぎだと思われるのか？）。例えば、研究者のパスカル・アコは、クセジュ文庫に収められた自分の著作の数ページを割いて、エコロジーの「偽の先駆者」を狩り出したのであるが、その中には数多くの自然学者が含まれている（原注12）。ジャン＝ポール・ドレアージュのほうは、さらに断固とした立場を取る。『エコロジーの歴史』において、彼は自然学（＝自然主義）の伝統を科学的エコロジーの唯一の起源とみなす歴史家たちに反発し、彼らの先入観を非難するところまで行く。彼によると、生命を扱う化学もまた、科学的エコロジーの生成において非常に重要な役割（原注13）を果たしたのである。しかしながら、エコロジーのもう一人の歴史家ジャン＝マルク・ドルアンが提示する科学的エコロジーの年譜（原注14）の中には、数多くの自然学者たちが見い出される。より特異なドナルド・ウォースターのほうは、『エコロジー思想の歴史』（原注15）の最後において、エコロジーが「自然を愛する者たち」と切り離されることがないようにとまで望むことになる。結局のところ、こうしたエコロジーの専門家たちの大部分は、以後質的な飛躍が起こるという点で一致する。しかし彼らは、それが秘める帰結の重大さは必ずしも見定めていない。人間が生物学の法則にますます従属するようになるということである。政治的エコロジーは、時に社会生物学への道を準備した。このように科学が政治へ闖入することを一部の者が実に素直に喜ぶのがこうして見られたわけである。「エコロジーは、新しい意識と新しい文化の生きた原型である。つまり我々が自然に属するのだという意識と文化、自然の包括的なシステムの一部分でありまた行為者である人間存在としての我々自身の最も深いところに自然があるのだという意識と文化である（原注16）」。ジャン＝ポール・ドレアージュよりも精緻で、また弁明的傾向が少ないパスカル・アコのほうは、人間を議論の中に組込む一部のエコロジーの形態は、いとも容易に社会生物説の一形態へと流されることをはっきりと見て取っている。彼としては、人間の特殊性を考慮に入れるようなエコロジーを好むことを、伝統的な自然保護主義者に固有の自然の神聖化や、世界に対するシステム論的なアプローチの支持者になじみの社会生物説や、また世界の全面的な支配という幻想に陥らないエコロジーを好むことを表明している（原注17）。

一般の人々のほうは、一九七〇年代初めに、自然保護及びエコロジーに馴染むようになる。そしてエコロジーはやがて政治的になるのである。

《原注》

1 WATTS Alan, *Amour et connaissance. Une nouvelle manière de vivre*, 1958, trad. fr., Paris, Denoël/Gonthier, 1975.

2 Cf. BOOKCHIN Murray, *Pour une société écologique*, trad. fr., Paris, Christian Bourgois éditeur, 1976 ; *Sociobiologie*

ou écologie sociale, trad. fr., Lyon, IRL-Atelier de Création Libertaire, 1983 ; *Qu'est-ce que l'écologie sociale ?*, trad. fr., Lyon, Atelier de Création Libertaire, 1989 ; *Une société à refaire. Pour une écologie de la liberté*, trad. fr., Lyon, Atelier de Création Libertaire, 1992 ; 及び、Foreman Dave, *Quelle écologie radicale ?, Ecologie sociale et écologie profonde en débat*, trad. fr., Lyon, Atelier de Création Libertaire, 1994.

3 この点に関しては、ブリジット・シャマクの注目に値する調査を参照のこと：Chamak Brigitte, *Le Groupe des Dix ou les avatars des rapports entre science et politique*, Monaco, Editions du Rocher, 1997. 同様に例えば以下にあげる、様々な参加者の著作も参照のこと：Laborit Henri, *L'Homme imaginant. Essai de biologie politique*, Paris, Union Générale d'Editions, 1970 ; Morin Edgar, *Journal de Californie*, Paris, Editions du Seuil, 1970 ; *Le Paradigme perdu : la nature humaine*, Paris, Editions du Seuil, 1973（あるいはさらに大部な四巻本：*La Méthode*, Editions du Seuil）; Robin Jacques, *Changer d'ère*, Paris, Editions du Seuil, 1989 ; Rosnay Joël de, *L'Homme symbiotique. Regards sur le troisième millénaire*, Paris, Editions du Seuil, 1995 など。

4 この点に関しては、トマス・ケラールの注目に値する著作を参照のこと：Keller Thomas, *Les Verts allemands. Un conservatisme alternatif*, Paris, L'Harmattan, 1993. あるいはまたダニ・トロムの注目すべき論文を参照のこと：Danny Trom, « Entre gauche et droite. Enquête sur le romantisme populiste », *Lignes*, Paris, Editions Séguier, n° 7, septembre 1989, pp. 87-121. 同様にピエール・ゴディベールの刺激的な著作も参照されたし：Gaudibert Pierre, *Du culturel au sacré*, Paris, Casterman, 1981.

5 Löwy Michael et Sayre Robert, *Révolte et mélancolie. Le romantisme à contre-courant de la modernité*, Paris, Editions Payot, 1992.

6 この点に関しては例えば、Dorst Jean, *La Force du vivant*, Paris, Flammarion, 1979, rééd., Paris, Le Livre de poche, 1981, p. 94 を参照のこと。

7 Sylvie Moens De Hase, « Ecologie scientifique », De Roose Frank et Van Parijs Philippe, *La Pensée écologiste. Essai d'inventaire à l'usage de ceux qui la pratiquent comme de ceux qui la craignent*, Bruxelles, De Boeck

Université, 1991, p. 58.

8 Bernadette LIZET, « De la campagne à la "nature ordinaire". Génie écologique, paysages et traditions paysannes », *Etudes rurales*, Paris Editions de l'Ecole des hautes études en sciences sociales, n°121-124, janvier-décembre 1991, p. 175.

9 彼の科学的貢献は異議を唱えられている。政治的には、エルンスト・ヘッケルはレーニンに引用されたが、またナチをも惹き付けた。例えば以下を参照されたし。GASMAN Daniel, *The Scientific Origins of National Socialism. Social Darwinism in Ernst Haeckel and the German Monist League*, Londres/New York, MacDonald/American Elsevier Inc., 1971. 以下もまた参照のこと。TORT Patrick (dir.), *Darwinisme et société*, Paris, PUF, 1992（とりわけ Mario DI GREGORIO, « Entre Méphistophélès et Luther : Ernst Haeckel et la réforme de l'univers » , pp. 236-283). この中には特に、「どうしてもヘッケルの考えを現代の視点の中で考えようとすれば、『緑の党』の考えに近いとみなすことができるだろう」(p. 281) とある。また TORT Patrick (dir.) *Dictionnaire du darwinisme et de l'évolution*, Paris, PUF, 1996, tome II（そして特に Britta RUPP-EISENREICH のヘッケルに関する担当部分、pp. 2072-2114）. また THUILLER Pierre, *Les biologistes vont-ils prendre le pouvoir ? La sociobiologie en question*, Bruxelles, Editions Complexe, 1981.

10 HAECKEL Ernst, *Le Monisme lien entre la religion et la science. Profession de foi d'un naturaliste*, 1892, trad. fr., Paris, Librairie C. Reinwald, 1897. この著作の序文とフランス語訳は Georges VACHER DE LAPOUGE によるものであることも記しておこう。

11 Jean-Pierre RAFFIN, « D'une écologie l'autre : scientifique, associative et politique », Belgrade, juin 1991（筆者に送られてきた報告　）, p. 1.

12 ACOT Pascal, *Histoire de l'écologie*, Paris, PUF, 1994, pp. 8-13.

13 DELÉAGE Jean-Paul, *Histoire de l'écologie. Une science de l'homme et de la nature*, Paris, La Découverte, 1991, p. 50.

14 Drouin Jean-Marc, *Réinventer la nature. L'écologie et son histoire*, Paris, Desclée de Brouwer, 1991, pp. 27-28.

15 Worster Donald, *Les Pionniers de l'écologie. Une histoire des idées écologiques*, 1985, trad. fr., Paris, Sang de la terre, 1992, p. 360.

16 Deléage Jean-Paul, *Histoire de l'écologie*, *op. cit.*, p. 16.

17 Acot Pascal, *Histoire de l'écologie*, *op. cit.*, pp. 220-246. 長い論考が、「エコロジーにおける社会有機体説と社会生物説」を扱っている（pp. 200-219）。

第二部
エコロジーから社会主義へ？

第一章　「ローマクラブ」の警告

先駆者たち

一九五〇年代になるとすでに、さまざまな著者が、自分たちの目撃しているエコロジーの不均衡に関して、政府や一般の人々に警告をしようとした。政治的エコロジーの飛躍の後押しもあって、環境擁護に関心を抱いた一部の有名人たちがしばしばメディアに引っ張り出されることになった。このようにブラウン管に登場することで、これらの有名人がことごとく、エコロジー意識の先駆者たちであるという考えが広まったのかもしれない。しかし全くそうではない。ジャック＝イヴ・クストーやルネ・デュモンなどという人たちは、晩年になって初めてエコロジーを発見したのである。例えば第三世界支援主義者で、長い間集約農業の方法の熱心な支持者であったルネ・デュモンは、一九七〇年代の初めになってようやくエコロジー的な考察に出会うこととなった。この点に関して、一九七二年に発表された名高い「ローマクラブ」に対する報告書よりも前に出た著作を幾つか検討することは有益である。大学教員のジャン＝ピエール・ラファンはその充実したリストを提出している（原注1）：
――R・エナール『自然と機械装置』[Hainard R., *Nature et mécanisme*]一九四六年；
――F・オズボーン『我等が略奪された惑星』[Osborn F., *Our Plundered Planet*]一九四八年；
――R・エム『自然の破壊と保護』[Heim R., *Destruction et protection de la nature*]一九五三年；
――L・J及びM・ミルン『自然のバランス』[Milne L. J. et M., *The Balance of Nature*]一九六〇年；
――R・カーソン『沈黙の春』[Carson R., *Silent Spring*,]一九六二年；
――M・H・ジュリアン『人間と自然』[Julien M.H., *L'Homme et la Nature*]一九六五年；
――J・ドルスト『自然が死ぬ前に』[Dorst J., *Avant que nature meure*]一九六五年；
――P・R・及びA・M・アーリック『人口、資源、環境』[Ehrlich P. R. et A. M., *Populations, ressources, environnement*]一九七〇年；
――G・ラトレイ＝テイラー『審判の日の書』[Rattray Taylor G., *The Doomsday Book*]一九七〇年；
――B・コモナー『閉じる輪』[Commoner B., *The Closing Circle*]一九七一年；
――P・サン＝マルク『自然の社会主義化』[Saint-Marc P., *Socialisation de la nature*]一九七一年。
したがってロベール・エナールの著作を除けば、「ニューヨーク動物学協会」会長フェアフィールド・オズボーンの『略奪された惑星』（原注2）が、地球にのしかかっている脅威を懸念した最初の著作の一つであったと考えられる。それは、ある一つの事実確認から生まれた。第二次世界大戦が終わったばかりなのに、人類は、もしあくまでも自然と闘い、自然を略奪し続けるなら、まったく同じように壊滅的な運命に向かって突き進んでいくことになるというものである。一九四八年、フェアフィールド・

オズボーンは、当時の速さで自然を破壊し続けると、最終的な危機までに、人類には一世紀の命しか残されていないと見積もっている。いつの時代でも、人間は地球を略奪してきた。しかしこうした捕食行動は、眩暈がするほど加速したのである。植民地化されたアフリカにおけるヨーロッパ人たちの悪行が、嘆かわしいことにそれを裏付けている。

フェアフィールド・オズボーンは、こうした自然主義的発想の考察に、典型的にエコロジー的な意図も同様に加えている。実際、自然は、美しいとしても、特に、その様々な要素が相互依存している機械のようなものである。それらの一つに危害を加えようとすることは、全体に損害をもたらす危険がある。古代文明が、この要因をないがしろにしたために、急に消えてしまったことはまず確かである。ところで地球の状況の悪化は、不安な展開を見せている。土壌は侵食され、森は荒廃し、動物の種が破壊される。土壌の複雑さを知らないがために、人間は大変な落胆をするはめになる。よく知られた例が出される。人間は、化学製品によって何度も繰り返して、害虫と闘うことに専心してきた。しかしそれらの大部分を除去したことによってまた、それらの天然の捕食者である鳥も根絶やしになったのである。この跳ね返りとして、以後あらゆる自然の危険から解放された虫が新たに、そして大量に発生することになったのである。したがって、人間が「自然と協調する」こと、また上昇する人口の波動と天然資源のストックの相関的な低下という、反対方向へ展開する二つの要因に注意を向けることが最も重要である。

ロジェ・エム（一九〇〇～一九七九）はともかくも自然主義者で、彼の主張は、生物学やエコロジーにはたまたま、そしてついでにしか触れることがない。この点で彼の主張は、フェアフィールド・オズボーンが擁護する主張とは少々異なる。彼としては、あくまでも自然の他者性を自然の他者性として尊重する自然主義の文化に忠実であり、次の段階で初めて経済的論議（人間のために保存すべき天然「資源」）に訴えるのである。『自然の破壊と保護』（原注3）の中で、彼は日ごとに消えていく避難所としての自然に関する、美しく簡潔な数ページを提供している。したがって彼は、社会主義か自由主義か、資本主義かマルクス主義かを議論することなどほとんど重要ではないと考える。天然資源の浪費に対して闘うことが急務なのである。

エムが古典的な自然主義から科学的エコロジーへと移行するとき、読者は、闘争ばかりでなく協調の現象をも見せる、例の生の複雑性に改めて向き合うことになる。ロジェ・エムとしては、一時的でしかなく、長期的には絶えず覆される自然の均衡の大変動（寄生生物、嵐、洪水など）に対して、人間だけが責任を担っているわけではないと考えている。それでもこのように認められるからといって、人間は自分自身の利益のためには、生の掟に関心を抱かなくてもいいということにはならない。差し当たり、ロジェ・エムは自然主義的な発想の解決策に傾いている。（多かれ少なかれ一括した）自然の保護区及び聖域を創り出す事である。よりエコロジー的で、生の複雑性や相互作用のほうに関心を持った立場は、どちらかというとまれであるが、それでも同様に垣間見える。例えば、合成寄生虫駆除剤の無分別な使用によって、別の言い方をすれば（化学）殺虫剤によって長期的に惹き起こされる有害な効果に、短い論考が割かれている。保護措置を推進するためには、提起された問題が広範な性質を持つ以上、国家レベル及び国際的レベルの規制を考えなくてはならない。しかし法律だけでは問題を解決するに無力であることを（その尊重が地中海沿岸に近づくにつれて弱まると思われるだけに！）頭に入欠陥のある為政者たちに圧力をかけるようにしなくてはならない。自然に対する姿勢は、法律の命令よりも、一国民の心理、及び彼らが分かち持つ価値観に左右されるものなのである。したがって、世界の世論に働きかけて、さらにそれが欠陥のある為政者たちに圧力をかけるようにしなくてはならないのだ。

レイチェル・カーソン（一九〇七〜一九六四）は、一九五〇年にすでに、『われらをめぐる海』（原注4）と題された、資料でしっかりと裏づけのなされた著作を発表していたが、一九六二年、『沈黙の春』（原注5）を発表して世界的な名声を獲得する。その内容は特にアメリカの世論にショックを与える。彼女は、自然主義の文化を科学的エコロジーに役立てることで、非常に巧みにそれを利用するすべを知っていた。ロジェ・エムは、フランス語版につけた序文の中で、この本の重要な点を明確にしている。この本は、人間たちが、自然を破壊することで、あるいは生の複雑性をないがしろにすることで（工業化、化学および放射線汚染など）、自然に対して行なっている「新たなる戦争」の総括を試みているのだ。全体として彼はレイチェル・カーソンの主張を認めるとしても、化学を悪役に仕立てる傾向のある著者の結論に関しては、逆にもっと含みを持たせている。

『沈黙の春』の最初の短い章が、読者に表題の鍵を与えてくれる。それは、牧歌的な魅力（はちきれんばかりの自然、鳥など）が感嘆を惹き起こす小さなきれいな村を描き出す。しかしある日、「押しつぶされそうな沈黙が打ち立てられる」。いかなる鳥の歌も生じず、木々は弱り、魚は死ぬ…この村の悲しい運命は想像によるものである、とレイチェル・カーソンはことわる。しかし同様の不幸があちらこちらで現われ始めており、『沈黙の春』は、読者に対して、なぜ「春の声」がアメリカの数多くの村々ですでに沈黙してしまったかを説明しようというのである。自然は、現実には人間が想像するよりも複雑である。自然には区分というものがなく、全てがつながっている。「生命連鎖」の例がその適切な説明を提供してくれる。細胞がプランクトンを構成し、プランクトンは微小なミジンコに摂取され、ミジンコは小さな魚のえさとなり、小さな魚はより大きな魚に食われ、今度はこの魚が人間に食われ、人間もいつかは土に帰るであろう。こうして自然は、「高度に組織化された、複雑だが精密な（……）システムの中に、常に生物を集合させている」。そしてこの複雑さは、恒常的に相互関係にある、流動的な均衡の上に成り立っているのである。しかし人間は、自然の災いを根絶することを目指す製品を作ることを始めた時、この複雑さを必ずしも正確には捉えなかった。レイチェル・カーソンの著作は、こうして昆虫が撒き散らす伝染病に対して闘うことのできる、有望な製品ＤＤＴ（殺虫剤の略語）の誕生が惹き起こす副次的効果を報告する。ＤＤＴは実際に伝染病を食い止め、多数の人々から虱を取り除いた。その発明者はノーベル賞まで受けた。しかしより長期的に見ると副次効果が現われてきた。蓄積されることで、ＤＤＴは人間にとって害になるのである。さらに、大量のＤＤＴを散布することは、全く同様に危険なもう一つの重大な結果を惹き起こす。毒を摂取した昆虫が、今度はその自然の捕食者である鳥の餌となり、それから鳥に毒を摂取させたのである。それで新たなる昆虫が再び大量に発生することとなり、それはその規模によってまさに侵略という印象を与えた。化学物質を生産することにより人間は、こうして何千年にもわたる調整の結果生まれた複雑な自然のシステムを急に破壊してしまったのである。次第に人間は、均衡の源である自然の多様性に代えて、危険な画一性を生み出しつつある。人間が人工的に創り出したものは、自然の流れを妨げ、調子を狂わせる。化学製品（そして特に放射性生成物）の増加は悪い兆しである。結論として、レイチェル・カーソンはしたがって、人間に対して、悪行を控えるよう呼びかけるのである。

レイチェル・カーソンのこの華々しい弁論は同時代人たちの心にかくも印象を残したため、大統領のジョン＝Ｆ・ケネディは、国家調査委員会を発足させることになった。この委員会は彼女の研究の妥当性を認めたため（原注6）、レイチェル・カーソンと数多くの産業界の人々とを対立させることとなる。この弁論は今日、エコロジーに関する意識化を加速した古典的著作の一つに数えられている。しかしながら、レイチェル・カーソンの『沈黙の春』の大成功が、この問題に関して未だに表明される幾つかの一致しない見解を隠すようなことがあってはならない。例えば、元ＣＮＲＳ（国立科学研究センター）所長（一九八一～一九八九）で核エネルギーの専門家である、化学者のクロード・フレジャックは、一九九四年になおも激しく彼女の主張に異議を唱えていた。彼から見れば、殺虫剤ＤＤＴの長所は、その短所をはるかに上回るのである。というのもＤＤＴが、実際に食物連鎖の流れにおいて脂肪の中にたくわえられるとしても、比較的、微生物によって分解される性質があり、またチフスやマラリアを根絶することで、否定しようのない効果を示したのである。「不幸なことに、アメリカ合衆国における活発なプレスキャンペーンの結果――ジャーナリスト、レイチェル・カールソンの本『沈黙の春』を思い出そう――、アメリカ合衆国はＤＤＴの使用を禁止し、他の国々も同じようにするようそそのかした。数百万人もの死者は、この決定によってひきおこされたものである（原注7）」。

国立自然博物館元館長の、動物学者ジャン・ドルスト（一九二四年生まれ）は一九六五年、示唆的な表題のついた大部な著作『自然が死ぬ前に』を発表する。その改定文庫版『非自然化された自然』（原注8）は、フランスにおいてかなりの売上げを記録する。この本の目的は、自然科学及び生物学の情報を広く一般の人々に分かりやすく伝えることだと掲げられている。ジャン・ドルストは、一般の人々に汚染の増加について知らせることは、生物学者、医者及び社会学者の義務であると考える。確かに人間は、記録にないほどはるか昔から惜しみなく自然を使っているが、産業の発展と人口増加が絡み合った現在、これらの問題は先例のない重大なものとなっている。問題がこれほどまで大きく広がった以上、保護主義的な自然主義的行動が、人類を救うことを目指して地上全体に広がる必要がある。

ジャン・ドルストが人間による自然の破壊を展開させた部分はかなりの量にのぼり、自然主義の影響（自然の他者性の尊重）を垣間見せる。しかしジャン・ドルストはまた、人間にとって害となる、自然の「資本」の乱費にも懸念を示す。彼は、このような破壊（森林伐採、開墾など）を動機付ける利潤の誘惑に心を痛める。至るところで人間は汚染する。人間は淡水、海、大気を汚染する。人間は、何十万年後にしか自然のサイクルに戻らないような、またどのように処分していいのか正確にはわからない産物、すなわち放射性生成物までも生み出す。しかし当面は、人口増加が最も急を要する問題である。というのもそれは野生の植物相および動物相、そして特に人類の存続を短期的に脅かしているからである。これは衛生の進歩と生活水準の向上から生じている。人間はできるだけすみやかに、人口増加をせき止める手段を見い出さなくてはならない。これは、出生を制御することを前提とする。というのも人間を物理的に排除することは問題外であり、またいかなる土地ももはや植民地化することはできないからである。最後に、これら増加と捕食の問題に加えて、人間は特にそのひどい不手際によって際立っている。人間は自然の生態系を極端に単純化している、つまり科学的エコロジーの教訓に十分注意を払っていないのである。エコロジーとは「生物の、相互の関係およびそれが生きていく物理的環境との関係を研究する科学」である。ところで人間はこの学問分野に関心を持つべきであろう。というのも人間は、機能的な統一体を構成する生物界全体の一要素に過ぎないからである。そしてこの全体、人間が技術、機械また化学製品の製造を始めるときに考慮に入れることをしない全体は「複雑」である。こういうわけで、非常に広範な規模で弊害が増したことにより、野生の自然空間を保全することを目指した、狭い意味での自然主義的行動では不十分となっている。「地球の理性的な整備」を保証し、「人間と生物全体が一つの総体を成す」(一六七頁)と考える決心をする必要がある。『非自然化された自然』の結論で、ジャン・ドルストはこうして自然主義とエコロジーの視点をいわば和解させるような作業を行なう。そして彼は、自然と契約を結ぶよう呼びかける。裏表紙の宣伝文が、読者に対して、この著作は「政治的エコロジー」のための宣言を成すとまで告げる。

一九七九年、ジャン・ドルストは一九七〇年の著作では端緒が開かれたにすぎない、より哲学的な道筋を幾つか(キリスト教の役割、仏教との比較など)深めることを選択し、『生きるものの力』(原注9)を発表する。表題それ自体が示唆的である。自然主義的な問題意識からエコロジー的な問題意識に移行したのである。彼は著作を、ロベール・エナールが引き出したものに近い、新たな倫理(我々の力に見合った真のヒューマニズム)の探求で締めくくる。

ポール・アーリックがアメリカの世論に正面から『「P」爆弾』の脅威を投げつけるのは一九六八年のことである。彼の告知の爆発音がフランスの本屋に届くのはそれから四年も経ってからである。同じ年に、ポール・アーリックと妻のアンヌの、大部な著作『人口、資源、環境』（アメリカ合衆国では一九七〇年に出ていた）も同様にフランス語に翻訳される。当時のスタンフォード大学の生物学科主任にとって、絶対的に急を要する問題は、世界に押し寄せる人口増加に対する闘いである。

『人口、資源、環境』（原注10）は、ポール及びアンヌ・アーリックが七〇年代初めに懸念していた形の人口問題に関するほぼ網羅的な総体を成す。この大部な著作は、多数の科学的出版物に依拠し、グラフと統計を数多く載せている。最初の八章は、地球のエコロジーの決算表（軍備や化学汚染の拡大と重なった人口の圧力）を詳細に作り上げる。アーリック夫妻に言わせると、この限られた地球上で、人口に関しても経済に関しても我々の拡張を止まることなく続けていくことは全く辻褄が合わない。それでも先進国は、不当に世界全体の富を独占して、こうした目標を止むことなく追い続ける。この上なく暗い予測を専門家たちが積み重ねる。人口は先例のないほど増加しているが、地球の方は、空間、エネルギー、原料のこうした需要に際限なく応じることはできない。多くの天然資源は、人間の時間的尺度では回復されないのに、乱費され浪費される有様である。その上、特にエコロジー的な問題が、これら枯渇しつつある資源の量的な問題に加わる。二人の著者は、多くの複雑な生態系が人間の先見性のなさによって破壊される（殺虫剤、大気汚染、原子力など）のを見て心配する。

個人による具体的方策から国際規模の行動に至るまで、アーリック夫妻は広範にわたる解決策を考える。

個人的なレベルでは、『人口、資源、環境』はまず、男たち（そして女たち）に、真の産児制限（バース・コントロール）を確立するために、伝統的な避妊法を行なうよう促す。しかし人口の危険は極めて大きなものであるだけに、伝統的避妊法はおそらく不十分だということになるだろう。そこでさらに先まで行く必要があるのであり、例えば不妊手術を考えることもできる（ポール・アーリックはこの点に関して模範を示した）。しかしこれらの予防策は相変わらず不十分である。したがって、中絶の合法化が必要となる。たとえ一部のカトリック教会の不興を買うとしても、これを自由化する必要があるだろう（この時代は一九六九年から一九七二年にかけてのことである）。そして家庭だけが人口を気にかける義務があるということにはならない。この問題は人類の将来にかかわるのであり、したがってその利益を個人の利益に優先させることが正当化される。「問題のもう一つの取り組み方は、晩婚と不妊カップルを奨励することにあると考えられる（原注11）」。同時に親の希望に即座に答えるように、生まれてくる子供の性を決定する要因に関する研究を急ぐのである。最終的には、上から押し付ける規制措置も視野に入れる必要がある。「例えば、婚姻外関係で生まれた子供はすべて養子縁組を担当する部局に差し出されるよう留意することも可能であろう（原注12）」。実に広範にわたる強制的な解決法が存在し、それらはいつの日か、単なる奨励措置が不十分であるとなると課されるかもしれない。「もし、これら比較的強制力の弱い法律で出生率を制限することができないならば、第三子の出生は禁じられ、あらゆる非合法妊娠を終了させるために強制中絶を伴うこともありうるだろう。中絶の拒否は、刑事上の不法行為（……）とみなされることもありうる（原注13）」。『人口、資源、環境』はまた、より大規模な変革にも訴える。科学的な行動にとどまらず、価値観の変化が要求される。経済成長競走に対立させて質的な価値を重視しなくてはならない。この点に関して、「新左翼〔一九六〇年代に起こった、若い知識人による急進的な社会、政治運動。平和主義、無政府主義、組合主義などを含む〕」とヒッピーの勢力圏は、人間に自然を搾取するよう促すユダヤ・キリスト教文明の直系に組み込まれる旧来の左派と彼らなりに断絶しているから、大いに希望が持てる。

国際的なレベルでは、先進国は自分たちの富の一部を強制的に再配分しなくてはならない。このことは、国際的なやり取りのルールが変わること（アメリカ合衆国は、指導者が自民族中心的であることが多いが、反共産主義的な独裁政権に財政援助を与えることをやめるよう促される）を暗に意味している。西側諸国は、低開発諸国が同じ誤り（経済成長競走など）を犯さぬように、また、よりエコロジーにかなった発展方式に向かうように援助することになろう。勿論、このように「準発展」に乗り出すよう促すことには、（医療、教育などの面での）様々な援助が伴うだろう。「ケニヤとタンザニアは、その活動を農業と観光に配分して行なうことで、準発展の例を示すことができるのではないか（原注14）」。こうしてこれら二つの国、およびさらにアフリカの他の国々は、人類のエコロジー的利益のために植物や動物の保護区を設立することができるのではないか。「未来の世代にとってよりよい世界」を確実なものとする目的で、自分たちの大胆な計画を実行するために、アーリック夫妻は、多少なりとも長期的に見て、まず国際軍事組織が登場し、次に現在の諸国家が主権を移行させた世界政府の登場が見られることを期待する。しかし当面の間、エコロジー的破局が抜き差しならぬものとして迫っている以上、「自分たちの生命と個人的な自由が懸かっていることを、選ばれた代表者と同様有権者に納得させる（原注15）」ことが必要である。この目的に達するために、大衆キャンペーン、ボイコット、請願などあらゆる合法的な行動方法が検討されねばならない。様々な議員に圧力をかけて人口を制限させるために、大挙して政治の舞台を包囲しなくてはならない。さらにアーリック夫妻は、一九七〇年、エコロジー的な発想の新しい政党の創設を検討する必要があると考える。ポールおよびアンヌ・アーリックは当時、一九六八年に創立された「人口増加ゼロ運動」がその萌芽となりうると判断する。

『「P」爆弾』（原注16）は、『人口、資源、環境』で発表した主張を、非常に読みやすい形で（注を減らし、歴史の裏話を載せたことなど）、一般向きにしたものである。いまだに争点を理解していないと思われる人たちに、ポール・アーリックは改めて言う。「破綻の第一の、そして根本的な原因は人口過剰である（原注17）」。この理由により、彼はできるだけ速く、問題の「P」爆弾の雷管をはずそうと考える。緊急に、本当の人口統制を確実に行なわなければならない。「中絶は人口統制の根本的な手段である（原注18）」。勿論、他の自主的な人口規制方策のほうが望ましい。ポール・アーリックはこうして、例えば大家族を財政的に冷遇することや、避妊の方法を増やすこと、子供を産む母親という疎外的な地位から女性を解放するのに貢献する限りにおいてフェミニズムの運動を支持することを提案する。これらの措置全てが、まず世界で最も豊かでまた最も浪費する国、つまりアメリカ合衆国によって採用されなくてはならない。そうは言うものの、ポール・アーリックは、人口問題が現在、世界の他の地域で深刻な形で提起されていることを認める。したがって最終的な破綻を避けるために、これを打開しなくてはならない。「我々が、少なくとも子供が三人いる全てのインド人男性に不妊手術を施すことを提案した時、我々はインド政府にこの計画を適用するよう促すべきであったのだ。我々は後方支援を申し出るべきだった。（……）我々は医師を派遣するべきであった。（……）それは強制であろうか。そうかもしれない。しかし大義のためである（原注19）」。同様に、低開発国の援助に関しては、全ての者を満足させることは事実上不可能であるように見える。したがって低開発国を選別して、立ち直る可能性を実際に示す国々を優先的に援助するほうが当を得ているだろう。ポール・アーリックが提案する措置の多くは、取り立てて好評ではない。しかしそれはどうでもいいことである。人口の状態は急を要するゆえ、思い切った行動が求められるのである。そうしない限り、人類は、無際限に繁殖する動物の種を襲うのと同じ運命、つまり突然の崩壊、死に見舞われる危険がある、と彼は指摘する。癌にもたとえられることから、「乱暴で容赦ないように思われるであろう数多くの決定（原注20）」を要求する手術が正当化されるのである。

『「P」爆弾』がメディアで惹き起こした爆発は極めて大きい。アメリカでは二〇〇万部が出回ったようであり、「ストックホルム会議」の周辺では、ポール・アーリックのことが大いに議論される。フランスでは、「地球の友」がファヤール社と共同でこの著作を出版し、翻訳も請け負う。二人のトップクラスの科学者が、二つ目の序文と後書きを添える。当時コレージュ・ド・フランス（パリにある公開講座制の高等教育機関）の客員教授（数学の研究により一九六六年フィールズ・メダル受賞）で、（一九七〇年から一九七五年まで会報「サバイバル」を発行する）エコロジー運動「生き延びることと生きること」の共同創立者であったアレクサンドル・グロタンディエックと、パリ南（オルセー）大学（パリ第一一大学）教授ピエール・サミュエルは、『「P」爆弾』は、南を犠牲にした北の国々の破廉恥な浪費を明らかにしている限りにおいて、世界的な連帯に対する呼びかけとなっていると評価している。それに対して、二人は、長い後書きにおいて、ポール・アーリックが提案する一部の方策の高圧的な性格に関しては重大な留保を表明している。生まれてくる子供の性をあらかじめ決定すること、上から強制して出産をあきらめさせる措置、避妊方法を強制すること、中絶を一般化することなどである。

ポール・アーリックの後継者は一九七〇年代の初めには非常に数が多い。それにもかかわらず、推測に難くない理由により、ポール・アーリックは次第にエコロジー関係の文献目録から姿を消していく。その上、彼の分析は以後かなり研ぎ澄まされていった。国際連合が一九七二年に召集した「ストックホルム環境会議」の際に、激しい反発が表明される（原注21）。インドの首相、インディラ・ガンディーは、彼女の国が人口統制政策に乗り出した最初の国々の一つであることを特に改めて述べたうえで、例えば全ての問題を人口問題に還元してしまうことは余りにも単純であろうと考える。彼女は、豊かな国々の住民一人だけで、数人のアジア人、アフリカ人もしくはラテンアメリカ人と同じくらいを消費していると力説する。数時間にわたる激しいやり取りの末、ポール・アーリックはついに、（アメリカ合衆国による）強制措置の施行は、他の国々を人口制御に導くのに望ましくないと認める。

それでも一般向けのエコロジー関係の著作の一部は、一九七〇年代初めには、しばしば破局論的な調子で人口問題の重要性を認め続ける。ゴードン＝ラトレイ・テイラーは、一九七〇年代初めに、地球を脅かすエコロジーの不均衡に関して世論の喚起を促した最初の人々の一人であり、彼の『最後の審判』（原注22）は、当時、自然主義者や生態環境学者たちの懸念を惹き起こしていた問題の大半を統合的にまたわかりやすく要約している。彼は、人間の人口が爆発してゴミが増え、場合によっては人間にとって致命的な形で、地球上の生命のメカニズムを狂わせる危険があることを懸念する。その上、人類は地球上で資源の大部分を占有している。生物学に培われたゴードン＝ラトレイ・テイラーは、人類が、数の増加を調整することを知らなかった生物種の運命、つまり（資源の枯渇もしくは完全な破壊による）崩壊に見舞われるのではないかと恐れる。「我々が、五人に一人を殺そうという気にはなれない以上、明らかな技術的解決策、つまり人口の削減は、必然的にゆっくりとしたものになるだろう（原注23）」。

一九七三年、数学者のピエール・サミュエルは、『エコロジー：緊張緩和あるいは悪循環』（原注24）と題された著作を発表し、その中で人口問題を論じている。彼は、自分の見解を特にポールおよびアンヌ・アーリックの本『人口、資源、環境』に依拠させており、これが、『「P」爆弾』とともに「人口過剰とその帰結に関する基本的な著作」を成すと強調しているが、しかしまた、ポール・アーリックがその後の著作で過激さを和らげたことを喜んでもいる。このフランス人「地球の友」（サミュエル）にとって、いかなる方法であっても、国もしくは個人を、上から押し付けた人口制限（飲み物の水分に避妊薬品を入れることなど）に従うよう強制することは問題外である。ピエール・サミュエルはためらわずに、人口問題が現実のものであり、無秩序な経済成長、戦争、都市における緊張など他の問題を連動させて惹き起こすことを認めているが、その解決は主として、避妊と中絶に訴えることによってしかなされないであろうと考える。さらにピエール・サミュエルは、衛生、生活条件などの有益な役割も強調する。

一九七七年にラルース社によって編集され、一五人ほどの共同執筆者（その中には科学的エコロジーの最もすぐれた専門家もいる）によって書かれた『エコロジー百科事典』（原注25）は、科学的な側面から政治的な帰結に至るまで、エコロジー問題の全貌を余すところなく提供している。人口問題は、ルネ・ワゾンによって「人間の急激な繁殖」という示唆的な表題で扱われている。

メッス〔フランス、ロレーヌ地方、モゼール県の県庁所在地〕の「ヨーロッパ・エコロジー学院」の創立者である生物学者ジャン＝マリ・ペルトは一九九〇年に『あるエコロジストの世界一周旅行』（原注26）を発表する。その中で人間と自然はしばしば恐ろしい対決をする。ジャン＝マリ・ペルトは、自分の知識を一般に広めるために、ポール・アーリックのような人が屈してしまうことのあった破局論を思わせる、時として乱暴な言い方に訴えることをためらわない。「この惑星に、鉄とコンクリートが突き立つのが見えた。あたかも何かの癌が何代かの間に、（……）汚れて醜くなったその肌の表面に発達したかのように。明日、誰がその顔を見分けるだろうか。というのもこの惑星は、吹き出物ができ、できものが生じ、膿疱ができて、（……）皮がむけて、干からびているのだから。宇宙のオアシスはその表皮に新しい疥癬《かいせん》を宿している。つまりモノックルヒトである（原注27）」。それでも、ジャン＝マリ・ペルトの著作を注意深く読めば、この対決を和らげて考え、人間の振る舞いの一部だけが非難に値するとみなすことができるようになる。

長い間メディアのどこにでも登場していたもう一人の人物が、しばしば人口爆弾を告発して悦に入っていた。ジャック＝イヴ・クストー（一九一〇〜一九九七）は、厳密な意味では科学者とみなすことができない。しかし彼は数多くの科学者たちや自然主義の団体を自分の仕事に参加させることで、自分の探検家としての名声を彼らの役に立てたのである。こうして名高い『クストー環境年鑑』は一〇〇人ほどの共同執筆者の成果であり、その中には「世界野生生物基金アメリカ」や「オーデュボン協会」などが含まれる(原注28)。科学的エコロジーの貢献や(ルネ・デュモンの第三世界支援主義に大きく影響された)政治的エコロジーの成熟にもかかわらず、ジャック＝イヴ・クストーは、人口過剰が地球の将来にとって最も重大な問題を成していると一生涯考えることになる(原注29)。「クストーチーム」の、未来の世代の権利のために闘う日付のないパンフレットはこうして、「人口過剰と人間の活動の氾濫は、我々の子孫に恐ろしい脅威となってのしかかる」という事実の確認に至る。個人の資格でジャック＝イヴ・クストーは、一九九一年十一月に、反響を呼んだ『ユネスコ通信』の対談で、世界人口が「眩暈のする速さ」で増加していることに動揺している。「人間が蟻のように」増えることがあまりにも恐ろしいものであるから、彼はついに考えうる解決策を乱暴に提示してしまう。「我々は苦しみを、病気をなくしたいと思うだろうか。この考えは美しいが、長い目で見れば完全には有益でないかもしれない。このようにすると我々の種の将来を危うくする惧れがあるのだ。それは言うも恐ろしいことだ。世界人口は安定しなくてはならない。そしてそのためには、一日あたり三五万人排除しなくてはならないだろう。それはあまりにも言うにおぞましいことだから、口に出してもならないのだ(原注30)」。しかし急いでクストー艦長が付け加えて言うには、もう一つの解決法が、費用はかかるが、やはり存在する。それは、全ての者に飲み水を与え、娘たちを学校に通わせ、全ての老人たちに年金を受けさせることによって、人口増加を止めることである。

エコロジーの一般向けの著作だけが、この一九七〇年代初めにおいて、破局論に陥ったわけではなかった。たとえば何人かの名の知れたエコロジストたちが「P爆弾」に激しく反対する立場を取るのが見られた。

激情的な第三世界支援主義者で、またエコロジストになったばかりであり、一九七四年の大統領選挙では政治的エコロジーの旗印を掲げることになるルネ・デュモンが、一九七三年、政治的に非常に攻撃的な調子をエコロジーの諸テーマに与えて、これらを根本的に方向転換させる著作『ユートピアあるいは死』(原注31)を発表する。浪費社会を扱った第一章で、人口増加そのものに関して論が展開される。ルネ・デュモンは人口爆発が大きくなったことに不安を感じる。しかし解決は存在すると彼は付け加える。それは、例えば中国におけるように、ある種の政治的および社会的「規律」を伴う。「もし、世界的な危険により正当化されうるであろう（……）上からの押し付けの方法を用いれば」、人口増加ゼロに速やかに達することは（避妊の方法を援用することで）可能であろう。「上から押し付ける産児制限措置はしたがって次第に必要となるだろうが、それは、豊かな国々から始まり、またその他の国々の教育から始まる場合にのみ、受け入れることができるであろう。中国の貧しい家庭で女の子が捨てられること、あるいは日本で一八六九年以前と同様一九四五年以降に、中絶が一貫して行なわれていることは、我々が最近観察したことに照らしてみれば、それなりの知恵を含んだ措置であるとみなされうる(原注32)」。人口問題は同様に、一九七四年における大統領選挙キャンペーンの優先事項の一つとなる。まさに大半のエコロジストたちが、（生の複雑性を強調する）エコロジー危機のより微細な分析に向かうことになるのにたいして、ルネ・デュモンのほうは、この問題の緊急性を改めて訴えて止むことがない。一九八六年、彼は例えば、相変わらずポール・アーリックの『「P」爆弾』を参照しているが(原注33)、この厄介な影響を残した著作は、はるか以前からエコロジー関係の文献目録から消えているのである。

一九七〇年代の終わりは、こうした人口に関する諸問題を二義的な位地に追いやることを確定するように思われる。全体として、「緑の党」は、反人口キャンペーンを次第に放棄するようになる。一九八一年の大統領選挙のためにブリス・ラロンドの周りに集まったエコロジストたちの大部なプログラムを成す『生きる力』(原注34)は、この問題を付随的にしか扱っていない。一九八八年、「緑の党」の大統領選挙候補者アントワーヌ・ヴェシュテールは、その簡潔な綱領の中で、もはやほとんど人口問題にスペースを割いていない。一九九五年の大統領選キャンペーンにおいても同様である。ドミニク・ヴワネは選挙綱領の中でこの問題をほとんど無視している(原注35)。

ポール・アーリックのような人物の不安を煽るやり方や、フランスにおけるジャン・ブリエールのような人物のしつこさは結局のところ、大義のために役立とうとして、その大義に対する信頼を大いに損なうことになったようである。例えば一九九四年に出版された『緑の党の本：政治的エコロジー事典』(原注36)に「人口」という項目がなく、またこの問題は索引にすら載っていないという事実が認められるのは、ある種の驚きをともなう。こうした沈黙は、実際、「P爆弾」のようなタイプの非難表明とはっきりと距離を置いていることを示している。イヴ・コシェとドミニク・ヴワネは、例えばある機会に、人口規制を上から押し付ける計画へとつながり、また様々な国々のテクノロジーおよび発展の不平等を過小評価するこのような主張(原注37)に対して公式に距離を取った。事実、エコロジー危機は、複雑な生のサイクルに対する人間の軽率な介入の仕方、及び北の国々の恥知らずな浪費にその原因があることが、次第に明らかになってきているのである。

生の複雑性

環境の悪化を懸念する様々な科学的著作も、出版されるにつれてその分析を磨き上げていく。（自然主義的な発想の）人間／自然という対立は次第にかすんで行き、このような二元論は極端な単純化に陥っており、何も解決しないと考える科学者たちにより真っ向から反対されるまでになる。問題なのは、人間自身ではなく、その行為の粗暴さである。実際、人間の行為は生の複雑性を顧みず、その微妙な均衡を狂わせている。

このテーマは、今日ではなじみのものであるが、一九七〇年代の初めに真に重要となり始めたのであり、またこの問題に関する最も明快な説明を提供してくれるのはおそらくアメリカ人バリー・コモナーであろう。彼の著作は今日エコロジーの「クラシック」となっている。

一九一七年に生まれたバリー・コモナーは生物学とエコロジーを教えた。一九四七年以来、彼はミズーリ州セイント・ルイスのワシントン大学にある自然体系生物研究センターの所長を務めている。しかし幾つかの出来事をきっかけとして、五〇年代の終わりから彼は厳密な意味での大学の枠の外に出て、世論に呼びかけるようになる。一九五八年、彼はこうして、軍当局の沈黙を前に、地上核実験の正確な影響を完全に解明する目的で、後には環境情報委員会となる核情報委員会なるものを創設する。一九六三年には、上院が大多数で、地上核実験禁止を決議すると（米ソ条約）、この委員会の科学者たちは、自分たちの行動の有効性を確信する。しかしこの死の灰の問題は、拡大しつつある懸念の最初のきっかけとなる。新しい技術はいかなる影響を環境に及ぼすのか。こうしてバリー・コモナーは、自分の知識を一般に広めることに熱心なエコロジストにもなり、世論に呼びかけることを怠らない。数点の本（原注38）を著している彼の現場での行動は、彼を政治的エコロジーの先駆者の一人として位置づける。彼の著作のうち二点が特に世論に強い印象を与えた。『どのような地球を我々の子供たちに残すか』および『包囲：地球環境で生き延びることの問題』である。

『どのような地球を我々の子供たちに残すか』は、エコロジーの科学の基礎を解説すると同時に、単刀直入に政治的論議にも入る。非常に明確にバリー・コモナーは、エコロジー危機の起源を指し示す。自然は、密接に従属し合う部分を持つ全体を形成すると彼は強調する。同様に、生物圏が強固であるのは、その「複雑性」によるものである。というのも生命は、（空気と水にまで広がる）連関の錯綜に基づく全体を成すからである。ところでエコロジーのあらゆる問題はただ一つの原因から生ずるとバリー・コモナーは指摘する。汚染の大半は、テクノロジーの発明の副次効果である。これらの発明は、有益ではあるものの、それが間接的に影響を与える自然界の複雑性を正確に捉えなかったのである。それは例えば、洗剤、殺虫剤、あるいは原子力に関しても明白である（即座の効果は満足の行くものだが、残留物の生物分解性には問題があるので、自然のサイクルを狂わせる汚染が生じるのである）。しかし産業社会は、中期的および長期的な効果を十分に捉えないこのような介入を無分別に増やしていく。こうした有害な効果が蓄積され、増大する限りにおいて、懸念を抱くことが重要である。バリー・コモナーは特に、核紛争が惹き起こすかもしれない結果を心配している。

全体として、科学だけでは、これこれの研究を続けていくことが妥当であるかどうかを裁定できない（ヴェトナム戦争がそれほど遠くはないことを思い出したい）とこのアメリカ人エコロジストは考える。というのもある発明の利点と不都合の間の選択は、価値判断を成すからである（例えば核兵器に関しては、潜在的なリスクは国家の独立を維持するという配慮と共に秤にかけられなくてはならない）。ところでこのような選択は、社会的、政治的、および倫理的な諸要素を介入させるので、数多くの人々にかかわる以上、科学者たちの裁量だけに任されうるものではない。したがってそれは、市民の意見に基づくべき社会問題である。市民こそが、これこれの科学研究を続けていくか否かの妥当性を決める責務を担うのである。市民はこの目的のために、科学的な問題に精通しなくてはならない。科学者のほうでは、自分の考え出したものが公の場で自由に議論されることを受け入れ、また権威に基づいた論議を用いることは控えるべきである。バリー・コモナー自身は、これらの問題すべてをとりわけ明快に説明する著作を広く一般に委ねることになる。『包囲』において、彼はエコロジーの法則を四つ引き出す。これらはのちに一部の者に受け継がれていく：

――「生の複合体のあらゆる部分は相互に依存している」：自分の主張を支えるために、バリー・コモナーはオオヤマネコとウサギの循環を引き合いに出す。ウサギの数が多い時には、オオヤマネコも同じく繁殖するが、ウサギが稀になると、オオヤマネコの数も結果として減る。バリー・コモナーに言わせると、これは単純なエコロジーの循環の実例である。したがって、余りにも急激にシステムの均衡を崩すことがないよう気をつけなくてはならない。

――「物質は循環し、常に再びどこかに見い出される」：バリー・コモナーがさらに詳しく説明するには、この法則は実は物理学が教えるところのものである。彼は水銀がどうなるかを例に出す。水銀は電池とともに捨てられても消えることはなく、焼却にも耐える。蒸気の形となった水銀は最後には地面に降り立ち、地面は動物たちを育み、動物たちは人間の食料となるだろう。

――「自然はより詳しく知っている」：これは自然が擬人化されていることを意味するわけでは全くない。単に、自然は、人間が決して完全に支配することができないであろう何千もの複雑なシステムから成り立っているということである。そしてそこにおいてあらゆる自然の有機物は、別の自然の有機物によって分解される。「ところで、自然に存在するモデルと相当異なった分子構造をもつ有機物の合成が人間によってなされると、その分解をひきおこすことができるいかなる酵素も存在しない可能性があり、そうするとこの物質は蓄積される傾向がある(原注39)」。まさにこのような残留物が、今日では生物の循環に蓄積されている（洗剤、殺虫剤など）とバリー・コモナーは付け加える。

――「自然において、『無償の贈り物』はない」。

これら四つの法則によって、エコロジー危機を進行させているものをより適切に把握することができる。したがって世界および特に生物圏を複雑な総体として捉える必要がある。まさに人間がこの複雑性をないがしろにしたがゆえに、エコロジーの大災害が増えているのである。新しいテクノロジーはその第一目標を完璧に遂げ、この点に関して非常に満足のいくものであることがわかるかもしれない。しかしこのテクノロジーが介入する環境およびそれが生み出す危険のある廃棄物は正確に測定されたであろうか。バリー・コモナーは、『包囲』の第九章でついに「テクノロジーの踏み外し」を扱う。合成洗剤、合成繊維、アルミニウム、コンクリートなど、人間の不手際はあまりにも数多いので、彼にとって自分が述べることの実例をあげることはそれほど難しくない。評決は厳しい。彼に言わせると、「我々の最も注目に値する技術的成果は」（自動車、工業など）「環境に関しては、異論の余地なく失敗である」。一九七一年にあって、このアメリカ人エコロジストは、原子力発電所の運転事故（放射能漏れなど）の「ありそうもないが破局となる危険があるだろう可能性」を想定するに至る。

こうした不安を生み出す事実すべてを確認することによって、バリー・コモナーは、連関や相互依存をないがしろにする断片的分析にとって代わるはずの、世界の全体論的、システム論的アプローチを推奨するに至る。こうして彼は、エコロジー危機に関して、それまで有効とされていた分析をきっぱりと放棄するのである。このアメリカ人エコロジストにとって、テクノロジーの問題が解決されることがない限り、手つかずの自然空間を保全しようとしたり、押し寄せる人口をせきとめようとしたりすることはほとんど意味がない。確かに先行する著作の中には、この問題にすでに特別注意を払っていたものもあるが、彼が認める重要性を与えてはいない。今日、たとえ他の要因（人口増加、土地からの略奪など）が絶対に関係ないとは決して言い切れないとしても、バリー・コモナーの分析の妥当性は認められている。彼の分析が発表された時には、そうではなかった。一九七〇年代には、ポール・アーリックの主張が優位にあり、それだからこそ、バリー・コモナーのほうがある激しさを備えていたのかもしれない。こうして彼は、恵まれない国々を狙った、人口規制を上から押し付ける方策を推進することに断固として反対したのである。

バリー・コモナーにとって、健全な環境を保全することは、とりわけ政治的な問題である。エコロジー問題の社会的および政治的側面が力説される。実際、エコロジー問題が提起される時、「正義と社会的平等の問題」も考慮されるのである。技術革新を前にしてあきらめないようにしなくてはならない。バリー・コモナーは技術革新を理想化することを拒否するが、同様に（名指しで引用されているジャック・エリュルなる人物が多分したように）悪役に仕立てることも拒否する。最後に、二つの考察により、エコロジー問題が緊急に公の場に出されることが正当化される。世界は様々な国家がエコロジー的に多かれ少なかれ依存しあっている総体をなす。このことを忘れると危険なことになる。エコロジーは国境というものを知らないのである。他方、環境にもたらされた重大な損害は、「未来の世代が生き延びること」の可能性そのものを損なうかもしれない。倫理的な理由により、このことに注意をしなくてはならない。今のところ、テクノロジーの弊害は西側諸国でも第三世界の国々でも増加している（ダム、殺虫剤など）。バリー・コモナーが『包囲』で説明するところによると、これは全般的な利益と長期よりも、即座の利益と短期を優先させる経済の論理から生じる。自由な企業活動は、それが惹き起こすエコロジーの破壊など気にかけない。その費用を負担することには耐えられずに、社会全体に任せてしまうのである。「（……）もっと深刻な問題は、古典的な市場経済が、環境をこのように完全な状態で維持することと根本的に両立しないのかどうかを知ることである（原注40）」。それはバリー・コモナーには明らかに思われる。結局、全般的な利益を個別の利益に優先させるような、社会主義型の体制のみが、重大なエコロジー危機を避けるのに適しているように彼には見える。この点に関して彼は、個人的なエコロジー活動（自転車、避妊など）は確かに称賛に値するが、立ち向かうべきものの大きさを前にして、明らかに不十分であると考える。テクノロジーを方向転換させ、自然の循環を尊重するために、今後は大きな尺度で行動する（富の使用と配分を理性的に編成する）必要がある。

テクノロジーと利益追求を非難するこのような分析は、当時、大方なおも未組織だったエコロジストたちを除いて、アメリカの消費者運動家たちの間でも芽生えていた。『包囲』の中でバリー・コモナーは、例えば「ラルフ・ネイダーおよび、学生たちの精力的な努力」を歓迎する。学生たちは、「彼の指導のもとに、大気および河川の汚染に関するデータを発見して一般の人たちに注目させようと、また保護法規の不十分さを強調しようと努めるのである(原注41)」。ネイダーのグループの共同著作『毒入りのご馳走』(原注42)は実際、汚染と化学物質の危険を告発しており、バリー・コモナーの主張に近いテーマを展開させている。さらにフランスのエコロジストたちは、このアメリカ人弁護士が大企業に対して行なう司法闘争を注意深く見守る。彼は一九九六年に、大統領選挙で「アメリカ緑の党」の候補者にまでなる。しかしたいして成功はしなかった。そして、「ジェネラルモーターズ」に毅然と対抗する、妥協のない若き弁護士の姿がフランス人を魅了しえたとしても、「消費者連盟」(UFC)だけが、(例えば原発に関して調査と因習打破の行動を取り混ぜた)同様の道を辿ろうとしたのである。

エコロジストたちと工業

バリー・コモナーはしたがって、環境危機に対する知覚を相当研ぎ澄ました。彼は、自然/文化という対立から抜け出ることによって、決定的に自然主義の歴史の新たなページをめくったのである。というのも問題にされるべきは、人間そのものというよりも、生の複雑性をないがしろにする人間の振る舞いだからである。たとえ大半のエコロジストたちが、当初主張された要因(人間による捕食、人口過剰など）に完全に無関心のままであるわけではないとしても、バリー・コモナーはそれでも一派をなすほどまでに受けいれられている。政治的エコロジーが出現してすぐ、彼は非常によく参照される人物の一人となっており、それは彼の著作に感傷的もしくは懐古的な面が一切ないだけに尚更である。エコロジー危機は、後戻りすることではなく、生物界の複雑性を真に知覚するのに唯一適した科学に頼ることを経て解決される。イデオロギー的観点から見れば、こうした分析は、エコロジーをその懐古主義の轍とされるものから開放するのに貢献している。バリー・コモナーにあっては、技術工や技師は脇へのけと言われているのではなく、逆に自然の循環や生命が十分に解明されるに至るように、研究を続けるよう促されているのである。

この立場を大半のエコロジストたちは次第に取るようになった。彼らに近い立場のイグナシー・サックス（一九二七年生まれ）のような経済学者は、バリー・コモナーの提言の妥当性を非常に早くから称え、それを自分自身の研究に組み込むことを忘れなかった。彼はとりわけ、「ストックホルム会議」（一九七二年）の準備に積極的に参加した。彼の立場は、バリー・コモナーが擁護するものに非常に近い。「一部の者が主張するように、何が何でも自然の生態系を守ろうというのではなく、人間が創り出す人工のシステムを真の生態系として構想しようというのであり、また全体のエコロジー循環を狂わせないように、人工のシステムをそこに組み込むように留意しようというのである（原注43）」。イグナシー・サックスはまた「エコ発展」の音頭を取ることとなった。彼はこれに関して一冊の本を上梓し、その中で彼は、環境の悪化に関して市場経済に大きな責任があることも同様に指し示している。

これ以降、テクノロジーの要因が、事実上エコロジー危機を惹き起こす最も重要な要因であると考えられることになろう。バリー・コモナーの主張が行き渡っていることを示すこのような例は、数多く挙げることができるだろう。フランスワ・ラマドを挙げておこう。彼は「全国自然保護協会」（SNPN）会長であり、科学的エコロジーを専攻する大学教員であり、この資格で参考書を何点か著し、その立場は時には自然主義的手続きに訴え、また時にはエコロジー的手続きに訴える。著作『エコロジーの初歩：基礎エコロジー』の結論で、彼はすでにバリー・コモナーが定式化したものを想起させずにはおかない考察、また数多くのエコロジストたちにとって明白なこととして重要であり続けるであろう考察を読者に委ねる。「自然の保護と近代の産業文明の間には、根本的な二律背反が存在すると断言することができる。一部の政治家たちは、無知あるいは偽善によって、利潤と汚染に対する闘い、生物群集と不動産開発を両立させることができると信じ込ませようとする。このような要請がどれだけ矛盾しているかを示すことが生物学者の義務である（原注44）」。

密かに進行しつづける環境の悪化（長期的に見て有害な物質の廃棄と蓄積、自然の生態系の破壊、生態系の急激な変化）の他にも、数多くのエコロジーの大災害が不幸にも、エコロジストたちの懸念が正しいことを十分に示した。『レクスプレス』は、この問題に関して、主な記事を集めようと考えた。この編纂資料は、自然主義者およびエコロジストの間で表わされる懸念をかなり十分に例証している。日本の水俣市は、一九五〇年代の終わりに化学汚染の危険な影響が明らかになった最初の場所の一つであった（原注45）。この小さな都市の何百人もの住民が、徐々に精神的および肉体的奇形に冒されたのである。奇形の子供がうまれた。調査の結果、この惨事は、（水銀を含む）化学廃棄物がすぐ近くの海に投棄されたことによるものだということが明らかになった。レイチェル・カーソンやバリー・コモナーといった人々が指摘していたように、これらの廃棄物が今度は、魚に取り込まれて、知らぬ間にエコロジーのサイクルに組み込まれてしまったのである。それらは最終的には（食物連鎖の終わりに）人間の食料となった。他のエコロジーの惨事が（セヴェソ〔イタリアのミラノ近郊の都市〕：ダイオキシンの大気中への拡散、ボパール〔インド中北部の都市〕：事故によって化学ガスが漏れた結果として二五〇〇人の死亡など）がそれ以降も、エコロジストたちの懸念が正しいことを示した。「セヴェソでもボパールでも、化学者たちは、事故の際に生じた反応の性質を知らなかった（原注46）」。農業問題に関しても、それほど深刻でないにせよ、同様の問題点が見い出される。技術工、技師や企業家と全く同じように、現代農業は、人間が創り出した化学的な人工の物質を導入することによって、生産高を増加させようとする。実際、その大半は短期的には効果的であることがわかる。しかしその副次的効果が長期的な妥当性に影を投げかけるのである（細菌の抵抗力の危険性、殺虫剤による汚染など。一九九七年末に、栽培がフランスで許可された遺伝子組み換えのトウモロコシに関して起こった論争は、このような懸念の実例となった）。「（……）農業と工業の基本的『原則』は、両立するどころか、明らかに対立している（原注47）」。エルンスト＝フリードリッヒ・シューマッハーが指摘するには、実際、農業は主として、驚くほど複雑な生命を手がけるのにたいして、工業は、生きた要素を排除し、素材を調整することを目指す。化学製品が人間によって製造される限りにおいて、しばしば何千年にもわたる調節の結実である自然のエコロジー循環にそれが最終的に再び組み入れられるには、どうしても困難と長い時間を要するのであり、それゆえに汚染もしくはエコロジーの大災害が生じるのである。つまり、フランスワーズ・モニエに言わせると、「将来性のある手段は、生物を使った闘いである。穏やかな技術としてのそれは、人間にも植物にも危険ではないという条件で、有害な寄生生物の天敵を使うということである（原注48）」。

原子力問題

原子力の問題は、何百もの出版物（論文および著作）を生み出した。そこには二つの問題点が重なり合っている。最初の問題点は、エコロジーの論調に特有の全く素朴な不安に属するものである。人間が開発した原子力は、その廃棄物が（短期的にも中期的にも）生の生物循環に組み込まれないという点で、今この瞬間にも、環境に対する壊滅的な影響を顕わにする危険がないだろうか、ということである。しかしこの最初の問いは、一九七〇年から一九八〇年までの十年間に、政治的な問題点にとって代わられることとなった。一部の原発反対者にとって（その多くは六八年後世代の勢力圏に位置づけられる）、原子力は、上からの押し付けのテクノクラシー社会の象徴となったのである。

純粋に政治的な意味での、原子力問題のこうした分析が、六八年五月の数年後のいつ現われてきたかを正確に定めるのは困難である。新左翼の言説が、国家を全体主義の怪物と同一視して、当時どれほどまで過激化していたかを今日想像するのは難しい。「機動隊はナチ親衛隊」（CRS‐SS）というスローガンが、そもそも社会と国家を対立させる民族学的著作によって培われたこの世代に、見たところ以上に刻み付けられたのである。原子力問題に関してエコロジストたちの間で作用しているのは、まさにこのような対立である。この問題は、権力に関して貪欲なテクノクラートの怪しげな目論見と、称えるべき市民社会を対立させる対決の場となる傾向がある。研究者のドミニク・アラン＝ミショーは、エコロジスト勢力圏のテーマ的統一は「原子力という標的」においてなされたと考えており、エコロジー的代替社会を主張する勢力圏を扱った著作（原注49）の中で、特にこの側面を説明している。例えば一九七七年、市議会選挙を控えて、エコロジストに近い立場のGSIEN（「原子力に関する情報のための科学者グループ」）の発行する月刊『原子力瓦版』は、様々な候補者に呼びかけ、原子力エネルギーについて質問表を突きつけることにする。非常に科学的な発想（質問の大半は放射性エネルギーの特性に関連する技術的な問題を扱っている）に基づくこの質問表は、それでも「社会選択」という項目で終わっており、そこには反権威主義的なテーマが映し出されているのがわかる。例えば問い二二は回答者に激しい調子で問い掛ける。「（……）慎重な扱いを要する原子力施設の設置、および放射性物質の輸送は、設備の物理的な保護というレベルと同様、原子力とその付属施設の従業員の選抜という領域においても、相当な規模の軍事および警察の体制を敷くことを前提とします。あなたはこのような形の社会を受け入れますか（原注50）」。一九七七年、原子力の抑圧的とされる側面に関するこうした疑問は、エコロジストのほぼ全員が分かち持っているように思われる。例えば、ブリス・ラロンドやアントワーヌ・ヴェシュテールを含む共同執筆者による著作は、反原発運動が主に二つの理由によって正当化されると読者に説明している（原注51）。ひとつには、こういう形のエネルギーは危険である。というのも放射能は、潜在的に大きなエコロジー的リスクを示しているからである。他方、原子力に対して闘うことは、中央集権化され、集中し、階層化された社会の象徴に対して闘うことに等しい。なぜならこのような形のエネルギーは、ほとんど軍事的な開発を必要とするからである。このように我々は、原子力問題において、真の社会選択に直面していると言えよう。

エコロジストたちは、このような形のエネルギーが示す潜在的なエコロジーの危険を考えて、フランスの原子力発電計画の加速が、国民による広い討論によってではなく、小さな委員会において決定されたことを遺憾に思っている。主にエネルギー不足の懸念によって、ピエール・メスメール内閣が一九七四年の初頭にこの加速へと踏み切ったのである。ジャン・シャルボネルやロベール・プジャドのようなためらいをみせた閣僚は内閣の機構からあっという間に消え去る(原注52)。この計画の加速は、もう一つの加速を促すことになる。七〇年代の初め以来すでに活発だった反原発の抗議が拡大するのである。精力的なエコロジストたちは、次第に組合員、聖職者などの実に様々な階層の関心を自分たちの主張にひきつけていく。例えば一九七八年、「国立統計経済研究所」(INSEE)の元所長、クロード・グリュゾンが「環境評価省間グループ」の座長を辞任する。公式には年齢を理由としているが、非公式には、いかなる形の反原発の批判も受け付けないという政府の頑迷さに業を煮やしたからである。特に核廃棄物に関連する問題を提起するものであるが、決して公開されることのなかった、堅固な報告書の監修者である彼は、政治権力は討論を避けていると評する(原注53)。かつての初代環境大臣の方も同様に、「フランス電力公社」(EDF)に関して非常に良いイメージを持ち続けることはなかった。大臣としての体験を語り、フランス電力公社との対立を報告している著作の中で、ロベール・プジャドは、フランス電力公社は「PRの感覚は鋭いが、協議にはあまり向いていない(原注54)」と指摘している。

一九七八年、反原発の抗議は、エコロジーの範疇の考察と政治的範疇の要求を密接に絡める。「地球の友」はその際激しい調子で『原子力のペテン』(原注55)を告発する。この五〇〇ページ近い大部の著作は、特にミシェル・ボスケ(アンドレ・ゴルツの別名)やフィリップ・ルブルトンの協力という栄誉に浴しており、原発の様々な面を長々と論じ、反原発の勢力圏の沿革を提示する。

「フランス民主労働総同盟」(CFDT)は、フランスの原子力発電計画のあいまいな点を懸念して、自分たちも問題に真正面から取り組むことに決めて、この形態のエネルギーに関する知識を一般向けに説明する、おそらく先例のない技術書をフランス人に提供する。その中ではついでに、「権力と資本主義かつテクノクラート社会が我々に押し付けようとする、秘密にまた矢継ぎ早になされる類の決定(原注56)」に対して情報によって闘うことも課題となる、と指摘されている。一九七九年、「フランス民主労働総同盟」と「地球の友」はさらに、アメリカのスリーマイル島の原子力発電所で起きた事故の後、反原発闘争を合同で再び始める。フィリップ・ガルローの詳しい説明によると(原注57)、(政治的な意味での)エコロジストたちの国家に対するこのような徹底した反対は、一部の団体の間で大いに不興を買っているということである。これらの団体は、確かに広く一般に情報を公開する必要はあるが、このような立場は国家に対する孤立主義の立場を要求するものではないと考えるからである。

エコロジストたちはそれでも、自分たちが奔走するにあたって、エネルギー問題に関して何年も前から堅実な研究を続けている、元フランス電力公社の経済担当者ルイ・ピュイズーから支援を受ける。彼も同様に、その絶対自由主義的な側面ゆえに、反原発の勢力圏に加わったのである。一九六八年以降、彼は大学で研究を始め(博士課程)、それで最終的に大学に加わるためにフランス電力公社を結局辞めることになった。彼にとってもやはり、原発問題は単なる技術上の懸念を超えて、文化的要因へと繋がる。フランスは、昔から集権化された国であるという限りにおいて、言わば原子の長女(原注58)である。このような認識は文化的考察から生じたものである。ルイ・ピュイズーに言わせると、集権化は、(旧体制以来)国家計画によって領土を合理化し統御しようという(啓蒙精神によって奨励された)考えを表わしている。こうして、フランスには、エリートが統御するエネルギー形態である原子を受け入れる下地があらかじめあると言えよう。最後に、原子力はまた、我々の国の独立を確立する方法ともなる。「敵は、自分の利益のために、また自分の基準および自分の参照資料に従って全体の経済発展を横取りする圧力団体としてのテクノクラシーです。政治的な回答は、(……)強力な対抗権力を構成することにしかありえません(原注59)」。

しかしこのような反原発の言説を最も広めた知識人は、異論の余地なくアンドレ・ゴルツであり、エコロジストたちのために、イヴァン・イリッチの主張を一般に向けて説明してくれたのも彼である。『ヌーヴェル・オプセルヴァトゥール』の記者にしてジャン＝ポール・サルトルの弟子であり、フランスと同様イタリアにおける新左翼の表明に非常に関心を寄せているアンドレ・ゴルツ(一九二三年生まれ、本名ジェラール・オルスト)は、『ヌーヴェル・オプセルヴァトゥール』や、また特に『野生』において エコロジー時評を何度も担当した。彼はその大部分を一九七八年に出た『エコロジーと政治』(原注60)の中に集めた。その中で、いくつもの記事が原子力に充てられている。アンドレ・ゴルツは特に、フランスの原子力計画の採用があらゆる公開討論から引っ込められ、唯一その資格があるとされた専門家によって決定されたことに対して激しく抗議する。これら専門家に対して、彼はいまだにこの形態のエネルギーの上に漂う数多くの影(信頼性、廃棄物の貯蔵など)を改めて指摘する。しかしアンドレ・ゴルツはまた、民間利用の原子力が惹き起こす政治的な側面をも非難する。「ピュイズーが『刑事《デカ》で一杯の社会』のことを言う時、彼はまだ真実には到達していない。原子力化された世界は、軍事化された技術者のカーストの設置を前提としている。このカーストは中世の騎士階級のように、自らの規範および自らの内部の階層秩序に従い、一般の法を免除され、また統制、監視および規制に関する拡大した権限を与えられているのである（原注61）」。エコロジストたちの間で語り継がれることになる、次の印象的な表現は彼によるものである。「原子力発電からファシズム発電へ（原注62）」。

エコロジストたちの間では、様々なエネルギー生産方法の社会的側面が、まさにその経済的およびエコロジー的側面にとってかわる傾向ある。たとえば、ドミニク・シモネが『エコロジー百科事典』の第十七章を太陽エネルギーに充てる時、章の見出しで述べられているのは、そのエコロジー的な面ではなく社会的な恩恵である。「ソフトで分散された技術：太陽エネルギー（原注63）」。したがって読者は当然、それはハードでないし集中化もされていない、つまり原子力の対極にあると結論するであろう。ドミニク・シモネは、こうした形態のエネルギーの技術上の不都合な点（断続的な生産、貯蔵など）を避けて通ることはしない。その上で彼女は、「ソフトな技術は」個人のレベルで「自立へと向かわせる」から、エネルギーの選択は「真の社会選択」であると強調して、この「分権化と自主管理の道具」のための擁護を締めくくる。

しかし原子力に対する反権威主義的な異議申し立てでは、当然、具体的なこの側面だけに焦点を当てるわけではない。原子力の高圧的な側面を非難した著作が何年もの間、現場において、この形態のエネルギーに対する時として非常に激しい異議申し立てを焚きつけたのであった。

絶対自由主義左派の傾向を持った中学校教員であるディディエ・アンジェは、数年間続けて「緑の党」の全国レベルのスポークスマンを務め、ヨーロッパ議員であり、一九八四年のヨーロッパ選挙の「緑の党」筆頭候補者であった。彼は、勇気ある、またしぶとい反原発活動によって次第に認められてきた。一九七七年、彼は『フラマンヴィル及びハーグにおける反原発闘争に奉げられた戦いの年代記』〔原注64〕なる著作を一般向けに出版した。この年代記を読むと、原子力が、放射能の危険に加えて、安全上の理由によりテクノクラートたちの手で集中化され計画化される「軍隊式の組織でもある」ということがわかるだろう。アンドレ・ゴルツのように、ディディエ・アンジェは機会があると、「警察国家のファシズム発電」を嘆く。「情報および反原発闘争地方委員会」〔CRILAN〕の主要推進者であるディディエ・アンジェの言うことに、「フランス民主労働総同盟」〔CFDT〕は注意深く耳を傾けた。革命の含みをもったあらゆる言辞は時として、汚染性の、もしくは危険な産業を迎え入れることに定められた用地を〔不法に〕占拠するという具体的な形を取るのであった。

無害であることが多いエコロジストたちの不法な行動は、長い間物質的損害しか惹き起こさなかった。しかし一九七七年、マルヴィル〔ロワール・アトランティック県にある〕のスーパーフェニックス〔フランスの高速増殖実証炉〕の敷地における無許可の大規模デモは、〔デモ参加者の側で〕死亡者一名、および負傷者数名という結果をひきおこす。困惑がエコロジストたちの間に生じる。多くのエコロジストたちを襲う後退の誘惑を前に、ディディエ・アンジェとしては、『マルヴィルの後に何をなすべきか〔原注65〕』と題された記事において、「力の関係は、現場で生まれる」ことをあくまでも主張しつづける。さらに、テクノクラートが「ファシズム発電」の原子力を選ぶと、首尾一貫した民主主義者は皆怒るはずだと主張する。いかなる場合にも、非暴力的であることは本当に適切であろうか。「闘いのみ成果を生み出す」。このスローガンは、数多くのエコロジストたちが分かち持った。舌戦は場合によっては、非常に競りあがったので、エコロジストの主張に共感する人々は時として、自分たちでその高揚した雰囲気を和らげようとしたくらいである。『ル・モンド』のほうは、「エコロジーゲリラ(原注66)」などと言うことにまでなる。

今日、原子力テクノクラシーのことをほとんど儀式のように唱えても、そこにはいかなる暴力的なニュアンスもないようである。フランス電力公社の高圧的な態度は相変わらず非難されるが、暴力的な反応への呼びかけは全く現われる兆しがない。大衆デモは平和的である。要求は、フランス電力公社の株の公開および原子力の生産の停止に関するものである。一九九〇年において、『「緑の党」とエネルギー』(原注67)と題された「緑の党」編集の四ページからなる文書は、原子力から政治的側面を完全に取り除いている。以後、「ファシズム発電」の方向性が決定的に変わったようである。一九九四年において「緑の党」は、相変わらず自分たちのエネルギー政策を国家に押し付けた「核クラート」や「原子のロビー」をほとんど評価していないが(原注68)、蜂起に対するいかなる呼びかけも党の抗議を飾ることはない。抗議はあくまでも科学的である。こうして原子力の問題は、一九七〇年代初めに数多くの科学者たちをさいなんだ懸念と同様の、エコロジー的な懸念を改めて惹き起こすのである。

科学的な懸念

ひとたび反原発闘争の反権威主義的な側面がわきにのけられると、ようやく典型的なエコロジーの問いかけに属する問題に向き合うことになる。この場合は特に、人間はエネルギーを生産しながら新しい物質を創りだすが、これらの物質は自然のエコロジーの循環に再び組み入れられるだろうか、その副次効果はどんなものになるのか、という問題である。これらの物質の中には、ひとたび解き放たれると、あらゆる形の生命を狂わせ、何千年も経たないとこうした影響を生み出すのを止めないものがある以上、重要な問題が生じるということを見抜くのに、その筋の専門家である必要はほとんどない。早くから、この新しい形態のエネルギー生産を懸念した著作はあまたある。イギリスの科学記者であるゴードン＝ラトレイ・テイラーは、一九七〇年にこうしたエコロジーの問題に関して大部の著作を発表したが、その中で彼は特に原子力問題を扱っている（原注69）。放射性物質が、その原子の崩壊（核分裂）の効果によってエネルギーを放出する。あらゆる生物の種にとって、このような物質は脅威となる。というのもこの物質は、浸透して生きた細胞を傷つけるか破壊するエネルギーを放出する（それは時には、元の物質に応じて何千年にもわたる）からである。それから放射能に関する問題すべてが、平明であると同時に不安を呼び起こす三つの文によって表わされる。「いくら繰り返し述べても十分ということは決してなかろうが、この放射線を不活性にするいかなる方法も存在しない。化学的な観点に立てば、物質を変えることが、例えば液体の状態から固体へ移行させることができるが、この物質は常に同じく放射性物質であるだろう。放射性物質は、最も害をなさないであろう場所に置いて、待つしかないのである(原注70)」。確かに放射性物質は自然の中に(岩、泉、宇宙線など)微量に存在する。しかしゴードン＝ラトレイ・テイラーは、人間が原子力発電所を増やしていることを特に懸念する。原子力発電所の方は、大量の、また極めて危険な量の放射性物質を放出するのである。こうしたことすべてによって、彼は、原子力の問題ができるだけ早く公開され、世論が事情を知った上でこの問題に関して意思決定することができるようになることを望む。というのも一九七〇年代初頭に、気がかりな情報が増えるからである。核廃棄物の貯蔵場所の安全性が不確かであること、高温の貯蔵タンクの冷却システムが停止した場合に災害が生じる危険があること、従来のエコロジー循環(植物―昆虫―鳥など)を通じて放射能が伝わる危険があること、アメリカ合衆国において商業用原子炉計画の実現が急がれていることなどである。

一九七〇年代半ばにおいて数多くの自然主義者、生態環境学者もしくはエコロジストが共通して抱くのはこれらの同じ懸念である(原注71)。フランスにおける反原発闘争の創始者は、大方の専門家の意見によると、小学校教員ジャン・ピニュロであるらしい。彼は、医療目的の放射線検査が増えていることに懸念を表わした。「一九五七年、私は電離放射線の問題に関心を抱きました。私は問い合わせをして、そして一律になされるレントゲン検査の危険性について、私の仲間内(教員)で情報活動を始めました。一九六二年、私はＡＣＤＲ(「レントゲンの危険に反対する会」)を創設し、それは一九六六年にＡＰＲＩ(「電離放射線から身を守る会」)になりました。ＡＰＲＩは一九八六年、八七年から休眠状態にありますが、元共鳴者の一人が(……)活動を再開したいという意思を表わしています(原注72)」。

しかし原子力の危険に関する問いただしが広がるのが見られるのは、実に一九七〇年代の初頭になってからである。アルザスにおいて、「フェッセンナイム〔オー・ラン県の村。現在、水力発電所、原子力発電所がある〕および ライン平野保全委員会」（CSFR）が一九七〇年に、ジャン＝ジャック・レティッグを中心に創設される。原子力の危険に関する情報が出回り始める。全国レベルで、自分たちの研究の目的に関して気難しい科学者たちの一部も同様に、こうした反原発運動の最初の意思に注意を払う。彼らは『生き延びること』（一九七〇〜一九七五）に寄稿する。

非常に急速に、反原発の抗議が、大挙して科学者たちや一般の人々に呼びかけるようになる。請願書が回される。公権力の無関心と軽率さに業を煮やした一部の科学者たちは、さらに一段階を乗り越えることを決心し、数値と科学的証明を支えとして、原子力の生産に関する政府の選択に異議を申し立てる（原注73）。

最後にまた、原子力問題に関してフランスで不透明が支配していることから、一部の闘争的な科学者たちが、一九八六年チェルノブイリの大事故の後で、「放射線に関する調査および独立情報委員会」（CRII―Rad）なるものを創設するに至ったことを伝えておこう。この時期に、極めて公式の「対電離放射線防災中央局」がこの事故の影響を過小評価するのに対して、国境を接する数カ国は警戒を強める。生物学の高等教育資格を持つミシェル・リヴァジは疑いを抱き、ついに何カ所かでデータの採取を行なうことを決心するが、それは彼女の疑いが正しいことを示す。放射能汚染は国境では止まらなかったのである。その勢いで彼女は、「フランスの原子力ロビーに対する対抗勢力」を創るという視点で、他の人たち数名とともにCRII―Radを創設することを決心するのである（原注74）。この団体は、特に「原子力に関する情報のための科学者グループ」（GSIEN）と共同で作業をしており、放射能を測定できる独立した研究所を備え、数々の団体、地方自治体、消費者の求めに応じて（食料品に関して、家の中で、工業用もしくは原子力発電用の敷地の周囲などで）、分析を行なっている。また様々な出版物も出している。

他方、ビュジェ〔フランス中東部アン県の南西の地域〕における将来の原子力発電所の近辺で暮らすジャーナリストのピエール・フルニエ（一九三七〜一九七三）は、ほどなく『開いた口』を創刊し、原子力問題に真正面から取り組み始めた。一九七一年以来、彼は止むことなく、この問題に関して出た最も最先端の研究論文について読者に情報を提供し、彼らを反原発デモに加わるよう励ます。以後、反原発闘争が始められ、六八年後世代の絶対自由主義者たちと、より厳格な科学者たちを結びつける、真の集合体が現われていく。一部の者たちの執念が、これをあらゆるエコロジストたちの贔屓のテーマにするのに貢献することになる。『生き延びること』（*Survivre*）、『週刊シャルリ』（*Charlie-Hebdo*）および『開いた口』（*La Gueule Ouverte*）に加えて、大半のエコロジー関係の出版物が、飛翔するこの反原発運動の波乱と闘争を熱心に引き継いでいく。

ディディエ・アンジェやブリス・ラロンドは一時、この勢力圏の後ろに社会運動が見えてくるように思った。しかしながらこのような社会や政治に関する思索は、次第に引き継ぐ者がいなくなっていった。一九八〇年代の初めになるとすぐ、エコロジストたちの大多数が、反原発に関する元の問題意識に戻っていく。彼らは、場合によっては生じる可能性のある事故の重大な危険を懸念し、核廃棄物の行く末を案じる。もはやいかなる「ファシズム発電」の影もこの事実確認を曇らせることがない。これ以降、原子力は結局、廃棄物が自然のエコロジー循環に組み入れられることが（絶対に）ない産業でしかないことが明らかになるのである。こうして我々は科学的エコロジーの教訓に改めて送り戻される。科学的エコロジーは、生の世界の複雑性を銘記しつつ、産業活動に乗り出すときには慎重さと謙虚さを示すように人間を促すのである。「ローマクラブ」が一般に広めることになるのはこのような教訓である。

「ローマクラブ」の激震

深刻に受け止められるエコロジー

科学的エコロジーの教訓は、一九六〇年代の終わりになるとすぐ、指導者層と多かれ少なかれ結びついた層の一部で広まっていく。産業による汚染が増え、重大なエコロジーの不均衡の恐れが生じたために、一九七〇年代の初頭に数多くの専門家たちは、それまでの留保から踏み出すことになる。初期の意思表明は国際的レベルで現われる。ユネスコは、教育、科学および文化を推進することに熱心であり、例えば非常に早くから環境問題に関心を表わす。初めのうちこの関心は、自然主義者たちが表明した関心に非常に近いものであることがわかる。エコロジーの均衡を保つことよりも、脅かされる区域や種が存在するからそれらを守ることが問題なのである。並行して、ユネスコはエコロジーに関する警告に確固たる関心を寄せる。一九六九年一月、『ユネスコ通信』は、「我々の惑星は住めなくなるのか」と題された前触れとなる号を出す。当時、天然資源調査部部長であったミシェル・バティスによると、今後は自然の保全のために必要だが限定された闘争を超えて、地球の資源を合理的に使う新しい方法を検討しなくてはならない。これは、テクノロジー、人口および生産崇拝の影響について問い直すことを前提とする(原注75)。したがって一九七二年の国際連合のストックホルム会議は、潜伏していた動きを加速させるにすぎない。次第にこうした環境に対する関心は政治家に訴えかけるようになる。このように環境擁護のための闘いは、もはや自然主義者たちの専売特許ではないのである。

この新しい側面は、一九七一年以来、特に全面的に明らかになる。二二〇〇人の科学者たちが、国際連合の事務総長を介して、世界がエコロジーの破局を免れるように「マントン〔ニース近郊の町〕のメッセージ」によって世界全体に呼びかけることを選択したのである。しかしこの長いアピールは、当時はほとんど知覚できなかったが、その後広がっていくもう一つの動きをも示している。この時、科学者たちと、宗教的素養に培われた非暴力層の間で合流が行なわれるのである。倫理に属する論議が冷徹な科学的証明と並列され、また混同される。今後は、もはや単に、その増加が地球上の生命を危うくする様々な汚染を終わらせることばかりが重要なのではない。エコロジーの不均衡や富める者と貧しい者の不平等の悪化に行き着く経済および政治のメカニズムや、エコロジーの宣伝パンフレットに定着し始めた例の「将来の世代」の利益をもっと粘り強く考えることも同様に重要なのである。

エコロジーの真のアピールを成す「マントンのメッセージ」は、「ダイ・ドン」という名の非政府組織の形で新たに創立された運動の発議で発せられた。「ダイ・ドン」とは、『ユネスコ通信』が詳しく説明するところによると、「大きな全体の世界」を意味し(原注76)、国家、イデオロギー、宗教の分割を乗り越えて、真の人間共同体を創りだそうと考えるものである。「ダイ・ドン」はさらに、「国際和解運動」(MIR)の後援を受けている。この運動は、様々な宗派のキリスト教徒によって創設されたもので、正義と平和を推進して暴力と軍拡主義に反対し、こうして世界的規模で富をより公平に再配分し、軍事産業を転換するように呼びかけている。しかしとりわけジャック・モノ、ジャン・ロスタン、ポール・アーリックおよびルネ・デュモンが署名し、また一九七一年五月に国際連合の事務総長に提出された「マントンのメッセージ」は、宗教的な価値観には言及していない。それどころか、これに署名した人たちは、自分たちを「生物学者およびエコロジスト」と定義している(原注77)。導入となる段落で、彼らは(エコロジーの)問題の増加が、地球上のあらゆる生命を消滅させる危険があることを確認する。それはすべての者を脅かす。イデオロギーや宗教上の分裂などもはや通用しないのである。それから学者たちは、もっとも深刻なエコロジーの問題に関して一覧表を作ってみる。新しいテクノロジーの中には民間利用の原子力のように、それが場合によって及ぼす影響をないがしろにしているものがある限りにおいて、環境の悪化が次第に世界を蝕んでいくのである。状況は警戒を要する事態になっている。したがってこれらの学者たちの関心の第一テーマは生物学の領域に属する。テクノロジーは生の複雑性に大変動をもたらすということである。「マントンのメッセージ」が、自然主義者たちのより古典的な懸念を取り上げるのは、次の段階に入ってからである。天然資源は限られており、次第に枯渇していくというものである。さらに工業社会はその大部分を浪費しているが、その多くが再生できないのである。こうした視点において、二二〇〇人の科学者たちは同様に、空間が不足することにもなるのではないかと懸念する。つまり人口増加が、現在のペースで続くことは不可能である。最後に、戦争が懸念の最終テーマとなっている。地球上の生命が消滅することになる全面戦争という展望は、不幸にしてもはやフィクションの部類ではない。この危険は、異なった国々の間にある経済的な不平等によると言える。これらの脅威すべてを前にして、この「マントンのメッセージ」に署名した科学者たちは、軍備や宇宙開発のために行使される財政上の努力が、人類が生き延びるための研究に方向転換されることを望む。この研究は、真の国際的な広がりを持つことになるだろう。さしあたって、彼らは三つの方策を提案する。

――まず、「我々が影響を予見できない（……）」、そして不可欠ではない「テクノロジーの改革を応用することは延期する」必要があるだろう。

――「現存する汚染制御の技術をエネルギー生産および産業全般に適用し」、物資の一部をリサイクルし、環境保護のために国際的合意を締結し、「市民権を侵害しないように留意しながら、世界全体で人口増加にブレーキをかける」ことが望ましいだろう。これは最も富める人々の生活水準が低下すること、また資源をよりよく再配分することを前提とする。

――最後に、徐々に兵器を破壊して、「戦争を廃止する方法」を見つけなくてはならない。

このような国際的なアピールを引き継いで数多くのアピールが発せられたようである。例えば、一九七一年にすでに、「人間が生き残るための宣言」なるものがフランスで、ジョルジュ・クラソヴスキーの音頭で発せられる。彼は、一九七四年の大統領選挙においてルネ・デュモンの立候補を企画する一人となる(原注78)。同じ年に、国立行政学院(ENA)の卒業生で、パリ政経学院(IEP)の教授であるフィリップ・サン＝マルク(一九二七年生まれ)は、ルネ・リシャールとともに、あらゆる環境保護団体を最小限の原則を中心に連合させようという試みの発起人となる。この行動は、一九七二年十一月に「自然憲章」(原注79)なるものの発布と言う具体的な形をとる。一九七二年には『自然を殺す者たちへの公開状』(原注80)が出る。この著作は、実業家たち、卑しむべき狩猟家たち、親愛なる開発業者たち、タブラ・ラサの騎士たち〔全てを削り取って何もない状態にしてしまう勇ましい人たち、の意味。「円卓の騎士」のもじり〕、海の重油汚染者たち、放射線廃棄物を沈める人たちなどに宛てられた、一連の公開告発状を列挙している。このような率先行動の結果として後には、エコロジストの行き過ぎとみなされる行為に対して立ち上がる者が出てくる。こうして二六四人の科学者たち(そのうち五二人がノーベル賞受賞者)が、非常に評判となった一九九二年六月の「リオ環境会議」の二日前、「二十一世紀の曙にあって、科学および産業の進歩に反対し、経済および社会の発展を阻害する非理性的なイデオロギーの出現を目の当たりにする」懸念を明らかにするために、国家元首および政府首脳に向けてアピールを発するのである(原注81)。その後ある調査(原注82)によって、このアピールの主要な発起人は、生物多様性の保護措置がとられた場合に利害が絡んでくる可能性がある、アメリカの製薬会社グループに非常に近いことがわかる。

こうした数多くの世論の動きは、それでもついに政府当局者たちに訴えかけることになる。フランスでは、「自然保護および環境省」がこうして一九七一年に初めて、ポンピドゥ大統領とシャバン＝

デルマス内閣によって創設される。これを担った、ド・ゴール派のロベール・プジャドは、この企画が独特のものであることを、実に示唆的な題名の著書の中で示した。『不可能省』というもの（原注83）である。これを読むと実際、この省は初めから、それほど関心を持って考慮されることはなかったように思われてくる。確かにロベール・プジャドは、ポンピドゥ大統領が、環境保護に繰り返し賛意を表わしたことや、この省を廃止するためになされた「激しい攻勢」に対抗して省を守り通したことを述べているが、全体を貫く調子は、あくまでも失望、さらには無理解である。同様に、ロベール・プジャドは、ポンピドゥ大統領が特に経済成長の加速に執着していたことも述べている。したがって、このような省を創設することは、単に時代の雰囲気に対する譲歩に過ぎなかったのではないかと問うことができるのだ。というのもエコロジーは、七〇年代の初めにおいて、その流れに従うのが良い趣味だという流行になるからである。一九七二年六月、ヴァレリー・ジスカール＝デスタン経済財政相が、例えば「経済と人間社会」（原注84）というテーマで国際会議を開くが、それはエコロジーを重視するものであった。経済財政相はその当時、フランスにおいて経済成長を確かなものとすることばかりでなく、成長が生活の質を危うくすることを避けることも自分にとって重要であると評する。特にロジェ・ガロディ、ハーマン・カーン、アウレリオ・ペッチェイが参加している三回の会合のうち、第一回目はこうして、成長が我々をどこへ導くかを検討することに充てられる。二人の発表者がプログラムに上っている。シッコ・マンスホルトとベルトラン・ド＝ジュヴネルである（原注85）。ド＝ジュヴネルは、そもそも何年も前から、広く一般の人々や政府当局者の関心をエコロジー問題に向けようとしている。

ベルトラン・ド＝ジュヴネルの「未来予測者」

ベルトラン・ド＝ジュヴネル（一九〇三〜一九八七）は実際、政治的エコロジーの先駆者と正当にみなされうる。それでも彼はあまりこの世界で引用されることがない。彼の特異な伝記によってこの沈黙は説明がつくかもしれない。というのもベルトラン・ド＝ジュヴネルは一時ジャック・ドリオの「フランス人民党」（一九三六年結成のファシスト党。左翼連合「人民戦線」に対抗）の党員だったからである。振返ってみれば、一九三〇年代の一部の若い知識人のように、彼はこの時代に過激な社会変革計画を作り上げた。その状況（ファシズムの進出）に位置づけられるものの、政治的および経済的自由主義をいわば断罪したことは、従って受け入れがたいことに思われるのである。彼の不透明な過去が彼に対する信頼を失わせたのだろうか。その後、彼が自由主義者と良識的な付き合いをしたために、今度はがむしゃらなエコロジストたちとのつながりが断ち切れたのだろうか。逆説的に、このスケールの大きな思想家はこのようにほとんど知られていないのである。彼は仄めかし程度にしか引用されず、また彼の著作は決してまともに研究されることがない。彼はそれでも、一九八四年のヨーロッパ選挙でディディエ・アンジェが筆頭となった候補者名簿を支持した。そして未来予測に関して彼の知名度は異論の余地がない。彼の著作は、未来学および未来予測を専門とする科学者たちの間で関心を惹き起こしたのである。

「可能な未来を知的に構築したものは、言葉のあらゆる意味において芸術作品である。それこそが、ここで我々が『推測』と呼ぶものである（原注86）」。こうしてベルトラン・ド＝ジュヴネルは、自分の意見では「未来予測者」が、現在の状態を引き継ぐ可能性のある者に見えると考える。ベルトラン・ド＝ジュヴネルが未来予測を始めたのは、可能な未来を検討するためである。この目的のため、彼は社会および政治を予測する努力を促し、刺激するために、（フォード財団の支援を受けた）「未来予測者」という協会を設立する。予測は、彼の目から見れば、人間の意思が優位を占める計画化とは異なる（計画とは投企である）。ベルトラン・ド＝ジュヴネルの関心は、人口増加、国土整備の問題、天然資源の原産地といった、どれもがその後の十年間にありふれた話題となるようなテーマに向かう。彼は特にテクノロジーの飛躍を懸念する。というのも工業化された世界は、急速に枯渇する天然資源を浪費するからである。彼にとって、エネルギーを得るために人間が自然を真似しようとすることが望ましいようである。

「未来予測者協会」は、その設立者が死去したあとも生き残った。浮き沈みがあったものの、その知名度は高くなりつつある。数年前から、協会は事実上、その総代表であるユーグ・ド＝ジュヴネルが主宰している。「『国際未来予測者』はこのように、行動のための予知の道具であらんと欲し、また可能な未来、望ましい目標、および将来の挑戦に立ち向かうことを可能にする戦略を自由に討議できる常設のフォーラムたらんと欲する（原注87）」。ユーグ・ド＝ジュヴネルは、予見活動は、世界の重大な趨勢を捉え、そのようにしてその方向を変えるもしくはそれを修正することを可能にする限りにおいて、政治権力の決定の自由を容易にすると考える。「目の前に広げられた様々な可能性」を検討することを敢えてしない指導者が、しばしば突然、現在を運営することを余儀なくされる。五カ年計画ですら、彼には時間的に、いまだ限定されすぎているように見える。三つの確信によって「国際未来予測者」は導かれている。一方で、将来はあらかじめ定められているわけではなく、演繹によってそれを予言することは不可能である。したがって「複数の可能な未来」を捉えなくてはならないのである。他方、将来の予測のみが、現実に自由な空間を人間たちに開く（選択の可能性）。最後に、「国際未来予測者」は、この「予測活動」にともなって、様々な予見がぶつかりあえる独立したフォーラムが創設されることが望ましいだろうと評する。

具体的に、「国際未来予測者協会」は様々な方法で意思表明をした。第一期（一九六〇〜一九六五）には、主として共同の利益の問題を検討した。それから六〇年代に経済および社会環境の特徴であった革新的な高揚とかみ合うこととなった。当時、公的権力（フランス経済企画庁および国土整備地方振興庁）の財政支援を受けて、「予測者」は一九六五年に国際団体となり、その指導者あるいは協力者の中に、ピエール・マセ、ジャン・サン＝ジュウルス、セルジュ・アントワーヌ、フランスワ・ブロック＝レネ、ジャック・ドロールなど錚々たるメンバーが数えられることとなる。それは次第に、フランスにおける未来予測の中心となった。つまりガストン・ベルジェが創設した「未来予測研究センター」、フランスワ・ブロック＝レネが創設した「企業の発展に関する調査センター」、および国土整備地方振興庁が創刊した『雑誌二〇〇〇』を徐々に集結していったのである（原注88）。七〇年代初めに補助金が減らされたため、協会は活動の財源を確保するために、営利目的のカウンセリング業に乗り出すこととなった。「未来予測者」は数年に渡る大きな調査計画（テーマとして、持続性のある発展、社会保障、人口など）と「応用未来予測」の研究を同時に行なう。いくつもの学際的なチームが様々な仕事に参加する。（七〇カ国にわたる）二〇〇〇人の専門家が、（一〇人ほどの）専従職員からなる一つの小さな核を中心として動くのである。

「国際未来予測者」は出版にも乗り出した。一九六〇年から一九六五年まで、その業績は、『SEDEIS（ベルトラン・ド＝ジュヴネル主宰「産業経済および社会に関する研究および資料収集協会」）会報』で発表される。一九六六年、ベルトランおよびエレーヌ・ド＝ジュヴネルは、それ以降協会の（より正確には「未来予測者国際委員会」の）仕事を知らせる雑誌『分析と予見』を創刊する。一九七五年、雑誌『分析と予見』は、雑誌『未来予測』と合併する。月刊誌『未来予測者』の誕生である（原注89）。並行して、協会は様々な著作や会報を発刊する。

今日、「未来予測者」の関心の中心は、エコロジストたちの懸念と合流する。（討論、パンフレットあるいは記事の形で出される）協会の仕事は、酸性雨、原子力、新しいテクノロジー、若者、観光、人口、生命倫理、ヨーロッパ人の価値観などのテーマについて、第一線の知名人たちによって行なわれている。ルネ・デュモン、ブリス・ラロンド、ギー・アズナールといったエコロジストたちが折に触れてそれに参加した。「ローマクラブ」の審議がコメントされる。時折り、「国際未来予測者協会」は、大きなシンポジウムを開くことで名高いフランスの、もしくは国際的な組織にも協力する。協会は、経済および社会に関するオピニオンリーダーたちを固定客にすることができたようである。発展性のあるテーマのシンポジウムが次から次へと開かれる（「二十一世紀における戦争と平和」、「長期間の制御と民主主義」など）。『未来予測者』は、国立行政学院（ENA）と共同著作も出した。

一九七五年、『未来予測者』第一号の方針決定委員会にはミシェル・アルベール、セルジュ・アントワーヌ、ミシェル・クロジエ、ポール＝マルク・アンリ、アンリ・マンドラ、ピエール・マセ、ジョルジュ・ヴデル、ベルトラン・ド＝ジュヴネル、アウレリオ・ペッチェイなどが含まれていた。二十年ほど後に、彼らの大半が相変わらず雑誌の方針決定委員会に名を連ねている。この雑誌が金銭的に全く手ごろであるとしても、同じ名の協会に加入することは逆にむしろ費用がかかる。これによって、「国際未来予測者協会」の指導者層を構成する人々が非常に合意を重んじ、改革主義的かもしれないがとにかく革命的ではほとんどない（ミシェル・アルベール、マルセル・ブワトゥ、ジャック・ドロール、エドガール・ピザニ、レオポルド＝セダール・サンゴール、セルジュ・アントワーヌ、フランスワ・ド＝クロゼ、ルネ・ルノワール、ジャック・ルスルヌ、ジャック・ロバンなど）ことの説明がつくかもしれない。協会の主要推進者であるユーグ・ド＝ジュヴネルは、個人の資格で一時（九〇年代の初め）、ブリス・ラロンドが擁護する改革主義エコロジーに近い立場にいたことがあり、「エコロジー世代」の始動に積極的に参加までした。

ベルトラン・ド＝ジュヴネルの政治的エコロジー

ベルトラン・ド＝ジュヴネルの考察は非常に数多くのテーマを包括していたが、彼の著作のうち二点が特にエコロジー問題に関連している。『アルカディア』と『力の文明』である（原注90）。ベルトラン・ド＝ジュヴネルは、自分もメンバーの一人であった「ローマクラブ」の数年前に、エコロジーの不均衡の危険に関して、指導者層に警告を発しようとした。そして彼は、何らかの緊急の解決策を引き出そうと考えたのである。

二百年来、経済成長のイデオロギーに感化された人間は、自然を犠牲にして自分たちの力の意思を確立しようとしている。西洋における産業およびテクノロジーの進歩の飛躍は、本質的には、自然環境に対する我々の姿勢そのものによって説明がつく。実際、中国人は長い間、科学知識に関して西洋人よりもはるかに進んでいた。しかし宇宙を調和の取れた一つの全体とみなす彼らは、自分たちの欲求を満たすために現実を切り分けるようなことは考えなかった。現実を解剖して、特定の目的に応じるのに適した要素をそこから引き出すことで、西洋人は首尾よく工業化時代に乗り出していったのである。したがって我々がこの分野で進んでいるのは、テクノロジーが進んでいるからではなく、特殊な精神性を持っているからである。この征服の精神は、自然を事物とすることに行き着いた。

経済の覇権は一見、物質的には満足の行くものだが、あらゆる種類の副作用を生じた。実際、この経済のサイクルに入らない活動は全て無視され、さらには価値すら認められないのである。無償の業務（家庭の母親など）や財はこうして経済の会計係の目には無効とされるのである。さらにひどいことに、商品生産に優先的に向けられるこうした注意は、装飾の裏側、つまり外部費用を完全にないがしろにしている。これは、惹き起こした当人がその影響を受けない損害もしくは損傷すべてのことである。実際にそれだからこそ企業家たちは環境を汚染しても平気であったわけである。こうした短期的な商業論理の無分別を考えたベルトラン・ド＝ジュヴネルの文句に、有名になったものがある。「我々の勘定の仕方によれば、テュイリュリー公園を有料駐車場にし、ノートルダム寺院をオフィスビルにすることで、我々は豊かになるはずである（原注91）」。大規模な工業化および目前の利益を求める競争は、自然や景観を醜くすることに加えて、このように重大なエコロジー危機を発生させるのである。こうしたことすべての結果、「未来予測者」の創設者は、新しい重要要素が経済の専門家たちによって義務として考慮されることを望むようになる。第一に、彼らは、無償の財を計算に含める必要があるだろう。次に、人間は空気あるいは水といった何らかの自然の財がないと生きることができない点を念頭に置くべきだろう。最後に、産業や人間が集中する場所が発生させる「外部費用」(大気汚染、原子力の放射能の危険など)にもっと注意を向けるべきであろう。より経済的な視点から、ベルトラン・ド＝ジュヴネルは、産業廃棄物を自然の循環の中に投棄することが損害を惹き起こす限りにおいて、今後はそのリサイクルの可能性をおおいに広げる必要があると考える。リサイクルもまた浪費を減らし、原材料を保全する有益な要因であろう。

しかしこれらの方策すべては、自然から離れることができると公言する歴史の流れを転換させるのに十分であるだろうか。見たところ、単なる技術的な方策は、進歩主義の常套句を前にして作用しない危険が確かにある。ベルトラン・ド＝ジュヴネルのエコロジスト的な論調の本二点を注意深く読むと、近代社会に関するより広い問いただしがうかがわれる。この点に関して、彼が時代の戦いに身を投じたことを忘れてはならない。ベルトラン・ド＝ジュヴネルは、エコロジーに対する考察に加えて、時に物質主義に対する哲学的な類の敵意を表わすことがある。これは両大戦間の反画一主義者の世代が見せた敵意を想起させないわけにはいかないのである。

ベルトラン・ド＝ジュヴネルに言わせると、近代人は、差し出されるがままにむきになって財を溜め込み、それに合わせて時間を過ごしているという限りにおいて、その生活はいわば骨抜きになっている。西側でも東側でも、資本主義諸国でもいわゆる（この未来学者の言うところの）社会主義諸国でも、仕事は効率だけを目指す嘆かわしい活動となってしまった。いわゆる原始時代の民族は、逆にそこにいつも遊びの側面もしくは何らかの信仰を含めていた（原注92）。抑えのきかない生産性の追求が、現代において我々の社会全体を全て形作った。「そこからあらゆる社会的価値の転換が生じる。人間がある地理上の場所に根を下ろしていること、そこに父祖の墓があり、そこに幼年時代や青少年時代の思い出があり、そこに家族や友達のつながりが結ばれており、一言で言えばそこに愛や責任があり、それらが自分の人生に意味を与えるから、その場所に愛着を抱いていること、このことはいかなる時代においても、誰によっても常に善とされてきた。ところがそれが、生産至上主義の要求から見れば悪となったのである（原注93）」。ベルトラン・ド＝ジュヴネルが続けて言うには、（封建時代の諸権利から解放された）農民はかつて、敬意をもって考えられていた。国家の結集を保証するよき市民だったのである。自分のいる場所に愛着をもつ、農民としての身分は安定しており健全であった。さらに根源に対するこのような忠誠は今日、自分たちの仕事場に愛着を抱く鉱山労働者、工場労働者といった、他の層にも表われるのが見られる、とド＝ジュヴネルは付け加える。しかしこのような根をおろしたい、一つの場所、一つの職に忠実でありたいという望みは、常に動いていることを求める「生産至上主義の都市」の要求によってますます集中砲火を浴びるようになってきている。この生産性の要請の哲学的影響はかなり大きい。古代人にとって、祖先に対して忠実であることは、品行が良いことの保証であった。今日このようなことを表に出すことは時代錯誤に見える。生産至上主義の要請だけが重要である。人間は、献身的な生産者に、また盲従する消費者に変わらなくてはならない。物質的な豊かさが成功の印である。それがない者は評判を落とす。したがって問題は倫理的でまた政治的である。さらに人間は、自分に影響する経済の動きをもはやほとんど捉えることができず、その歯車に過ぎなくなっている。考察のこの段階でついにベルトラン・ド＝ジュヴネルは、我々は時々、開発の英知よりも共感の英知に重きをおく仏教や道教の文化のほうへ向きをかえてみるほうがよいのではないかと考えるに至る。確かに開発の英知は、相当な恩恵と前進を生み出したが、人間の生活の生産的でない面を一律に破壊したのである（原注94）。これに相応して、輸送と通信が加速したことによっても、政治的な拡大と統制が可能になり、様々な大帝国の地方自治体の独立性を低下させた。ベルトラン・ド＝ジュヴネルに言わせると、経済的かつ社会的変容が民主主義をその核心において損なう。このような視点において「未来予測者」の創設者は、アリストテレスやプラトンが理解しえた意味での（何らかの親和性を感じる人間たちの総体として考えられる）「民衆」はもはや存在しないと評する。その上、価値観のレベルで逆転が起こった。かつては、労働条件が人間たちを隔てており、彼らは余暇に話し合うために集まったものである。働かないということは、営利目的でない活動に専念するための自由を与えてくれる特権であった。政治生活はこのような討論を糧としていた。今日では逆に、つながりは仕事場で結ばれるのに対して、余暇は私生活に引きこもることを示す。ベルトラン・ド＝ジュヴネルは、アメリカの生産至上主義もソヴィエトの生産至上主義も同時に激しく非難する。どちらも人間をその社会性としての空間から引き離すことで堕落させるのである。しかし一縷の希望の光が残っている。支配的な生産至上主義と根本的に袂を分かち、共に生きることを支配の関係の成果ではなく、信仰、思い出、土地および共同の墓に基づいた、非常に強い共同体感情（「個人の振る舞いを動機づける自然な共同体の状態（原注95）」）の成果として考えるような、左派が発展していくのを見る希望の光である。この仮定では、全体の利益に関する労働や決定は、全ての人間によってなされる。

厳密にエコロジーに限って言えば、ベルトラン・ド＝ジュヴネルの立場はより明確である。人間は、様々な害悪を惹き起こすゆえに、自然の形を変えるときに自分のはやる気持ちを和らげようという気になるべきである。人間は、この壊れやすい惑星に対して、征服したいという欲求に代えて責任感を持つべきである。こうした理由により、ベルトラン・ド＝ジュヴネルは、経済学を超えた「政治的エコロジー」を改めて支持するのである。そこでは二つの点を忘れてはならないだろう。一、我々の体と同様、我々の経済制度は、自然の中から原材料を汲み取るかぎりにおいてしか機能しない。二、社会は、（低年齢の子供のように）自分の排泄物を、慎みをもって処理することを学ばなくてはならない（原注96）。この分野においては、最も豊かな国々が模範を示すべきであろう。

「ローマクラブ」の創設

ベルトラン・ド＝ジュヴネルはまた、アウレリオ・ペッチェイの発案で創設された「ローマクラブ」の会員にもなる。一九〇八年生まれの（一九八四年死去）このイタリアの企業家は、多岐にわたる活動を通して、世界を旅行した結果、そこに覆い被さる脅威を確認する機会を得た。さらに職務上、数多くの（政治、社会経済などにおける）リーダーに会う必要のあったアウレリオ・ペッチェイは、彼等の関心をこの問題に向け、そのうちの何人かを促して環境悪化について共同で検討したのである。

一九六七年の秋に、彼は、「経済協力開発機構（ＯＥＣＤ）」で重要な責務を果たしている、イギリスの科学者にして大学教員であるアレクサンダー・キングと共に、人間の活動の世界に対する影響を研究する目的で、三〇人の経済学者と科学者を私的な集まりに招待することに決めた。「アグネリ財団」の後援で、この非公式のクラブの第一回集会は、一九六八年四月ローマで開かれる。「会合は大失敗に終わった（原注97）」。参加者のほんの一握り（六人ほど）が、それでも調査を続けようという意向を持つ。その中にはアウレリオ・ペッチェイ、アレクサンダー・キング、ジャン・サン＝ジュウルス（「未済予測者」と関連）及びデニス・ガボールがいる。「ローマクラブ」の誕生である。会員構成を変えつつ、このクラブはそれ以降、頻繁に集まり、一九六九年九月にオーストリアで集まった夏期大学の際に、クラブは、会員の一人に人類のジレンマに関する未来予測の仕事を担当させて、考察をさらに推し進めることを決定する。幾つかの変遷の後、調査は最終的にマサチューセッツ工科大学（ＭＩＴ）のデニス・Ｌ・メドウズ教授に託され、彼はこの目的のために、一七名の研究者のチームを率いる。「フォルクスヴァーゲン財団」が作業に財政的協力を提供する。成長の限界に関する、あの名高い報告書が構想される。

この簡単な経緯の記述から、「ローマクラブ」の手続きがよく分かる。今日、およそ一〇〇人の会員から成り、会員資格は三年で、一度だけ更新できるというこのクラブは、努めて科学的な立場を取り、政治的な参画をすることを拒否し、例外を除いて、自らは報告を作らず、その作成を、特定の目標を定めた上で専門家のチームに委ねる。クラブはそれからその報告を承認するか（当該報告はそれで「ローマクラブへの報告」となる）、承認しないかの裁量権を留保する。非承認の場合、報告はクラブの威信ある保証を受けられず、その執筆者だけの署名がなされることになる。

激震とその余波

爆弾報告

かの名高い、世界の物質的「成長の限界に関する報告書」（原注98）はしたがって、最終的にマサチューセッツ工科大学の小さな研究者チームによってまとめられた。ドネラ＝H・メドウズ、デニス＝L・メドウズ、ヨルゲン・ランダーズおよびウィリアム＝W・ベーレンス三世からなるチームである。「ローマクラブ」はそれを受け取り、発表し、コメントを加えた。一九七二年に広く一般に知らされたこの報告書は、西側諸国でまさに激震を惹き起こす。

しかしながらこの名高い報告書は、こうした問題設定には馴染んでいた自然主義者や生態環境学者たちにおそらくたいしたことを教えなかったであろう。長い前から彼らは、地球は無限ではないから、無限定の経済成長の政策にまっしぐらに乗り出していくことは無分別であるということを証明しようと躍起になっていたのである。また同様に長い前から、彼らは、介入の対象となる環境の複雑性に対して無頓着なテクノロジーの弊害を現場で確認してきたし、中期もしくは長期には、地球上の生命を本当に脅かす危険のある汚染が相当増えていることに指導者たちの注意を向けようとしてきたのである。しかしいくつかのサークルを除いて、こうした警告は虚空に響くばかりであった。実際、東と西、また西側諸国同士が激しい競争を繰り広げて対立している時に、鳥や象や鯨の保護活動家たちと並んで生命の将来のことなどを気にかけるのは、ばかばかしいことではなかったか。しかし今回は、すぐれた科学者のチームが作成し、数多くの表やグラフを援用している報告書をどうして無視できようか。

成長の限界に関する報告書には、世界の物質上の現状を説明するという野心的なねらいがある。報告は、慣例通りの注意と警告の後で五つの点を検討する：

――第一の論考は、成長の指数的性格（二倍の力学：2、4、8、16、32……）を扱っている。このような指数的な成長が、世界人口の増加の特徴であるように思われる。ところでそれゆえ、当然のことながら人間の経済的欲求を満足させるために自然から採取するものも結果として増える。報告書の執筆者たちは、経済成長が絶えず北と南の不平等を拡大していることを指摘しながらも、すぐに自分たちを悩ませる問題に立ち戻る。こうした発展に物理的な限界はあるのか。地球はどれほどの人間に耐えることができるのか。

――もちろん本件に関して言えば、指数的成長には限界がある。指数的成長は、有限の世界において無限に続くことはできない。再生できない原材料の欠乏に突然直面しないように、この点をできるだけ早く考慮しなくてはならない。しかしこれらの限界は、もっぱら将来に現われて来るものではない。これまでも人間は、自然の中に廃棄物をなお一層棄てているが、自然はそれをなかなか再生できないのである。

――報告書の第三部は、方法論に関して有益な詳しい説明をする。MITのモデルのような「凝縮したモデル」は、国境も分配の不平等も考慮に入れていないが、何らかの意義を示しているのか。イエス、とMITのチームは答える。というのもそれぞれの国がいつの日かこうした問題に直面する可能性があるからである。世界がその人口および物質の拡張を抑えなければ、原材料の欠乏が、今から百年の間に世界の崩壊を惹き起こす危険がある。

――最後から二番目の部分は、意見を改めようとしない技術進歩信奉者を、自らの根拠なき楽観主義に対して警戒させることだけを目指している。「進歩にむやみやたら反対するわけではなく、むやみやたらな進歩に反対するのである(原注99)」。

――限界に関する報告書の、より突っ込んだ最後の部分は、人間たちに、責任を持つよう促す。MITの執筆者たちは、「一種のゼロ成長の状態」を「均衡」と形容して推奨する。「したがって地球全体の均衡の状態は、人口と資本が本質的に安定しており、それらを増加させたり減少させたりする傾向のある様々な力は注意深く均衡させられることを特徴とする(原注100)」。彼らが急いで付け加えるには、このような均衡は停滞の要因ではない。というのもこの均衡が実際、物質的消費のいかなる無分別な増加にも反対するとしても、逆にあらゆる非物質的な活動(余暇、生涯教育など)の価値を間接的に高めることに貢献するからである。我々の生活様式を変えることは難しいが不可能ではない。「未来の世代の利益」もそれにかかっている。

MITのこの報告書は、「ローマクラブ」を全体的に満足させたが、その内部で批判もいくつか生じた。モデルが基づいている変数の数が余りにも少ない。科学の進歩の効能を過小評価し、場合によっては埋蔵されている未踏査の原材料の量を無視している。価格ということに無関心で、あまりにもテクノクラート的である（原注101）。「ローマクラブ」はその一方で、報告書は期待していた二つの目標に達したと評する。地球規模の生態系の限界を知ること、生態系の主要な変数を明らかにすることである。そしてクラブは、報告書の一連の細かい点を含め全面的に同意することを伝える。つまり「新しい倫理」、均衡状態の探求、発展途上国の向上、状況の迅速な再掌握、政治制度の抜本的改革、国際的決定などの必要性である。一九七六年および一九七七年に、さらに二つの「ローマクラブ」への報告書（第四および第五報告書）が出されてこれらの考察を仕上げることになる。

しかし当座は、成長の限界に関する報告書に対する最も激しい批判は、技術的なものではなく政治的なものである。報告書が国際的な議論を巻き起こしたため、「ローマクラブ」は何度も調整や、詳しい説明を加え、また一九七四年に「ローマクラブへの第二報告書」を発表するに至る（原注102）。

第二報告書に対して行なっている論評において、アウレリオ・ペッチェイとアレクサンダー・キングは、第一報告書によって惹き起こされたこれらの激しい批判——もっともこれはその間に、石油危機が惹き起こした経済の乱調の後、大いに和らいだ——に間接的に答えている。文化の相違がそれ以降作業に組み込まれる。しかし二人は相変わらず、大きな問題は大きなイデオロギーを超越すると考えている。具体的には、「ローマクラブ」の提言はあくまでも、一九七二年に大まかに描かれたものと同じようなものである。世界は相変わらず、機能を注意深く研究するのが適当なシステムとみなされている。それでも重要なニュアンスが加えられている。地域ごとの違いが何よりも重要であり、北と南の溝が心配であるとされているのだ。締めくくりとして、報告書の執筆者たち（彼らはおよそ五〇人の科学の専門家に支えられた）は科学性という方針をやや打ち棄てて、新しい地球規模の倫理に訴えるために、近代性に関する苦々しい判断（心的生活の荒廃、超越的なものとの一体感の喪失など）をいくらか滲み出させる。人間たちは、供給制限の時代に備えるべきであり、また未来の世代のことを考えるべきだろう。

「ローマクラブ」に提出された初期の諸報告書の教訓

成長の限界に関する「ローマクラブ」の初期の作業から三つの教訓を引き出すことができる。

――エコロジーの教訓がまずこれらの作業から生じる。工業化された国々及びそうなりたいと望む国々にとって今後、自分たちがそれに対して、またそこから作用する環境を考慮に入れることが絶対に必要である。さもないと深刻な脅威にさらされることになろう。数ヵ月で、「ローマクラブ」は自然主義者や生態環境学者たちが数年来抱いてきた主張を一般に広めることに成功した。この点に関してクラブの成功は否定できないとしても、エコロジーそのものにもたらしたことに関しては、依然として大いに議論の余地がある。ＭＩＴの科学者たちは、著名な自然主義者や生態環境学者である彼らの先任者たちを大いに無視し、しばしば地球の複雑性ではなく（たとえそれを認めても）、その物質的な限界にもっぱら焦点を当てるのである。しかし科学的エコロジーは、以後重要な分野として確立される。

――より文化的、哲学的な教訓が引き出されうる（また引き出されるであろう）。著者たちは、科学的なこと以外はしないように努めているものの、それでも証明を行なううちに、現代の世界に対して非常に批判的な考察を滑り込ませないではいられない。言い換えれば、人間が世界と土地を魔術から解き、捕食者としての個人主義を確立したからこそ、世界は今日破局へと突き進んでいるのである。ここに近代性に対する批判を見るのはほとんど難しくない。

――最後に、より政治に固有の教訓が数多く見えてくる。まず、現在の政治家たちや有権者たちには、例の「問題」が何も分かっておらず、科学のエリート層だけがそれを正しく捉えることができる、という点が読み取れる。したがってこのエリート層に我々の将来を託する必要があるということになる。このエリート層が、万人の利益のために世界の地政学地図を書き替えるであろう。しかしまた、このように絶えず環境が悪化するのは多くの場合、目前の利潤を狙い共通の利益をないがしろにする、短期の経済論理の所業であるとも考えうる。したがって、環境悪化に対する闘いは、政治力の関係という枠内でしか考えることができない。

したがって、政治的側面を深めていくことについて、「ローマクラブ」は今その考察を続けていこうとしているのである。

新しい国際秩序と第三世界

「ローマクラブ」への第三報告書は、経済学者のヤン・ティンベルヘン（ノーベル賞受賞者）を中心として集まった二〇人ほどの研究者（その中にエコ発展の賛美者イグナシー・サックスの存在が認められる）のチームによるものである。これは、北と南の溝および新しい国際秩序の構築を扱っている（原注103）。いきなり世界における先進国と低開発国の間の不平等に照準が当てられる。さらに、軍拡競争、商業的対抗などの、状況を悪化させる要因が告発される。一九七二年以来どれほどの道のりを辿ってきたかが推し測られる。新しい国際秩序の構築は、「分権化された地球規模の主権」を前提とし、あらかじめ富める者と貧しい者との間の不均等を無くすことを必要とする。このことは、第三世界において、国家の権力を一時的に強めることを必要とする。こうした前提条件が実現された時、さらに進んで、特に国家の経済的権利と義務に関する憲章を確立することができるだろう。結局、報告書の著者たちは、超国家的な「地球規模の社会経済民主主義」を支持しているのである。この希望とともに、より具体的な、時に矛盾する一連の提言がなされている（自給的な経済を優遇しながらも国際的な交易を自由化すること）。

「ローマクラブ」はその後もいくつもの報告書を後援し続ける。しかし年を経るにつれて科学的客観性という幻想は薄れていく。大半の報告書は次第に、エコロジー危機の文化的かつ哲学的な側面に関心を示すようになる。一九八〇年、非常に技術的な報告書が『豊かさと安楽についての対話』と題され、（二六名の協力者に支えられた）オリオ・ジャリニによって発表される。この問題は「ローマクラブ」および「未来予測者協会」であらかじめ議論されたものであり、報告書にはこうして、産業革命の哲学的背景を明らかにするページが含まれている（原注104）。その他に関しては、報告書は経済とエコロジーの結合を推奨する。この文化的な側面は、ルネ・ルノワールが署名しているローマクラブ報告書においても非常に強く感じられる。ここではまた新たに第三世界が問題になっている（原注105）。報告書で確認されている事実と提言されている改革（西側諸国の経済発展による第三世界の構造喪失、内生的発展など）は、第三世界の専門家にはよく知られたものである。しかし報告書は、特に理論的考察が十二分に行なわれていることで印象的である。ルネ・ルノワールは人権と共同体の尊重の間に存在する二律背反を非常によく見抜いている。「北の国々は、ある種の理論的および科学的訓練を南の国々にもたらしていると主張することができる。北の国々は、兄弟や宇宙全体に繋がっているからくつろげると人間に感じさせる文化的伝統を伝えていくのに適してはいない。この視点から、北の国々は多くを再び創り出さなくてはならないし、また南の国々から学ばなくてはならない（原注106）」。

一九七〇年代の、冷徹で時にはうんざりするような数学的モデル化から、（民族学と社会学に培われた）文化的相対主義の発見に至るまで、ローマクラブが数年の間にどれほどの道のりを辿ったかが推し測られる。さらにクラブはその後、例えば原子力を起源としたエネルギー生産に好意的な報告書を発表して世論の神経を逆なですることもためらわない（原注107）。創立の二十年後に、クラブはそれでもその言説の軌道修正を行なう必要性、また西側諸国でクラブが演じることのできた最も重要な役割を呼び起こす必要性を感じることになる（原注108）。一九九一年、クラブは政治的また社会的な問題に真っ向から取り組んで、まさに新しい段階を越える。実際初めて、ローマクラブは「ローマクラブへの」報告書を全面的に承認し、したがってそれはローマクラブ「の」報告書となるのである。

フランス人のベルトラン・シュナイデールとアレクサンダー・キングによって執筆された『生き延びるという問題──世界革命が始まった』（原注109）は、前に出たいくつかの報告書に見て取れる欠点の一部を滑稽なまでに際立たせている。ローマクラブはついに、その知識の高みから政治的な教訓を惜しみなくばらまくに至るのである。明証性の力を借りて、クラブはこうして間接的に、数多くの討論が民主的な審議を経ないですむようにできることを期待する。何度も繰り返して、クラブは、近視眼的な凡庸さに浸って満足している一般の人々の無頓着を嘆く。大っぴらにクラブは、現実の複雑さを捉えるのにより適した科学の専門家のためになるよう、民主主義の影響を減少させることを望む。しかしクラブは、虚しいと思われる思想的討論に対して平然と見下した態度をとり、ただ一つある真の解決を認めさせようとしながらも、時には最悪の陳腐な考えや常套句を承認し、しかもその哲学的な意味合いを捉えていないようである。クラブは、ほとんど数学的な方程式から出発して、倫理の効用を称えながらその行程を終えるのである。

その関心の主題は相変わらず多様である（経済における変化、国々の相互依存、都市の膨張、北と南の分裂、少数派の目覚め、新しい災い、価値の喪失など）。しかし世界の諸問題のうちもっとも懸念されるものは相変わらず同じである（人口爆発、資源の浪費および軍事費）。今現在、三つが急を要する。軍事産業の転換の可能性、地球の温暖化、および南北の発展に付きまとう問題である。まさに全ての党派がローマクラブの分析を中心として集まるべき時であろう。しかし実際のところ、討論や複数性を支える民主主義こそが、科学的な発想の解決法に対する最も深刻な妨げとなっているのではないか。

救済者としての役割が染みついたローマクラブに言わせると、「一部の緊急課題と、議会討論、公開討論、また労働組合や雇用者組合との交渉といった対話に基づいた民主的な手続きの間の矛盾が次第に明らかになっていく（原注110）」。というのもこのような手続きが結局は合意を生み出すとしても、また同様に非常に高くつくことが分かるからである。システム論的分析が浸透した報告書の執筆者たちは、世界の諸問題が細分化されていることに不快感を抱く。何度も繰り返して、彼らは、伝統的な政治当局者がますます世界の複雑性を捉えられなくなっていることを指摘する。したがって彼らは、新しいパートナー（企業、科学者、NGO、団体など）が今後、時代遅れの国家政府の決定に加わることを望む。全てのレベルで行動が推奨されているが、仮定としての世界フォーラムと分権化された小さな集合体（都市、地方自治体）の間でこれから均衡を見つけなくてはならないだろう。政治的な側面は世界全体に関する問題意識によって弱められ、合法的な政府は、数多くの問題から手を引いていただきたいと請われる。最後に、ローマクラブは政治を道具という角度からのみ構想する（国を社会経済的な変容に適応させること）。このように最小限で間に合わせようと考えるがゆえに民主主義は相当後退することになる。というのも政治が今後それほどまでに都市から退いたままなら、誰がそこを司る哲学や価値について裁定をくだすことになるのか。討論がない場合、現状維持が確立され、この上なく使い古した常套句が新たに市民権を獲得する。このことは、『生き延びるという問題』において明らかである。ここでは物質主義、性の放任主義などが激しく非難され、民族のアイデンティティ、共同体、家族という基本構成単位、女性の徳などが称えられる。政治が立ち去った場は、すぐに倫理によって占められたのである。ローマクラブの執筆者たちは、自分たちの考察を正当化するために、何度も繰り返して、何らかの「自然」というものを引き合いに出す。『生き延びるという問題』の結論は、研究者たちのこうした偏向を滑稽なまでに示している。彼らは、自分たちが独立していると言い、人類の救済のために完全に科学的な客観性のもとに働いていると想像し、しまいにはただの救済を賛美するが、このような解決は討論にかける必要があるだろうということには気付かないのである。

《原注》

1 Jean-Pierre RAFFIN, « De l'écologie scientifique à l'écologie politique », *in :* ABELES Marc (dir.), *Le Défi écologiste*, Paris, L'Harmattan, 1993, p. 29. 自然主義者で生物学者、またエコロジストであるフィリップ・ルブルトンは一九八八年に（*in : La Nature en crise, op. cit.*, p. 147）、ジャン＝ピエール・ラファンが提出したリストに近いものを提供した：HAINARD R., *Et la nature ?*, 1943 ; JULIEN M.H., *L'Homme et la Nature*, 1965 ; DORST J., *Avant que nature meure*, 1965 ; CARSON R., *Le Printemps silencieux*, 1968 ; COMMONER B., *Quelle terre laisserons-nous à nos enfants ?*, 1969 ; BONNEFOUS E., *L'Homme ou la Nature ?*, 1970 ; KAUFMANN A. et PEZE J., *Des sous-hommes et des super-machines*, 1970 ; TAYLOR G. R., *Le Jugement dernier*, 1970 ; SAINT MARC P., *Socialisation de la nature*, 1971.

2 OSBORN Fairfield, *La Planète au pillage*, 1948, trad. fr., Paris, Payot, 1949.

3 HEIM Roger., *Destruction et protection de la nature*, Paris, Librairie Armand Colin, 1952.

4 CARSON Rachel L., *Cette mer qui nous entoure*, 1950, trad. fr., Paris, Stock, 1958. 邦訳『われらをめぐる海』日下実男・訳、早川書房、ハヤカワ文庫、二〇〇〇年。

5 CARSON Rachel L., *Le Printemps silencieux*, 1962, trad. fr., Paris, Plon, 1963 ; rééd., Paris, Le Livre de poche, 1968. 邦訳『沈黙の春』青樹簗一・訳、新潮社、新潮文庫、一九七四年。

6 この点に関しては、cf. Frank de ROOSE, « Rachel Carson » *in :* DE ROOSE Frank et VAN PARIJS Philippe (dir.), *La Pensée écologiste*, Bruxelles, De Boeck Université, 1991, p. 39. フランスでは、かつての初代環境大臣ロベール・プジャドが、「自然保護の大義に、他の科学的な意義を持った著作よりも貢献した、ロシェル・カールソン（彼の引用そのまま）の実に印象的な表題のついた本『鳥のいない春』」（！）を記憶で引用することになる。（cf.

Poujade Robert, *Le Ministère de l'impossible*, Paris, Calmann-Lévy, 1975, p. 149.）レイチェル・カーソンのものに近い、数多くの事実によって充実した、化学製品に対する新たなる弾劾文書が一九九七年に発表される：Mohamed Larbi Bouguerra, *La Pollution invisible*, Paris, PUF, 1997.

7 Claude Fréjacques, « De la méthode en matière d'environnement », *in : Les Paradoxes de l'environnement. Responsabilité des scientifiques, pouvoir des citoyens*, Colloque de la Villette 27-28 avril 1994, Paris, Albin Michel/Cité des sciences et de l'industrie, 1994, p. 35.

8 Dorst Jean, *La Nature dé-naturée*, 1965 ; rééd., Paris, Seuil, 1970.

9 Dorst Jean, *La Force du vivant*, Paris, Flammarion, 1979, rééd., Paris, Le Livre de poche, 1981.

10 Ehrlich Paul R. et Anne H., *Population ressources environnement. Problèmes d'écologie humaine*, 1970, trad. fr., Paris, Fayard, 1972.

11 同書、p. 305.

12 同書、p. 307.

13 同書、p. 332.

14 同書、p. 367.

15 同書、p. 344.

16 Ehrlich Paul R., *La Bombe « P ». 7 milliards d'hommes en l'an 2000*, 1968, 1971, trad. fr., Paris, Fayard-Les Amis de la Terre, 1972, rééd., Paris, Editions J'ai lu, 1973.

17 同書、p. 234.

18 同書、p. 129.

19 同書、p. 225.

20 同書、p. 226.

21 Cf. Vadrot Claude-Marie, *Déclaration des droits de la nature*, Paris, Stock, 1973, 特に第11章：« La bataille autour

de la démographie » (pp. 61-82).『「P」爆弾』に関する、時に不当なほど戯画的なマルクス主義的な視点については、「著者の言説を通して語る社会集団」(p. 236)を狩り出そうとする社会学者フランスワーズ・ランタンの分析を参照されたい。Cf. Françoise LENTIN, « Ecologie et biologie » *in* : ACHARD Pierre, CHAUVENET Antoinette, LAGE Elisabeth, LENTIN Françoise, NÈVE Patricia et VIGNAUX Georges, *Discours biologiques et ordre social*, Paris, Editions du Seuil, 1977, pp. 206-240　また特に pp. 225 及びそれ以後。ポール・アーリックの『「P」爆弾』は今日しばしば、その破局論が、まさに大義に役立とうとしながらその大義を害する著作の例として引用される。例えば、この問題に関するごく最近の記事の一つを参照のこと：Amartya SEN, « Il n'y a pas de "bombe démographique" », *Esprit*, Paris, n°11, novembre 1995, pp. 118-147.

22 TAYLOR Gordon Rattray, *Le Jugement dernier*, 1970, trad. fr., Paris, Calmann-Lévy 1970.

23 同書、p. 270.

24 SAMUEL Pierre, *Ecologie : détente ou cycle infernal*, Paris, Union Générale d'Editions, 1973.

25 *Encyclopédie de l'écologie. Le présent en question* (présentation par Henri FRIEDEL), Paris, Librairie Larousse, 1977.

26 PELT Jean-Marie, *Le Tour du monde d'un écologiste*, Paris, Fayard, 1990.

27 同書、p. 16.

28 COUSTEAU Jacques-Yves et l'équipe de la Fondation Cousteau, *Almanach Cousteau de l'environnement. Inventaire de la vie sur notre planète d'eau*, 1981 ; trad. fr., Paris, Editions Robert Laffont, 1981.

29 Cf. *Le Monde*, « Le commandant Cousteau : " La défense de l'environnement est l'avenir de tous les partis " », 26, novembre 1991.

30 Jacques-Yves COUSTEAU, entretien, *Le Courrier de l'UNESCO*, Paris, novembre 1991, p. 13. アルーン・タジエフが同様に、一九八九年、人口過剰（と遺伝子操作）が二〇〇〇年の二大恐怖となると考えていたことを指摘しておこう（Haroun TAZIEFF, « Les vrais dangers de l'an 2000 », *Le Figaro Magazine*, Paris, 25 novembre 1989,

p. 46）。

31 DUMONT René, *L'Utopie ou la Mort*, Paris, Editions du Seuil, 1973 ; rééd., Paris, Editions du Seuil, 1974.

32 同書、p. 46-48.

33 Cf. DUMONT René, *Les Raisons de la colère ou l'Utopie et les Verts*, Paris, Editions Entente, 1986, p. 69.

34 Ecologie, « Le Pouvoir de vivre. Le projet des écologistes avec Brice Lalonde », Montargis, n°spécial d'*Ecologie mensuel*, mars 1981.

35 VOYNET Dominique, *Oser l'écologie et la solidarité pour l'écologie d'aujourd'hui, pour transformer notre société*, plate-forme de Dominique Voynet pour l'élection présidentielle de 1995, Paris, Les Verts-CAP-L'écologie fraternité autrement, AREV, 1995.

36 FOING Dominique (conception et coordination), *Le Livre des Verts. Dictionnaire de l'écologie politique*, préface de René DUMONT, Paris, Editions du Félin, 1994.

37 Cf. Denis BAUPIN, « Démographie. Soutenir l'ONU contre l'archaïsme », *Vert Contact*, Paris, n°346, 10 septembre 1994, pp. 2-3.

38 例えば、cf. : *Quelle terre laisserons-nous à nos enfants ?*, 1963, 1964, 1966, trad. fr., Paris, Editions du Seuil, 1969 ; *L'Encerclement. Problèmes de survie en milieu terrestre*, 1971, trad. fr., Paris, Editions du Seuil, 1972 ; *La Pauvreté du pouvoir. L'énergie et la crise économique*, 1976, trad. fr., Paris, PUF, 1980.

39 *L'Encerclement*, *op. cit.*, p. 45.

40 同書、p. 255.

41 同書、p. 203.

42 Le rapport NADER, *Le Festin empoisonné*, 1970, trad. fr., Paris, Edition spéciale et Publications Premières, 1972, それぞれ pp. 303-304, 33, 34, etc.

43 Ignacy SACHS, « Economie et écologie », *in* : SAMUEL Pierre (dir.), assisté de Yves GAUTIER et Ignacy SACHS,

L'Homme et son environnement, Les Encyclopédies du savoir moderne, Paris, Retz-CEPL, 1976, p. 187.

44 RAMADE François, *Eléments d'écologie. Ecologie fondamentale*, Auckland, Beyrouth, Paris, etc., 1984, pp. 532-534.

45 Fernand GIGON, « Le crime de Minamata », *L'Express*, Paris, 15 juillet 1974, reproduit *in : Les Cahiers de l'Express,* Paris, n°15, mai 1992, pp. 18-23.

46 Françoise MONIER, « Périls en la demeure », *L'Express*, Paris, 1er février 1985, reproduit *in : Les Cahiers de l'Express, op.cit.*, p. 60.

47 SCHUMACHER Ernst-Friedrich, *Small is beautiful. Une société à la mesure d l'homme*, 1973, trad. fr., Paris Contretemps/Le Seuil, 1978, p. 112. 邦訳『スモール・イズ・ビューティフル――人間中心の経済学』小島慶三・他訳、講談社、講談社学術文庫、一九八六年。

48 Françoise MONIER, « Elytres aux champs », *L'Express*, Paris, 31 mars 1979 *in : Les Cahiers de l'Express, op.cit.*, p. 52.

49 ALLAN MICHAUD Dominique, *L'Avenir de la société alternative. Les idées 1968-1990...*, Paris, L'Harmattan, 1989, p. 176.

50 一九七七年三月の市議会選挙の際に発表された質問表：*La Gazette nucléaire*. reproduit : *in* SAMUEL Laurent, *Guide pratique de l' écologiste*, Paris, Belfond, 1978, p. 163. ローラン・サミュエルは、「地球の友」の会員、「フランス民主労働総同盟」（ＣＦＤＴ）、「全国教職員組合連合」（ＦＥＮ）の組合員、社会党の党員およびその他の人々が、この月刊誌を発行するために、「原子力に関する情報のための科学者グループ」（ＧＳＩＥＮ）と連合したことを伝えている。ＧＳＩＥＮのほうは、研究所および大学で働く科学者を集めたものである。

51 SAMUEL Pierre, (coordination), *Les Ecologistes présentés par eux-mêmes*, Verviers (Belgique), Marabout, 1977, pp. 39-42.

52 Cf. BRODHAG Christian, *Objectif terre. Les Verts de l'écologie à la politique*, Paris, Editions du Félin, 1990, p. 184.

53 Cf. Jacqueline GIRAUD, « Mission impossible », *L'Express*, Paris, 3 juillet 1978, reproduit, *in : Les Cahiers de*

l'Express, op. cit., p. 46.

54 Cf. Robert Poujade, *Le Ministère de l'impossible*, Paris, Calmann-Lévy, 1975, pp. 199-200.

55 Les Amis de la Terre, *L'Escroquerie nucléaire. Danger*, Paris, Stock, 1978.

56 Robert Bono, secrétaire national de la CFDT, « Préface » *in* : Syndicat CFDT de l'Energie atomique, *L'Electronucléaire en France*, Paris, Editions du Seuil, p. 5.

57 Garraud Philippe, « Politique électro-nucléaire et mobilisation. La tentative de constitution d'un enjeu », *Revue française de science politique*, Paris, volume 29, n°3, juin 1979, p. 453.

58 Puiseux Louis, *Crépuscule des atomes*, Paris, Hachette, 1986, pp. 155-202 (chapitre VI).

59 Louis Puiseux, インタビュー：*Foi et Vie*, Paris, n°3-4, juillet 1988, p. 74. ルイ・ピュイズーに関しては、以下も同様に参照のこと：*L'Energie et le Désarroi post-industriel*, Paris, Hachette, 1973 ; *Le Babel nucléaire. Energie et développement*, Paris, Galilée, 1977 ; avec Pierre Radanne, *L'Energie dans l'économie*, Paris, Syros Alternatives, 1989.

60 Gorz André / Bosquet Michel, *Ecologie et politique*, Paris, Galilée, 1975, 1977, rééd., Paris, Editions du Seuil, 1978（ミシェル・ボスケはジェラール・オルストのもう一つの筆名である）. 邦訳『エコロジスト宣言』高橋武智・訳、緑風出版、一九八〇年。

61 同書、pp. 122-123.

62 同書、p. 114.

63 Dominique Simonnet, « Une technique douce et décentralisée : l'énergie solaire », *in* : Friedel Henri (présentation), *Encyclopédie de l'écologie*, Paris, Larousse, 1977, pp. 325-329. ハードなエネルギー／ソフトなエネルギーの対立は、「地球の友」イギリス支部長である物理学者アモリー・ラヴィンズによるもののようである。彼はそれを一九七六年に発表した。この点に関しては、以下を参照のこと：Henry Etzkowitz, « Hyperdé terminisme : idéologies de l'énergie et de l'environnement aux Etats-Unis », *Sociologie et sociétés*, Montréal, Presses de

l'Université de Montréal, volume XIII, n°1, avril 1981, pp. 72-74.

64 Anger Didier, *Chronique d'une lutte. Le combat anti-nucléaire à Flamanville et dans la Hague*, Paris, Jean-Claude Simoën, 1977.

65 Didier Anger, « Que faire après Malville ? », *Ecologie Hebdo*, Montargis, Agence de Presse Ecologie, n°254-255, 5 août 1977, pp. 3-7.

66 Cf. Marc-Ambroise Rendu, « La guérilla écologique », *Le Monde*, Paris, 12 juillet 1977 au 14 juillet 1977（三つの連続記事）

67 Les Verts, « Les Verts et l' énergie », Paris, supplément à *Vert Contact*, Paris, n°139, 20-26 janvier 1990.

68 *Le livre des Verts* (coordination de Dominique Foing), *Dictionnaire de l'écologie politique*, Paris, Editions du Félin, 1994, p. 91. 同様に pp. 91-97 及び pp. 235-239 も参照のこと。

69 Taylor Gordon Rattray, *Le Jugement dernier*, 1970, trad. fr., Paris, Calmann-Lévy, 1970.

70 同書、p. 160.

71 例えば、cf. Dorst Jean, *La Nature dé-naturée, op. cit.* ; Schumacher Ernst-Friedrich, *Small is beautiful, op.cit.* ; Les Amis de la Terre, *L'Escroquerie nucléaire, op. cit.* ; あるいはまた先に引用したルイ・ピュイズーの様々な著作。

72 Jean Pignero, 一九九三年六月十九日付けの、著者宛ての手紙。

73 Groupement de scientifiques pour l'information sur l'énergie nucléaire, *Electro-nucléaire : danger*, Paris, Seuil, 1977.

74 このテーマに関しては、以下を参照のこと：Hélène Crié, « Radioactivité : le SOS d'un observatoire indépendant », *Libération*, Paris, 24 janvier 1992 ; « CRII-Rad : pour la transparence nucléaire », *Le Monde*, Paris, 12 juin 1992 ; Véronique Maures, « Les contre-expertises du nucléaire », *Le Monde*, Paris, 19 juin 1997.

75 Michel Batisse, « Notre planète devient-elle inhabitable ? », *Le Courrier de l'UNESCO*, Paris, janvier 1969, p. 4.

生物圏に関するこの最初の世界会議の、「生物圏の利用と保全」と題された記録は、さらにユネスコによって八〇〇ページ以上の論文集にまとめられることになる。

76 *Le Courrier de L'UNESCO*, Paris, juillet 1971, p. 4.「ダイ・ドン」に関しては同様に以下を参照のこと：VADROT Claude-Marie, *Déclaration des droits de la nature*, Paris, Editions Stock, 1973, p. 290.

77 « Le Message de Menton», reproduit *in* : *Le Courrier de l'UNESCO*, Paris, juillet 1971, pp. 4-5.

78 « Manifeste pour la survie de l'homme » publié *in* : KRASSOVSKY Georges, *Initiation à la géopolitique*, Paris, *Combat pour l'homme*, supplément au n°17, automne 1974, pp. 29-31.

79 « Charte de la Nature », reproduite *in* : SAINT MARC Philippe, *Socialisation de la nature*, Paris, Editions Stock, 1971 ; rééd., Paris, Editions Stock, 1975, pp. 375-377. フィリップ・サン＝マルクの数々の著作は、非常にしっかりとした資料に基づいている。産業による汚染に関する数値が数多く挙げられ、不安を呼ぶ。結論として、フィリップ・サン＝マルクは物質主義に異議を申し立て、人格主義に近い政治的選択を主張する。近代性に対する非常に悲観的なアプローチゆえに、その後彼は次第に政治的エコロジストたちから離れていくことになる。

80 PELLERIN Pierre, *Lettres ouvertes aux assassins de la nature*, Paris, Stock, 1972.

81 「ハイデルベルク」のアピールと称され、『フィガロ』紙に発表される：*Le Figaro*, Paris, 1er juin 1992. 署名者のうちに、アンリ・アトラン、アラン・ボンバール、フランスワ・ダゴニェ、ジャン・ドルスト、アンリ・ラボリ、エルヴェ・ル＝ブラ、リオネル・ストレリュ、ジョナス・ソーク、アルーン・タジエフなどの名が挙げられる。

82 Cf. Roger CANS, « Savantes colères. Des scientifiques se mobilisent contre "l' écologisme irrationnel" », *Le Monde*, Paris, 19 juin 1992.

83 POUJADE Robert, *Le Ministère de l'impossible*, Paris, Calmann-Lévy, 1975.

84 この会議の記録を参照のこと：STOLÉRU Lionel (présentation), Rencontres internationales du ministère de l'Economie et des Finances, *Economie et société humaine*, préface de Valéry GISCARD d'ESTAING, Paris, Denoël 1972. 協力者：Raymond ARON, Raymond BARRE, Jacques DELORS, Roger GARAUDY, Bertrand de JOUVENEL, Robert JUNGK,

Herman KAHN, Sicco MANSHOLT, Aurélio PECCEI, Jean de SAINT GEOURS 他。

85 並行して、左派層（例えば「統一社会党」）もやはりエコロジー問題を取り上げ、しばしば汚染を資本主義の論理のせいだとしている。例えば、エコロジーはフランスでは当時すでに、ミシェル・ボスケ（別名アンドレ・ゴルツ）の筆のもとに『ヌーヴェル・オプセルヴァトゥール』の紙面に、また当然『週刊シャルリー』や六八年後世代の絶対自由主義勢力圏の側にも進出していることを指摘しておこう。

86 JOUVENEL Bertrand de, *L'Art de la conjecture*, Monaco, Editions du Rocher, 1964, p. 31（この三六九ページの著作は、「未来予測者」叢書の第一作である。）

87 JOUVENEL Hugues de, « Pourquoi Futuribles ? », 5 avril 1991, *in* :「国際未来予測者協会」紹介のパンフレット：l'Association internationale Futuribles, Paris, 1991 (?).

88「国際未来予測者協会」紹介のパンフレット、無署名の紹介文、前掲書。

89 JOUVENEL Hugues de, « Avant-propos », *Futuribles*, Paris, n°s 1-2, hiver-printemps 1975, pp. 3-4.

90 JOUVENEL Bertrand de, *Arcadie. Essai sur le mieux vivre*, Paris, SEDEIS, collection Futuribles, 1970, et *La Civilisation de puissance*, Paris, Fayard, 1976.

91 JOUVENEL Bertrand de, *Arcadie op. cit.*, pp. 267-268.

92 同書、pp. 120-121.

93 同書、pp. 138.

94 同書、pp. 234-235.

95 同書、p. 146.

96 同書、pp. 236-243.

97 The Club of Rome, « The Club of Rome : The First 25 Years », (「ローマクラブ」幹事長ベルトラン・シュナイデール [Bertrand SCHNEIDER] によって著者に送られた「ローマクラブ」紹介の資料), Paris, novembre, 1994, p. 2.

98 « Rapport sur les limites à la croissance » *in* : Club de Rome/ MEADOWS, présenté par Janine DELAUNAY, Rapport

Meadows, préface par Robert LATTES, *Halte à la croissance ?*, 1972, trad. fr., Paris, Fayard, 1972, pp. 131-309.

99 同書、p. 249.

100 同書、p. 275.

101 「ローマクラブ」執行部による、「ローマクラブへの報告書」の論評。*in* : Club de Rome/ MEADOWS, *Halte à la croissance ?*, *op. cit.*, pp. 289/299.

102 MESAROVIC Mihajlo et PESTEL Eduard, *Stratégie pour demain*, 2e rapport au Club de Rome, 1974 ; trad. fr., Paris Seuil, 1974.

103 TINBERGEN Jan, *Propositions pour un nouvel ordre international. Nord/Sud du défi au dialogue ? Troisième rapport au Club de Rome*, 1976 ; trad. fr., Paris, SNED/Bordas, 1978.

104 GIARINI Orio, *Dialogue sur la richesse et le bien-être. Rapport au Club de Rome*, Préface d'Aurélio PECCEI, 1980, trad. fr., Paris, Economica, 1981（特に pp. 75-143).

105 LENOIR René, *Le tiers monde peut se nourrir. Rapport au Club de Rome*, préface d'Edgar PISANI, Paris, Fayard, 1984（著作の副題：« Les communautés de base, acteurs du développement »).

106 同書、p. 71.

107 MONTBRIAL Thierry de, *L'Energie : le compte à rebours*, rapport présenté au Club de Rome, recommandations de Robert LATTES et Carroll WILSON, Paris, Jean-Claude Lattès, 1978. ティエリー・ド＝モンブリアルは報告書の中で、数多くの予防措置がこのエネルギーの生産を包囲していると評し、いつの日か廃棄物の放射能を弱める技術的方法が発見されるだろうと期待する。

108 Club de Rome-PESTEL Eduard, *L'Homme et la Croissance. Près de vingt ans après « Halte à la croissance ? »*, Paris, Editions Economica, 1988. この著作はエードゥアルト・ペステル（一九一四〜一九八八）の執筆である。一九八八年、エードゥアルト・ペステルはなおも、ローマクラブ第一報告書がゼロ成長を称えているという根強い風評に反論することになる。この科学者にとって、より有機的で、よりシステム論的な「新しい形態の成長と発展の必要性」（p. 49）を推奨することが重要なのである。したがってゼロ成長は全く問題にならない。

109 Club de Rome, King Alexander, Schneider Bertrand, *Questions de survie. La révolution mondiale a commencé*, 1991 ; trad. fr., Paris, Calmann-Lévy, 1991. アレクサンダー・キングは当時、ローマクラブの名誉会長であり、またベルトラン・シュナイデールは幹事長であった。シュナイデールは（アルジェリア戦争、アフリカなどについて）数点の著書を著している。

110 同書、p. 107. 少し前に、以下のように読める。「民主主義は万能薬ではない。民主主義は全てをまとめることはできないし、自らの限界を知らない。（……）今日の多くの問題は複雑であり、技術的な性質を持つので、選ばれた代表者たちは、必ずしもしかるべき時に有効な決定ができるとは限らないのである。」（一〇五頁）

第二章「ローマクラブ」の航跡

回帰する悲観主義

「ローマクラブ」に提出された第一報告書の発表は、異常なほど話題となる。七〇年代初めには、クラブが主張する分析に近いものを展開する著作が、何十にも上る。これらの著作は、新しい道を開くというよりも、すでに知られた問題を繰り返している。大部分は、環境危機の社会的論理や政治的起源に関して、あくまでも非常に慎重である。説教調の訓戒がいくつか発せられる。フランスワ・メイエールの『成長の過熱：発展の力学に関する試論（原注1）』は、反文化の真の意味について問いただすが、それ以上先には進まない。作家のアルマン・プティジャンが一時的にファヤール社で（そしてこの出版社で、とりわけ例の「ローマクラブ」報告書が出ている）主宰していた「エコロジー」文庫で当時タイミングよく翻訳された、いくつかの著作には、消極的な哲学的立場のようなものも同様に感じられる。これは本当に偶然だろうか。というのもアルマン・プティジャンのほうで個人的に、現代に関して暗い哲学的考察を展開しているからである。この著者は、第二次世界大戦に深い影響を受け、もはや近代性をほとんど信じていない。フランク・フレイザー＝ダーリンの『荒廃を呼ぶ豊かさ（原注2）』は、自然を尊重するように人間を導くような他の文化的諸価値の探求の口火を切る著作であり、新しい精神性の擁護で終わっている。「人間が自然から離脱するのでなく自然に同一化するような、より人間中心的でなく、より謙虚な哲学が、新しい愛の倫理を呼び求めている（原注3）」。この点に関して、深いエコロジー〔ディープエコロジー〕の擁護者である、アメリカ人エコロジスト、アルド・レオポルドの手法が、彼には妥当に思われる。レオポルドは、地球を共同体と考え、地球に愛と尊敬を捧げるよう呼びかけるのだ。こうしてフランク・フレイザー＝ダーリンは、エコロジーの危機は、確立されすぎた人間中心主義にその起源を持つと考えるのである。また、ルネ・デュモンの第三世界支援主義者としての辛らつな表明からは遠い。

フランスでは、一部の専門家がそもそも工業社会を、資本主義の具現という面だけでなく、そのすべてにおいて糾弾し続けている。彼らのうち、たとえばエドワール・ボヌフがあげられる。この元閣僚で、優に二〇もの著作（そのうち一つは人口過剰を扱っている）の著者は、一九七〇年に『人間かそれとも自然か』（原注4）を発表する。一九六〇年にすでに彼は、フランスの河川における放射性廃棄物の投棄を懸念して、参議院で注目を集めた。非常に早い時期に、エコロジストたちが立ち上がるよりもはるか以前に、エドワール・ボヌフはこうして、軍事利用の核と同様、民間利用の核が引き起こす可能性のある長期的な影響を心配していたのである。一九七二年、彼は「ストックホルム会議」に参加するフランス人の一人となる。同じ年に、彼は「フランス環境擁護協会」の議長として、「環境会計」

（原注5）をテーマとした研究日を共同開催する。彼の著作は、世界中で明らかになりつつあるさまざまなエコロジーの問題の調査目録となっている。論調は中立的であり、エドワール・ボヌフは、科学的エコロジーを一般に広めるために、一連の事実を時にはほぼ淡々とした調子で並べる。しかし責任者を指し示すとなると、この中道派の参議院議員は、一つの社会的カテゴリーもしくは論理を糾弾するよりも、市民一人一人が責任の一部を担っていると考える。「企業家のみが汚染するわけではない。個人の汚染、家庭の汚染、都市の汚染は、多くの場合おそらく有害性が低いとはいえ、少なくとも同じくらい量が多い（原注6）」。こうしたきわめて和を重んじる論理で、エドワール・ボヌフはたとえば、非常に部門化された方策（行政および産業の地方分散など）をとることにより、現在の社会の生活様式を向上させるよう呼びかけ、また自然を支配することは、破壊することを意味するわけではないこと、科学を神格化することは、自然と人間の決裂の予兆となることも改めて述べる。最後にエドワール・ボヌフは、環境擁護のために、また生の保護のために強く統合を呼びかけて著作を締めくくる。

一九七六年、エドワール・ボヌフは、『人間性を救うこと』（原注7）という著作の中で、エコロジーから大いに発想を得た考察を続けることになる。度かさなる警告にもかかわらず、エコロジー面での落胆失望は、世界中ででたらめに数を増している。人口過剰、軍備拡大、資源の枯渇、失業、アメーバ状に広がる都市、種々の汚染、民間および軍事利用の核の危険などである。その一方で、今後第三世界は国際社会において、重要な当事者として確立されてくる。しかしエドワール・ボヌフは、この問題に関して、実に控えめな立場を取る。彼が制御されない経済成長、国際規模の投機、莫大な軍事費、コンコルドのようなタイプの威信をかけた活動、製品の急速な陳腐化などを正面から非難するとしても、彼の革命に対する意思は、きわめて穏健である。エドワール・ボヌフは、危機の社会経済的な要因および責任者と推定される者を告発したり誹謗したりするよりもむしろ、間接的にすべての人間たちに、科学的エコロジーの教訓に目覚めて責任ある行動をとるよう呼びかけるのである。

こうしたエドゥワール・ボヌフの展開は、一つの重要な事実を例示している。エコロジーは、唯一の懸念すべき問題ではまったくなく、また血気盛んな第三世界支援主義者ルネ・デュモンの周りに集まった、政治的な意味でのエコロジストたちの専売特許などでもまったくないということである。エコロジーと社会主義は分離されうるのである。それだからエコロジーは、保守主義的な政治的立場と結びつくことがありうる。さらにエコロジーは、もはや社会主義的ではなく、宗教的な発想の言説をも同様に強化した。実際、エコロジー危機は、何らかの形で、精神的な価値を軽んじる極度の物質主義が至る袋小路をも示している可能性があるのだ。また同時に、その包括性ゆえに、人類の統一を再び固めるために、分裂した人間たちおよび諸国民に、対立を乗り越えるよう促すことも可能である。たとえば、科学的エコロジーをフランスで一般に広めるにあたってもっとも貢献した人々のうち三人は、カトリック、それもはっきりとしたカトリックの傾向を持っている。彼らが世界に関して描きあげるエコロジーのイメージは、「ローマクラブ」第一報告書で出されたもの（物質的に限界があること、および生の複雑性が否定されていることの強調）に非常に近い。利益競争も同様に、非難されているが、非常に特殊な意味においてである。

『自然の社会主義化』（原注8）を伝える、フィリップ・サン＝マルクは、非物質的な財産に無関心な物質主義的自由主義に対して、社会主義的ヒューマニズムをもって替えることを呼びかける。このこと自体は、フランスの「緑の党」のエコロジストたちの立場とほとんど変わらない。しかしながら、この社会主義的ヒューマニズムは、年を経ても、また著作を重ねても悲観主義とカトリックの傾向に染まり続けるのである。

ジャン＝マリ・ペルトは、一九七七年に『再び自然化された人間』(原注9)を発表したとき、フィリップ・サン＝マルクの主張とあまり隔たってはいない。多弁で、メディアによく登場する著者であり、メッスの「ヨーロッパエコロジー学院」の創立者かつ院長である彼は、この著作の中で、生物学者としての、また信者としての懸念を打ち明ける。彼もまた、副作用を増やしていく近代性が超越的な価値を切り捨ててしまったのは誤りであると考える。というのもエコロジー危機は、エコロジーの科学および、人格主義を考慮にいれなければ、くい止めることができないだろうからである。彼はその後、このメッセージを繰り返してやむことがない。

ジャック＝イヴ・クストーは、エコロジーの教訓を受け入れたのが遅かった。しかし彼は、広く一般の人々の関心を、数々のテレビレポートによって、海の世界の美しさに向けたのであり、これらのレポートによって彼は世界的な名声を獲得したのである。数多くの本が——その一部は高い水準の科学者たちや大きな自然主義団体とともに執筆された——この戦いを遂行した。工業化社会のへまを公に非難し、未来の世代のために働くことだけにとどめるクストー艦長は、それでもまた機会を見つけて、現代社会は、一部の伝統的価値(家族、宗教、祖国)をもはや尊重しないが、それは間違っているとも嘆いた。彼の落胆はこれにより説明されるだろう。

こうして、フィリップ・サン＝マルク、ジャン＝マリ・ペルトおよびジャック＝イヴ・クストーは、人間——完全に自立し、あらゆる超越的存在から開放されたと前提される——だけでは、エコロジー危機を乗り越えるには至らないだろうと考える点で、近代性に対するある種の悲観主義を分かち持っているのである。そもそも「ローマクラブ」第一報告書の中にはこのような立場を無効にするようなものは何もない。オーレリオ・ペッチェイと「ローマクラブ」自身がこのような姿勢を取ろうとするのではないか。

しかし、この頑固な悲観主義は、新しいリーダーがいくつかの自明の理とされること（物質的成長が自動的に恩恵をもたらすこと）を疑問に付すように促した点で、実りがあったと考えることができる。オランダの社会主義者、シッコ・マンスホルトは、農民よりも農業経営者に関心を向ける、緑のヨーロッパの建設を加速させることにこれまで熱心であったが、たとえば「ローマクラブ」第一報告書を検討して急に観点を変える。成長の限界に関してほとんど希望が持てない報告書の展望にショックを受けた彼は、この報告書がもたらす根本的な革新性にヨーロッパ委員会の委員長の注意を向けることを選び、結果として、「マンスホルト書簡」（原注10）という名で知られる名高い書簡の中で、ヨーロッパ経済の全面的な方向転換を提案する。その中で彼は特に、「物財の消費を大幅に削減すること」を示唆している。ヨーロッパレベルでの集中経済計画化が検討される（それに対して生産は分散されうるだろう）。

いくつものヨーロッパの国々と同様フランスにおいても、こうした立場は、シッコ・マンスホルトが一九七二年三月二十日、ヨーロッパ共同体委員会の委員長になっただけになおさら、怒号を惹き起こす。この立場は、しっかり打ち立てられた確信と衝突するのである。つまり万人にとって、成長への競争が規則となるというものである。というのも成長への競争だけが、増大する物質的要求に応えることを可能にするであろうからである。一九七二年四月、ヨーロッパ委員の二人――そのうち一人がレーモン・バール――が、委員長の擁護する主張と公式に袂を分かつ。同じ月、ドイツの金属労働者の強力な組合がオロフ・パルム、ロベルト・ユンク、アダム・シャフの協力とともに組織した国際会議の際に、「ローマクラブ」が提起したエコロジーの諸問題が討論される。一九七二年五月、国連貿易開発会議(UNCTAD)の会議が、同様にこの問題を取り上げる。『成長を阻止すべきか』のほうは、書店で売れ続け、この著作の翻訳は数を増していく。

ハンス・ヨナスの一元論

長期的にみれば、「マンスホルト書簡」および「ローマクラブ」第一報告書は、近代性に対して、また近代性が抱いているとされる、現実を支配しているという傲慢な思い込みに対して絶望を感じる人々に保証を与えるものである。こうしてある種の文化的悲観主義が戻ってくる道が開かれているのだ。

文明が、自らのせいで、将来を終わらせてしまうことがありうるというのは、ポール・ヴァレリー〔一八七一~一九四五:一九二〇年に発表された「風立ちぬ」の文句を含む「海辺の墓地」という詩が特に名高い〕

という詩人が一九一九年にすでに発表した仮説である。二十世紀の血なまぐさい闘争が、すんでのところでこの直感の正しいことを示すところであった。しかし全くそうはならなかった。再び平和が見い出されるとすぐに、西側先進諸国およびそうなりつつある国々は成長競争を続けたのであり、それから「ローマクラブ」のほうがまったく予期せぬ形でやってきて、世界を支配するというこうした陶酔感に水をさすこととなったのである。かなり興味深いことに、権威ある哲学者が、何年か後に、「ローマクラブ」第一報告書の結論と共鳴する著作を上梓する。

ハンス・ヨナス（一九〇三〜一九九三）(原注11)の『責任という原理』は、エコロジーの著作ではない。それは、技術が現代社会にのしかからせる脅威に関する長い考察を締めくくるものである。ハンス・ヨナスに言わせると、ドイツ哲学は、歴史や思弁を偏重するあまり、生きた世界に対して無関心になりすぎた。彼が初めに研究したグノーシス〔霊性の自覚によって人間を救済に導く秘教的な絶対知〕は、魂や霊と世界の間に完全な断絶を打ち立てることによって、現実の生に対するこの無関心を共有していた。ところがこの二元論は時に不条理にまで、現実の世界の軽視にまで押し進められた。そういうわけでハンス・ヨナスはこの生きた世界に関する研究に乗り出すことを決心したのである。しかし科学そのものも、デカルト以後、しばしば世界を純粋に数学的な表現に過ぎないとすることで、長い間生命のないものとしてきた。しかしハンス・ヨナスは、あまたの生きた有機体を単なる物質とみなす決心がつかない。これを延長して考えると、人間自身も結局、自然の中で作用しているかもしれない何らかの論理によって影響されることのまったくない、純然たる機械装置になってしまうだろう。「近代的な意味での自然に関する知識のうちいかなるものも、人間が生きる本来の目的とは何かということを絶対に我々に言ってはくれません。この近代の知とは、空間に拡散する物質とエネルギーとしての完全に中立な自然、およびそれらの相互関係についてしか我々に語ってくれないのです（原注12）」。この哲学者が遂行する意図がより一層推し量られる。それは哲学を再び生の世界につなぎとめることであり、したがって生はもはや価値感から自由ではなくなるだろう。技巧を称える近代性との断絶は相当なものである。こうして、一方では哲学の、もう一方では科学の発展双方に不満を抱くハンス・ヨナスは、デカルトの二元論（魂と肉体）を乗り越えようとして彼自身が「新しい一元論」（原注13）と称するものの探求に乗り出すことになる。この探求によって彼は十七世紀の初めに現われた近代科学を問い直すこととなり、また一九六六年には生物学に関する哲学エッセーを刊行することとなる。このエッセーは後に『責任という原理』に収められる。

しかし『責任という原理』は、とりわけもう一つの懸念に答える。ハンス・ヨナスに言わせると、広島に投下された爆弾は、人間の歴史において新しい一ページを開く。それまでは、人間の優越性をはっきりと打ち出せば、人間にとって好ましい結果しか生じなかった。ところが突然、人間の自然に対する力が、以後地球上のあらゆる形の人間の生を無に帰してしまう危険を持つようになったのである。このことは、問いただすに値する。この新たなおぞましい展望によって、彼は、このタイプの挑戦に立ち向かったことのない、いにしえの哲学的考察よりも、それに答える可能性をより備えた考察に取り組むようになる。しかし人類の歴史におけるこうした転回点は、軍事的なレベルにのみ位置づけられるわけではない。あらゆる方面において、ハンス・ヨナスは、技術的な方策が増加したことで、人間の自然に対する力が著しく増したという事実を認める。ところが物質的な財の豊かさを求める競争は、それ自体は非難されることではないが、不吉な将来を準備する危険がある。こうした歩みは感知されずとも、積もり積もってついには、ハンス・ヨナスが核兵器とはまた違った意味でより危険だと評する脅威を成していくのである。

ハンス・ヨナスがこうして新しい哲学を定義することに取り組むようになったのは、人間が地球上から消えてしまうことになるという展望による。長いこと、『人間』と称される実体とその基本的条件は、安定した本質を持つとされていた(原注14)」と彼は指摘する。同時に、人間の行為は、予見可能で簡単に評定できる結果を惹き起こしたから、その行為からほとんどすぐに生じてくる倫理的もしくは非倫理的性格、善もしくは悪を捉えることは簡単であった。しかしこれら二つの面(人間とその環境が不可侵であることと行為の倫理的性格の評定が容易であること)は、人間の生活に技術が大量に入り込んできたことで、大きく変容した(地球上における人間の生とその環境に相関性があること、及び行為のあらゆる結果を完全に評定することが困難であること)。きわめて当然のことながら、ハンス・ヨナスはこうして、人間の行為の性質がここまで変わってしまった以上、結果としてまさにこの行為に関する倫理を変える必要があると考える。言い換えれば、今日もはや個人としての人間だけではなく、人類の将来そのものを考慮に入れ、さらに倫理を人間の環境にまで広げる必要があるのだ。自然の敗北がしばしば文明の勝利を確立した。しかし今日、人間はどこまで行くのだろうか。人間の自然に対する行為がその均衡をひっくり返さない限り、このような問題は提起されることはなかった。しかし自然は今日脆いものとなっており、人類の存亡が懸かっているのである。ハンス・ヨナスは、こうした憂慮すべき展望を描き出した後で、技術の希望が脅威に変わってしまった時期を絞り込もうと試みる。十七世紀に、この哲学者はこの変化を位置付ける。科学は当時、次第に分析的で実験的になり、現実を解剖し、現実に対して攻撃的なものとして確定される。こうしてもろもろの科学は、人間に仕えるという目的、また世界を支配して自然を利用したいという人間の欲望を満たすという目的にのみ使われるが、最終的に、自然を略奪し、その均衡を狂わせることで、その目的そのものに反することとなるだろう。手短にまた不器用に、ハンス・ヨナスは、現在の人間中心主義を考え直す必要があるのではないか、いやそれどころか我々に対する倫理的な要求を生物界に対して認める必要があるのではないかと問いめぐらすまでに至る（原注15）。しかしこのような漠然とした革命的な意思は、彼の著作においてまともに追求されることがないまま終わる。ハンス・ヨナスは、自然に対する技術の支配を制限するために、倫理的価値を生命の世界の中につなぎとめようと一層努め、人間だけが自らの価値の主体ではないのだということを人間に向けて改めて述べるのである。

ハンス・ヨナスは、現代の人間の傲慢さを抑制しようと考えて、以前、つまり六〇年代に自分が行なった生物学の研究を利用した。その当時、現代科学は自然、つまり生命の世界を、具体性のない現実として扱っていた。ところでこの哲学者から見れば、デカルトの二元論は現実を反映していない。というのも自然の中には何らかの究極目的が見て取れるからである。この相違はきわめて重要である。というのもハンス・ヨナスは以後、人間が自然を自分によいと思われるように利用することはもはや許されないと考え、逆に自然の教えに啓発されるよう人間を促すからである。「私は、（……）自然に関する哲学を生物学的に定着させようと試みながら、自然の中にも結局、目的があるということを示したいと思った（原注16）」。ハンス・ヨナスが自然の中に見い出す究極目的は、実は一文に要約される。「およそ生命たるものはすべて生きることを要求するのであり、それこそが尊重すべき権利かもしれない(原注17)」。何度もハンス・ヨナスは自分が確認したことを繰り返す。自然は内在的な働きを提示する、いかなる目的においても存在は非存在に反対の宣言をする、生命は自らを承諾するなど(原注18)。人間のほうも、同じ現実を表わすが、より高い度合いの自由によって自然の他の部分とは異なる。この自由が人間により高度の責任を託すのである。しかしハンス・ヨナスは、これらの自然現象を受動的に記録するだけにはとどめない。彼は、それらを価値に変換して、わずかながらも規範的なものとみなすのである。「今や我々が想定しようとしているように、自然も同様に目的を保持したり、目標を持つことによって、価値を設定するのである(……)(原注19)」。これで振り出しに戻る。「で、この意味で、私は、自然の哲学というものを信じるわけです。(……)その中では、人格としての神ではなく、存在の深い意思が働いているのです。(……)私は、そうしたものすべてが我々の中にあり、まさにその事実ゆえに何かが我々に委ねられ、それが義務の感覚を惹き起こし、したがって我々は存在に対して責任を負っていると思います(原注20)」。こうしてハンス・ヨナスの研究は、一方では、単なる原料の貯蔵庫以外のものとみなされる自然の価値を高めることに、また他方では、進化がここまで達したから人間がその特異な要素を成しているに過ぎない有機体全体の中に、人間を再び組み込むことに至るのである。

この生物学的な土台を念頭に置いてこそ、ハンス・ヨナスが例の「未来の世代」のために行なった闘争が一層理解されるだろう。

混乱した形であっても、異論の余地なく、生きる意思が人間や自然において表現される限り、この生きる意思は、倫理的な含みを伴うのであるから、人間一人一人が、何らかの形でこの松明の運び手になるのであり、それを子孫に無事に伝える義務を負う。それをたがえれば、存在の無言の表明（生を永続させること）に違反することになるだろうから、この松明の冒険に終止符を打つという途方もなく大きな責任を負い、まさにそのことによって過ちを犯すことになろう。各々が、何らかの形で、自然に関する責任を担い、自分はその一つの環を成すに過ぎない種が生き延びるよう留意する義務を負うようになる。未来の世代に関する配慮は、ハンス・ヨナスにとって、愛他精神というよりも義務の一形態に属する。「我々には、将来の世代の非存在を選ぶ権利はない（原注21）」。今となってはハンス・ヨナスに言わせると、なぜ我々にこの「将来の世代の非存在」を選ぶ権利がないのかが分かる。人間が尊重する義務を負う、およそ生きるすべての存在において表明される生きる意思に背を向けることになるからである。将来の世代とは、共感を伴って考えるような仮定的な人間たちではない。それは、我々自身もその一つの環を成す、この生きる意思の将来の姿なのである。

具体的には、この未来の世代の権利を検討することは、困難で問題をはらんだものとなる。このような義務を検討するとき我々は、実際「不均衡な関係（原注22）」の場合に直面するのである。ハンス・ヨナスが「現代の古い倫理の要請（原注23）」と呼ぶものとの断絶は明らかである。自分の言わんとすることを明確に説明するために、ハンス・ヨナスは、読者にカントの定言命令を想起させる。「汝の行為が普遍的な法となることを汝が望みうるようにする道徳基準に従って行動せよ（原注24）」。こうした形において、人間は、自分の個別の条件から脱して人類の尺度で自分の行動を考えるよう求められているが、いくつかの世代に亘る未来を考慮にいれることにはならない。したがってこの要請は不十分であることがわかる。地球上においてまさに人間が生きていられるようにすること、という新たなる要求に対応するために、ハンス・ヨナスはこうして、現在に一層適合していると自分が考える要請をいくつか組み立てる。「新しいタイプの人間行為に応じていて、またそれを行なう新しいタイプの行為者に向けられる要請は、以下のごとく発せられうるであろう：『汝の行為の結果が、真の人間の生の保全と両立するように行動せよ』。あるいは否定法で：『汝の行為の結果が、このような生の可能性を破壊しないように行動せよ』。あるいはただ単に：『地球上における人類の、無限の維持の条件を危うくすることのないようにせよ』。あるいは極めて一般的に、『汝の現在の選択において、汝の望む対象の中に、人間が将来無傷であることを含めよ(原注25)。』ハンス・ヨナスはその後、これらの提案を何度も繰り返し取り上げ、たとえば『責任という原理』の中で表現し直すのである(原注26)。

政治的には、相当な変動が生じる。この哲学者の新しい要請は、実際、人間の意思に相当な制限を課す。人間は、自然の生きる意思に注意を払う義務を負い、また非常に長い期間にわたる自分の行為の影響を検討する義務を負うのである。ハンス・ヨナスはこうして、極めて公然と、あらゆるユートピア的な手法に反対を唱える。この哲学者が打ち立てた終末論的な展望を前にして、現在を謙虚に手直しするだけにとどめておくのが賢明である。この哲学者が、進歩主義的ヒューマニズムに対してあくまでも懐疑的であるというだけでは不十分である。ハンス・ヨナスは、真実、客観的な価値、至高の知恵を認めようとしない現代人を見ると、慎重な姿勢を取らざるをえないことを隠さないのだ(原注27)。しかし、もし人間が差し迫る破局に備えたいと思うならば、そして自分があえて調整しなかったことを自然が容赦なく調整することになるのを避けたいと思うならば、このような知恵は必要である。ハンス・ヨナスは、『責任という原理』の中で、マルクス主義がとりわけもたらした、ポストベーコン主義的〔フランシス・ベーコン：一五六一〜一六二六：イギリスの哲学者。実験に基づいた帰納法を確立〕なプロメテウス的〔神々から火を盗んで人間に与えたプロメテウスのごとく、神に頼らない、人間に信頼をおいた行動主義の〕幸福感と彼には見えるものを終わらせる必要があると考える。彼は乱暴に、進歩主義的、ユートピア的哲学の伝統一切をお払い箱にする。その改善に対する欲望が彼には危険に見えるのである。もはや可能な限りよい未来について討論することは問題にならない。まさに破局を食い止める時なのである。その次の段階でようやく、この哲学者はたとえば、先進工業国と低開発国を対立させる、目に余る不平等を懸念するのである。

『責任という原理』の実行は問題を提起しないわけにはいかない。仮定的な未来の世代の名において、いかに現代の歴史の悪しき流れを止めようというのか。ハンス・ヨナスは人間に関して非常に辛らつな言葉を弄しており、民主主義に対して、もはや大きな期待を抱いていない。エリート臭さが彼の著作のあちこちに感じられる。したがって未来の世代をどう代表させるかという問題は未解決のままである。民主主義は彼らに場を提供するのに本当に適しているだろうか。取るべき措置が悪評である以上、その可能性はほとんどない。実際、民主主義はあくまで現在に焦点を合わせているのである。ハンス・ヨナスに言わせると、それならば、広く一般の人々に呼びかけるために、状況に関して大げさに騒ぎ立てることをためらってはならない。行動するよう彼らを促すためなのだ。何度か繰り返してハンス・ヨナスは『責任という原理』の中で、状況の深刻さを世論に気づかせるために役立つ救いとなるかもしれない恐怖の効用を称える。ハンス・ヨナスは、我々の「未来の犠牲者」、つまり権利を無視されてしまうであろう例の未来の世代の「仮定的訴え」にまで触れる。人間たちは、未来の世代の運命に心を動かされるようなことがあるならば、賢明さと責任感を見せてくれるかもしれない。彼らは、ハンス・ヨナスが望むように、もう少し謙虚さを表明してくれるかもしれない。当面『責任という原理』は、「大衆の禁欲的な倫理」、「厳しい要求と断念」に訴える。さらにハンス・ヨナスは、この著作を執筆しながら、いわゆる社会主義体制が理論上もたらすと彼が考えるあらゆる恩恵を示すことを怠らない。すべての点に関して、社会主義体制は、この哲学者が述べる計画にものの見事に適しているようである。その合理精神、利益に対する必需品の優先、専制的性格などすべてにより、社会主義体制は、こうした役割のための下地を備えているのである。九〇年代にハンス・ヨナスは、やや当惑して、環境政策に関する「東側諸国における嘆かわしい結果」(原注28)を想像しなかったことを認めることになる。しかしハンス・ヨナスは心の底では、強圧的な政府だけが、状況に応じた思い切った措置を課すことができるだろうと密かに確信している。民主主義の限界を確信しているこの哲学者は、自分の『責任という原理』の長所を基本的に心得ていて、その教訓を無自覚な大衆に即座に適用するような専制的な、いや圧制的な政府に対して自分が共感を抱いていることを公然と述べ立てたのである。「それでも、どんな圧制的政府にもそうした利点があるが、ただし私の言う文脈においては、好意に満ち、情報に通じ、物事の正しい理解によって突き動かされる圧制でなくてはならない(原注29)」。しかしそれでもこの思想家は、自分の計画の信頼性に関してあくまでも懐疑的である。というのもいかにしてこのようなエリートを養成するのだろうか。

慎重さの賞賛

ハンス・ヨナスはこうしておそらく、今日数多くのエコロジストたちを突き動かしている、まとまりのない感情に、自分なりの一貫性と哲学的な土台を与えたのであろう。つまり人間は、世界の征服を続けたいと思う余り、自らの冒険に終止符を打ってしまう恐れがある。したがって自分の計画において謙虚さを見せ、例の未来の世代のことを考える必要がある。ハンス・ヨナスは、まだ何年か前にはエコロジストたちにほとんど知られていなかったが、年とともに参照される思想家となった。

エコロジストたちに近い立場のフランスの知識人で、『責任という原理』のエリート主義かつ反民主的な意思に強く反対するドミニク・ブール（原注30）や、リュック・フェリーのように、彼の哲学に異を唱えるようになる者もいれば、ポール・リクールのように人格主義の勢力圏に近い哲学者は非常に熱烈な支持を表明している。同様に、極左のオルタナティヴ派（代替派）の常連である歴史家ジャン・シェスノーは、『責任という原理』を支持する最初のエコロジスト知識人の一人である。ジャン＝ポール・ドレアージュの雑誌『政治的エコロジー』において発表された論文の中で、彼は『責任という原理』を「見事な本」と形容している（原注31）。責任への呼びかけは、緑の党の経済学者であるアラン・リピエッツ（原注32）においては、ほとんど強迫的なリズムにもなる。もう一人の優れた経済学者で、知性ある活動家であり、経済学がエコロジーの要素を考慮することに賛成する大学教員、ルネ・パセもやはりハンス・ヨナスを引き合いに出して、賛美している。ヨナスの『責任という原理』が、非常に長期的な視点に立って考えるよう人間たちを促しているように彼には見えるのである（原注33）。堅牢な雑誌『横断』（*Transversales*）は数度にわたって、ハンス・ヨナスが展開した主張を扱う。一九九一年の七月〜八月号である第一〇号ですでに、アルマン・プティジャンは「責任の倫理のために」と題された論文を発表している（原注34）。

法律の実務家たちもまた、『責任という原理』に対してある種の注意を向けた。ジュネーヴ開発研究・大学付属研究所が一九九五年にファブリツィオ・サベリの指導の下に発行し、主にエコロジー的干渉の概念を扱っている研究手帳も同様に、この影響を示している。この資料の、ジャック・グリヌヴァルトの分担部分も、何回か繰り返してハンス・ヨナスを引用している（原注35）。法学者（法哲学の教授）フランスワ・オストもハンス・ヨナスの『責任という原理』を十分に研究し、いくつかの優れた点を見つけている。人間の数多くの権限を、それに見合った責任によって釣り合わせるという考えが、彼をひきつけたのである。しかしフランスワ・オストは、またハンス・ヨナスが相互性という考えを一切受け付けないのは行き過ぎであり、哲学的伝統を一切断罪したのは余りにも過激であり、また彼が過剰な悲観主義に身をゆだねているとも考える。そうは言っても、ハンス・ヨナスの哲学的な観点は、彼には非常に野心的に見えるのであり、フランスワ・オストは、人間の権限が及ぶ限りその責任を広げるという、ハンス・ヨナスが表わす意思を承認するのである（原注36）。

将来の世代に対するこうした配慮を政治的また法的に表現しようという意思は、さらにもう一人の名高いエコロジストが何年も続けて掲げているものである。八〇年代以来、クストー艦長は、実際、国連憲章の中に、未来の世代の何らかの権利を含めるように、世界中の人々や国家元首たちを説得しようとしている。彼が擁護する「世代間の倫理」の精神は、彼よりも以前にさかのぼると思われるハンス・ヨナスの『責任という原理』とそれほど隔たってはいない。ドミニク・ヴワネは、一九九五年、ハンス・ヨナスの責任に対する呼びかけを自ら引き受けるのである（原注37）。

このように、ハンス・ヨナスの業績は、エコロジストの思想の領域において、そのさまざまな提案（未来の世代、慎重さ、責任、科学的エリート主義など）に新しいものを真にもたらしたわけではないとしても、それらに哲学的な一貫性を与えた。ハンス・ヨナスのおかげで、方向性を捜し求めるエコロジストたちは、以後、自分たちの行動を組み入れることのできる、一貫した理論的枠組みを手に入れたのである。それ以来、未来の世代は、勢力を広げ続ける。

未来の世代を救うこと

数多くの人たちが見たところによると、エコロジストたちの間で、危機感をあおる呼びかけはもはや数え切れない。このような破局主義がどこへ至るかを推測するのに大学者である必要はない。実際、説教調の訓戒と小言が増加する。そしてこれらは、空虚とされる政治討論に対して科学の権威によって正当化されるのである。科学的な意味でのエコロジー関係の著作は、六〇年代、七〇年代を通して「悲観主義的な呼びかけ」（原注38）をするのに卓越していた。このような破局主義が一見したところ時代遅れだと考えられるとしても、エコロジストたちの書いたものを注意深く読めば、逆にこのような論調が根強く残っていることが分かる。例として、『ル・モンド・ディプロマティック』が「十把ひとからげの地球」(原注39)と題して一九九〇年五月に出した論集だけを見ても、ジョエル・ド＝ロスネーによって、「脅かされているのは地球そのものよりも人間である」ことや、ルネ・パセによって、「地球が生き延びること自体の条件となる調節のメカニズム」が問題視されていることなどを教えられるだろう。その上、七〇年代の危機感を煽る論調に対して不快感を露わにした者の中には、今や自分が同じ論調をとる者もいるのである。たとえば科学者であり「地球の友」の会員であるピエール・サミユエルは一九七三年にはこの破局主義を非難していたが、今日では、エコロジーの破局が差し迫っていることを懸念している(原注40)。至るところから、警戒信号が集まってくる。西側諸国は、死に至る発展を続けるならば破滅に向かうであろう。政治的なやりくり算段はいかなるものであれ、この死に向かう歩みをもう止めることができない。このように、ハンス・ヨナスやジャック＝イヴ・クストーだけが西側諸国に対して、鎖を解かれた個人主義を抑えるような倫理を取り戻すよう迫っているわけではないのである。

『責任という原理』のような広がりはないものの、ルーマニアの経済学者ニコラス・ジョルジュスキュ＝ロジャン(一九〇六〜一九九四)の生物経済学に関するもろもろの著作も、時として新しい倫理を引き出そうと試みた。「汝の種を汝自身のように愛せよ(原注41)」。また慎重、節度などの原則が、ピエール・カラムが代表を務める「人間の進歩のための基金」によって非常に高く評価されていることも同様に伝えておこう。カラムはその上、特にエコロジーの角度から見た地球規模の危機に関する考察を一九八六年以来行なっている「ヴェズレー〔パリの東南にあるヨンヌ県の村〕グループ」に参加している。「責任を持ち連帯する世界のための綱領」を著したこのヴェズレーグループはまた、哲学的なアプローチにも乗り出し、「責任を持ち連帯する世界のための共通原理」を明らかにしようとした（原注42）。世界の複雑性を強調することで悲観主義に至ることのないようにしながらも、ヴェズレーグループはそれでも、逆説的に慎重さの称揚となるものいくつかを含む七つの原理を主張している（「保護の原理」、「人間性の原理」、「責任の原理」、「節度の原理」、「慎重さの原理」、「多様性の原理」および「市民権の原理」）。エコロジストたちの間で、このような考察が繰り返されたことにより、哲学者ミシェル・ラクルワは、新しい「地球規模の倫理」と彼が称するものを明らかにすることとなった（原注43）。これは、人類がすべて死に絶えるという仮定に基づいて、種が生き延びることを確実にするという目的を定めるものである。『人類殺し』の結論として、ミシェル・ラクルワは、この新しい地球規模の倫理が「謙虚なヒューマニズム」を発展させると指摘することしかできない。

見てのとおり、エコロジー危機の深刻化が自動的に社会主義に至るわけではない。著者によっては、この危機は反対に、人間が先人たちによって遺された、あるいは神によって委ねられたものをしかるべく保つことができなかったことを語っているということになる。その上、「未来の世代」のことを言い出すことによって、すべて生物学の視点から考える側面が政治論議に導入された。こうした議論では種を救うために事実上個人がないがしろにされるのである。英仏二重国籍のエコロジスト、エドワール・ゴールドスミスは、おそらく表立って生物学に発想を得て政策を練り上げることに乗り出した第一人者の一人である。彼は、七〇年代の初めにはエコロジストたちの間で非常に人気があったが、その参画が過激であったために多かれ少なかれ周辺に追いやられてしまった。

エドワード・ゴールドスミスの保守主義的エコロジー

エドワード・ゴールドスミスが広く一般の人々に知られるのは一九七二年のことである。この類まれなエコロジストは、雑誌『ジ・エコロジスト』を創刊したところであり、それは以後エコロジストたちの間で参照されるようになる。彼はその際、西側の世界に対して、『変わるか消えるか』と題した著作を出して呼びかける。彼が広く一般の人々に提案する生き残り計画は、人が考えるであろうほど前代未聞のものではない。それは実は、メディアに取り上げられることがはるかに少ない他の著者たちの主張につながるものである。

彼らのうち二人が近い主張を特に展開した。ギュンター・シュヴァアプとゴードン＝ラトレイ・テイラーである。これら二人の著者に発想を与えている悲観主義的論調に加えて、それぞれの著作が『黙示録』からの引用ではじまることを指摘するのは無意味なことではないかもしれない。

気がかりな先例

一九六三年に初めてフランスで刊行された『悪魔との舞踏』(原注44)は人々に印象を与えなかったよ

うである。著者のギュンター・シュヴァプはまたほとんど知られていない（フランスで最初に彼を手がけた出版社によって紹介すらされていない）。『悪魔との舞踏』はエコロジー普及の分厚い著作を成している（参考文献目録にはおよそ五〇人の著者が含まれており、その中にはロジェ・エム、フェアフィールド・オズボーン、またアルベール・シュヴァイツェールもしくはアレクシス・カレルなどがあげられている）。ギュンター・シュヴァプは、自分の発表が人をひきつけるように、エッセーをフィクションの形で提示して小説化することを選んだ。こうして作品の初めから終わりまで悪魔が、自然の掟、つまり神の掟を尊重しなかったがために世界が破滅に至ることをおののきながら認めることしかできない数人の人間たちと話すのが見られる。根底において、『悪魔との舞踏』は、見事に事情に通じており、エコロジーの諸問題を異論の余地なく自在に扱っていることが分かる。今日世界に悪影響を与えている、あらゆる汚染や脅威がすでにそこに現われている（大気や土壌の汚染、水の浪費と汚染、浸食、旱魃、原子力の危険、人口爆発の可能性など）。こうしたことすべてから、ギュンター・シュヴァプは、人工的な世界の中での生活は、人間にとって害になると指摘するに至る。この作品から徐々に浮かび上がってくる教訓は、科学的エコロジーの伝統的教訓を参照している。つまり生きた世界は複雑であり、純粋に分析的なアプローチでは不十分だということである。ここまでは、見て分かるように、ギュンター・シュヴァプの本はエコロジーの科学に関して、新しいものをもたらしはしない。その独創性は他にある。ギュンター・シュヴァプは、工業化社会に関する検討をさらに推し進めることを決然と選んだのである。「なぜ我々に神を背負い込ませるのか。我々はもはや神を必要としない。我々は神の秘密をすべてくすねたのであり、我々は神よりもうまくやってさえいる。神の玉座はぐらついている。主権を持った人間がそれをひっくり返し、地上と宇宙において共和制を宣言しないうちに、神は王位を退いたほうがいいだろう(原注45)」。隠喩(知識のりんご)が何ページか先で明らかになる。『悪魔との舞踏』のある一章は、まさに「我々を生から遠ざけるこの進歩」を扱っている。二五〇ページ後で、小説の登場人物たちは、自分たちの悪習をはっきりと悟り、自分たちの不幸に対する解決をついに見い出す。許しを求め、神に従うことである。不幸なことに、現代文明は、この知恵の道を辿ってはいないようである。確かに、また幸いなことに、一部の遠く離れた地方(アフリカやアジアの未開の諸民族)は、いまだにこの西洋文明の影響を受けておらず、ある意味ではしかるべき形で発展している。したがって伝統、素朴、粗食の称揚が、この本の目次に登場する。しかしギュンター・シュヴァプはまた、西洋の現代人がその物質主義的無気力から脱して、より厳しい生活を選ぶのを見る希望も抱いているようである。健全な人間が弱い人間の必要を満たしてやらなくてはならないことが、彼にとっては不快である。衛生の進歩は特に弱い人間たちのためにはならないのではないか。「政治および政府の義務に、未来の世代の生活基盤を守ることが入る」とするギュンター・シュヴァプは、ただ一度だけ間接的に政治行動に触れる。具体的には、彼は、自然保護の諸団体が一丸となって、破壊的なもろもろの力に対抗しないことを遺憾に思うのである。

BBCの科学解説記者、ゴードン・ラトレイ=テイラー(一九一三〜一九八一)のほうは、数冊の著作を書いており、その一部は哲学、政治哲学および科学をたくみに結合させている(原注46)。かなり妙なことに、彼はフランスでは主に、一九七〇年に発したエコロジーの警告『最後の審判』によってしか知られていないが、一九七二年に発表されて一九七四年に翻訳された彼の著作『生を考え直す』が、保守の無政府主義的エコロジー思想の手堅い擁護となっているのである。ゴードン・ラトレイ＝テイラーは、非常に早くから、生活水準の上昇が引き起こす危険をいくらか見通していた。彼の著作『生物革命』は、今日では言い古されている倫理的な問いを予告するものであった。一九七〇年に発表された『最後の審判』は、より本来的な意味でのエコロジーに関する著作である。それは数多くの科学的な著作を一般に広め、より政治的な解決をいくつかおおまかに示している。この著作には、自然主義者および生態環境学者たちが惜しみなく与えた二つの主要な教訓が見い出される。つまり地球には限りがあることと、生は複雑であることであり、この二つの面を無視すると、いずれ人類は脅かされることになりうるのである。人口爆発が示す危険、および（特に原子力を基にした電力生産に関して）テクノロジーが引き起こす副作用が詳しく検討される。「このことから引き出すべき教訓は、近代のテクノロジーの過度に単純化された解決法が、本質的に複雑な自然のシステムに取って代わっても有効ではないということである（原注47）」。『最後の審判』は、政治的また哲学的には非常に一般的な提案と考察を幾つかおおまかに述べるだけにとどめている。バリー・コモナーに続いて、また彼を踏襲して、ゴードン・ラトレイ＝テイラーは、決定によっては重大なものもあるので、今後は民主的な討議が必要になると考える。人口問題に関しては、彼は強制的な解決法も退けないが、あらゆる人々に対して、二つの領域、つまり人口に関する領域と産業に関する領域で戦うよう呼びかける。それに付随して、彼は、後に発展させることになる、現代社会に関するより広範な考察も同様に始める。人間中心主義が徹底し、合理主義と科学が全能を振るうことを彼は懸念する。啓蒙の精神が本当にはその真価を発揮しなかったと、結局彼は評するだけに、一層心配なのである。そのうえ根を抜かれること、移動性および人工主義も同様に絶えずその副作用を表わしている。街中で人間は孤立し、しばしばストレスに苦しむ。時として、自分の知らないよそ者たちと顔をつき合わせ、不安を抱く。それからゴードン・ラトレイ＝テイラーは、人間におけるストレスの影響について考える。この科学解説記者は、多くの人々がアルコール、セックス、麻薬などに過剰にふけっていることを既に認めているのである。鬱症と自殺が増える。こうした弊害すべてに対する解決が示唆される。実は、テクノロジーによって獲得できたものと「過去の良き要素」を組み合わせること、いやさらに「工業化以前の社会図式」に戻ることが必要だろう。

『生を考え直す』は、政治理論に関する堅固な著作を成しており、社会学と民族学を大いに援用している。エコロジストの読者は、その中でおなじみの参照に出くわすであろう。ゴードン・ラトレイ＝テイラーは、近代性がもたらした恩恵について非常に懐疑的な態度を見せる。たとえば、近代人が自分の個人的な自由が保証されていると感じるとしても、同様に一層大きな孤独と不安定にも直面している。共同体は、たとえどんなに重苦しいものであったとしても、人間を一連の関係の中に組み込み、無一物のままに放ってはおかなかった。自分を発揮できる枠組みを提供してくれたのである。今日、生活習慣はばらばらになり、地域の文化を破壊する。さらに移民も同様にこの元来のアイデンティティを侵食しており、その脅威となりうる。というのも文化的に非常に異なった国から大挙してやって来ると、「新しく来た者たちは、同化しようとするができない（原注48）」からである。国家が徐々に共同体の様々な機能に取って代わり、経済がさらにもう少し非個人化する現代社会の無秩序を治すには、先へ行くのではなく、さかのぼって行動しなくてはならない。まず経済の分野では、小さな経済単位が現在の産業制度に取って代わるであろう。ゴードン・ラトレイ＝テイラーにおいて、スモールはそれだけでビューティフルなのである。

政治的には、ゴードン・ラトレイ＝テイラーは、近代性の荒廃ゆえに慎重になりきっているが、前近代の共同体を新しい視点で検討している。エコロジー的に考えると、原始共同体の自然に対する関係は、我々の自然に対する関係とは根本的に異なっている。原始共同体にあって、自然は尊重されている。多くの点で、原始共同体は、『生を考え直す』の著者をひきつける。しかしゴードン・ラトレイ＝テイラーは、現代社会をきっぱり切って捨てるつもりでいるわけではない。彼は単に、高度に分権化されていて、テクノロジーから最大限に利益を引き出す、「準原始社会」に賛意を表わしているのである。大都市は分解され、小集団のまとまりが強化されるであろう。そしてこうした共同体は、限定された領土をよりどころとするであろう。市町村が、社会の有機的な性格を再活性化するのにもっとも適した枠組みとなるのではないか。ゴードン・ラトレイ＝テイラーは、共同体の、「おぞましい習慣、タブー、凝った儀式など」を拒絶する。しかし彼は、個人と個人の関係の質、および決定を支配する（経済に限定されない）動機の多様性を良しとする。政治的には、ゴードン・ラトレイ＝テイラーは、右派も左派も富の生産ばかりに集中する事実を嘆き、共感を込めてルソーやクロポトキン〔ピョートル＝アレクセイヴィッチ：一八四二〜一九二一：ロシアの無政府主義的革命家、地理学者、生物学者〕を論じ、また無政府主義者に近い政治思想の領域に自らを位置づける。「無政府状態とは、規則がないことと同義ではない。単に『指導者』がいないことを意味するのである。無政府主義の基本原則は、集団の願望を発見すること、またこの同意を成員が受け入れることである（原注49）」。エドワード・ゴールドスミスも同じことを言わないだろうか。

エドワード・ゴールドスミスの生き残り計画

『変わるか消えるか』は実は、この上なく稀有な人物、エドワード・ゴールドスミスを中心として結集した、新聞『ジ・エコロジスト』の小さな編集班が執筆した共同著作である。

エドワード・ゴールドスミスは自分の辿ってきた道について多くを語らない。一九二八年生まれの彼が、アマゾンの先住民を擁護して本格的にエコロジーの立場を主張するようになるのは七〇年代の初頭になってからのことにすぎない。西側諸国の経済発展が惹き起こす弊害によって、彼は近代性についてより突っ込んだ問い直しをするようになる。『変わるか消えるか』という著作によって彼は国際的な名声を博す。一六カ国語に翻訳され、五〇万部刷られたと『森への訴え』は算定している。より技術的な他の著作がそれに続くことになる（原注50）。

『変わるか消えるか』（原注51）は、科学的な付録の添えられた、短いエコロジーの著作を成している。これをフランス語に翻訳したアルマン・プティジャン（原注52）の目には、この著作は「エコロジー政策の最初の一貫した計画」を表わしていると映る。しかしアルマン・プティジャンは、この著作には「客観的に『反動的な』」面があることも認め、全てを生物学の視点で説明しようとする調子を批判する。

『ジ・エコロジスト』の編集班が提案する「生き残り計画」(『変わるか消えるか』の副題)は実際、政治的な問題を扱うのに科学を拠り所とする。この点に関して、著作の付録は雄弁に説明している。付録Aは専門知識のない者を、科学的エコロジーとシステム論になじませるものである。付録Bは、「社会制度とその急変」の輪郭を捉えようとするものである。産業の弊害がはなから強調される。犯罪、不法行為、麻薬、アルコール中毒および精神病はたいていの場合、社会のまとまりをしばしば崩壊させる、産業化時代の人間の活動に帰せられる。編集班は、社会学に失望して、人間社会を他の自然のシステムにたとえることを考える。何ページか後で、編集班は、都市生活と現代の可動性ゆえにいかなる社会的なつながりも持続性がないという事実をおごそかに認める。サイバネティックス論がこれらのアングロサクソン系科学者たちの分析を導いていく。ところでこの視点に立つと、部族の慣習法のほうが近代の政治制度よりもうまく働くことを認めざるをえない。実際、近代の政治制度が社会のまとまりを、数多くの制度によって、また時として公然と抑圧的な方法で保障するのに対して、未開の部族は、自分たちのまとまりを多かれ少なかれ内在化された規則(習慣、世論の力など)によって保障するのである。ところで現代社会が、そのまとまりを保障するのにこの上なく苦労していることを、あらゆるものが示している(犯罪、アルコール中毒、精神病、自殺など)。

『変わるか消えるか』は、とりわけローマクラブ第一報告書の政治的な影響を引き継ごうとする。第一章は、エコロジーの査定を短くまとめる。著者たちは、成長を止めることができない場合、飢餓、伝染病、社会危機および戦争が続くことを世に向けて予言する。これらの研究者たちを突き動かしている基本的な事実認識は、常に同じである。すなわち限られた資源で限りなく成長を続けることはできないということである（国と国の間の不平等も同様に強調される）。この第一の不安の主題に、より厳密にエコロジーに関する懸念が加わる。合成製品が増えたことにより、人間の生が依存する数多くの複雑な生態系がひどく狂うのである。さらに編集班は調査を推し進める。市場経済の弊害が指摘される（人間の共同体の崩壊）。第二章は、エコロジー的にも人間的にも、より安定した社会の輪郭を描く。こうして著者たちは、地球のエコロジーの均衡を保障するのに適した一連の技術的方策、および社会を根本的に変えるように定められた徹底した政策を推奨する。『変わるか消えるか』は、「高度に自己制御的で自給自足的になるために、あらゆるレベルで政治的かつ経済的に分権を進め、またかなり縮小した規模の共同体を組織すること（原注53）」に賛意を表する。狙いは、人間たちをテクノロジーから解放することにある。具体的には、このような政策の実行は時として著者たちを過酷なジレンマに置く。例えば、低開発諸国において生じるエコロジー問題に関して、著者たちは、全ての欲求を即座に満足させることは、土地を破壊することとなり、将来に重い負担を残す恐れがあると認める（原注54）。この場合、さしあたり、彼らは、諸政府に、この問題に関してもう少し機敏な措置をとるよう求める。それは移住を終わらせるよう呼びかけることであり、またこの問題にカップルの関心を向け、避妊、不妊手術および中絶を自由化する、国立の人口問題部局を設置するよう呼びかけることである。経済情勢ともっと関係の薄いレベルでは、「ジ・エコロジスト」の編集班は、高度に分権化された新しい社会制度に賛意を表明する。このような制度によってまず、厳密に人口規制政策を適用することが可能になるだろう。しかし同様に、そして特に、市場もしくは国家が我が物としている諸々の権限を取り戻すことによって、小さな共同体が自らの未来を管理することができるようになるだろう。さらにまた、小さな共同体によって、それぞれの人間は親しい知り合いのネットワークの中に溶け込むことができるようになるだろう。こうなれば孤立して物質的な財をたくわえる気持ちにはなれないだろう。小さな共同体は、個人主義やその国家官僚組織に対抗して、具体的な人間に価値を置くのであり、こうした人間は、数多くの権限を再び手にすることができるであろう。したがって政治的エコロジーの名のもとに、『変わるか消えるか』の読者は、西側諸国において徐々に伝統から離れ、個別性を主張するように人間を仕向けた歴史の流れを逆転させるよう、またそれに呼応して、伝統的な有機的連帯の欠如を補う制度を創り出すようまさに促されている。この著作の中で、近代社会は非常に否定的な角度から見られている。つまり個人は、自己中心的な個人主義を生み出し、物質主義にはまり込んだのであり、社会を崩壊させる。小さな共同体は、自給自足的なものとはならないだろう。（住民五〇〇人の基本的小共同体から小さな都市を経て五〇万人の地方まで、さらに地球規模に至るまで）それは入れ子式になるであろう。「肝心なのは、ナショナリズムというこの危険で不毛な意思決定の仕組みの手前で留まり、またそれを超えて共同体の意識と地球規模の自覚を同時に生じさせる事である（原注55）」。一九七二年において、『ジ・エコロジスト』の編集班は、低開発諸国にたいして大きな期待を抱いている。というのも個人主義による荒廃は、これらの国々において、いまだ共同体意識を根こそぎ奪ってしまったわけではないからである。したがってそこでは、有害な大規模工業化に反対し、小さな規模に適応したテクノロジーを推し進めることがまだ可能であろう。

『変わるか消えるか』の第三章つまり最後の章は、主としてこの著作を凝縮したものである。ばらばらになる大衆社会に対して、共同体が輝いている。しかし政治的エコロジーの主張に関心をひかれた科学者であれば、論議の宗教的な調子を前にして、あくまでも懐疑的になるのではないだろうか。「言い換えれば、我々の文化において宗教の役割を再び見い出す必要がある。神の命令と自然の掟の間に矛盾はありえないだろうからであり、また生き延びるためには、人間は他の生物と同じく、自然の掟を尊重するべきだからである。安定した社会の基本的な信仰箇条とはこのようなものであり、我々は何事を考えるにおいても、このことを、身をもって捉えていなくてはならない(原注56)」。

『変わるか消えるか』に寄せられた反響は相当なものであった。この著作は数多くの論争を惹き起こしたのである。論争は非常に早くから始まる。

エコロジーを扱った『ヌーヴェル・オプセルヴァトゥール』一九七二年六月~七月の特別号において、この雑誌は、『変わるか消えるか』が、ローマクラブ第一報告書と同じ理由により、単なる西側諸国の資本主義的技術構造の産物であろうと読者に伝えるのが有益であると判断している(原注57)。エドワード・ゴールドスミスの政治計画の保守主義的な真の重要性に対するこのような頑な態度は、マルクス主義の発想によるものと推し量られるが、それでもはるかに明晰な精神を備えたエコロジストたちには影響を与えない。彼らにおいて、『変わるか消えるか』の主張は真剣に議論される。『開いた口』の第一号は、提案された解決法の一部の「反動的な」(原注58)性格を強調している。エコロジスト初の大統領選挙候補者であるルネ・デュモンのほうは、主張の一部が妥当であることを認めるが、また同様に、ゴールドスミスが問題の社会的および政治的側面を過小評価していることを批判している(原注59)。ブリス・ラロンド率いる「地球の友」の絶対自由主義的勢力圏も、エドワード・ゴールドスミスの主張に対して大いに注意を払っている。ゴールドスミスは、『野生』において、長い論壇欄を使うことが許されるのである。

しかしエドワード・ゴールドスミスが二十一世紀の挑戦に関する大部の著作を発表して、舞台の全面に戻ってくるのは、まさに九〇年代の初めにおいてである。

二十一世紀の挑戦

『二十一世紀の挑戦：世界のエコロジー的ヴィジョン』（原注60）は、『変わるか消えるか』をもっぱら強調したものである。つまり民族学の業績をよりどころにして見ると、現代社会は汚辱に覆われているということである。地球の問題に有機体の比喩を用いて取り組むジェイムス・ラヴロックの研究が頻繁に引用される。エドワード・ゴールドスミスは実際、このイギリス人研究者の業績に大きな関心を抱いていると何度も繰り返して宣言している。「私は、厳密な意味での仮説に代えて、ガイア（大地の女神）という用語をしばしば使った。つまり生物圏は、自己調節的な実体であり、化学的また物理的環境を制御することにより、我々の地球の健康を保つ能力を備えているということである（……）（原注61）」とラヴロックは書いた。こうして（海と大気を含む）地球全体が生命を保つ複雑なシステムを構成するはずである。したがって一部の仄めかしとは裏腹に、ジェイムス・ラヴロックが主張するガイアの理論は何よりも、サイバネティックスとシステム論を大いに拠り所とした作業仮説である。ジェイムス・ラヴロックは、新異教的な宗教感情や重苦しい科学主義に陥らないように努めた。こうした視点に立って彼は、このシステムの中で人間が取る位地について考えたのである。実際、人間はこの壊れやすい自己調節的なシステムに過酷な打撃を与えている。ジェイムス・ラヴロックの認識は厳しい。『いかに病んだ地球を治療するか』（原注62）において、ジェイムス・ラヴロックは、人間の行動（「人間という災い」）は腫瘍のようなものだと考えた。エコロジー危機のさまざまな要因が一つ一つ並べられた（工業化された農業、森林の伐採など）。しかし彼にとって主要な要因は、人間が人口の重みによって地球に及ぼす圧力にあった。こうした重圧は汚染を拡大するばかりなのである。ジェイムス・ラヴロックは、非常に手短に、自動車、食肉、さまざまな製品、化石燃料を控えめに使い、また技術の進歩を完成させるように、同時代人を促した。より根本的に言って彼は、人間が再び地球と共生し、地球との共同進化を意識することを望んだのである。エドワード・ゴールドスミスは、これらの主張から、世界を保守的に解釈するための補完的な議論を汲み取った。

『二十一世紀の挑戦』は、かなり妙なことに、一つの科学を否定するためにもう一つの科学に基づいている。エドワード・ゴールドスミスは、（全体論的、システム論的などの）世界へのエコロジー的アプローチの効用を称えつつ、世を支配する分析的科学の還元主義に反発する。原始社会は自然と調和して暮らしていた。様々な方法で、この自然の秩序から離れたのは近代社会である。天啓宗教〔ユダヤ教、キリスト教、イスラム教など超自然的啓示を根拠とする宗教〕は、この展開に与らないわけでは全くなかった。改めてエドワード・ゴールドスミスのまなざしは、人間が「宇宙の階層」の中に組み込まれる原始社会に称賛を込めて向けられる。原始社会は、世界に関して彼の抱くエコロジー的ヴィジョンに十分に応じるように思われる。その上、現代人は原始社会から必ず得るものがあるだろう。というのも倫理的また文化的な空漠に直面することはもはやなく、家族、共同体の中に組み入れられるであろうからである。分離した体制としての国家は常に厳しく批判される。小さな共同体にとって代わってしまったからである。基本的に、社会は「自然で自発的な生物圏として生まれたもの」であって、意識的で理性的な個人の間で交わされた社会契約の実ったものではないとみなされている。数多くの民族学の業績がエドワード・ゴールドスミスの考察の糧となっており、彼は結局、原始共同体は、国家なしで自分たちの問題を管理することが完全にできると考えている。「我々は逆に、拡大家族やその土地に固有の共同体を再び創りだすべきである（……）。我々はその中で進化してきたのである（原注63）」。したがって、西洋社会は根本的に変わらなくてはならない。我々と他の生物の関係を考え直し、小さな共同体を再び創りだし、家族の価値を再び認め、経済的自給自足を求めなくてはならない。こうしてエドワード・ゴールドスミスは、仲間の市民たちを「その道に」〔E・ゴールドスミス『エコロジーの道：人間と地球の存続の知恵を求めて』大熊昭信・訳、法政大学出版局「ウニベルシタス」、一九九八年参照〕、戻らせることを期待するのである。

『二十一世紀の挑戦』は、エコロジストたちの間でかなり激しい論争を惹き起こした。例えば、ジャン＝マリ・ペルト――「メッス・ヨーロッパエコロジー研究所」を創設し、さらに「フランス・エコロッパ」の名誉会長でもあることを思い出していただきたい――は、非常に褒めている。しかしエドワード・ゴールドスミスの著作を最も大きく取り上げたのは、「新右派」に近い雑誌『森への訴え』であり、「ゴールドスミスによるエコロジー：エドワード・ゴールドスミスの最新刊について」（原注64）

と題された大部の特集を出している。受け入れは『エコロジーの現状』の側ではもっと冷淡である。著作の「ニュー・エイジ」臭さに対してはっきりと敵意を表わし、さらにガイア崇拝に犠牲を捧げ過ぎているきらいがあると非難している。ルネ・デュモン自身がこのテーマに関して寄稿している。エコロジスト代表の元大統領候補者は、「エドワード・ゴールドスミス、彼のチーム、彼の雑誌の価値ある多大な寄与（原注65）」に敬意を表するが、すぐさま、同意できない点（ガイアという比喩、近代科学に対する非難、原始社会の称揚など）を数多く明らかにする。

それに対してエドワード・ゴールドスミスの反自由主義は、意外な効果を惹き起こす。実は、資本主義の弊害に反対して地域社会を擁護する立場でメディアの前線に立ったエドワード・ゴールドスミスは、オルタナティヴ派（代替派）の人々の耳目を集める。彼らは根本的に異なった理論的土台（左派の政治的素養、人間の自由の擁護、フランス革命が宣言した形式上の権利を具体化しようとする意思）から出発しながらも、所々でこのフランス人かつイギリス人のエコロジストと共鳴する。こうしてエドワード・ゴールドスミスは一九九一年、環境保護および社会正義に貢献している人々もしくは団体に授与される、オルタナティヴ・ノーベル賞（自然を尊重し、資源の公正な分配に貢献した人々に、ノーベル賞授賞式の前日にスウェーデン議会で与えられる「正しい生計賞（Right Livelihood Award）」の通称。一九八〇年創設）最優秀賞を受けるのである。その後彼が、何度も繰り返して、第三世界支援のフォーラムや集会で発言するのが見られる。『ジ・エコロジスト』を経由して、ある種の共同体的、全体論的テーマが、極左の側で威信を獲得するのである。こうして『ジ・エコロジスト』の主宰者の一人ニコラス・ヒルドヤードの資本主義に対する激しい攻撃が、翻訳を介して次々と、ベルギーの新聞『左派』（*La Gauche*）

およびフランスの週刊誌『赤』に再録されるのである（原注66）。

週刊『木曜のできごと』は、エドワード・ゴールドスミスの両義的な立場に関心を抱く最初の週刊誌のひとつであり、彼にインタビューする。しかしゴールドスミスは、ジャン＝フランシス・エルトが「肉と肉の共同体への回帰」（原注67）の賛美に対して感じる懸念を前に、いささかも動じることなく、自分の保守主義的な信念（家族、共同体、伝統の賛美）を繰り返す。このように、資本主義に反対するというだけでは、もはや自動的に左派に全権を委託するということにはならないのである。こうして必ずしも右派全体が「大資本」の手先ではないということが改めて分かる。このことは、政治討論をマルクス的に解釈することによって見えなくなっていたのである。それでも左派の勢力圏は、こうした考えにいまだ耳を傾けず、また反動的な著者を平然と迎え入れるということが見て取れる。しかしエドワード・ゴールドスミスは、自分の書いたものの中で、また「エコロッパ」協会に活発に参加することで、己の立場を明確にすることを決して怠らなかった。

ドニ・ド＝ルージュモン（一九〇六〜一九八五）と他の人格主義およびエコロジストの知識人数名によって設立されたこの団体は、人格主義とエコロジー主義の混合を培う。エコロッパのフランス連絡委員会の委員長になったエドワード・ゴールドスミスは、活動に積極的に参加し、フランス部会は次第に彼の影響下に入る。フランス部会は、エドワード・ゴールドスミスとその弟の実業家で億万長者であるジミー・ゴールドスミス（一九三三〜一九九七）（原注68）に見たところ非常に近いアニェス・ベルトランが主宰している。かつては国家統制主義を一刀両断に否定し、経済自由主義のために闘ったジミー・ゴールドスミスは、エコロジー的で伝統的な社会の利点を兄によって納得させられた。彼はこうしてフィリップ・ド゠ヴィリエの候補者名簿で、保守派のヨーロッパ議員に選ばれ、数多くのエコロジー団体を財政的に支えることになる。エコロッパ協会はおそらく（『ジ・エコロジスト』と全く同様に）彼からの財政的な恩恵に与ったようである（原注69）。この情報と、エドワード・ゴールドスミスが極右運動「GRECE」のシンポジウムに参加したという知らせ（彼は同様に、一九九七年十一月に『危機』（*Krisis*）のインタヴューに応じる）を合わせて考えると、このフランス人かつイギリス人のエコロジストの信用が損なわれる。このことにより、エコロジストたちの間や、エコロッパ協会が活発である（自由貿易主義反対のキャンペーンなど）第三世界支援主義者たちの間で、激しい動揺がおこるのである（原注70）。

「ローマクラブ」の進歩主義の航跡

「ローマクラブ」の主張が一般に広められたことでまた、成長の限界に関する第一報告書の悲観主義および破局論に対して、しばしば激しい反応も起きた。主に二種類の不満が向けられた。一つ目は多くは技術的なものであり、報告書が結論の根拠とする要因の数が少なすぎることを嘆き、また手法のテクノクラート的な非政治性を相対化しようとするものである。二つ目はより政治的であり、政治的エコロジーの左傾化を強めるものである。

成長を阻止すべきか

一九七〇年代の初めにおいて、時代の雰囲気は、終末論的な予測を発表するのに適していない。六〇年代の終わりに、皆が経済成長崇拝を唱えているのだ。そこで一部の指導者が、成長の速度を遅くしようという呼びかけは非常識ではないかと考える。六八年五月が、世を支配する物質主義に敵意を抱く絶対自由主義で極左的な勢力圏を生み出したとは言え、これに属する人々は、成長がいつか尽きることがあるとはまったく考えていない。彼らは、先見性のある運営による節度ある経済に甘んじる権利というよりも、（利潤を無期限に繰り延べる代わりに）経済成長の恩恵を直ちに享受する権利を要求するのである。『週刊シャルリー』の周辺に集まった一部の人たちのように、エコロジーの破局を予感する者はまれである。左派陣営では、新社会党が、当時まだ非常に力の強かった共産党と、経済成長の競り上げに乗り出す。そして革新的で独自の声が表明されると、それは「アメリカの挑戦」に応じようと焦っていることがわかる（原注71）。『レクスプレス』の精力的な社主にとっては、競争力と経済的挑戦しか問題とならない。ジャン＝ジャック・セルヴァン＝シュライベールは著書の中で特に、ハドソン財団とハーマン・カーン〔一九二二～一九八三：アメリカの数学者、未来学者〕が行なったアメリカの未来予測の業績を参照する。この大部の報告書（五〇〇ページ以上）は一九六八年にフランスで翻訳される（原注72）。その中では、信じがたい予測が発表されている。報告書『二〇〇〇年』は、原子力生産産業が進展することを歓迎し、「将来何百年か先のある時、人口が、多分一〇〇億ないし五〇〇億の間のどこかに収まるレベルで自ずと安定するはずである（原注73）」と見積もり、「国民総生産が非常に増加すること」などを見込んでいる。結論において初めて、ハーマン・カーンとアンソニー・J＝ウィーナーは、「我々の後に来る人たち」の運命を心配し、「希望が持てないほど、自然および社会の環境を」悪化させてはいけない（報告書の最後の文である）と述べるのである。その他の部分は全て、ある前提に基づいているが、不幸にしてこれはじきに誤りであることが分かるのだ。「我々は、我々の研究の何よりも重要な要素が以下のものであろうことを既に確証した。現在の経済的傾向は、ほぼ滞りなく今後三十二年、さらにその後も続くであろう（そしてベル・エポック〔二十世紀初頭の、好況に支えられた古きよき時代〕が一九〇八年と一九一四年の不況、そして第一次世界大戦によって突然中断されたようにはならないであろう）（原注74）」。

こうして西側諸国の人々は、慎重な姿勢を保ち、驚きつつ、「ローマクラブ」の、危機感を煽る予測を読むのである。誰も自分の生活水準を下げることを本当には望まない。批判は、カトリック教会、共産主義者、ド＝ゴール派、テクノクラートなどあらゆる方面から来る。「ローマクラブ」に出された第一報告書の表題の不適切なフランス語訳（『成長の限界』ではなく『成長を阻止すべきか』）は、論争を掻き立てるばかりである。人口学者アルフレッド・ソヴィはこうして一九七三年に、『ゼロ成長？』（原注75）と題された著作を発表する。彼は悲観主義者たち、特に「ローマクラブ」を非難する。彼はゴードン・ラトレイ＝テイラー、アンヌおよびポール・アーリック、フィリップ・サン＝マルク、エドワード・ゴールドスミス、ジャン・ドルストなど、近い見解の文献にまで検討を広げる。アルフレッド・ソヴィは、これらの文献を歴史的な展望の中に位置づけ直し（特にマルサスとの比較は不可欠である）、とりわけこれらの著作の一部の断定的で危機感を煽る結論に含みを持たせて考えるように、そして発展の地域的な相違を考慮するように訴える。不明瞭な点は多々残るものの、彼は自分の結論において、状況の深刻さに異議を唱えはしない。むしろ議論の方向付けをし直そうというのである。この人口学者に言わせると、人口問題は当面、豊かな国々による貧しい国々の搾取ほどは急を要しない。彼が見るところによると、豊かな国々が物質的な豊かさの恩恵に浴しているのに対して、他の国々が最小限のものすら得られない限りにおいて、地球の理性的な開発は、まず豊かな国々が態度を変えることを経て行なわれるものである。「まさしく社会主義と称すべきものへの、おそらく新しい道を通る歩みが、徐々に提案され、それから必然的なものとなるだろう（原注76）」。

同様に、成長の限界に関する報告書の包括的な特徴ゆえに、ある大学教員のチームが、「ローマクラブ」に出された第一報告書、および「ローマクラブ」がそこから引き出した結論に多くの含みを持たせようとすることとなった。『反マルサス』（原注77）という衝撃的な表題のもとに、サセックス大学の一二人ほどの研究者たちが「『成長を阻止すべきか』の批判」を作成する。彼等のうちに、政治学者一人と経済学者および物理学者数人が認められる。この著作はまず、環境問題に関してアメリカ合衆国で行なわれた討論の評価を行ない、このテーマを一年で三〇〇以上の著作が扱ったと指摘する。全体として、サセックスのグループは、現在は実際、緊急事態であるが、分析の大半は過度の単純化に陥っていると評する。社会科学における数学的モデル化が批判されているというよりも、取り上げられた要因の数が不十分であることが残念だとされている。『反マルサス』は学際性をより広げることに賛意を表わしている。この目的のために著作の前半は、ＭＩＴが余りにもそそくさと扱った一連の問題（再生不可能の資源、人口、農業、工業生産など）をすべて取り上げなおす。しかし後半は問題を広げる。文化的な可変要素を大量に導入し、成長の限界に関する報告書の著者たちの自称中立性を相対化しようとする。そもそも『反マルサス』のこの第二部の「イデオロギー的背景」という表題に曖昧さはない。この中では、システム論の方法を支持する者の一部の、テクノクラート臭さや反民主主義的な下心に手厳しく照準が当てられている。

これらの批判すべては、スイスの大学教員フィリップ・ブラヤールが体系化し、より詳しく発展させている。この大学教員は、一九八二年に発表された『ローマクラブのペテン』(原注78)というショッキングな表題の著作の中で、「ローマクラブ」を厳しく検証している。初めの部分で、「科学的と称する数点の著作」を流布させるこのグループに関しての論調が定まってしまっている。痛快な証明(「ローマクラブ」第一報告書が社会的格差を過小評価していること、報告書が問題の包括性を強調していること、「ローマクラブ」にテクノクラート的な側面があることなど)の結びとして、フィリップ・ブラヤールは「ローマクラブ」のエリート主義を嘆くに至る。「したがって真のそして唯一の政治的および社会的変革は、経営者たちおよび彼等の合理性を利するように指導者階級の均衡を回復させることだということになろう(原注79)」。つまりフィリップ・ブラヤールにとって「ローマクラブ」は、テクノクラートの合理性によって動かされる、新しい経営者のエリート層の姿を予見させるものなのである。

経済危機が起きた際に、いかなる反個人主義の意思も激しく撥ね付け、市場経済の責任を低く見積もるために、「ローマクラブ」第一報告書のテクノクラート的性格を利用した者も中にはいる。しかしそうした人たちの数はそれほど多くなかった。ギー・ミリエールは、一九九二年に、多くはアングロサクソン系であるこのような自由主義者たちの論考を幾つか集めた。『エコロジーと自由：環境へのもう一つのアプローチ』(原注80)はこうして、東側の重い官僚制がエコロジーに損害を与えることを自ら例証した以上、自由主義経済が唯一、エコロジー危機を解決するのに適していると、競って、また繰り返し強調する。経済学者のジェラール・ブラムレのほうは、大雑把な攻撃文書の中で、「ローマクラブ」が推奨するMITのモデルは、市場経済において、製品というものは、稀少になるにつれて価格が上がるということ、また環境は所有権がないときに悪化するということを、実にあっさりと忘れていると指摘する(原注81)。しかし単純化に陥っているこうした良識に、世の人々はほとんど説得されなかった。フランスにおいては、多くの国々におけるように、エコロジストたちはしばしば、エコロジー危機が起きたことの責任の大部分は、短期的な利益競争にあるとする。したがって彼等にとって重要なのは、もはや「ローマクラブ」第一報告書に磨きをかけることでも、そのテクノクラート的な側面を残念がることでもない。緊急の課題は他にある。なぜ世界はこの致命的な傾斜へと引きずられてしまったのか、誰がこの偏流に責任があるのか、また誰が現在もっともそれに苦しんでいるのかを明確に言わなければならないのである。

エコロジーと第三世界支援主義

第三世界支援に対する関心が一九七二年のストックホルム会議の際に、明白に表明される。そもそも準備報告書『我々に地球は一つしかない』(原注82)を読めば、それが差し迫っていることは予感できた。

「国連人間環境会議事務局長」モーリス＝F・ストロングの依頼でバルバラ・ウォードと生物学者ルネ・デュボスが作成した、この非公式の報告書はとりわけ、五〇カ国以上から来た一五〇人以上の顧問が参加した大部の著作である。彼等のうちには、セルジュ・アントワーヌ、ダニエル・ベル、エドワール・ボヌフ、バリー・コモナー、ピエール・ダンスロー、コンラート・ローレンツ、ジェローム・モノ、ルイス・マンフォード、ヤン・ティンベルヘン、アウレリオ・ペッチェイ、グンナー・ミュルダールなどが認められる。報告書は、幾つかの財団（コロンビア大学のアルバート・シュヴァイツァー財団、フォード財団）および世界銀行の援助を受けて資金を調達した。協力者の大半は科学者であり、生物学者が大勢いる。しかし経済学、農学、社会学、人類学など他の分野にも開かれていることが指摘できる。

「これほどまで熱を込めてハゲワシの運命を案じながら、ゲットーの子供が感じているきれいな空気の必要性をないがしろにするのは不当ではないか（原注83）」。『我々に地球は一つしかない』は、それなりの科学的な利点が認められる自然主義を過去へ追いやることはせずに、本来のエコロジーの手法を採用する。この報告書の執筆者たちに言わせると、我々と同様未来の世代のために、地球を「賢く運営する」ことが特に問題となる。実際、地球はエコロジーの不均衡に病んでおり、これは大方、世界に刻印を押す人間活動のせいである。不幸なことに、人間は誤って分析的科学を偏重し、いまだに生の深い複雑性（生存競争と協調を組み合わせる自然）を知らないでいる。自然の体系の相互依存関係を短絡させるテクノロジーが特に非難される。時に市場は、その短期的な論理によって非常に限定されたものであることが暴露される。一九七二年にあって、『我々に地球は一つしかない』の著者たちは、炭酸ガスの蓄積が、最終的に温室効果を生じることになるのではないかと思案している。原子力も同様に、どう処理したらよいか分からない放射能を生み出す。しかしこうした包括的な問題を越えて、問題となっているのは人間である。生活の枠組みの一様化や、様々な汚染が人間の心理的均衡を乱しているのだ。そこで当然、相互依存関係を考慮することになるであろう、地球全体を見据えた精神と戦略を推奨し、諸国家の主権を緩和し、連携させ、「地球秩序」へ向かう必要がある。バルバラ・ウォードとルネ・デュボスは同様に、先進工業社会が世界資源の四分の三を浪費することから生じる、目に余る不平等を告発しようとしている。彼等の著作の一部はこうして特に、人口を制御することができないと、容赦ない自然の人口制限にさらされる危険のある発展途上国の憂慮すべき行く末を検討している。これらの国々が、当座のところ、物質的豊かさの追求を優先させるのは当然である。学校教育と識字教育は、蒙昧を終わらせる限りにおいてプラスになるが、異なった文化的伝統を尊重することも必要である。「そしてとりわけ、どのようにしたら、あらゆる汚染の中で最悪のもの、つまり地方や都市の周辺層における絶望的な貧困の日常性と闘い、それに代えて仕事、安全、健康そして希望の可能性を増大させることができるだろうか（原注84）」。

この最後の問いが、ストックホルム会議で行なわれる討論の内容をかなりよく要約している。ジャーナリストのクロード＝マリ・ヴァドロは公式の会議及びいくつか並行して行なわれたフォーラムに参加して、そのように語った（原注85）。その際「ローマクラブ」の会長は、大量の赤ん坊が毎日生まれていることにぞっとすると宣言したことで抗議を受けることとなった。こうしてアウレリオ・ペッチェイに対して、ある者は、西側先進国の赤ん坊一人は、第三世界の赤ん坊一人よりも二十五倍消費していると反論した。中国人とインド人は、一義的に人口増加を非難する主張に対して特に激しく論駁する態度を取った。アフリカの指導者たちのほうは、経済的帝国主義によって一部の国の発展が遅れていることに対して、西側諸国に重い責任があると指摘した。またある者は、発展の遅れがしばしば汚染を生み出すと言う事実を述べた。全体的に見て、ストックホルム会議の参加者たちは、ウォードとデュボスの報告書が開いた社会的かつ政治的な突破口にこのようになだれ込むのである。自由、平等、満足な生活条件に対する人間の権利が優先される。こうした前提条件がひとたび設定されると、計画化、分かち合い、社会の進歩を優遇するエコロジー政策の概略が描かれることになるのである。

一九七二年六月十六日のストックホルム環境宣言は、その政策をいくらか伝えている（原注86）。人間の両義的な性格、「環境によって創られ、環境を創るもの」がまず強調される。環境を変えることは正当であるが、それは分別をもってなされるべきであり、乱用があってはならない。とりわけ低開発国は、まず物質的欲求を満たし、それから環境保護を考慮に入れる義務がある。先進工業国は発展途上国を援助すべきである。より包括的には、人類全体が今後、これらの新しい要因を考慮するべきである。国際協力が望ましいとしても、それはあくまでも地方および政府当局が成し遂げる成果だろう。

当面、具体的な成果はいまだ乏しいが、環境保護のための同意が現実に発せられる。会議に引き続いて、「国連環境計画」が創設される。会議を組織したモーリス・ストロングが一九七二年から一九七六年までその責任者となる（原注87）。ジャーナリストのクロード＝マリ・ヴァドロは、このことに関して、（ケニヤに設置された）「国連環境計画」（ＵＮＥＰ）は、超国家的政治権力が不在であることから、（「地球の友」のようなタイプの）エコロジストの非政府組織が結集し、永続することを促すよう努めたと伝える。世界の汚染を監視し、地中海を救うことがその最初の目標の中に見られた。ジャーナリストのロジェ・カンのほうは、「国際環境計画」の二十年を扱った記事の中で、二五〇人からなるこの国際機関が、一連の世界のエコロジーキャンペーン全体（絶滅の危機にある種の保護、砂漠化との闘い、酸性雨、廃棄物の循環など）に大いに弾みをつけ、先進国同様低開発国も後に従わせたことを指摘したのである（原注88）。

ストックホルムの息吹

一九八三年、国連総会は、「環境および開発に関する世界委員会」（ＣＭＥＤ）を創設し、三つの任務を定める。環境および開発に関する重要な問題を再検討し、現実的な解決策を表明すること。それにしたがって変革と協力を提言すること。個人、ＮＧＯおよび政府に対して（問題の理解を容易にしたうえで）義務を負うように促すことである（原注89）。委員会の構成を見ただけで、一九七〇年代の初め以来辿ってきた道程がわかる。ノルウェーの労働党員グロ＝ハーレム・ブルントランドを委員長とする、委員会のおよそ二〇名のメンバーは大半が政治的責任者であるが、全く個人の資格で参加している。「ローマクラブ」報告書のタイプの厳密に科学的な報告書は遠いものとなっている。環境は政治問題になったのであり、もはや専門家の閉じられた領域ではないのである。その上、大半の地域（ヨーロッパ、中国、インド、アメリカ合衆国、アフリカ、ソ連）の代表がそこに参加している。

結果として、「環境および開発に関する世界委員会」は、エコロジーの科学の教訓を自らのものとして引き受けることを何度も繰り返す。地球が壊れやすい小さな球である以上、人間の掟と自然の掟を和解させることができるように、一つの有機体としての地球に取り組むように、委員会は読者を促す。汚染は全ての国に影響するから、問題の体系的な性格を見定め、国際協調のために働かなくてはならない。そして汚染に国境がないならば、また期限もないのであり、よって例の未来の世代のことも同様に考える必要がある。しかし「環境および開発に関する世界委員会」の報告書は、エコロジー危機の社会的また政治的側面を強調している点で、それより以前に出された様々な報告書と対照をなす。委員会は例えば、主に低開発国の人口増加を非難する主張を、工業国が大量消費国であることを改めて述べて相対化する。さらに、ゼロ成長という展望は全て根本的に反駁されている。成長が鈍ると社会的目標を放棄するに至る政府があることを、経済危機が実際に八〇年代に証明したのである。このような成り行きを、貧困そのものも汚染であると考える「環境および開発に関する世界委員会」は非難する。その上、社会的貧困がしばしば極度の環境悪化につながると認めるこの報告書の初めから終わりまで、社会的な関心事が登場する。「環境および開発に関する世界委員会」は、不平等と貧困を減らし、機会の平等を促そうと考える。委員会は、現在のジレンマの一つを避けて通ることはしない。第三世界は、今のところ多くの汚染産業を抱えているが、それを必要としているということである。

「環境および開発に関する世界委員会」はこうして、社会的な変数を重視するこのような包括的な事実確認をした後で、「経済成長の新しい時代」に賛意を表する。これを環境の尊重と両立させるために、委員会は、フランス語で「支持できる発展〈 développement soutenable 〉と訳される、「持続可能な発展〈sustainable development〉」という概念を定義する。「持続可能な発展とは、現在の欲求に応じながらも、未来の世代の欲求を満足させる能力を危うくすることのないように努めることである。経済成長を終わらせようなどということでは全くない。とんでもないことである。この概念には、発展途上国が大きな役割を担い、そこから大きな利益を引き出すことができるような、新しい成長期に入らない限り、我々は貧困と低開発の問題を決して解決することができないという確信が内在している(原注90)」。「環境および開発に関する世界委員会」はこうして、低開発国に対して多額の援助をすることに賛成する。具体的には、浪費を少なくして生産を増すことである。何度も、委員会は安易な善悪二元論の轍に陥りそうになるのを免れる。こうして委員会は、特に第三世界で、軍事費が財源を独占することを強く嘆く。しかし委員会は、持続不可能な発展が、核紛争の展望と同じくらい危険であると急いで付け加える。民間利用の原子力に関して言えば、放射性廃棄物の再処理の問題は、言うまでもなく相変わらず解決がないのであり、最近のチェルノブイリ大事故を見てもわかるように、この形態のエネルギーは推奨されるものではない。しかし「環境および開発に関する世界委員会」は、新たなるエネルギー源の調査を加速させることに賛同するものの、簡潔に、原子力は現在も必要不可欠なエネルギー源であることに変わりはないと認める。あらゆる生物種が、複雑なエコロジーの循環に与ることで、人類の安寧に貢献するという限りにおいて、それらを保全すべく注意を怠らないのが望ましい。このように経済的理由が、この分野において、(倫理的、美的など)より伝統的な動機を補強するにいたるのである。「環境および開発に関する世界委員会」は、自ら法外に野心的な、したがって当面到達できない組織上の企画に迷い込むことなく、組織上の改革がまず(例えば「国連環境計画」

のような）既存の組織を強化するべきだろうと評するが、これは妥当な考え方であろう。しかし並行して、委員会は、「科学界や非政府組織の役割」が増すことも望む。これら二つの勢力圏が、最初にエコロジー危機の重大さを把握し、したがって広く一般に警告を発したからである。こうして貧困に対する、平和のための、そして全ての国が共有する資源の管理のための闘いが、「環境および開発に関する世界委員会」の定める優先課題となるのである。

環境保護の問題は、「環境および開発に関する世界委員会」の報告書によって、重要な二つの段階を踏み越える。一つは、環境保護は、もはや生態環境学者や自然主義者たちの専売特許とはみなされないということである。つまり市民一人一人がこのことに関心を持つよう促されるのである。他方、「環境および開発に関する世界委員会」は、それまで対立によって考えられてきた（暗黙に経済的）発展とエコロジーを両立させるよう、公然と呼びかけるのである。

「環境および開発に関する世界委員会」の関心に近いものが、「ワールドウォッチ研究所」が毎年出している報告書に見い出される。アメリカのいくつかの財団が出資する民間機関であるこの研究所は、何人もの研究者たちを集めており、彼らは、世界のエコロジーの状態に関して作業を行ない、毎年、長々と展開され注釈のつけられた報告書で、広く（自分たちが問い掛ける）一般の人たちに結果を伝える。しかし報告書が、時に、様々な論考に任せて、豊かな者と貧しい者との不平等の著しい増加や軍事費に関して長々と論じるとしても、また機会があれば前書きを、フランス人の激情的な第三世界支援主義者ルネ・デュモンに委ねるとしても、問題は全般的に、まともに政治的というよりも生物学的かつエコロジー的な視点で提起される。

リオの社会サミット

一九九二年、「リオ環境会議」は、討論の一部を蒸し返すことになる。一九七二年におけるように、大雑把に言うところの南の数多くの発展途上国が、単純化して言うところの北の工業国に非難の指を向ける。工業国は、環境悪化における自分たちの重大な責任を忘れていると非難されるのである。「リオサミット」が近づいたことに刺激されて、様々な行動が打ち出される。一九八九年、二四人の国家元首もしくは政府首脳が（その中にはミッテラン大統領がいる）、大気の温暖化を懸念し、「我々の国は地球である（原注91）」と宣言する。同じ年に、世界先進七カ国が、パリの新凱旋門においてサミットに集まる。彼らはこれにきわめて強いエコロジー色も出したいと考えている。しかしフランスにおける、政治的エコロジーの歴史的リーダーたち数名は、このサミットにほとんど満足せず、「第一回最貧七民族サミット」と題された対抗サミットを立ち上げようと積極的に動くことになる（原注92）。ベルナール・ラングルワの主宰する週刊『ポリティス』は、ルネ・デュモンが第三世界支援の立場から行なう分析に関心を寄せているが、真の優先課題（軍事利用の原子力の脅威も含む）がどこにあるのか、またエコロジー危機の真の責任者がどこにいるのかを改めて指摘することを買って出る。この対抗サミットの開催の理由を説明する「七カ国サミットの国家元首に対する公開状」（原注93）において、多くのエコロジストたち（イヴ・コシェ、ルネ・デュモン、ソランジュ・フェルネクス、アントワーヌ・ヴェシュテール、ダニエル・コーン＝ベンディット、エドワード・ゴールドスミス、ジャン・シェスノー、アンリ・ラボリ、テオドール・モノ、アルベール・ジャッカールなど）がこうして、世界の主な責任者たちに対して、現在の発展の方法を根本的に改めるように、また第三世界及びここにおいて社会問題に取り組むよう呼びかける。結局「緑の党」が、数多くの慈善組織、第三世界支援主義者たちの組織、またエコロジストたちの組織の側で、この「第一回最貧七民族サミット」を直接支持する唯一のフランス政党となる。さらにルネ・デュモンが、この対抗サミットの記録の「環境」という部分に署名を入れることとなる。

南北の対立は、それから数年後に再燃する。一九七二年におけるように、南の諸国は、エコロジーが北の国々にとって、自分たちを低開発の状態に留めておくための巧妙な議論となるのではないかと恐れる。いまだに北の国々は地球の資源をあらかた占有しているから尚のことである。北もまた同様に地球を汚染しているのである。発展途上国は、こうして、なぜ主に北が惹き起こしたエコロジーの損害を償うために、自分たちが悔恨してみせなくてはならないのかと問う。北が生活の質を推し進めるのに対して、南の国々は、生き延びることが先決だと答える。例のオゾン層の「穴」が、すでに同じような対立を惹き起こしたことがあった。生命を危険な紫外線から守るオゾン層は、実際八〇年代に、工業化された北から大量に排出された汚染物質の影響で弱くなったのである。しかし今回、北側は責任を認め、汚染物質の排出を減らすばかりでなく、インドや中国のような一部の国々が、このことに関してより効果のある技術を装備するのを援助すると約束した。そして『レクスプレス』の記者ブリュノ・アベスカは、「世界エコロジーの新しい秩序が進行中である（原注94）」と確認したのである。アマゾンの森を守ろうという展望も同様に激しい論争を惹き起こした。「リオ会議」が近づくと、ブラジル人の多くが、自分たちの主権への承認しがたい干渉と感じて激しく反発した。アマゾンの地域を保護しようとする意思は、相当な割合を占める貧困層を抱えており、木材の売却を外貨の貴重な源とする国に対する、豊かな国々の帝国主義をまさに表わしていると、一部の者には映るのである。『現在』の記者に対して、あるブラジル人は反論する。「もし日本人が、オヴェルニュ〔フランス中央部の地域。牧畜を中心とした伝統産業とミシュランなどの近代工業が経済を支える〕を国連の統治下に移行するべきであると決定したら、あなた方は何と言うでしょうか(原注95)」。しかし「リオ会議」は、こうした経済的および社会的側面を広く考慮に入れることとなる(原注96)。フランスでは、問題のこうした政治的な側面は、「エコロジーの植民地主義のようなもの」が始まることも同様に懸念するイグナシー・サックスによって、非常に早い時期に看破されていた。この同じイグナシー・サックスは、三年後に、「リオサミット」がこの悪しき慣例に陥ることがなかったことを喜ぶのである(原注97)。

「リオ会議」

一九九二年の「国連環境開発会議」は、最終的に、一一〇人の国家元首および政府首脳、一七八カ国からの五〇〇〇人近い代表者、一〇〇〇以上のNGOそして九〇〇〇人のジャーナリストを集める。というのも公式のサミットと並行して、NGOが主催する非公式のフォーラムも行なわれるからである。フランスとしては、NGOのフォーラムをあらかじめパリの科学産業都市〔パリ市内の北の第一九区ヴィレット地区にある〕で迎えることで、リオにおけるその開催に重要な役割を担う。同様に、「フランス緑の党」が、リオにおける世界のあらゆる「緑の党」の国際会議の開催を引き受けることになる。

NGO全体のフォーラムは実に様々な運動を集める。その中には「グリーンピース」、「地球の友」、「ユニセフ」、「人間の地球」などが認められる。数多くのエコロジストたちが、そこに公権力の無為無策に対する市民社会の勝利を見ることになる。それが昂じて、「条約」に勝手に調印する団体までがでてくるほどである。しかしジャン・シェスノーは、こうした率先行動に好意的であったが、後に自ら、これらのNGOの代表資格には問題があったことを（北の豊かな団体が主導権を握っていたこと）認め、狂信的な運動や商業的な運動が出席していたことに不快感を表わすことになる（原注98）。NGOの公的権力に対する政治的干渉が正当であるかという問題は、それまでは（例えば「ローマクラブ」や「グリーンピース」にとって）言うまでもないことのように思われてきたが、こうしてついに、間接的ではあるが、提起され始めるのである。この疑問は、様々なNGOが調印した色々な「条約」を読むことで、膨らんでいく（原注99）。実際、大半は妙な内容を呈しているのである。

リオの公式サミットの結果採択された文書は、それほど突拍子もないものではない。セルジュ・アントワーヌ、マルティーヌ・バレールおよびジュヌヴィエーヴ・ヴェルブリュジュがその調査目録を作成している。満場一致で採択された「リオ宣言」および「アジェンダ21」（あるいは「行動計画21」）、「持続可能な開発のための世界委員会」を創設するという数点の文書、（気候および生物多様性に関する）二つの協定書、そして森林と砂漠化に関する二つの文書がそれである。国連が、全体として気前よく色々と意図を宣言するこれらの主要文書（原注100）を刊行した。地球は一つであると述べる、名高い「環境および開発に関するリオ宣言」は、一九七二年の「ストックホルム宣言」の延長に位置し、二七の原則を表明している。「リオ宣言」の第一原則は、ストックホルム会議の際に兆しが見え、ブラントラント報告で強まった傾向を非常にはっきりと確証している。「人間が、持続可能な開発に対する関心の中心にいる。人間には、自然と調和した健康で生産的な生活を営む権利がある」（リオ宣言、第一原則）。この前提条件を据えると、「リオ宣言」は次に、環境保護のための国際行動の具体的な方式を検討する。国家の主権は再確認されるが、領土の外に損害をもたらしてはならないし（地理的制限）、また現在および未来の世代に害を与えてはならない（時間的制限）。この「持続的発展」は、貧困の排除、人口の統制および浪費の追放を前提とする。先進諸国は特に、様々な汚染に関して十分に責任を負うこと、そして例えば適切な技術を伝えることによって、最も立ち遅れた国々を援助するよう求められている。それぞれの国のレベルでは、「リオ宣言」は、国家に対して、国民の関心を高め、環境保護に参加するように促すこと、また汚染者負担の原則を採用することを求めている。国家は、問題になっていることに関して科学的な確実性がないことを理由に、潜在的に危険な作業に乗り出すようなことがあってはならない。大規模なエコロジーの事故が起きた場合には、国家には、犠牲になるかもしれない人々にできるだけ早く知らせる義務がある。「リオ宣言」の本文の中には、環境保護について重要な役割を果たすとみなされる女性、若者、原住民の共同体に充てられている部分もある。

会議が採択した「アジェンダ21」のほうは、「リオ宣言」の側面の一部を精緻化する多くの詳細に踏み込んでいる（原注101）。ここでは、二〇〇ページ以上のこの資料の、四つの部分にだけ触れておこう。(1)「社会的および経済的側面」（貧困に対する闘い、健康、経済など）、(2)「開発を目的とした、資源の保全と管理」（大気、山林の伐採など）、(3)「主要グループの役割の強化」（女性、子供、先住民族、NGOなど）、(4)（財政的、科学的、教育的などの）「実行手段」。「アジェンダ21」は、「世界的な協調体制」を設置しようと考えている。

最後に、「リオ会議」の後で、取り交わされた約束の追跡調査を行なうために、「持続可能な開発委員会」が創設されること（原注102）を伝えておこう。しかし五年後に幻滅を味わうことになる（原注103）。というのもエコロジー危機の社会的および政治的な側面をリオで確認したところで、交わされた約束を尊重させることを請け負える国際的政治権限が存在しないので、即座には効果がほとんどなかったからである。それでもこの穴を取り繕うために、提案がなされた。例えば、元首相のミシェル・ロカールは、不注意で時期尚早だったかもしれないが、「リオ会議」の際に（原注104）あえてエコロジー的干渉の義務を称えることをした。しかしこのような提案に、エコロジストたちですら乗り気にはならなかった。その実、彼らは、現状ではこのような権利によって、避けがたい原則（森林を守ること、人口を制御することなど）の名のもとに、豊かな国々がその政策を貧しい国々に押し付けることができるようになるのではないかと恐れるのである（原注105）。世界的権限や干渉権の問題はしたがって未解決のままとなる。

フランスにおいて、エコロジストたちは「リオ会議」を強い関心をもって見守った。彼等がその準備に重要な役割を果たしたことは見たとおりである。より掘り下げて言えば、「リオ会議」は、エコロジー危機の捉え方が著しく精緻化するのを確実にし、また明白にしたのである。二十年の間に、大きな一歩が越えられたのである。バリー・コモナーが六〇年代末に、収益性競争を非難して周りから浮いていたのに対して、今日ではエコロジー危機を利潤競争に帰するのはほぼ常套句になっている。力関係という問題に関して、エコロジストたちは、主に生物学的な論調から、世界の社会的分析に大挙して移行している。当初はこうした政治的な分析を頑として受け入れなかった自然主義者たちですら、今日では政治的選択の結果である経済の論理を非難することに同意している(原注106)。しかし当然のことながら、このようなエコロジー危機の政治的分析がもっとも盛んになるのは「緑の党」においてである。リオ・サミットが近づいた際、「緑の党」はそもそも、市場と自由主義を強く非難していたのである(原注107)。こうした非難が、フランスにおける政治的エコロジーの第三世界支援主義的な方向性に敏感な元共産党員たちから好意的な反響を受けたばかりではない。こうした反響はとりわけ、エコロジーを数号に渡って扱った、手堅い雑誌『運動』(元は、『M』つまり『月刊マルクス主義運動』)の周辺にも見い出される。また他にもピエール・ジュカンに近い改革派共産主義者の中で、直接行動主義と共産主義的素養を携えて、公式に「緑の党」に加わる者も出てくる。雑誌『政治的エコロジー』にはこの方向性が記されることとなろう。この雑誌は意図的に資本主義の弊害の告発を何度も繰り返すことになる。しかし市場経済をエコロジーの角度から問い直すことは、特に一九七四年の大統領選挙においてルネ・デュモンが候補に立ったことで、フランスにしっかりと根付くこととなったのである。

エコロジーと社会主義

懐疑的正統派共産主義

当初フランス共産党は、七〇年代初めに展開されたエコロジーの主張をそれほど受け入れてはいなかったようである。実際、（「統一社会党」を除いて）それに関心を抱く党はほとんどなかった。フランスの科学界そのものも、デカルト主義や専門化に忠実であり、より包括的な研究方法を採用するのには時間を要したのである。

ヴァンサン・ラベリは生態環境科学者であると同時に共産主義者である。彼はこうした無理解を証言している（原注108）。彼は非常に早い時期に、フランス共産党がエコロジー問題に目を開こうとしないことを気にかける。彼の目には、フランス共産党は、メドウズ報告書〔ローマクラブに提出された報告書の別名。作成したＭＩＴの研究者チームの責任者デニス・メドウズの名に由来する〕を大雑把に読んだだけであり、その潜在的可能性を全て探ることをしなかったと映る。党は、場合によっては生活水準が下がるかもしれないことに苛立ち、余りにもそそくさと、より深い問いをすべて退けてしまったのである。それは誤りであったとヴァンサン・ラベリは評する。彼は、バリー・コモナーの業績に深く影響され、コモナーの書いたものの中に、共産主義的選択と合流する結論を見い出す。実際すでに見たとおり、バリー・コモナーは、〔エコロジー危機の主な要因である〕テクノロジーが、生産手段を所有する者の選択の結果として生じることを執拗に強調しており、公然と社会主義に訴えかけている。したがって、彼の目には、テクノロジーの真の民主主義が必要だと映るのである。ヴァンサン・ラベリは、マルクス主義的な著作の多くが科学主義に損なわれていると進んで認めつつ、資本主義的生産は地球と労働者を消耗することを強調したこの偉大な思想家の比較的知られていない著作を数点発掘する。彼は、ピエール・ジュカンの援助にもかかわらず、「フランス共産党」の経済学者たちとの建設的な対話を始めることに失敗する。それでも彼は、改革派共産主義者たちに、もはやぐずぐずせずに加わり、特に彼らが一九八九年のヨーロッパ選挙に提出する候補者名簿に〔その中にはクロード・ルラブルがいる〕名を連ねる。

それでも共産主義者たちは、エコロジストの呼びかけに対して、いつまでも完全に無関係であるわけではない。例えば一九七三年、「社会出版」は、『マルクス主義と環境』〔原注109〕と題されたギー・ビオラの著作を出す。この著作は、調子のいい紋切り型といった感じのものである。ギー・ビオラは、カール・マルクスを引用して衒学的に前書きを始める。マルクスにとって、来たる共産主義とは、人間の自然に対する、また自らの内なる自然に対する支配である。それから彼はすぐに、ジョルジュ・マルシェ〔一九二〇〜一九九七：一九七二年から一九九四年までフランス共産党の党首。一九八一年の大統領選挙候補者〕の引用へと移る。マルシェに言わせると、数多くの労働者たちがよりよい生活を営めるようにする政策に即刻着手しなくてはならない。その次に救援に駆り出されるのはレーニンである。この共産主義国家の前元首に言わせると、意識的な人間は自然から離れるが未開の人間は離れない。エコロジーに誘惑された共産主義の選挙民は、この教訓を理解することであろう。ギー・ビオラによると、我々は現在（一九七三年）、利益のみ追い求める資本主義の深い危機に直面している。その結果、規模の大きい生産手段を共有に移行することが必要になる。このようにエコロジーが階級闘争、労働と資本の対立を隠すようなことがあってはならないのである。『マルクス主義と環境』の結論として、ギー・ビオラは、人間は様々な方法（道具、科学、技術など）で自然と距離を保つ限り、純粋にまた単純に動物とみなされるわけにはいかないであろうと執拗に述べる。この前提を述べた後は、環境危機が資本主義の全般的な危機の一つの面にすぎないことを強調して繰り返すのである。

同年一九七三年、パリのファビアン大佐広場に編集部を置く雑誌『マルクス主義による国際研究』が「人間と環境」（原注110）と題された合併号を出す。それは実は、共産系の執筆者が書いてフランス語に訳された文書（約一〇篇の論考）を集めたものである。その根底には、エコロジーに関する沈黙が根強くある。というのもエコロジーは階級闘争を二次的な位地に追いやる傾向があるからである。共産主義者たちは問題を見誤ってはいない。進歩主義的な展望に自らを置くこの雑誌は、人間はこの世に現われてから常に環境を形作ってきたし、また同時に何らかの形で自然の一部をなすと考える。したがって現在のエコロジー危機は、過去への回帰あるいは総懺悔を必要とするものでは全くないのである。むしろ逆に、科学を向上させてこそ、不均衡の原因をより仔細に検討することができるはずである。共産主義者たちに言わせると、エコロジー危機が生じたことに対して資本主義は重い責任を担っている。したがってニクソン大統領やポンピドゥ大統領がしたように、国民全員に生活水準を切り詰めるよう呼びかけることは誤りである。利益よりも人間の物質的および文化的欲求に価値を置くような社会主義体制を立てるほうが時宜にかなっていると考えられる。このようにこれら一〇篇ほどの論考を読むと、ブルジョワの空論家たちが、資本主義国家においてわざわざ気晴らしをするためにエコロジーを引き合いに出しているにすぎないと教えられる。「ローマクラブ」型の余りにも抽象的で包括的なアプローチに対抗して、共産主義者たちは、環境保護に関して社会的要因の重要性や社会主義諸国の優越性を改めて述べる。それでも『マルクス主義による国際研究』のこの号を注意深く読むと、全体として肯定的に評価できるとしても、欠落がいくつか見えてくる。いまだ誰も社会主義の資本主義に対する異論の余地なき優越性をあえて疑問に付すことがないとしても、社会主義諸国において時に遅れが色々と生じたことが認められるはずである。

一九七八年、世界規模で資本主義が転覆するという展望は、しばらく前から霞んでしまっている。エコロジストたちの行動としての言説はフランスでは過激化し、今後彼らを現状維持の支持者とみなすことは困難になっている。エコロジストと共産主義者の行動方法の合流は、幾つかの点でつまずくとしても強まる(原注111)。自らは共産主義者であると宣言するが、一九八一年にはブリス・ラロンドの背後にいるのが見られる、作家のカトリーヌ・クロードは一九七八年、『エコロジーへの旅と冒険』(原注112)と題されたエッセーにおいて、エコロジストの行動方法と共産主義者の行動方法を比較しようとする。彼女は、エコロジストたちが提起する諸問題の妥当性を認めながらも、彼らと議論に入り、自分としては気に入らない幾つかの点(土への回帰のあいまいさ、田園世界の称揚の両義性、西洋型「発展」の全面的な断罪など)を指摘する。カトリーヌ・クロードはこうして幾つかの立場を明らかにしようと考える。結局、彼女から見れば、新しいスタイルの成長が、利益がすべてである資本主義の論理を覆すことを要求しているのである。この作家に言わせると、エコロジストたちと共産主義者たちは、諸国民に自分たちの歴史を完全に統御する力を返し、各個人の自由と開花を増そうという意欲において合流するのである。

十年後、全く異なった、つまりより科学的な論調によるものであるが、エコロジー危機の解決はマルクス主義を経由すると認めることになるのは科学者パスカル・アコである。哲学者、国家博士、国立科学研究センター（ＣＮＲＳ）の科学史研究員、フランス共産党国民学校講師である彼は、エコロジーに関して数点の著作を執筆している。その中で特に、「フランス大学出版（ＰＵＦ）」で刊行された二点の『エコロジーの歴史』が挙げられる（原注113）。その二冊目は、科学的エコロジーに関する考証をささやかながら集めたものとなっている。しかし一九八八年に出た兄貴分のほうが教えるところは多い。著者の哲学的な前提を十二分に開陳するのである。彼によると、あらゆる困難は、人間をエコロジーの研究領域に入れようとする意思から生じる。「人間のエコロジーの対象は、自然と社会の界面に位置づけられる。人間は一方では、文化を刻印されるという性質を持つ生物学上の種を構成し、他方では、生物的および社会的欲求を満たすために自分たちを取り巻く自然の形を変えるのである（原注114）」。社会的な人間か、それとも生物学上の人間か。真実はこれら両極の間にある。この点に関してパスカル・アコは、（特にシステム論に頼ることを特徴とする）多くのエコロジストたちに、社会生物学的な臭いを嗅ぎつけている。そこで彼としては、この件に関して、どれほどマルクス主義的なアプローチが必要であるかを強調することが可能なのである。マルクスとエンゲルスは、労働が人間の特性を成すと考えるのだから、実際この仮定では、生物学上の法則を人間世界に一方的に移行させることなど考えられない。動物は収集し、人間は生産する。この共産主義科学者は、マルクスによると人間の本質が社会関係全体を包含することをことさら述べ立てる。さらに彼は、エコロジストたちが自律協働性（慈悲、連帯、分権、緊縮など）を称えることは、意識せずとも、社会生活の現実を霞ませる、聖性への回帰のようなものを表わしていないかと懸念する。普遍的調和を求めることは、システム論の主張と完璧にかみ合うから尚更である。したがってお分かりであろうが、結論として、パスカル・アコは利益競争に反対することで、人間ではなく環境悪化の具体的な原因に立ち向かうよう読者を促すのである。

フランス共産党はこれらの立場に陣を張ることになる（原注115）。これらの立場は、一九八一年末にカミーユ・ヴァランが創立した「環境闘争国民運動」の主張にも同様に見い出される（原注116）。様々なエコロジスト運動の中では特異であるが、共産党に一層近いこの「環境闘争国民運動」はとりわけ、原料を節約することを可能にする原子力を擁護する。というのも「環境闘争国民運動」にとって、エコロジーの悪化の原因となるのは科学の進歩ではなく、やはり利益競争なのである。

しかしエコロジーと社会主義の結合を早めるのはこのような科学主義ではない。

異端エコ社会主義

アルベール・ジャッカール教授は、共産主義者たちおよびエコロジストたち双方に近い。彼は、最も恵まれない人々のためのデモの際に時折、彼らに現場で出会うのである。彼はエコロジストたちに評価されており、二つの勢力圏の間で思想を伝えるのに事実上貢献した人物の一人とみなされうる。一九二五年生まれ、理工科学校出身、人口研究所遺伝部の元部長である、この集団遺伝学の専門家は、科学的著作数点と一般向け著作を多数著している。彼は社会生物学と人種差別に激しく反対して、広く一般に知られることとなった。エコロジー問題に対する彼の研究方法には、彼の人口統計学者としての経歴の跡が強く残されている。数多くの生態環境学者やエコロジストとは反対に、彼は未だに、人口増加が今日最も急を要する問題であると考えているのである。彼の目には、現在の特徴である、急激に増加する人口は、工業化よりもはるかに懸念されると映る。したがってアルベール・ジャッカールは、『人口爆発』(原注117)という問題に特に関心を集中させて、とりわけ出生率を下げる目的で、貧しい国々が教育計画の費用を賄えるよう援助することを、豊かな国々に呼びかけるのであり、宗教、政治、経済の権威者たちが未だにこの問題を避けていられることに驚く。しかしアルベール・ジャッカールはまた、地球上を支配する貧困にもショックを受ける。彼は実際、ずっと前から、利益の追求は短期的な合理性から生じると考え、大勢の排除者を出す「勝ち誇る経済」に反対し、また地球人全体の間で資源を分かち合うという意味での共産主義に賛意を表わしている。

逆に、数多くの共産主義者たちが、エコロジーの要因を考慮する危急の必要性を感じており、最終的には緑の党に加わるほどである。こうした加入は、既に何年か前から理論的には潜在していたもので、八〇年代終わり、つまり改革派共産党員のピエール・ジュカンが一九八八年の大統領選挙に立候補して落選した後に行なわれ始める。この決着の日が近づくと、ピエール・ジュカンは実際、『仲良く自由』(原注118)というエッセイを出版し、その中で彼はオルタナティヴ自主管理経済に賛意を表する。

彼は、利益競争に対抗して、慣例的な価値を復権させ、異なる極の間に（生産者、市民、消費者、労働者など）引き裂かれた人間を融和させることを考える。エコロジーに充てられた部分もある。左派の著名人が数名この計画に集結する。しかしキャンペーンの伸びは世論調査でも明らかになったものの、選挙は正真正銘の失敗に終わる。第一回戦で二・一パーセントの得票率である。というのもピエール・ジュカンは、全ての者を満足させようとして、公約を分散させ、メッセージを薄めたので、それは一貫しないものとなってしまったからである。得票率が低かったことに狼狽した彼は、最終的に、彼の勢力圏「新左翼」に徐々に終止符を打つことを決心する（これは後に「赤と緑のオルタナティヴ派」：AREVとして統一社会党と合併することとなる）。この失敗をきっかけとして、彼はエコロジストたちと接近することとなる。翌年一九八九年、ピエール・ジュカンは、アントワーヌ・ヴェシュテールがヨーロッパ選挙に提出する候補者名簿に賛同し、さらに一九九一年には緑の党に公式に加わり（原注119）、エコ社会主義の道を擁護する。この道は、エコ社会主義のヨーロッパ選挙公約『ヨーロッパにおける緑のオルタナティヴ〔代替案〕』（原注120）の執筆という形で表現されることになる。

ピエール・ジュカンに近い立場で彼の大統領選キャンペーンの音頭をとったジャン＝ポール・ドレアージュも数多くの科学的エコロジーの著作を著しており、エコロジー雑誌を主宰している。一九八六年、彼はジャン＝クロード・ドベールおよびダニエル・エムリと共同で、『力の隷属』（原注121）と題された「エネルギーの歴史」を発表する。この著作は、この元共産党員にはなじみの視点で、すでにエネルギーの角度からエコロジーを扱っている。たとえば一一頁目に達するや読者は、カール・マルクスがすでに、人間と自然の間のやり取りに関する考察の前提を極めて知的に設定していたことを教えられる。著者たちが掘り下げようと考えるのは、マルクスが後に放棄するこの直感である。こうして彼らのエコロジー的なアプローチは常に、生物圏、自然を社会関係、社会構造と関連付ける。資本主義は短期的な経済合理性を特徴とし、とりわけ再生不可能な化石エネルギーを乱用することで本領を発揮する。それだから再生可能で分権化されたエネルギーを優遇するような社会主義の一形態を資本主義に代えて採用する必要があるのだ。一九九一年にジャン＝ポール・ドレアージュが発表した大部の『エコロジーの歴史』(原注122)も同様に、自然を支配するように人間をそそのかす資本主義を責めたてる。この断絶は言うまでもなくすでにその萌芽が聖書の中に見い出されると彼は認める。しかし人間中心主義が本当に勝ち誇ったのは十六世紀になってからである。マルクス自身は、このような自然の過小評価には人間にとって有益な面も見られた（多神教の終わり）と評価していたが、また同様にエンゲルスと共に、社会と自然は引き離すことのできない一つの全体を形成するとも考えていたことをジャン＝ポール・ドレアージュは強調する。著作の終章において彼は、世界を、つまり女性を、動物を、植物を支配するように人間の運命を定めていた西洋の伝統を覆すという限りにおいて、エコロジーは彼に「体制破壊的な科学」であるように見えると明確に述べる。ジャン＝ポール・ドレアージュとしては、懐古的なため息をつくことなどやめて、真の「自然の経済学」として構想されるエコロジーを選択する。この点に関して、彼はあらゆる経済偏重政体の誘惑に、あらゆる科学主義に、またあらゆる社会有機体説の視点にも反対する。エコロジー問題がグローバル化したからと言って、強権的な世界権力を設立することになってはならない。それとは反対に「エコロジー的で地球規模の新しい市民権」が出現するように、また「別の時代、つまりエコロジー以前である我々の時代の学問の細分化を終わらせるような新しい文化」（原注123）が出現するように働かなくてはならない。同じ仰々しさで、ジャン＝ポール・ドレアージュは、以後多くの集会や様々な出版物で福音を説いて廻り、一九九一年末に、雑誌『政治的エコロジー』を創刊する。その紹介宣言文は、数語を除いて、彼がさらに「発見出版社」で主宰する「文書を拠り所にして・エコロジーと社会シリーズ」叢書の紹介宣言文と同じものを成している（原注124）。雑誌は、時に呪文を唱えるようなことになりがちな、エコ社会主義路線に照準を合わせてすぐに息切れする。現実に複数ある政治的エコロジーの情報源（自然主義とエコロジー、絶対自由主義、人格主義などの流れ）に門戸を開放せず、時に、「緑の税」もしくは「カマルグの洪水」などに関する記事を発表して、つぎはぎをしているような印象を与えるのである。

最後に、エコ社会主義は、次第に多くの共産主義者に呼びかけるようになっていることに留意して頂きたい。こうして非常に手堅い雑誌『マルクス現在』は、例えば、一九九二年の後期に、「エコロジーというこの歴史的唯物論」と題された特集を出した。さらに政治的には、エコロジストの勢力圏に、共産主義者の著名人が数名加わることが散発的に起こる。例えば刺激的な雑誌『運動』を主宰するジルベール・ワッセルマンは、緑の党と対話を重ね、「進歩主義オルタナティヴ〔代替案〕会議」と共に、一九九五年ドミニク・ヴワネの立候補を支援する。ヴワネは同様に、元共産党員閣僚マルセル・リグーとシャルル・フィテールマンの散発的な支持を受ける。フィテールマンのほうは、一九九四年のヨーロッパ選挙の際に、既に緑の党に対する支持を表明していた。

ルネ・デュモン、すなわちエコロジーと社会主義の結合

フランスにおける政治的エコロジーの象徴的な人物のほうはと言えば、遅れて、つまり七〇年代初頭になってようやくエコロジストの立場をとることとなった。一九〇四年生まれ、農学者としての教育を受け、それを職業とするルネ・デュモンは当時既に、非常に多くの出版物と発表によって世界的な評判を享受している。世に認められた専門家として彼は、時に開発の問題に直面する国家元首たちから相談を受け、彼らに対して時に公に批判を向けることを怠らない。非常に早い時期に反植民地主義の立場を取った彼はそれでも、経済的新植民地主義が、政治的植民地主義に狡猾に取って代わった事実を、遺憾に思いつつ認める。実際、植民地支配から解放された多くの国々が、西側諸国の発展の仕方に魅了されて、外貨を獲得し工業国と張り合う目的で、自分たちの食料産品を、輸出用作物のために犠牲にしたのである。しかしそれは代償を払ってなされた。というのもこのようにしてこれらの国々は、自分たちが制御できない論理、手っ取り早く言えば市場の法則に入りこむからである。これらの国々のうち多くがこうして、経済に関しては主権の実効性を奪われることになる。それは事実上多国籍企業、大企業のカルテルによって行使されるのである。こうしてルネ・デュモンは、第三世界を支援する立場で活動するからといって、時に担当政府に帰せられる責任を、こびずに徹底して吟味するのを控えることは決してなかった。一九六六年に共著として刊行された『我々は飢餓に向かう』は、このテーマを説明する。

『我々は飢餓に向かう』(原注125)は世界中の未開発国と開発国を大急ぎで見て廻る。西側諸国を扱った

節の中には、農業に関して必要な構造改革を訴え、また今後農民にとって代わるとされる農業企業家に対するある種の魅惑を示しているものもある。しかし前もって農業部門を強化するという配慮なしに大規模工業開発に乗り出す国々に関しては、繰り返し疑問が呈せられる。新しく独立した国々の中には実際、苦労して獲得した、なけなしの外貨を浪費する寄生的な指導階層が出現するものもある。さらに原料の輸出はしばしば低価格で、また次第に食料の耕作を犠牲にして行なわれるようになっている。これらの国々が急速に工業化をとげようとするならば、肥料と機械化に大いに頼ることが時として前提条件となる。先進工業諸国はこうしてしばしば、第三世界の国々を依存関係に留めておく。富める者と貧しき者の格差は際立ち、原料は第三世界の国々を犠牲にして浪費される。一九六六年において、ルネ・デュモンとベルナール・ロジエは、土地に相当な負担をかける人口爆発をも懸念する。社会主義を選択した国々に関しては、余りにも重い教条主義が破局に至る可能性があることは明白である。『我々は飢餓に向かう』はしたがって、何らかの経済的自由主義を回復させることをこれらの社会主義政府に促す。結論として、ルネ・デュモンとベルナール・ロジエは、現実の世界的な連帯のみが、現在の格差を終わらせることができるだろうと評する。資源を再配分する任務を負う世界経済機構、世界政府の展望が主張される。『我々は飢餓に向かう』はこうして「人類全体の連帯という共同体的かつ人格主義的な理想、人間を尊重しつつ、発展の加速を促進しながらも、不平等のより少ない地球経済を建設しようとするような社会主義の理想」を擁護する（原注126）。

その後何度も繰り返してルネ・デュモンは、不満と非難を述べることとなる。それらは例えば、十年ほど後に発表される『社会主義のエコロジーだけが……』（原注127）に見い出される。ただしその中で、彼は工業化による発展方法の効用を、以前ほど確信していないことを表明する。一九七二年以来、つまり例の「ローマクラブ」報告書が出て以来、実際この第三世界支援主義者の書くものは、よりエコロジスト的な色合いを持つようになっている。以後彼はしばしば、自然のエコロジー均衡を尊重する、中間的なテクノロジーを好意的に考えるようになり、農学者として、限度を超えた工業計画に乗り出す国があることを以前にも増して嘆く。一九七五年に、エコロジー関係の叢書において発表された短い著作、『飢餓の成長』(原注128)はこうした成熟を示している。しかしこの理由により、この著作におけるエコロジーに対する譲歩は、あくまでも限られたものとなっている。ルネ・デュモンは、一毛作をことごとく非難する者や、幾分秘教的すぎる自然農法を賛美する者に組することを拒否する。世界的なレベルでは、世界政府が出現する可能性はあまりにも不確かであるからには、地球の稀少な資源を再配分する集団機構を作るために働くことがやはり必要だとする。「新しい人間」の探求は放棄されるわけではない。しかし、この探求は、今後、各々の人間が自分の町の建設に具体的に参加しつつ、自ら開花することができるような、(田園あるいは都市の)小さな基本共同体を辛抱強く構築することを通して行なわれる。こうした共同体は分権化され、連邦を形成することとなるだろう。このようにして中国が長い間ルネ・デュモンの関心を強く惹いていたことが理解できよう。しかしその全体主義が、有望だと見えたこの実験(手仕事を尊重しつつ、下から自給型経済を構築する試み)に影を投げかけたのである。

ルネ・デュモンは、西側諸国に対して非常に批判的であり、第三世界の国々が危険な模倣に屈するのを急いで思いとどまらせようともしている。この点に関して彼は何度も繰り返し、死に至る西側の経済モデルの輸入に反対して、共同体の伝統を復活させることに賛意を表わしたのである。七〇年代がフランスにおいて、国家に反対して社会を滑稽なまでに称揚する民族学的な発想の主張を一般化するのに好都合だったこと、数多くの知識人や研究者たちが当時、アメリカ先住民を介して、近代性に対して毒矢を放っていたこと、さらにヒューマニズムが構造主義、マルクス主義および精神分析の合同攻撃を受けていたことが分かっている以上、ルネ・デュモンは近代性を非難する者たちの寄せ集めの行進にこうして加わったのではないかと問うことができる。このような問いを促す要因（原注129）はいくつもある（物質的緊縮、共同体の賛美、進歩主義哲学の批判など）。しかしこのような疑問は、第三世界を支援するこの農学者が書いたものの大部分を、たとえ表面的にでも検討すれば、おのずから消える。ルネ・デュモンは、国家間の、また個人間の自由と社会正義を守ろうと考えているのであり、重くのしかかる宗教的伝統を神聖化しようとは考えていない。きっぱりと彼は、様々な労役に疲れ果てたアフリカの女性たちの開放を奨励し、全ての者が学校教育を受けることに賛同する。同様に、ある種の伝統を尊重するからといって、彼は、その多くが非常に階層化されていた植民地化以前の共同体を賛美することはしない。最後に、基本的共同体は、民主的であるならば、したがって男たち、女たち、そして子供たちの意思に同じように留意するならば、彼にとって望ましいのである。ルネ・デュモンは、場合によっては、こうしてそれぞれの村が小さな共和国になることを望む（原注130）。

ルネ・デュモンが、とりわけ統一社会党において擁護するヒューマニズム的社会主義は、したがって共産主義やその贖罪的歴史主義とはかなり隔たっている。それは、歴史の進行を加速させるために個人に現在の痛悔をさせることを拒否する。よりよい世界の探求も同様に、個人の自由と社会的権利を即座に広めることを経てなされるのであるが、それでもより長期的な展望も建てられるのである。「真に社会主義的な計画はしたがって、二重の目標を目指すべきである。つまり経済的な目標であり、社会の不平等を減らすことである。そして絶対自由主義とでも言えそうな目標であり、より大きな自由、より大きな開花、より大きな参加をめざすものである（原注131）」。

ルネ・デュモン自身の言うところによると、彼の関心をエコロジーに向けたのは、特に一九七二年の「ローマクラブ第一報告書」であり、このことに留意するのは無意味ではない。というのもこの第一報告書は、エコロジー問題に対する大雑把な取り組み方を特徴としており、それが時にデュモンにおいても見い出されるのである。まさに数多くのエコロジストたちが非難をただ一つの要因に集中させないようにして長い間分析を磨き上げてきたのに対して、ルネ・デュモンは、さらに長い間、ただ一つの問題（「『P』爆弾」）を述べ立てるがためにもっと突っ込んだ問いがすべて隠れてしまうような主張を一般に広め続けるのである。彼は、人口のゼロ成長、いやそれどころか減少が望ましいだろうと考える。けれども、より全般的に見ると、彼は「ローマクラブ第一報告書」から急いで引き出した結論の一部に大きな含みを持たせている。一九七五年に行なった対談で、彼は消費社会を激しく非難するが、経済に関しては「ゼロ成長」の立場を取ることを拒否している。ルネ・デュモンは、「現在の成長とは異なった成長、つまり設備および集団の必需品に重点を置く成長、最も恵まれない人たちの欲求に重点を置く成長」に賛成する。「我々は、削減すべき超過消費を抱えた我々の国において、非常に異なった成長を考えなければならないのです（原注132）」。彼が、いくつかのエコロジスト勢力圏の発案で、一九七四年の大統領選挙に立候補した際、シャルル・ロリアン（エコロジスト候補に名乗りをあげたが承認されず）は、国際的な大資本家を問題視することのないように、また配分社会主義をうまく隠すために、ローマクラブがデュモンの立候補を推し進めた（原注133）とさえ疑う。

ユートピアあるいは死

一九七四年の大統領選挙へのルネ・デュモンの立候補が結局、選挙民の一・五パーセント以下の支持しか得られなかったとしても、このことに関する真の興味は他にある。実際初めてエコロジーが全国的レベルで政治に参入し、恒久的に政治的状況に根を下ろそうとするのである。こうしてルネ・デュモンのキャンペーンはこの創設行為によって、今後エコロジー諸政党が長きにわたって接がれていくことになる土台を事実上形造るのである。今日いまだに、政治的エコロジーの情報源が極めて分裂したままであるのに対して、ルネ・デュモンの本だけが、様々な傾向のエコロジストたちを特に連合させるように見える。とりわけ『ユートピアあるいは死』（原注134）がそうである。この著作の第一章は、まず成長の物質的限界の問題に焦点を当てて、「ローマクラブ第一報告書」の延長に立って、地球のエコロジー評価表を作成する（有限の世界における指数的成長、化石資源の枯渇など）。しかしこの評価表には、より政治的な考察（第三世界における軍事費や輸出用産品の耕作の弊害、豊かな国々による資源の浪費など）が添えられている。それからルネ・デュモンは、科学的な意味でのよりエコロジー的な考察（生の複雑性を知らないことの危険）を自分の発言に組み入れる。さしあたっては仄めかす形で彼は、短期的な利益競争がこうした弊害を数多く生ずることを指摘する。手短に軍産コンビナートが攻撃される。

最後に彼は、『ユートピアあるいは死』の第一章を、人口増加を懸念して締めくくる。人口増加の停止は、強権的な方法と本腰を入れた政治的および社会的な規律を必要とするのだ。彼は過去を振り返って、日本において一貫して中絶が行なわれていたことや、中国ではある時代において女児の一部が遺棄されていたことまでも正当化する。結論として彼は、問題の政治的側面を強調し、読者に、「ローマクラブ第一報告書」や雑誌『ジ・エコロジスト』の保守的な非政治主義を乗り越えるよう呼びかける。そして第二章へとそのまま移行する。

「豊かな国々の豊かな者が責任者である」が『ユートピアあるいは死』の第二章の表題を成す。しかしこの章は、このような説教調の視点を取るだけに留まらず、エコロジー危機の元にある経済構造も同時に非難する。「利益経済は成長を止めることができない」。非難は、経済制度とその主な受益者に同時に向けられているから二重である。利益経済に関するルネ・デュモンの不満は知られている（市場は貧しき人々、下部構造を成す人々などを無視する）。そうは言っても、こうした不平等に終止符を打つであろう社会主義の到来や、「新しい人間」の出現は、資本主義制度をあらかじめ転覆させることに依存しているわけではない。この制度に対しては、今からその錯誤を攻撃することで、即座に対抗することが可能である。したがってそれぞれの人間が不平等や浪費と日常的に闘うよう促されるのである。

これと並行して、支配される国々で反抗が轟く。『ユートピアあるいは死』の第三章は、これらの国々に充てられている。西側諸国に従った結果、落胆が重なる。しかし第三世界を支援するこの農学者に言わせると、様々な形態の社会主義は、利益経済の悪習に終止符を打つことができる。これは（中国が試みたように）これらの未開発国にとって、自分たちの政治的、経済的かつ社会的主権を取り戻すことを前提とする。しかしながらこれらの様々な行動は、新たなる国際経済秩序が打ち立てられる時にしか、その本当の妥当性を明らかにしないであろう。それまでは、原料を扱う国際部局を設立し、不当な債務を無効にし、未開発国の成長を一時的に加速させるなどの措置が必要だろう。制度的には、世界的、超国家的な経済計画化を検討しながらも、同時にある種の分権化（自主管理的な色合いの）を促進することが望ましいだろう。現在の世界で特権を持つ者たちが自分たちの立場にしがみつくような場合には、暴力に訴えることもないわけではない。

『ユートピアあるいは死』の第四章は、こうして「豊かなエゴイストの国々における、生き残り総動員」を素描する。ルネ・デュモンは、共産主義による天国に通じるはずの、歴史の仮定的な方向性はあくまでも疑っているようであり、現在必要とされる思い切った措置を取るよう同胞たちに呼びかける。それはたやすいことではないだろう。というのも原料の配給制とおそろしいほどの失業を覚悟しなくてはならないからである。人口に関してはゼロ成長が課せられるが、それは経済的なレベルでは疑問視される。このレベルではむしろ優先順位を付け直すことが必要であるだろう。このような観点に立てば、地球の漸進的な軍縮、所得の再配分、なおも必要とされる労働の新たな振り分け、浪費の課税、公共交通の振興、地方や田舎の文化の復活、自主管理、（世界的レベルにおける）「分配経済」および自然農法の推奨なども同様に検討する必要があるだろう。

最後に、『ユートピアあるいは死』の第五章つまり最終章は、人間たちが直面している選択の項目を設定する。題して「不正義か生き残りか：人間と新しい権力」。この章は、エコロジー危機の主な問題をいくつか取りまとめるが、とりわけその政治的な側面を強調する。そして新しい世界の到来に対する呼びかけで締めくくられる。こうして、エコロジー危機は政治的問題であり、その主な要因が調査され、人間たちは自分たちの責任を突きつけられたのであるから、新しい政策を設定することが議事に上っているのである。

『ユートピアあるいは死』は、エコロジーの大きな問題を政治的な角度から（南北の不平等、人口爆発、利益競争など）発表した試論であるばかりでなく、政治的エコロジーのプログラムの口火を切るものである。「それで？　我々は（……）、全面的に考え直された基盤に立ち、完全に刷新された教育方法によって形成され、鍛えられ、鍛えなおされた人間たちと共に、絶えず進化する社会構造の枠内で、真の新しい世界の建設を試みなくてはならない（原注135）」。新しい世俗の信仰がこうした「新しい人間たち」を導いていくだろう。ある意味では、この信仰は、簡素、先見性、慎重、尊厳を特徴とする農民の道徳に近いものとなるだろうし、また手仕事を復活することになるだろう。民主主義は、絶対自由主義的、自主管理的な発想のものとなるだろう。こういうわけで、人間たちは今後、様々な共同体（地域、地方、国、世界）の中にあって、開花することになるだろう。それぞれの社会単位（集団）が固有の生き残り社会主義を実現するだろう。人間たちは連帯して、交代でつらい仕事をこなすであろう。このような分権化と並行して、問題の中には逆に、低消費の文明というこの包括的な計画を一般化するために、世界的レベルに集権化されるものもあるだろう。

デュモン・キャンペーン

革命の言説に余りなじんでおらず、またルネ・デュモンが流行の分野をやや急いで取り込んでいると疑っている自然主義者の幾つかの団体にいくらか波乱を惹き起こした後で、この第三世界を支持する農学者の立候補は、それでも非常に急速に数多くの生態環境学者、エコロジスト、自然主義者たちを連合させ、さらにはネクタイをせず、いつも赤いセーターを着ているこの威厳ある男の活力に惹かれた六八年後世代の幾つかの勢力圏までも味方につける。エコロジスト関係の出版物のほとんど全体が、当時熱烈にこの運動を支持する。

デュモン・キャンペーンの主な文書は、一九七四年、共同執筆の著作の中で刊行された（原注136）。これを読んでみると面白い。というのも今振り返ると、候補者が実は二つの勢力圏を後ろに引き連れていたことがより容易に見て取れるからでる。一つ目は、この元統一社会党党員の自主管理に関する主張に完全に共鳴しており、非公式な形で六八年後世代の様々な左派勢力圏を結集させている。二番目は反対に、エコロジストとしてのルネ・デュモンに一層共鳴し、ほとんどの候補者が知らないエコロジーに関する主張を公の場にもたらそうと考えている。ルネ・デュモンの人格が一時的にこれら二つの流れを連合させているのである。

オルタナティヴ左派の非公式な候補者としてのルネ・デュモンのキャンペーンを検討してみれば、六八年五月や〔中国の〕マオ〔毛〕首席を引き合いに出すことを怠らない、この元統一社会党党員は、全体として『ユートピアあるいは死』の中で展開する機会を得た主張を統合し、また拡大していることが分かる。彼が見るところによると、彼の立候補は、新しい政治運動の出現を表わすものであり、特に利益経済の支配、市場の覇権を目指す社会に対して、包括的に異議を申し立てる口火となるものである。彼の参画を動かすのは、エコロジーの承認というよりも、社会正義に関する強い配慮である。エコロジー問題を扱う時に、ルネ・デュモンは、この危機が何よりも、富裕な国々によって資源を略奪され浪費される第三世界の国々に損害を与えることを改めて述べることを決して怠らない。この点に関して彼は提案を重ねる。それは評判のよくないものである。大型自動車の製造を止め、高速道路の建設をストップすることなどである。同時に彼は、原子力の一時停止に賛成し、核兵器に反対し、公共交通に賛成したりする。しかし彼はこれらの提案に、より絶対自由主義的な発想の要求も加えて、表現の自由の拡張やあらゆるレベルでの自主管理の具体的な発展に訴えるのである。安寧の唯物論的な概念に反対して、ルネ・デュモンは生活の質を推奨する。こうして他の六八年後世代の抗議勢力圏に向けて歩み寄りがなされる。文化的少数派、女性、移民労働者といった数多くの少数派がエコロジストの旗印に結集するよう呼びかけられる。ルネ・デュモンは、統一社会党の松明を非公式に再び掲げることも考えるが、統一社会党は、大統領選挙において、フランス民主労働総同盟（CFDT）のダイナミックなリーダー、シャルル・ピアジェを支持するよりも、フランスワ・ミッテランを左派統一候補として支持するほうを好んだ。ピアジェは他の仲間たちと共にブザンソンでリップという企業〔腕時計製造〕を自主管理しようとした人物である。この選択に賛同しなかった、統一社会党の少数派ではあるが数多くの者は、したがって自主管理の主張がルネ・デュモンによって擁護されるであろうことを知るのである。大統領選の候補者になりそこねたもう一人の人物をさらにルネ・

デュモンと比較してみたい。六〇年代以来、自主管理派の傾向を持つ新たな地方主義を賛美する作家ロベール・ラフォンは、公式の大統領選キャンペーンに参加できるほどの後援を集めるに至らなかった。ところで彼は、いかなる懐古主義とも反動主義とも隔たっているが、一種の第三世界支援の論理を想起させずにはおかない地方主義の主張を展開する。例えばパリは、経済的に、また人間的に、また専ら自分の利益のためにフランスの地方を略奪していると非難される。新たなる地方主義がこうした従属関係を終わらせることができるはずである(原注137)。ラフォンの立候補が成立しなかったので、ルネ・デュモンがこうして(そしてより民族主義的観点ながらもギー・エローも同様に)搾取される文化的少数派の支援者になるのである。デュモンが自分のキャンペーンに与える左よりの音色は、当時彼の左派の取り巻き連中を完全に満足させる。彼らは、主にブリス・ラロンドの「地球の友」や、月刊誌『野生』の周辺あるいはさらに『開いた口』に集まっている人々である。このように左派に根を下ろしたことは、大統領選の第一回戦の翌日、自分の闘いの反資本主義的な側面を再確認するルネ・デュモンの誓約に呼応するように見える。

エコロジー団体の中には、政治的に立場を定めることを急いでいる様子を全く見せず、何よりも自分たちのエコロジーに関する懸案を推し進めることを考えているものがある。その中には最も活発な団体も含まれる。ところでルネ・デュモンの立候補は、同様に、また何よりも、彼を支持するエコロジー諸団体の立候補でもある。そして一九七四年の大統領選キャンペーンの際に創立されたいわゆる幽霊団体「フランスエコロジー運動」は、自立した政党として存在するというよりも、これらの団体を連合させたものである。古くからある自然や環境の保護団体がこのキャンペーンに登場しなくても、選挙戦のたけなわには、その最も好戦的な活動家の一部の姿が認められる。例えば、アンリ・ジェヌ、ソランジュ・フェルネクス、アントワーヌ・ヴェシュテールの周囲に集まったアルザスの活動家たちは、このキャンペーンに徹底的に勢力をつぎ込む。これは彼らにとって初めてのエコロジストキャンペーンではないのである（原注138）。多くの自然主義者たちにとって、利益競争に異議を申し立てることが時として論題となるが、いかなる自主管理の展望も地平に見えてはこない。自然主義者テオドール・モノのほうは（原注139）、アルコール中毒、煙草、鳥の虐殺、闘牛などといった問題が、他の候補者たちによってもののみごとに無視されていることに気づいて嘆く。彼は、道徳的な考察がもしかしたら現代世界の野蛮にブレーキをかけることができるかもしれないと仄めかす。ルネ・デュモン候補のキャンペーンの準備はまた、科学者出身のエコロジストたちが果たした非常に積極的な役割を明らかにする。たとえば、デュモン候補の六回のテレビ放送は、紹介、人口、エネルギー、経済、解放、および政治的結論としてのもう一つの文明に充てられた。候補者のためにキャンペーンチームが準備したテーマがさらにこの印象を強める（原注140）。最後に、デュモンが「エコロジーと自然保護が選挙の討論から欠落すること」を懸念する限りにおいて、また彼が資源の枯渇および汚染、第三世界の略奪、人口問題、統制なき都市化、少数派の抑圧、変革の政治的条件に関して広く世の人々の注意を促そうとする限りにおいて、「ルネ・デュモン教授の立候補支持委員会」は彼の立候補を推しているということを改めて指摘しておこう。ところで大方は自然主義や生態環境科学の管轄であるこれらの目標において、八〇以上の団体が結集することになるのである。その中には、「エコロジーとサバイバル」、「電離放射線から身を守る会」、「フェッセンナイムおよびライン平野保護委員会」、「ロナルプ自然保護連盟」、『自然闘争』、「若者たちと自然」、「ディオジェヌ２００２」、「動物と自然の若い友のクラブ」などがある（原注141）。

しかしこれらの立場の相違が白日の下にさらされるのはまだ数年先のことである。ルネ・デュモンのほうは、左派に位地することに変わりはないが、エコロジストたちがこの非常に確固とした政治的立場を共有しない時でも、気前の良い彼はしばしば彼らの保証人となるのである。

一九七六年、ルネ・デュモンは、選挙の舞台に直接上ることを再び受け入れ、パリ地区衆議院補欠選挙においてブリス・ラロンドの補欠として立候補する。状況に押されて、提示された綱領は再び日常的な問題（労働を減らすこと、消費を向上させること、自由であることなど）に集中するが、エコロジーの問題（生を守ることなど）や第三世界支援の問題も忘れられることはない（原注142）。何度か繰り返してルネ・デュモンは、社会主義的エコロジーのために自分の執拗な戦いを猛然と再開することになる。一九七七年、彼は例えば『社会主義のエコロジーだけが……』という著作を発表するが、その表題にあいまいさはない。マオ派〔中国の毛沢東の思想を継承発展させて六八年五月の後に生じた、若者の左派グループ。既成の政党や組合に反発しつつ、民衆運動を目指す〕の語調が薄れていくとしても、この第三世界を支援する農学者は、著作の中で熱を込めてなおも、社会主義、平和主義、第三世界支援およびエコロジーを結合させる。一九七八年、「地球の友」が次第に絶対自由主義で快楽主義的な政治的エコロジーを支持し、「エコロジー運動」に集結した他のエコロジストたちが、社会主義的というよりもエコロジー的な解決を優先させようとするのに対して、ルネ・デュモンは社会主義的エコロジーに対する決意を力強く再確認する。確かに時代の雰囲気が、新しき人間に関する幾ばくかの抒情的な高揚を鈍らせたのであるが、言説は根本的には相変わらず同じように過激である。現在の社会を周辺部分で手直しすることではなく、まさに「社会の選択」を行なうことが肝心なのである。様々な選挙という決着を通して、彼はエコロジストたちに対する支持を具体的に表明する機会を持つことになる。最も重要なものを挙げておこう。一九七九年、ソランジュ・フェルネクスが最終的にエコロジストの候補者たちをヨーロッパ選挙へと導いていく際に、ルネ・デュモンは彼女を熱心に支持して、政治に再び倫理を導入すること、および他の諸政党から独立した政治的エコロジーを打ち出すことの必要性を強調する（原注143）。一九八一年、彼は、「地球の友」であり元統一社会党党員であるブリス・ラロンドの立候補補支援委員会の委員長を務める（原注144）。一九八八年、厳格な生態環境学者であるが早くからエコロジストとして活動しているアントワーヌ・ヴェシュテールが、政治的エコロジーの幟を大統領選挙で掲げる。一九八六年以来、彼は緑の党を左派への定着から解放しようとしている。しかし民主的に緑の党によって選出された彼は、同様にルネ・デュモンの支持にもあずかる（しかしデュモンは、ピエール・ジュカンの立候補も共感を隠さずに見守ることを忘れない）。一九八九年、ルネ・デュモンはさらに、ヨーロッパ選挙で、アントワーヌ・ヴェシュテールが緑の党党員として筆頭に立つ候補者名簿の末尾に登場する。五年後、緑の党は内破寸前となり、その上相変わらずブリス・ラロンドの野心と競合し、結局少数派であるが合意主義のマリ＝アンヌ・イスレール＝ベガンに筆頭を委ねる。ルネ・デュモンがまたもや名簿のしんがりを務める。最後に、一九九五年、彼は、ドミニク・ヴワネの大統領選挙立候補の支援委員会に熱心に加わる最初の一人となる。ヴワネは実際、エコロジー危機において作用している社会の論理というものを強調しており、ルネ・デュモンの社会主義的エコロジーにつながるのである（その一方でブリス・ラロンドとアントワーヌ・ヴェシュテールは徐々に周辺に追いやられる）。ルネ・デュモンは、こうした散発的な支援の他に、時々エコロジストたちのデモンストレーション（ヨーロッパ緑の党会議、政治的エコロジー全国大会、ドミニク・ヴワネ集会など）にも出て花を添える。しかしエコロジスト初の大統領選挙候補者は、緑の党に加入したことは決してなかったようである。（特に生体力学に基づいた農業の秘教めいた雰囲気に対する）いくらかの不信感と自らの独立を保とうとする強い心がけが、見たところこうした立場の動機となっている。その一方でルネ・デュモンが、自分が左派に参画していることを声高に主張してやまないのに対して、エコロジー政党はこの問題に関してはるかに小心であるところを見せている。ところで一九八六年の衆議院選挙の直後、一人の編集者が彼にキャンペーンのテーマを書く機会を提供したのである。

『怒りの理由、すなわちユートピアと緑の党』（原注145）に『ユートピアあるいは死』を読んだ者は驚かない。読者はそこに同じテーマを再び見い出すのである。一九八六年において、ルネ・デュモンは相変わらずローマクラブの作業を参照している。実際、これらの作業は今や大っぴらに富の再配分の問題に触れている。同じ方向性で、ルネ・デュモンは問題の政治的側面を強調すること、また『怒りの理由』の第一章が扱っている（別のタイプの協力の推進など）第三世界の惨状を決して忘れないことが重要であると考える。資本主義は相変わらず非難されているが、ルネ・デュモンは、以後、軍事的生産至上主義経済のことを一層述べ立てる。一九八六年にあって、彼はいまだポール・アーリックの主張に影響されているが、長い前からそれに社会経済的要因を加えて豊かなものにしている。しかしながら『怒りの理由』のほとんど全体は、第三世界のエリートたちにまで広がる西洋型の生活様式によって生じる弊害に充てられている。この領域において、ルネ・デュモンは例えば、不評を恐れず、自家用車の弊害を告発する。浪費に反対し、失業をなくし、最後に労働の権利を保障するために、別のタイプの成長に向かうことが時宜をえていると彼は判断する。この統一社会党元党員はまた、（学校、医療などに関して）革新的な代替案を発展させること、また人権やさまざまな文化的少数派を具体的に尊重することも相変わらず支持している。しかし彼は、その社会主義的、つまり普遍主義的、合理主義的素養ゆえに、極端な差異化主義の立場をとることができない。ルネ・デュモンは、国内にゲットーを設けることなど考えられないとし、さらにフランスの経済は全ての移民に仕事を与えることはできないと付け加える。最後に、第三世界を支援するこの農学者は、常に思いやりのある平和主義者であるが、この分野に関しては、過激な立場を取ることを恐れない。ルネ・デュモンは、マオ派の口調を放棄したようであるが、この著作の最後では、改めて絶対自由主義的な発想の社会主義に希望を託している。彼はその第三世界支援の部分を強調しようというのである。

デュモン・キャンペーンの反響

デュモンのメッセージを緑の党は受けとめたであろうか。緑の党は、左派に根を下ろしていることを公然と主張することはないものの、実は一九九二年から一九九四年の間に、オルタナティヴ左派に対して新たな歩み寄りを表明する。これは一九九五年の大統領選挙へのドミニク・ヴワネの立候補の届け出という形をとる。この急転換は、教義という点では、すでに一九九四年、緑の党が『緑の党の本：政治的エコロジー事典』（原注146）を刊行する際に感じられる。ドミニク・フワンが監修した『緑の党の本』は、どちらかというと左派に根を下ろした二〇名ほどの緑の党員によって執筆された共同著作である。しかしこの企画はまた、党員もしくは共鳴者である専門家四〇名以上の協力をも得ている。世界の「複雑性」を認めながらも、論調は積極介入主義的である。経済的自由主義の弊害が公然と指し示されている。「自然」や「環境」といった概念はほとんど触れられないが、一連の社会問題全てが検討される（労働および富の分配、南北の連帯、男女の平等、持続可能な発展など）。さらに社会問題に多くを割くこの著作は、ルネ・デュモンが序文を書いており、彼はその中で「社会的かつエコロジー的民主主義」に賛意を表明し、（党派という点で）独立した政治的エコロジーの必要性を再確認する。一九七四年以来、ルネ・デュモンがエコロジストたちに及ぼした影響力は実際、前例のないものとなっている。九〇年代の初めに彼の著作は、エコロジストとして参画するよう緑の党のリーダーたちを駆り立てた著作の部類の中で、また依然としてエコロジーの考え方を代表すると彼らが考える著作の部類の中でトップに立つ（原注147）。確かに、それまで政治的エコロジーのリーダーたちは皆、この大人物の重要性を認めていた（ディディエ・アンジェ、ソランジュ・フェルネクス、フィリップ・ルブルトン、アントワーヌ・ヴェシュテール、ブリス・ラロンド、クリスティアン・ブロダッグなど）。ドミニク・ヴワネに近い立場のイヴ・コシェは、長い間緑の党の中で六八年後世代のエコロジストたちのリーダーを務めているが、一九七四年のキャンペーンをまとめた著作を、フランスにおける政治的エコロジーを創始した著作であるとみなすに至った。「大統領選のキャンペーンの後で、ルネ・デュモンとその友人たちは、ジャン＝ジャック・ポヴェール社から『選ぶのはあなた、エコロジーか死か』と題された本を出して、自分たちの考えていることを発表した。若干の詳細を除いて、エコロジストの政策のすべてがすでにそこに載っている（原注148）」。しかし他のリーダーたちにおいては、彼のメッセージはそれほど確実には表現されなかった。一九八一年、ブリス・ラロンドの綱領『生きる力』（原注149）は確かに最初の数ページですでにルネ・デュモンを引き合いに出している。しかしルネ・デュモンの攻勢的な第三世界支援が本当に出てくるのは第四章になってからである。それに対して、極めて快楽主義的な発想の綱領全体は、ルネ・デュモンの絶対自由主義的社会主義（生活の質の強調）の掲げる立場を推すものだと評することができる。一九八八年、アントワーヌ・ヴェシュテールのエコロジスト綱領はより厳格である。「我々の進歩を選ぼう」（原注150）と題された短い文章の中で、緑の党の大統領選挙候補は、まず「産業文明」（自由主義経済のみではないという含みがある）を非難する。この文章は時として牧歌的であるが、それでも非常に断固とした政治的積極介入主義にも訴えている。しかしまたたっぷり半分を読まないと、第三世界が遭遇している困難を述べているところに至らないのである。それに対して、一九九五年、ドミニク・ヴワネがフランス人に提案した綱領は、第三世界支援主義の農学者のメッセージと明確に結びついている。その結果、ルネ・デュモンは、一九九五年の初めに極めて闘争的な論調の短い本を出すに至る。それは六〇ページほどで彼の主な立場をまとめたものであり、ドミニク・ヴワネの立候補を支持するアピールで終わっている。『目を開け！　二十一世紀は出発に失敗した』（原注151）はその上、この赤緑〔社会主義的エコロジー〕の勢力圏の存在を大半の売店で何年か前から請け負っている週刊誌『ポリティス』によって共同編集されている。

ドミニク・ヴワネは長い間、イヴ・コシェにならって緑の党の中にいた。一九四六年生まれで、情報工学博士であるイヴ・コシェは、緑の党の左翼を代表し、何度か党のスポークスマンを務めた。彼は、三つの要因によってエコロジーに関心を抱くようになった。「サバイバル運動」に（そして雑誌『生き延びることと生きること』の周りに）集まった科学者グループの立場、「地球の友」協会の創設、ブルターニュにおける反原発デモである。緑の党の内部では、彼はその広い折衷式の教養を特徴とする。科学、哲学、社会学、民族学などが彼の関心の中心にある。一九八五年、彼は、六八年後世代の視点で「オルタナティヴな〔代替的〕実践の合流」を呼びかける何十人もの知識人（D・アンジェ、A・アルシャンボー、E・バリバール、P・ボビー、M・ベルナール、J・ブリエール、J・シェスノー、F・ガタリ、G・ラビカ、A・リピエッツ、J・M・ミュレールなど）の一人として名を連ねていた。しかしオルタナティヴ左派に開かれた、この快楽主義的政治的エコロジーは、アントワーヌ・ヴェシュテールのような他のエコロジストたちを苛立たせないではおかなかった。彼らは、成果が不確実このうえない、これらの宣言にさっさと終止符をうってしまった。それでもイヴ・コシェにあって、この絶対自由主義的な傾向は、意見を闘わせる余地をほとんど残さずに、六八年後世代の精神で一刀両断に冷たく採決する政治的エコロジーに、何らかの科学性を託そうとする試みと結びついているのである。

ドミニク・ヴワネは長いことイヴ・コシェの陰にいたが、同様の両義性を見せる。彼女もまた違いに対する権利に訴えかけるが、それでも真のエコロジー的政治計画を採用する必要性を強調する。こうした計画は、社会という集まりの何らかの統合的なヴィジョンを前提とする。

一九五八年生まれのドミニク・ヴワネは、麻酔科の医師を職業とする（原注152）。大学入学資格試験に合格して、若くして家庭の母親となり、学資を賄うために夜勤の看護婦を務めた彼女は、非常に早くから様々な行動や団体（第三世界、自然保護、避妊、家族計画の支援、原発反対、民間放送支援など）に積極的に参加し、その後一九七七年に地球の友に加わり、一九八一年までそこに留まった。彼女は同様に「SOS人種差別」、「狩猟反対者連合」にも参加する。数多くのデモで彼女の行進する姿が見られる。一九八四年、彼女は、（「緑の党―エコロジー党」と「エコロジー総同盟」の合併を確立する）「緑の党」の創設において積極的な役割を果たす。イヴ・コシェとともにドミニク・ヴワネは、緑の党の内部で次第に力を増していく。一九九一年、二人はアントワーヌ・ヴェシュテールの非妥協性に対抗して、緑の党複数派の音頭を取る。一九九二年、彼女は緑の党のスポークスマンの一人となる。一九九三年、ついに彼女は、対抗陣営の離脱に助けられて（C・ブロダッグとA・ビュシュマンは一時彼らの指導者アントワーヌ・ヴェシュテールと分かれる）緑の党の中で重きをなすに至る。並行して彼女はいくつもの選挙で勝利を収める。市議会議員、地域圏議員となった彼女はまたヨーロッパ議会において「ヨーロッパ緑の党」の事務局長にもなる。一九九五年、アントワーヌ・ヴェシュテールが去った後、彼女は大統領選挙に対する緑の党の候補者に難なく選ばれる。D・コーン＝ベンディット、S・ジョルジュ、B・ラングルワ、P・ルグラン、T・モノ、C・ピアジェ、L・ピュイズー、P・ラブイ、J・P・ラファン、J・ロバン、ウィレムなどの人物が彼女を支持する。この機会に彼女が得た得票数が期待はずれだとしても、彼女はそれでも二年後には、社会党との時宜をえた協定の結果、初めてエコロジストの議員たちを衆議院に送り込むことに成功する。第一次ジョスパン内閣における巨大な「国土整備および環境省」が彼女の努力に対する報酬となる。

出版物がいくらか彼女の理論的なソースとなっているが（ロザ・ルクセンブルグ〔一八七〇－一九一九：ポーランド出身のドイツ人社会主義革命家。ドイツ共産党の設立に貢献〕、ルイーズ・ミシェル〔一八三〇～一九〇五：フランス人無政府主義革命家。パリコミューヌに参加〕など）、アンドレ・ゴルツ（原注153）だけが彼女の好きな著者のようである。一九七〇年代に「ファシズム発電」を譴責し、イヴァン・イリッチの著作を一般に広めた後で、（マルクス、ポラニー〔カール：一八八六～一九六四：ハンガリー出身のアメリカ人経済史家。市場経済を相対化し、計画経済を推奨〕、ハーバーマス〔ユルゲン：一九二九～：ドイツの哲学者、社会学者。工業化された現代社会と民主主義の問題を研究する〕などの業績に培われた）アンドレ・ゴルツの考察は、今日も依然として、人々の自立範囲を広げようとしている。しかし国家が、福祉国家という様相のもとに、人々に何らかの安全を保障しつつも、自立の一部を奪ったとアンドレ・ゴルツがいまだに考えているとしても、彼の考察は現在特に、もう一つの形の他律、つまり経済的な他律に歯止めをかけることを目指す。経済的合理性はその仮借ない論理により、実際絶えず人々の生活を包囲している。そこから、公的領域への到達という有益な効果が生じた。しかし悲痛な代償も生じた。仮借ない市場の法則への服従である。彼は、断固として近代的な視点に立って、今後一層の自立的な空間を引き出して、経済を再び共同社会の必要性に従わせるよう同時代人たちを促す。具体的には、それは（驚異的な技術の進歩によって可能となった）労働時間の短縮、および非商品価値が支配するような集団型領域の拡大を経て行なわれるであろう。それは絶対自由主義的社会主義の展望においてなされる。このような立場は、ドミニク・ヴワネのように六八年五月の思想が刻印されたエコロジストたちの関心を惹かないはずがなかったと推し量られる。

それでも、ドミニク・ヴワネの政治的な立場は、一つの教義に発想を得ているとか、特定の政治的理論を反映しているようには見えず、むしろ左派、どちらかといえばオルタナティヴ左派が支持する主張をその時その時に受け入れている。こうして彼女は、イヴ・コシェにならって、エコロジーを「どちらも生産至上主義である自由主義および社会主義と競合する政治哲学として（原注154）」推し進めながらも、「我々は複雑な世界に生きており、ここではカウボーイ映画のように一方に善玉、もう一方に悪役がいるわけではない（原注155）」と考えたのである。彼女は、オルタナティヴ左派と接近することを推し進めながらも、また自分が左派に根を下ろしていることをなかなか認めなかった。例えば、彼女はフランスの公立学校、それから（人格主義勢力圏の過激周辺層に強く影響されている）連合ヨーロッパにおける連合フランスというもの（原注156）の利点を誠実に擁護することもあった。ドミニク・ヴワネは、伝統的な左派を、市場に組したり、おめでたい科学主義を発展させたりすることで過ちを犯したとしばしば責める。

緑の党の中では、ドミニク・ヴワネはイヴ・コシェとともに、オルタナティヴ左派との接近を最も積極的に推し進めた人物のうちに数えられる。こうして二人の元「地球の友」は、彼らなりに、自然の少数派の要求に関心を抱く、一種の六八年後世代の快楽主義的エコロジーと結びつくのであるが、彼らはこうした要求を社会的論理の中に組み入れ直すのである。彼らにおいて政治的エコロジーは、社会運動（失業者、排除された者、移民など）と協調して動くのである。今後は自然との関係よりも社会関係のほうが問題となることが多いだろう。「エコロジーの社会的な側面を十分に発展させようとする人々と、社会、フェミニズム、地方分権主義、第三世界支援に参画することから始めて、自分たちの闘いが、社会、ヨーロッパ、我々の地球のための共通の計画において収斂するのを見たいと望む人々の間に、ともに働こうという意思が存在する（原注157）」。

アラン・リピエッツもこのような展開を推し進めた者の一人であった。数多くのオルタナティヴ勢力圏を結集させた「虹」のために働いた後、彼は一九八八年、最終的に緑の党に加わった。数多くの著作（原注158）の中で、この国際的名声を博す経済学者は、労働時間の短縮の経済的合理性（労働時間の短縮という形での生産性向上の再配分、生産性向上など）を立証した。こうした努力はすべて、真のオルタナティヴ派選挙綱領の練成へと成就することになる。ドミニク・ヴワネが一九九五年の大統領選挙のために、その代弁者となる。

『あえてエコロジーと連帯』（原注159）はこうして、エコロジストたちとオルタナティヴ左派の接近を支持する人々が繰り広げた努力を扱っている。この綱領は、赤と緑の真の共通綱領を成している。さらにこれは、「緑の党」、「赤緑オルタナティヴ派（Alternative rouge et verte）」（これ自体が、「統一社会党」とジュカン派「新左派」の合同の結果生じている）、「もうひとつのエコロジー・友愛（Ecologie Fraternité Autrement）」（「エコロジー世代」の離反者たち）および「進歩主義オルタナティヴ派公会（Convention pour une alternative progressiste）」（これは特に元共産党員閣僚シャルル・フィテールマンとマルセル・リグーを結集させたものである）といった、いくつかの政党が生み出した成果である。これらの多様な運動に何が共通しているだろうか。「一九七四年以来ある一つの考えが進展している。つまり環境を疲弊させ、社会を引き裂き、人間自身をその尊厳において犯すのは同じメカニズムである」という確信である。こうしてこの綱領は、例えば六〇年代末にバリー・コモナーが発表し、一九七二年ストックホルム会議の際に拡大され、一九七四年にルネ・デュモンが体系化した確信に合流することで、二十年近くに渡るエコロジストの討論を締めくくるのである。さらにルネ・デュモンが、この綱領を非常に熱心に支持して結論に署名を入れる。ドミニク・ヴワネのほうは、『あえてエコロジーと連帯』の冒頭の一文から、非常にはっきりと自分の手順の方向性を位置づける。「エコロジーはもはや新しいものではない。六〇年代に思想運動および社会に対する抗議運動として現われ、それから政治の舞台に登場したのである」。それは反文化や六八年五月に接近することによって、自然主義者および生態環境学者の遺産から解放されるための方法であろうか。全てがそう信じさせる方向にある。今後は、アントワーヌ・ヴェシュテールのように、もはや（右派にも左派にも共通するとされる）「生産至上主義」だけを非難するのではなく、経済的自由主義も問題とすることになるのである。利益競争は実際、至るところで副作用を生み出している。ところで余りにも多くの階層（経済決定機関、国土開発業者、テクノクラート、「政治屋」）が、今日否が応でもこの競争に集まっている。緑の党はそうではないだろう。というのも市場の法則は、地球の略奪へと通じ、具体的には沿岸部、山岳部、「核に関するすべてのもの」、道路計画、マアストリヒト（オランダの都市。ここでヨーロッパ連合に関する合意がなされた）のヨーロッパおよび世界貿易機関の荒廃という形をとる。そうなると「生活と自然を尊重し、人間の現在の欲求と同様、未来の世代の欲求にも気を配り、社会の不平等を減らし、将来を決定する選択に全員と各人を参加させる、新しい型の発展を早く実施しなくてはならないのである（原注160）」。したがって『あえてエコロジーと連帯』は選挙民に対して、未来の世代のために地球の共通遺産を保存するように促すのである。つまり不平等を減らすこと、大量汚染を止めること、再生不可能な資源を節約し、再生可能な資源を使うことである。しかしドミニク・ヴワネの最優先課題は、社会問題である。彼女の見るところによると、まず、労働時間を短縮し、大規模工事に着手し、また富を再配分することで排除、失業および不安定と戦わなければならない。また若者を教育政策の決定に密接に参加させ、そして必要不可欠である最低収入の特典を拡大することによって、若者に将来を保証することも重要である。女性も同様に、権利の（法律上定められた）平等を十分に享受していない。平等を推進しなくてはならない。様々な制度上の提案が同様に緑の党によって出される（比例代表制の一般化、国会の権利の拡大、国民の発意による国民投票、地方民主主義の強化など）。同じように、緑の党はヨーロッパレベルで新しい発展のモデルを設立したいと望む。最後に、ルネ・デュモンの遺産は忘れられなかった。『あえてエコロジーと連帯』は、世界を荒廃させる制御なき自由主義に激しく反対する。それに終止符を打ち、南との（また東欧との）本当の協力を最終的に発展させることが必要であろう。こうした協力は特に軍備産業の転換を経て行なわれるであろう。このようにドミニク・ヴワネは、一九九五年の大統領選挙に、手堅い代替企画で武装して立つのである。

しかしながらこの野心的な努力は成功という栄誉を受けない。ドミニク・ヴワネは、この大統領選挙で（ブリス・ラロンドとアントワーヌ・ヴェシュテールの立候補が流れた後で）ただ一人のエコロジスト候補であったにもかかわらず、第一回戦で、見込まれた五パーセントにはるかに届かない。しかし第一回戦の厳しい結果は、一九九三年以来選択された方針の見直しには至らない。社会主義的エコロジーは今まで以上に推進されているのである。

政治的エコロジーが左派に組み込まれることは、教義においても同様に現われる。一九九六年、緑の党は事実上その声明文となる紹介のパンフレットを、目立たぬ程度に手直しするが、その効果は相当なものとなる。「緑の党」と題されたこの折りたたみパンフレットは四ページに渡って「生の選択であるエコロジー」を定義し、また社会主義にも同じく接近している。常にこのようであったわけではない。前の版はアントワーヌ・ヴェシュテールが緑の党で多数派であった時に配布されており、そちらのほうは概念上の独創性を求めていたことを思い出していただきたい。一九九六年には、「生の選択」の自然主義的および生態環境学的印象は明らかに後退している。しかも政治的エコロジーはもはや定義されていない。最小主義による取り組み方が、一九九〇年の長い定義にとって代わっている。「緑の党は、地球に対する責任、連帯、市民権といった、エコロジーの価値を擁護する（原注161）」。この紹介にはそれから手短ながらも詳しい説明が加えられる。緑の党は、人間の活動が地球全体に影響を及ぼすこと、そして未来の世代の将来を保全しなくてはならないことを改めて述べる。この「地球に対する責任」に加えて連帯が配慮される。排除される者を生み出す現在の経済の暴力に緑の党が対抗させる「連帯」である。国内における、また国と国の間での労働および富の再配分が計画に上っている。最後に緑の党は市民権を守り抜く決意を固めており、そのために民主的な手続きを（街中でも企業の中でも）広げていこうとする。それからいくつかの点がさらに広く展開される。環境保護は、「自由主義かつ生産至上主義の経済モデル」に反対すること、および「持続可能な」発展を実施することを経て行なわれる。非常に具体的な措置（原子力からの脱却、公共交通機関の促進など）が提案される。失業や排除に対する闘いのほうは、富の再配分を伴う。具体的には、それは週三十五時間それから三十時間労働、活動の選択的振興などを経て行なわれることになるだろう。真の「参加型民主主義」を導入することに関しては、市民権をより実効性のあるものとすることを目指す一連の措置すべてを採用することを前提とする。比例代表制の導入、反権力の強化、分権化の続行などである。最後に緑の党は「男性と女性の間の真の平等」を選択する。政治的エコロジーのこうした左への方向付けという視点において、緑の党は、自分たちの党としての独立を守ることを確認し、また団体として定着していることを喜び、（環境保護者、地方分権主義者、第三および第四世界支援主義者、フェミニスト、失業者などの）様々な流れとの対話に開かれていることも主張する。

しかし綱領がこのように抜本的であると、どうしてもある種の政治的現実感覚が排除されてしまう。一九九五年の過酷な失望で痛い目にあった緑の党は、現場においてより実際的になる。一九九七年の任期満了前の衆議院選挙が近づくと、党は、その歴史において初めて、時にはあれほど罵倒された、社会党との選挙協定をタイミングよく締結する。ノエル・マメールのような、堅固な党に属していないエコロジストたちの一部は、歴史の風が吹くのを感じて、この機会をつかむと緑の党に接近し、後には加盟することになる。六八年世代の元リーダー、ダニエル・コーン＝ベンディットのほうは、それ以来非常に大人しくなっていたが、再びフランスの政治舞台を包囲しようとする。それに対して、ロジェ・ワンテーラルテールのようなオルタナティヴ派もしくは自主管理派エコロジストたちの側では、失望は厳しいものとなる。彼らはドミニク・ヴワネが彼らの代弁者となるだろうと思っていたのである。社会党との協定は、何年にもわたる対話と接触の成果を印すものである。それはまた、フランス共産党、左派急進主義者たち、シュヴェヌマン派〔ジャン＝ピエール・シュヴェヌマン：一九三九〜：元社会党員、一九九二年に市民運動を結成〕の市民たち、およびエコロジストたちが選挙に挑むために一九九七年に結集するという意味で、新たな形態の左派の連合を確立するものでもある。双方の側から互いに譲歩がなされた。緑の党の側は、社会党が、労働時間を大幅にまた迅速に減らすことに取り組み、原子力発電計画の一時停止を採択することなどを見る。新しい推進力が始動したように思われる。非常に活発な『週刊シャルリー』（その漫画が時々緑の党の出版物の中に登場する）と『ポリティス』(*Politis*)（ドミニク・ヴワネはこれを宣伝する手紙に署名までした）はどちらもこの方面の雑誌である。見込んだとおりの成果が得られる。初めて政治的エコロジーは、衆議院に代表を送ることになるのである。一九九七年、六人の緑の党員を含む八人のエコロジストの衆議院議員がブルボン宮〔衆議院議事堂〕に議席を占める。ドミニク・ヴワネのほうは、第一次ジョスパン内閣で大規模な「国土整備および環境省」を任されて報われる。彼女は省内で、緑の党で長い間擁護されてきた政治的エコロジーに関する自分のヴィジョンを行き渡らせようとする。「持続可能な発展に関する私のヴィジョンは、しばしば考えられているように、自然の保全という拘束のもとでの発展に要約されるものではありません。それは逆に、未来の世代が自分たちの必要に応じて使えるようにするという配慮で、資源全体の責任を持ち、それを最大限に利用する発展なのです（原注162）」。

大臣になったドミニク・ヴワネは、（京都会議おいて温室効果に関して、またマリファナの合法化を支持して）声高に緑の党の立場を主張しつづけ、時には（移民問題に関して、労働時間の短縮を支持して、社会運動に賛成して）同盟者の激怒を引き起こす。彼女は幾つかの大成功（スーパーフェニックスの閉鎖、ライン河とローヌ河を結ぶ大規模運河計画の放棄、ナチュラ計画〔生物多様性を保存するためにヨーロッパ連合によって発案された環境保全計画〕の再開など）を収めるが、また幾つかの厳しい敗北も喫する。そのうちの二つは、エコロジストたちの間で激しい抗議を惹き起こす。ジョスパン内閣がフランスで遺伝子組み換えのとうもろこしの栽培を許可したので、生の複雑性に対する無知が示す潜在的な危険性を証明することに何年も前から躍起になっている数多くの科学者や団体は、彼女に対して反感を向ける。二つ目は、衆議院が一九九八年六月に（ヨーロッパ連合の指令と明らかに矛盾して）渡り鳥の狩猟期間を延長することを狙った法案を採択したことである。このことは、（一九九八年二月に一五万人近くの狩猟家がデモを行なった）街中でも、また環境大臣が同盟者から余り確信のない擁護を受けることとなった衆議院でも、フランスの狩猟家のロビーの力を証明しているのである。

社会主義的エコロジーを受け継ぐ人々

こうした社会主義的なエコロジーはそれでも確実に受け継がれていくだろうか。このように問う価値はある。緑の党は一九九八年に、一九九九年のヨーロッパ選挙候補者名簿の筆頭をダニエル・コーン＝ベンディットに委ねることにしたからである。六八年五月の事件の結果、追放されて以来、フランスの政治舞台から消えていた彼が戻ってきたことは、当初、緑の党の内部ではそれほど歓迎されなかった。戦略上の理由がおおいにこの選択の動機となったように見える。六八年世代の元リーダーは実際、緑の党の他の誰もが張り合うことのできないカリスマ性を備えているのである。彼はその上、メディアにおいて固い友情を保っている。彼が立候補を宣言した際、いくつもの週刊誌がそもそもトップ記事を彼に奉げている。この点に関して、ダニエル・コーン＝ベンディットを選んだことは正解である。それでも彼の個人的な立場と緑の党の立場が相容れるかどうかは、あくまでもはなはだ疑問である。六八年以来、かつての扇動家は確かにおとなしくなった。緑の党の左翼はその点間違えることはなく、メディアに対するこうした譲歩を支持するよりも、運動を去ることをよしとしたのである。

一九四五年、フランスに難民として来たドイツ系ユダ人の両親から生まれたダニエル・コーン＝ベンディットは、非常に早い時期からあらゆる全体主義の誘惑に対して抵抗力ができていた（原注163）。弁護士である彼の父親は、哲学者ハンナ・アーレント（一九〇六～一九七五）〔ドイツ出身のアメリカ人哲学者〕の友人であった。全体主義政体の分析における、この哲学者の創始者としての役割は勿論いまさら述べるまでもない。思いやりのある兄ジャン＝ガブリエル・コーン＝ベンディット（一九三六年生まれで、自主管理される高等学校に長い間取り組んでおり、緑の党における弟の立候補を推進する）は、彼のほうで、全体主義のもう一人の蔑視者でかつ自立の熱心な伝令であるコルネリウス・カストリアディス（一九二二～一九九七）〔フランス人の哲学者。マルクス主義と決別した後、精神分析を援用して社会の根源に関する研究を行なう〕が主宰する雑誌『社会主義か野蛮か』が展開する分析に弟の関心を向ける。彼はさらに、エコロジー運動を歓迎した。そこに「技術生産的システムからの自立（原注164）」の要求を感じ取ったのである。無政府主義的トロッキー主義の傾向を持つダニエル・コーン＝ベンディットは、六八年五月の運動の前線に立つ。社会学専攻のこの若い学生は当時、他の者が革命のもっとしっかりした厳格さに従わせたいと思っているであろう学生の革命闘争に、遊戯的な側面を与える。従来の政党とド・ゴール将軍は、国を麻痺させることになるこの爆発性の混合物をどう評価していいのかなかなか分からずにもたつく。フランスから追放された彼は、(特に幼稚園で働きながら)ドイツでオルタナティヴ勢力圏に加わり、エコロジスト、ヨシュカ・フィッシャーと共同でアパートに住む。彼は一九九八年にドイツの外務大臣になる人物である。このアパートで、彼は反文化、エコロジーをよく知るようになるのである。一九八〇年代の初め、彼はドイツ緑の党にいる。その後フランクフルトで彼は何年も続けて市の助役を務め、多文化に関する業務を担当する。一九九四年彼はドイツでヨーロッパ議員に選ばれる。数冊の本が彼の歩みを明らかにしている。

ナンテール大学の学生だった頃、ダニエル・コーン＝ベンディットは、絶対自由主義、反共産主義かつ反資本主義の革命を夢見る。そこでは若者の性に関して現職の大臣に説明を求め、他の学生に長演説をする彼の姿が見られる。パリの街頭で彼はおそらく最もカリスマ的なリーダーであろう。紋切り型の口上が彼の得意とするものではないとしても、彼は革命の饒舌に身を任せる。一九六八年五月二十日の『ヌーヴェル・オプセルバトゥール』誌に掲載された、記憶に残るが非常に古びた感じの、ジャン＝ポール・サルトルとの対話がそれを示している。ダニエル・コーン＝ベンディットはその中で、非常にもったいぶって自分の狙いを伝える。「目標は今や、体制の転覆であります」。しかしジャン＝ポール・サルトルは、運動の計画のあいまいさに関してこの上なく懐疑的な様子を見せる。それに対して、ダニエル・コーン＝ベンディットは、革命運動の力は、まさにその自発主義にあると言って彼に反論する。ガブリエル・コーン＝ベンディットとともに五週間で書いた『共産主義の成人病に対する治療薬としての極左主義』（原注165）が、この討論の内容を明らかにしている。その中で、学生たちが特に、経済および国家の覇権に基づいたシステムを拒絶していることが分かる。この点に関して、彼らには、社会学の教育が、人間たちを経済システムに適応させることを目標としているように見える。そこにはまた『社会主義か野蛮か』の影響も推し量られる。コーン＝ベンディット兄弟は、実際、強い類似性が東側と西側を特徴付けていることを認める。彼らの目には、国家資本主義および大規模な官僚制の存在が、社会主義の祖国が自ら宣言するその利点を曇らせているように見えるのである。ダニエルおよびガブリエル・コーン＝ベンディットとしては、真の自主管理を設立すること、大衆の自主組織を形成すること、頭脳労働者と肉体労働者、指揮者と実行者の分割をなくすことを望んでいる。彼らに言わせると、革命の流れは重層的であり、いかなる政党も、前衛の役割をもって任ずることはできないはずである。言ってみれば、二人の著者は、フランス共産党を歴史のゴミ箱に突っ込んでしまうのである。フランス共産党はこのことを長い間忘れないだろう。その上コーン＝ベンディット兄弟が直ちに革命を行なうようフランス人に呼びかけるから尚更恨みが積もることになる。エコロジーが二人の著者の関心から全く欠落しているとしても、彼らが自分たちの要求において、生活の質的な面を特に重視していることは認められる。成長競争は彼らの優先するものではないのである。雑誌『状況主義インターナショナル』に集まった、輝かしくも無作法な一握りの知識人たち（ラウル・ヴァネジャン、ギー・ドボール、テオ・フレ、アスジェール・ジョルン、ミュスタファ・カヤティなど）が展開した主張の延長上にある二人は実際、遊びの効用について、有罪性のユダヤ・キリスト教文明的な起源について、また世界の非合理性などについて問う。そして、全てを（政府、軍隊、宗教、所有権、結婚など）白紙に戻すことを考えているのである。それでもダニエル・コーン＝ベンディットが反文化を発見するのはさらに数年先のことである。

これまで特に社会構造に焦点を当ててきたダニエル・コーン＝ベンディットの考察は、反文化に出会って、生活のほかの側面に向かって行く。抽象的で非宗教的なヒューマニズム、理性および科学の絶対化に対して、反文化は、欲動、感情、自然、生、精神性を復権させた。余りにも非人格的な社会に対して、反文化は共同体の効用を改めて主張した。ロマン主義の延長にある反文化は、啓蒙思想の限界を強調した。また社会を全般的に変えようとする広範な計画よりも、日常生活の変化を望ましいとした。反文化はアメリカ合衆国に初めは根付いたが、それから徐々にヨーロッパに広がって来た。ダニエル・コーン＝ベンディットが本当にそれになじむのは、ドイツのオルタナティヴ勢力圏においてである。もうエコロジーまでそれほど隔たってはいない。ダニエル・コーン＝ベンディットは、六八年に大筋が描かれた考え（反権威主義、反資本主義、反共産主義、無政府主義、自発主義など）に続いて、今では生の多面性により一層の注意を向ける。さらに彼は、反文化およびそれから生じた反階層が想像力、振動、感情、自発性を復活させたと好意的に指摘する。こうして反文化は、同様に社会的および人種的少数派に新たなる正当性を与えたのである（原注166）。

「エコロジー意識の出現が七〇年代に深い影響を残した。私の政治的素養は、自然の破壊、過度の工業化、原子力発電所の設置に対する闘いによって、根本的に変容した（原注167）」。これまでは社会関係の構造をこの六八年世代の元リーダーは調べていたが、今後ダニエル・コーン＝ベンディットは、人間が自然と保つ関係に一層の注意を向けるようになるのである。しかしエコロジーは、主として物質世界の限界を彼に教えるのであって、彼は、自分の絶対自由主義的かつ自主管理主義的な立場を全体的に見直して、例えば「責任という原理」や世界を再び魔術にかけるための闘いを主張するようにはならないのである。政治的エコロジーは彼の思考の糧となるが、それを覆すことはない。その一方で、ダニエル・コーン＝ベンディットは、革命に対する意志を完全に放棄してしまった。今日この絶対自由主義者は、自由主義者でもある。さらに彼はこのことを嫌な顔もせずに認める。政治的エコロジーの一部の高圧的な偏流を前にして彼は、「今日エコロジーにとっての主な挑戦は、アングロサクソン的な意味での自由主義的な、ヒューマニスト的政治の伝統を組み入れ、個人個人およびその自由を守ることを計画の中心に据え直すことである（原注168）」と彼は評する。手堅い実際主義が彼の経済的および社会的な立場を導いていく。かつて諸々の国家管理主義を斬って捨てていた彼は、国家に対立するものとして（民主的な空間として）あれほど称揚される市民社会は、極めて市場に似ているということを、他の自主管理主義者たちのように理解したのである。ダニエル・コーン＝ベンディットは従って、改革がその枠内で検討できる市場経済に賛同する。「実は、市場経済の中に留まりつつ、生産様式を変える必要があります。市場経済は、民主主義の並外れた可能性を開くことができるからです。自主管理ですらそこに場をみつけることができます（原注169）」。こうして週四日労働に向かうことが望ましいということになろう。しかし並行して、規制を緩和して柔軟性を増す必要があるだろう。それでも社会保護は見直してはならないだろう。この点に関して、彼は最低収入保証を一般化することを望む。グローバル化は、彼に言わせると充足が広まることを示している。現在進んでいるヨーロッパの建設に彼は熱狂する。六八年世代の元リーダーは同様に、今後は企業が教育の内容に関して介入するべきだろうとも考える。と同時に学校に、より多くの自治を与えることも望む。さらに六八年五月の元扇動家は責任感が強くなっている。彼は、移民の割り当て数を定める必要を認め、若者たちのために民間奉仕制度のようなものを始めるという考えを好意的に検討し、また今日、場合によっては軍事介入を行なう必要性を確信している。彼は未来の世代を忘れはしない。しかしダニエル・コーン＝ベンディットは、依然として絶対自由主義者でもある。彼は、文化的相対主義によって、村に帰ろうという希望あるいはどんな伝統でも神聖化するという希望を暖めるようなことは全くしない。と同時に弱い麻薬〔マリファナなど常習にならないもの〕の合法化のために闘う。ポール・ラファルグ〔一八四二～一九一一：フランス人社会主義者。マルクスの娘婿。フランスにおける歴史的弁証法唯物論の普及に貢献〕が広めた『怠惰に対する権利』〔一八八〇年にラファルグが発表した著書の題名〕という考えは、相変わらず彼が贔屓しているものである。彼を政治的エコロジーに導いたのは、生活の質に向けたこのような関心である。「こうして六八年五月から生じた抗議が息切れし、想像力を使い果たした時、エコロジーの抗議がやってきてこの運動を盛り返したのです（……）（原注170）」。反原発の抗議の反権威主義な側面が、二つの勢力圏の間で橋渡しをしたのである。

このように、ダニエル・コーン＝ベンディットの政治的エコロジーは、彼の反権威主義的な参画に強く結びついている。彼が特に好む著者たちがこの事実を雄弁に説明している。彼らの大部分は、今はなき自主管理主義の「第二の左派」と六八年後世代のエコロジーを連合させる知識人の集まりに属している。アラン・トゥレーヌ、アンドレ・グリュックスマン、エドガー・モラン、アンドレ・ゴルツおよびルネ・デュモンである（原注171）。反全体主義の闘いで知られる哲学者のアンドレ・グリュックスマン（一九三七年生まれ）だけは、この集団から本当ははずれているように見える。ダニエル・コーン＝ベンディットは、自然に関するいかなる特別な考察によっても緑の党へと導かれていったようには思われない。彼は自然を暴力的だと判断するのである。彼の政治的エコロジーに関する概念はあくまでも非常に漠然としている。「エコロジーとは、社会の機能に関する新しい考え方です。そしてまた経済の機能と人々の生の間に均衡を確立しようとする意思です。このことによって、我々の生産様式、我々の生活および消費様式、そして我々の夢の見方まで、見直しを迫られるのです(原注172)」。このような立場は、多くの人々によって非難される危険はない。そしてそれは（ガブリエル・コーン＝ベンディットなどのように）ブリス・ラロンドの周囲にかつて集まっていた六八年後世代の快楽主義的政治的エコロジーを支持する人々の間で、確実に関心を惹き起こしている。「エコロジー世代」の元大黒柱ノエル・マメールはそもそも、緑の党における「ダニー」の最も熱心な支持者の一人である。（ダニエル・コーン＝ベンディットの表現を借りると）「愚痴っぽい極左」の政治的エコロジーを支持する人々は、「自由主義かつ絶対自由主義」というメディア受けのする旗印には一層加わり難かったのである。

《原注》

1 Meyer François, *La Surchauffe de la croissance. Essai sur la dynamique de l'évolution*, préface de Rémy Chauvin, Paris, Librairie Arthème Fayard, 1974.

2 Darling Frank Fraser, *L'Abondance dévastatrice*, 1970, trad. fr., Paris, Librairie Arthème Fayard, 1971.

3 同書、p. 102.

4 BONNEFOUS Edouard, *L'Homme ou la Nature ?*, préface de Jean ROSTAND, Paris, Librairie Hachette, 1970 ; rééd., Paris Editions J'ai lu, 1973.

5 これにはクロード・グリュゾン、セルジュ＝クリストフ・コルム、ティエリ・ド＝モンブリアル、フィリップ・サン＝マルク、ロベール・プジャドなどが参加する。Cf. *Les Cahiers de la Revue politique et parlementaire*, supplément au n°838, janvier 1973, pp. 12-32.

6 *L'Homme ou la Nature ?*, *op. cit.*, p. 434.

7 BONNEFOUS Edouard, *Sauver l'humain*, Paris, Flammarion, 1976.

8 SAINT MARC Philippe, *Socialisation de la nature*, Paris, Stock, 1971, rééd. Paris, Stock, 1975.

9 PELT Jean-Marie, *L'Homme re-naturé*, Paris, Editions du Seuil, 1977, rééd., Paris, Editions du Seuil, 1990.

10 Sicco MANSHOLT, « Lettre au président Franco Maria Malfatti », Bruxelles, 9 février 1972, reproduit in : *La Lettre Mansholt*, dossier établi par Laurence REBOUL et Albert TE PASS, sous la direction de Jean-Claude THILL, Centre d'éducation et d'information pour la Communauté européenne, Paris, Jean-Jacques Pauvert éditeur, 1972.

11 JONAS Hans, *Le Principe responsabilité. Une éthique pour la civilisation technologique*, 1979, trad. fr., Paris, Les Editions du Cerf, 1990. 邦訳：『責任という原理――科学技術文明のための倫理学の試み』加藤尚武・監訳、東信堂、二〇〇〇年。

12 JONAS Hans, « Penser l'écologie », Gérard DUPUY との対談 , *Libération*, Paris, 12 et 13 décembre 1992, p. 32.

13 JONAS Hans, « De la gnose au *Principe responsabilité* » Jean GREISCH et Emy GILLEN との対談 , *Esprit*, Paris, n° 171, mai 1991, p. 9.

14 JONAS Hans, « Technologie et responsabilité. Pour une nouvelle éthique », 1972, trad. fr., Paris, *Esprit*, n° 438, septembre 1974, p. 167.

15 たとえば以下を参照のこと：同書、pp. 167, 171-172 ; *Le Principe responsabilité, op. cit.*, pp. 26, 72 ; « De la

gnose au *Principe responsabilité* », *op. cit.*, pp. 11-12, など。

16 JONAS Hans, « Surcroît de responsabilité et perplexité », 1992-1993, trad. fr., Paris, *Esprit*, Paris, n° 206, novembre 1994, p. 11.　また次のページ：「そして私は、ごく単純に言って、目的が宇宙に無関係でないような単一的イメージを探し求めている」。

17 JONAS Hans, *Le Principe responsabilité, op. cit.,* p. 64.

18 同書、pp. 109, 117, 118 など；および « Surcroît de responsabilité et perplexité », *op. cit.,* p. 14.

19 *Le Principe responsabilité, op. cit.,* p. 115,（同様に、cf. pp. 111-113）.

20 « De la gnose au *Principe responsabilité* », *op. cit.*, p. 16.

21 *Le Principe responsabilité, op. cit.,* p. 31.

22 « De la gnose au *Principe responsabilité* », *op. cit.*, p. 19.

23 « Technologie et responsabilité », *op. cit.*, p. 174.

24 ハンス・ヨナスによるカントからの引用、同書、p. 175.

25 同書、p. 175-176.

26 *Le Principe responsabilité, op. cit.,* pp. 30-31.

27 « Technologie et responsabilité », *op. cit.*, pp. 181-182.

28 « De la gnose au *Principe responsabilité* », *op. cit.*, p. 14.

29 *Le Principe responsabilité, op. cit.,* p. 200.

30 Cf. Dominique BOURG, « Bioéthique : faut-il avoir peur ? », *Esprit*, Paris, n° 171, mai 1991, pp. 38-39.

31 CHESNEAUX Jean, « Maîtriser la collision entre l'histoire naturelle et l'histoire humaine », *Ecologie politique*, Paris, n° 2, printemps 1992, p. 134.

32 左派と緑の党の結合を祝うため、あるいは少なくとも加速するために書かれた、『緑の希望：政治的エコロジーの将来』（*Vert espérance. L'avenir de l'écologie politique*, Paris, La Découverte, 1993：邦訳『緑の希望』若森章孝・若森文子・訳、社会評論社、一九九四年）と（皮肉の意味を込めて?）題されたエッセーの中で、アラン・リピエッツは繰り返し、『責任という原理』に対する、ぼかした（pp. 18, 50, 54, 65, 66, 103, 143）もしくははっきりした（p. 67, 68）言及をしている。

33 René PASSET, « Vers un nouveau paradigme de la théorie économique », *Krisis*, Paris, n° 18 novembre 1995, p. 154.

34 アルマン・プティジャンは、この雑誌の第二四号（一九九三年一一月〜一二月号）で、ヨナスに関する論文を再び書くことになる（« Jonas tel qu'en lui-même… »）。一九九五年の、三月〜四月の第三二号で、彼はヨナスを、西側諸国が世界に対して勝手に握った過剰な権限を疑問に付すことのできた、「現代の賢人」（p. 43）と称える。最後に、『横断』の編集班は、「責任を持ち連帯する世界のための連盟」の創設にも積極的にかかわることになることも伝えておこう。そもそも一九九一年、編集長のジャック・ロバンはすでに、とりわけハンス・ヨナスやアンリ・ルフェーヴルなどを参照して、より自主管理的な民主主義を要求する「市民宣言」の署名者の一人となっていたのである（Cf. « Manifeste citoyen », Terminal, Paris, n° 58, mai-juin 1992, p. 48）。

35 GRINEVALD Jacques, « L'ingérence des écologistes dans les affaires internationales » *in* : SABELLI Fabrizio (dir.), *Ecologie contre nature. Développement et politiques d'ingérence*, Nouveaux cahiers de l'IUED, n° 3, Paris, PUF, 1995, pp. 121-142. 同じ号で、リュディヴィヌ・タミオッティの論文においても同様にハンス・ヨナスが問題となっている：Ludivine TAMIOTTI, « Ingérence écologique : un concept »（pp. 159-168）

36 フランスワ・オストの、非常に深く、また刺激的な著作『無法者の自然：法に耐えられるエコロジー』、および雑誌『政治的エコロジー』、『グリンピースマガジン』などに掲載されたさまざまな記事を参照のこと：OST François, *La Nature hors la loi. L'écologie à l'épreuve du droit*, Paris, La Découverte, 1995（特に pp. 265-305）; François OST *in* : *Ecologie politique*（n° 8, automne 1993）, *Greenpeace Magazine*（printemps 1994）…

37 Cf. Dominique VOYNET, « Agir localement, penser globalement : slogan mythique ou réalité opérationnelle ? »（一九九五年の発表）, *Nature Sciences Sociétés*, volume 5, n° 3, Editions Elsevier, 1997, p. 56. 一年後、今度は現職の環境大臣コリヌ・ルパージュがハンス・ヨナスを賞賛して引き合いに出すことになる。Cf. Corinne LEPAGE, *in*

：Ministère de l'Environnement, *Ethique et environnement*, colloque, Paris, La Documentation Française, 1997, pp. 16-17, 171.

38 Claude JOURNES, « Les idées politiques du mouvement écologique », *Revue française de science politique*, Paris, volume 29, n°2, avril 1979, p. 233.

39 Dossier « La planète mise à sac », Paris, *Le Monde diplomatique* (collection « Manière de voir » n°8), mai 1990.

40 Cf. SAMUEL Pierre, *Ecologie : détente ou cycle infernal*, Paris, Union Générale d'Editions, 1973, p. 19（「したがって上からの押し付けでなく、テクノクラート的でなく、またできる限り暴力的でない解決法を見つけることが肝心である。破局主義に沈んでしまったならば、一九七五年に関してはペストと飢餓を、一九八四年に関しては極地の氷の融解を、一九九〇年に関しては大気中の酸素の消滅を予告するならば、それはほとんど実行不可能である」）; « L'effet de serre », *Après-demain*, Paris, n° 326, juillet-septembre 1990, p. 35（「したがって温室効果を引き起こすガスが二倍になることの結果は、破局であろうから、そこにエコロジーの最も重要な問題を見ている環境保護論者は多い」）。

41 GEORGESCU-ROEGEN Nicholas, *Demain la décroissance*, 1970-1975, 1977 ; trad. fr., Paris-Lausanne, Editions Pierre-Marcel Favre, 1979, p. 123.

42 Groupe de Vézelay, *Plate-forme pour un monde responsable et solidaire*, Paris, Fondation pour le Progrès de l'Homme, 1993.

43 LACROIX Michel, *L'Humanicide. Pour une morale planétaire*, Paris, Commentaire/Plon, 1994. この中でミシェル・ラクルワは、「地球規模での合法性の時代が始まったことをすべてが示している」とも評しており（p. 97）、中でもハンス・ヨナスを精妙に、また自然契約の考えを熱を込めて論じている。同様にミシェル・ラクルワは嬉々として、大地を擬人化したガイアの仮説を迎え入れている。

44 SCHWAB Günther, *La Danse avec le Diable*, 1958, trad. fr., Paris, La Colombe-Editions du Vieux Colombier, 1963（その後パリの出版社「本の通信」：Le Courrier du livre がこの著作を再版し、また同じ著者の『悪魔の料理』：*La*

Cuisine du Diable と『悪魔の最後のカード』：*Les Dernières Cartes du Diable* も同様に出版する。

45 『悪魔との舞踏』においてギュンター・シュヴァプが引用した架空の技術工：Günther Schwab, *La Danse avec le Diable*, *op. cit.*, p. 14.

46 たとえば以下をあげておこう：*Conditions of Happiness*, Londres, Bodley Head, 1949 ; *Sex in History*, Londres, Thames and Hudson, 1958 ; *Histoire illustrée de la biologie*, trad. fr., Paris, Hachette, 1963 ; *La Révolution biologique. Des modifications de l'homme par lui-même à la création de la vie en laboratoire*, 1968, trad. fr., Paris, Robert Laffont, rééd., Paris-Verviers, Marabout Université, 1971 ; *Le Jugement dernier*, 1970, trad. fr., Paris, Calmann-Lévy, 1970 ; *Repenser la vie*, 1972, trad. fr., Paris, Calmann-Lévy, 1974.

47 *Le Jugement dernier*, *op. cit.*, p. 87. 同様に著者がこの著作の中で、「人間というこのばい菌」(p. 9)、「人間のできそこない」(p. 53) などと述べていることも指摘しておこう。

48 *Repenser la vie*, *op. cit.*, p. 171.

49 同書、p. 317.

50 例として以下をあげておこう：Goldsmith E. et Bunyard P. (éd.), *Gaia, The Thesis, the Mechanismus and the Implications*, Camelford, Cornouailles, Royaume-Uni, Wadebridge Ecological Center, 1988 ; Goldsmith E. et Hildyard N., *Rapport sur la planète terre*, 1988, trad. fr., Paris, Editions Stock, 1990 ; Goldsmith E., Bunyard N. et Mc Cully P., *5000 jours pour sauver la planète*, Paris, Le Chêne, 1991.

51 Goldsmith Edward, Allen Robert, Allaby Michael, Davull John et Lawrence Sam, *Changer ou disparaître*, 1972, trad. fr., Paris, Fayard, 1972.

52 Armand Petitjean, « Introduction », *in* : *Changer ou disparaître*, *op. cit.*, p. I - II.

53 同書、p. 22.

54 低開発世界が「人口の大半を際限なく養うことができるように、土壌の構造を改善するなら、そのことによって現在の人口の余剰分が飢餓や伝染病によって殺されることを覚悟しなくてはならない。言うまでもなく、長期的には、解決に繋がるのは人口規制である。しかしそれまでは、当座の生産高を犠牲にしても、持続性を保障する農業方法にあらゆる努力を傾ける以外に出口はないように思われる」。極めて幸いなことに、この驚くべき論議の著者たちはすぐに、したがって農業余剰産品の大生産者が、一時的な収入減をやりくりしてしのぐべきであろうと付け加えている（同書、p. 27）。何ページか後で、『ジ・エコロジスト』の編集班は、再び人口問題を扱い、増加し続ける人口は、時として伝染病や新たなる戦争によって急にストップをかけられると指摘する。しかしこの「解決は、我々が理性的であるとみなす社会にとっては、ありえないものとして排除されるから、人口が安定する以外の解決はないのである」（p. 41）。

55 同書、p. 51.

56 同書、p. 70.

57 J.B., « Ecolivres », *Le Nouvel Observateur*, Paris, n° hors série réalisé sous la direction d'Alain HERVÉ, « Spécial écologie. La dernière chance de la terre », Paris, juin-juillet 1972, p. 59.

58 アルザスにおけるエドワード・ゴールドスミスの講演録につけられた紹介文：*La Gueule ouverte*, n° 1, novembre 1972, pp. 18-20, 36-42.

59 DUMONT René, *L'Utopie ou la Mort, op. cit.*

60 GOLDSMITH Edward, *Le Défi du XXIe siècle. Une vision écologique du monde*, 1992, 1993, trad. fr., Monaco, Editions du Rocher-Jean-Paul Bertrand éditeur, 1994.

61 LOVELOCK James E, *La terre est un être vivant. L'hypothèse Gaïa*, 1979, trad. fr., Monaco, Le Rocher, 1986, p. 19. 同様に、cf. LOVELOCK James, *Les Ages de Gaïa*, 1988, trad. fr., Paris, Editions Robert Laffont, SA, 1990.

62 *Gaïa. Comment soigner une Terre malade ?*, 1991 ; trad. fr., Paris, Editions Robert Laffont, SA, 1992.

63 *Le Défi du XXIe siècle, op. cit.*, p. 361.

64 *Le Recours aux forêts. Vers une nouvelle culture*, dossier « L'écologie selon Goldsmith. A propos du dernier livre d'Edward Goldsmith », Sartrouville, volume II, n° 1, 1995.

65 René DUMONT, « Ne condamnez pas la science », *Les Réalités de l'écologie*, dossier « L'écologie, religion du XXIᵉ siècle », Toulouse, n° 58, novembre 1994, p. 51.

66 実際「解放のエコロジーのために」はまず、社会正義が市場経済による荒廃に打ち克つようにするために、エコロジスト勢力圏が社会活動家と連合することを望んでいる。しかし同じ記事（カール・ポラニーの業績の影響が推し量られる）は同様に共同体の空疎な称賛を提示している。「かつて共同体が満たしていた機能が一つ一つ排除されるにつれて、共同体は社会的、経済的また政治的な力として萎縮していく（……）。共同体はまとまりを失い、市場ばかりでなく官僚機構がどんどん進入してくるのに抵抗できなくなる（……）。解決は、我々が、エコロジストの運動として、官僚機構から権力を奪い、それを共同体に返してやる覚悟をしない限り生じないであろう。」（Nicholas HILDYARD, « Pour une écologie de la libération », 1991, trad. fr. (Belgique), rééd., Paris, *Rouge*, 5 septembre 1991.

67 Edward GOLDSMITH, entretien avec Jean-Francis HELD, *L'Evénement du Jeudi*, Paris, 29 février 1996, p. 96.

68 筆者と、フランスエコロッパの名誉会長ジャン＝マリ・ペルトとの対談：前掲書。

69 エコロッパがジミー・ゴールドスミスに財政を賄われていたという仮説は、ジャン＝マリ・ペルトがありうると判断している（著者との対談）。

70 Yves FRÉMION, « Humeur verte : l'affaire Goldsmith », *Le Journal des écolos*, Saint-Jean-du-Bruel, n° 9, avril 1995, p. 7, et *Silence*, Lyon, n° 190, mai 1995, p. 38.

71 SERVAN-SCHREIBER Jean-Jacques, *Le Défi américain*, Paris, Denoël, 1967. この著者は、一九七〇年には、ミシェル・アルベールと共に、フランスがついに産業の挑戦に応じる決心をしたことを喜ぶ。Cf. ALBERT Michel et SERVAN-SCHREIBER Jean-Jacques, *Ciel et terre. Manifeste radical*, Paris, Denoël, 1970. それでも二人の著者は、折に触れて、ベルトラン・ド＝ジュヴネル、ロベール・ラテス、ジャン・サン＝ジュウルスなどを引用している。

72 KAHN Herman et WIENER Anthony J., avec le concours des membres de l'Hudson Institute, *L'An 2000. Un canevas de spéculations pour les 32 prochaines années*, introduction de Daniel BELL, 1967, trad. fr., Paris, Robert Laffont,

1968.

73 同書、p. 208.

74 同書、p. 182.

75 Sauvy Alfred, *Croissance zéro* ?, Paris Calmann-Lévy, 1973.

76 同書、p. 318.

77 Cole H., Freeman C., Jahoda M., Pavitt K., *L'Anti-Malthus. Une critique de « Halte à la croissance »*, 1973, trad., fr., Paris, Editions du Seuil, 1974. 今日なおも、地球のエコロジーの均衡に関するデータが不明確である以上、エコロジストたちは少し熱をさますべきではないかと考える科学者は数多い。例えばこの点に関しては以下を参照のこと：Allègre Claude, *Economiser la planète*, Paris Fayard, 1990, p.346.

78 Braillard Philippe, *L'Imposture du Club de Rome*, Paris, PUF, 1982.

79 同書、p. 99-100.

80 Falque Max et Millière Guy (dir.), *Ecologie et liberté. Une autre approche de l'environnement*, Paris, Editions Litec, 1992.

81 Bramoullé Gérard, *La Peste verte*, Paris, Les Belles Lettres, 1991.

82 Ward Barbara et Dubos René, *Nous n'avons qu'une terre*, 1972 ; trad. fr., Paris, Editions Denoël, 1972.

83 同書、p. 179.

84 同書、p. 268.

85 Vadrot Claude-Marie, *Déclaration des droits de la nature*, Paris, Editions Stock, 1973.

86 Déclaration de Stockholm sur l'environnement du 16 juin 1972, reproduite *in* : Huglo Christian et Cenni René, *Une société de pollution*, Paris, Jean-Claude Simoën, 1977, pp. 197-200.

87 Cf. Claude-Marie Vadrot, « Les actions internationales de protection » *in* : Friedel Henri (présentation), *Encyclopédie de l'écologie*, Paris, Librairie Larousse, 1977, p. 381-390.

88 Roger CANS, « "A l'occasion de ses vingt ans". Le Programme des Nations unies pour l'Environnement contre l'"apathie" des gouvernements », *Le Monde*, Paris, 16 décembre 1992.

89 Commission mondiale sur l'environnement et le développement, *Notre avenir à tous*, 1987, trad. fr., Québec, Les Editions du Fleuve-Les Publications du Québec, 1988. ノルウェーの元環境相で元首相のグロ＝ハーレム・ブルントランドは、南北問題に関する「ブラント委員会」の作業に、また安全および軍縮に関する「パルム委員会」にすでに参加したことがあった点を強調しておこう。彼女は一九九八年に「世界保健機構」の事務局長に選ばれる。

90 同書、p. 47.

91 « Notre pays, c'est la planète. Déclaration de La Haye », 24 pays signataires, *Libération*, Paris, 3 avril, 1989.

92 AGIR ICI, CEDETIM, LIDPL (Ligue internationale pour les droits et la libération des peuples), *Premier sommet des sept peuples parmi les plus pauvres*, tome II, *Les Actes*, Paris, AGIR ICI / LIDPL, 1989.

93 (Document) collectif, « Lettre ouverte aux chefs d'Etat du sommet des sept », *Politis. Le citoyen*, Paris, 7 juillet 1989, pp. 19-23.

94 Bruno ABESCAT, « Zèle pour l'ozone », *L'Express*, Paris, 7 mars 1991, reproduit *in : Les Cahiers de l'Express*, Paris, n° 15, mai 1992, pp. 95-96. 同様に cf. dossier sur « Un nouveau spectre hante le tiers monde : l' "écocolonialisme" », *in : Le Courrier international*, Paris, n° 123, 11 mars 1993. この問題は、一九九七年、温室効果をもたらすガス排出を削減する目的で招集される「京都サミット」が近づくと、再燃することとなる。例えば以下を参照のこと：Françoise CHIPAUX, « L'Inde et la conférence de Kyoto », *Le Monde*, Paris, 6 décembre 1997 ; Philippe PONS, « A Kyoto, les points de vue se rapprochent entre les pays du Nord et ceux du Sud », *Le Monde*, Paris, 5 décembre 1997.

95 パトリス・ヴァン＝エールセルによって引用：Patrice VAN EERSEL, « Ecologie : le Sud contre le Nord », *Actuel*, Paris, décembre 1991, pp. 57-68.

96 Cf. le bulletin *Sommet planète terre. Point de vue*, Département de l'information des Nations-Unies, avril 1992.

97 Cf. Ignacy SACHS, « Quel développement pour l'Amazonie ? », *Le Courrier de l'UNESCO*, Paris, novembre 1991, p. 32 ; « Faut-il encore y croire ? », *Politis. Le Magazine*, Paris, octobre 1994, pp. 8-12.

98 これらの様々な点に関しては、以下を参照のこと：Denis HAUTIN-GUIRAUT, « Un Woodstock écologique », *Le Monde*, 4 juin 1992 ; Jean CHESNEAUX, « Après Rio : tout reste à faire », *Les Cahiers rationalistes*, Paris, Union rationaliste, novembre, 1992, pp. 39-43.

99 条約の抜粋は：*in* : BRODHAG Christian, *Les Quatre Vérités de la planète. Pour une autre civilisation*, Paris, Editions du Félin, 1994, pp. 265-279. ＮＧＯに関しては：ANTOINE Serge, BARRERE Martine et VERBRUGGE Geneviève (coordination), *La Planète Terre entre nos mains (Conférence des Nations Unies sur l'environnement et le développement de Rio de Janeiro — juin 1992), Guide pour la mise en œuvre des engagements du sommet planète Terre*, Paris, La Documentation Française, 1994, pp. 197-214.

100 Conférence des Nations-Unies sur l'environnement et le développement (CNUED), *Action 21. Déclaration de Rio sur l'environnement et le développement. Déclaration de principes relatifs aux forêts,* , New York, Nations-Unies, 1993. これは「国連環境開発会議」の主要文書である。

101 « Agenda 21 », *in* : CNUED, *Action 21, op. cit.*, pp. 7-251.

102 Cf. ANTOINE Serge..., *La Planète Terre entre nos mains, op. cit.*, pp. 217-221. フランスのほうも、「持続可能な発展フランス委員会」を創設してすぐ後に従った。これは一九九六年一月二十五日、コリーヌ・ルパージュ環境相によってフランスで公式に紹介された。クリスティアン・ブロダッグがその代表となった。地域圏議員で「緑の党」の元スポークスマンであるクリスティアン・ブロダッグは、アントワーヌ・ヴェシュテールに近い人物である。「共和国連合」の参議院議員ジャン＝ポール・ドルヴワがとりわけそのメンバーである。Cf. Roger CANS, « La France va relancer son programme de développement durable », *Le Monde*, Paris, 27 janvier 1996.

103 Cf. Jean-Jacques SÉVILIA, « Le forum écologique de Rio se termine dans le pessimisme et l'indifférence », *Le*

Monde, Paris, 21 mars 1997.

104 Cf. J.-L. S., « M. Michel Rocard se fait l'apôtre d'un " devoir d'ingérence écologique " », *Le Monde*, Paris, 22 mai 1992.

105 これら全ての点に関しては、特に以下を参照のこと：Roger CANS, « Avant le Sommet de la Terre, Les ONG sont opposées à la création d'une autorité mondiale de l'environnement », *Le Monde*, Paris, 22-23 décembre 1991 ; Marie-Angelle HERMITTE, « Le droit et la vision biologique du monde», *in* : ROGER Alain et GUÉRY François (dir.), *Maîtres et protecteurs de la nature*, Seyssel, Editions Champ Vallon, 1991, pp. 85-104 ; Christian BRODHAG, « Droit d'ingérence et patrimoine mondial », *Les Réalités de l'écologie*, Toulouse, n° hors série, décembre 1991, p. 23, および *Les Cahiers du Futur Environnement-Développement*, Paris, n° 2, août 1992, pp. 12-20 掲載の記事。

106 例えば、国際自然保護連合（スイス）の、（搾取する豊かな国々を非難する）記者会見発表を参照のこと：« Cent jours après Rio : sommet ou fumée ? », reproduit *in* : *La Bibliothèque naturaliste*, Sisteron, n° 17, décembre 1992, pp. 17-20.

107 例えば以下を参照のこと：*Les Réalités de l'écologie-Verts Europe-Vert Contact*, « Spécial Rio 92, sommet de la planète Ecologie et tiers monde. Destinations communes ? », Toulouse, n° hors série, décembre 1991.

108 例えば以下を参照のこと：Vincent LABEYRIE, « Ecologie / Mouvement ouvrier. Une ignorance contre nature », *M Mensuel Marxisme Mouvement*, Paris, n° 11, mai 1987, pp. 12-17 ; « Une dialectique iconoclaste », *ibid.*, n° 32, octobre 1989, pp. 26-36.

109 BIOLAT Guy, *Marxisme et environnement*, Paris, Editions sociales, 1973.

110 *Recherches internationales à la lumière du marxisme*, dossier « L'homme et son environnement », Paris, Les Editions de la Nouvelle Critique, n° 77-78, avril 1973-janvier 1974.

111 例えば、cf. CONTI Laura, *Qu'est-ce que l'écologie ? Capital, travail et environnement*, 1977, trad. fr., Paris, Librairie François Maspero, 1978.

112 Claude Catherine, *Voyage et aventures en écologie*, Paris, Editions sociales, 1978.

113 Acot Pascal, *Histoire de l'écologie*, Paris PUF, 1988 ; *Histoire de l'écologie*, Paris, PUF, 1994 (collection « Que sais-je ? »).

114 *Histoire de l'écologie*, 1988, *op. cit.*, p. 161.

115 シルヴィ・マイエール（海洋生物学の専門家で『エコロジーに対する決意』：*Parti pris pour l'écologie*, Paris, Messidor-Editions sociales, 1990 の著者）がフランス共産党における環境問題の責任者であることを指摘しておこう。

116 Cf. Pelosato Alain (dir.), *Ecologie et progrès*, Pantin, Editions Naturellement, 1996.

117 Jacquard Albert, *L'Explosion démographique*, Paris, Flammarion, 1993. 同様に同じ著者の以下の著作も参照のこと：*Cinq milliards d'hommes dans un vaisseau*, Paris, Editions du Seuil, 1987 ; *Voici le temps du monde fini*, Paris, Editions du Seuil, 1991.

118 Juquin Pierre, *Fraternellement libre*, Paris, Grasset, 1987.

119 Cf. Edouard Delanuy, « L'extrême gauche dans la tornade verte », *Politis-le-citoyen*, Paris, 28 avril 1989 ; Pronier Raymond et Jacques le Seigneur Vincent, *Génération verte. Les écologistes en politique*, Paris, Presses de la Renaissance, 1992, pp. 256-259.

120 Juquin Pierre, Antunes Carlos, Kemp Penny, Stengers Isabelle, Telkamper Wilfrid, Wolf Frieder Otto, *Pour une alternative verte en Europe*, Paris, Editions La Découverte, 1990.

121 Debeir Jean-Claude, Deléage Jean-Paul et Hemery Daniel, *Les Servitudes de la puissance. Une histoire de l'énergie*, Paris, Flammarion, 1986.

122 Deléage Jean-Paul, *Histoire de l'écologie. Une science de l'homme et de la nature*, Paris, La Découverte, 1991.

123 同書、p. 305.

124 例えば、以下に収められたこの叢書の紹介文を参照のこと：*in :* Lascoumes Pierre, *L'Eco-pouvoir. Environnements*

et politique, Paris, La Découverte, 1994, p. 2.　ジャン＝ポール・ドレアージュの叢書で発刊された、フランスワ・オストの（奥深く刺激的な）著作（*La Nature hors la loi. L'écologie à l'épreuve du droit*, Paris, La Découverte, 1995）はこうして一九九五年の秋、ジャン＝ポール・ドレアージュの雑誌においてべた褒めの記事を捧げられることとなる。

125 DUMONT René et ROSIER Bernard, *Nous allons à la famine*, Paris, Editions du Seuil, 1966 ; rééd., Paris, Editions du Seuil, 1974 (publié dans la collection, « Frontière ouverte » animée par *Esprit*).

126 同書、p. 152.

127 DUMONT René, *Seule une écologie socialiste...*, Paris, Robert Laffont, 1977.

128 DUMONT René, *La Croissance...de la famine ! Une agriculture repensée*, Paris, Editions du Seuil, 1975. この著作は、ジャン＝ピエール・デュピュイ監修の「技術批評」«Techno-critiques» 叢書において刊行される。

129 Cf. René DUMONT, *in :* RIBES Jean-Paul (dir.), *Pourquoi les écologistes font-ils de la politique ?*, Paris, Editions du Seuil, 1977, pp. 159-184, ジャン＝ポール・リブと、ブリス・ラロンド、セルジュ・モスコヴィッシおよびルネ・デュモンの対談。

130 これらすべての点に関しては、非常にジョレス［ジャン・ジョレス：一八五九～一九一四；反植民地主義の社会主義者。第一次世界大戦開戦前夜に国家主義者によって暗殺される］的な次の著作を参照のこと：*Pour l'Afrique j'accuse. Le journal d'un agronome au Sahel en voie de destruction*, avec la collaboration de Charlotte PAQUET, postface de Michel ROCARD, Paris, Plon, 1986.

131 *Seule une écologie socialiste..., op. cit.*, p. 181.

132 René DUMONT, 対談 *in :* TISSOT Henri (dir.), *La Société de consommation*, Lausanne, Barcelone, Paris, Editions Grammont, Salvat Editores S.A., Robert Laffont, 1975-1977, p. 14.

133 Charles LORIANT, 一九九二年九月二十六日、パリのヴィレット科学都市公園における、著者との対談。「再配分的自主管理運動」の代表であるシャルル・ロリアンは、ジャック・デュブワン（一九七六年死去）の主張を継承しようとする。もと衆議院議員でおよそ四〇の著作の著者であるジャック・デュブワンは、一九三〇年代からすでに、機械化はテクノロジーによる長期失業を生み出すと見ていた。したがって、彼は、特に社会による収入保障制度を設けることによって市場の法則から脱却する必要があると考えていた。若い頃のルネ・デュモンも、戦前この勢力圏の中にいた。ジャック・デュブワンは、例えばデュモンの著作『農民の貧窮か繁栄か』（*Misère ou prospérité paysanne ?*, Paris, Editions Fustier, 1936）の前書きを書いた。その中でジャック・デュブワンは、富裕が可能である限りにおいて、人間の労働を本当に減らすことができると判断していた。一九七四年にデュモンの立候補が選択されたことに関しては、特に以下を参照のこと：BESSET Jean-Paul, *René Dumont. Une vie saisie par l'écologie*, Paris, Stock, 1992, rééd., Paris, Pocket, 1994, pp. 135-136. 七〇年代初めに、雑誌『開いた口』が、何度かに渡って、シャルル・ロリアンに発言の機会を提供することを指摘しておこう。

134 同書、p. 156.

135 DUMONT René, *L'Utopie ou la Mort*, Paris, Editions du Seuil, 1973 ; rééd., Paris, Editions du Seuil, 1974.

136 *A vous de choisir. L'écologie ou la mort. La campagne de René Dumont et ses prolongements. Objectifs de l'écologie politique*, Paris, Jean-Jacques Pauvert, 1974.

137 ロベール・ラフォンに関しては、彼の数多くの著作、とりわけ以下を参照のこと：Robert LAFONT, *La Révolution régionaliste*, Paris, Gallimard, 1967 ; *Clefs pour l'Occitanie*, Paris, Seghers, 1971 ; *Décoloniser en France. Les régions face à l'Europe*, Paris, Gallimard, 1971 ; *Autonomie. De la région à l'autogestion*, Paris, Gallimard, 1976.

138 そもそも『選ぶのはあなた』がこのダイナミズムを証言している。Cf. *A vous de choisir*, pp. 100-103, 129-133.

139 Théodore MONOD, « Une candidature hors série...», 同書、pp. 22-24.

140 そこでは人口、エネルギー、経済、解放、農村生活の環境、沿岸地域、河川や海の汚染、大気汚染、自動車が問題となっている（同書、p. 50-99）。

141 同書、pp. 29-33.

142 一九七六年十一月のパリ五区におけるブリス・ラロンドとルネ・デュモンの衆議院選挙キャンペーン：« On ne programme pas la vie », reproduit *in :* SAMUEL Laurent, *Guide pratique de l'écologiste*, Paris, Belfond, 1978, pp. 177-180. ローラン・サミュエルはまた、この綱領は一九七七年の市議会選挙の際に、パリのエコロジストたち（特に「地球の友」）によって、再び取り上げられて加筆されるとも伝えている。しかしながら、積極介入主義的、社会主義的かつ第三世界支援主義的な息吹は、「エコポリス」と題されたこの綱領からほとんど消えてしまっていることを認めざるをえない。Cf. SAMUEL Laurent, *op. cit.*, pp. 145, 189-195.

143 René DUMONT, « L'impératif moral », *Ecologie*, Montargis, n° 305, 4 janvier 1979, p. 19.

144 Le comité de soutien au candidat des écologistes, *Combat Nature*, Périgueux, n° 43, février 1981, p. 11.

145 DUMONT René avec Charlotte PAQUET, *Les Raisons de la colère ou l'Utopie et les Verts*, Paris, Editions Entente, 1986.

146 FOING Dominique (coordination), *Le Livre des Verts. Dictionnaire de l'écologie politique*, Préface de René Dumont, Paris, Editions du Félin, 1994.

147 フランスにおける政治的エコロジーの理論上のソースに関する前例のない、筆者の調査結果を参照されたい。*in :* JACOB Jean, *Les Sources de l'écologie politique*, Paris, /Condé-sur-Noireau, Arléa/Corlet, 1995.『ユートピアあるいは死』が、全体として緑の党のリーダーたちに最も強い影響を与えた。同様に、フランスの政治的エコロジーに関する著作のほとんど全ての中に、ルネ・デュモンの姿と業績が見い出されるであろう（Marc ABELES, Pierre ALPHANDÉRY-Pierre BITOUN et Yves DUPONT, Jean-Luc BENNAHMIAS et Agnès ROCHE, Daniel BOY- Vincent JACQUES LE SEIGNEUR et Agnès ROCHE , Guillaume SAINTENY , Dominique SIMONNET など）。

148 Yves COCHET, « Ecologie et démocratie », *Après-demain. Journal mensuel de documentation politique*, Paris, n° 326, juillet-septembre 1990, p. 19.

149 Aujourd'hui l'écologie-Ecologie, « Le pouvoir de vivre. Le projet des écologistes avec Brice Lalonde », *Ecologie mensuel*, n° spécial, mars 1981.

150 Antoine WAECHTER, « Choisissons notre progrès », *Combat Nature*, Périgueux, n° 80, février 1988, pp. 12-15.

151 DUMONT René, *Ouvrez les yeux ! Le XXIe siècle est mal parti*, Paris, Politis-Editions Arléa, 1995.『ポリティス』の編集長ベルナール・ラングルワ（Bernard Langlois）がその序文に署名をしている。

152 ドミニク・ヴワネに関する伝記的情報は以下から得たものである： PRONIER Raymond et JACQUES LE SEIGNEUR Vincent, *Génération verte. Les écologistes en politique*, *op. cit.*, pp. 289-292 ; Roger CANS, « Dominique Voynet, l'étoile montante de Dole », *Le Monde*, Paris, 9 février 1993 ; Jean-Louis SAUX, « Dominique Voynet grandeur nature », *Le Monde*, Paris, 19 avril 1995 ; 無署名記事、« Dominique Voynet », *L'Express*, Paris, 20 avril 1995.

153 アンドレ・ゴルツに関しては例えば、以下を参照のこと： GORZ André, *Métamorphoses du travail. Quête de sens. Critique de la raison économique*, Paris, Galilée, 1988 ; 邦訳『労働のメタモルフォーズ：働くことの意味を求めて：経済的理性批判』真下俊樹・訳、緑風出版、一九九七年 ; *Capitalisme Socialisme Ecologie Désorientations Orientations*, Paris, Editions Galilée, 1991 ; 邦訳『資本主義、社会主義、エコロジー』杉村裕史・訳、新評論、一九九三年 ; *Misères du présent. Richesse du possible*, Paris, Editions Galilée, 1997.

154 Dominique VOYNET, *in :* MOINET Jean-Philippe, *La Politique autrement !*, Paris, Balland, 1994, p. 169.

155 Dominique VOYNET, « Cher Philippe Val », *Charlie Hebdo*, Paris, 12 avril 1995, p. 2.

156 Cf. Dominique VOYNET, « Qu'est-ce qu'un citoyen ? », *in :* HERZOG Philippe, KRIEGEL Blandine, ROMAN Joël, VOYNET Dominique, *Quelle démocratie, quelle citoyenneté ?*, Paris, Les Editions de l'Atelier/Les Editions Ouvrières, 1995, pp. 87-111.

157 Marie-Christine BLANDIN, René DUMONT, Alain LIPIETZ, Dominique VOYNET, « Faire tomber les murs », *Politis*, 23 juin 1994, p. 10.

158 例えば、以下を参照のこと： LIPIETZ Alain, *Vert espérance. L'avenir de l'écologie politique*, Paris, Editions La Découverte, 1993 ; *La Société en sablier. Le partage du travail contre la déchirure sociale*, Paris, Editions La Découverte, 1996.

159 VOYNET Dominique, *Oser l'Ecologie et la Solidarité. Plate-forme de Dominique Voynet pour l'élection présidentielle de 1995. Pour l'Ecologie d'aujourd'hui, pour transformer notre société*, Paris, Les Verts, CAP, l'Ecologie fraternité autrement, AREV, 1995.

160 同書、p. 9.

161 Les Verts, document de présentation « Les Verts », Paris, 1996, p. 2.

162 Dominique VOYNET, インタヴュー：*Revue politique et parlementaire*, Paris, n° 990, septembre-octobre 1997, p. 15.

163 Cf. COHN-BENDIT Daniel, *Une envie de politique*, Lucas DELATTRE 及び Guy HERZLICH との対談, Paris, Editions La Découverte et Syros, 1998 ; Ariane CHEMIN, « Cohn-Bendit, l'euro-enthousiaste », *Le Monde*, 15 novembre 1998.

164 Cf. CASTORIADIS Cornélius, COHN-BENDIT Daniel et le public de Louvain-la-Neuve, *De l'écologie à l'autonomie*, Paris, Editions du Seuil, 1981, p. 39. ; 邦訳『エコロジーから自治へ』江口幹・訳、緑風出版、一九八三年。

165 COHN-BENDIT Daniel et Gabriel, *Le Gauchisme remède à la maladie sénile du communisme*, Paris, Editions du Seuil, 1968.

166 COHN-BENDIT Daniel, *Le Grand Bazar. Mai et après*, Paris, Pierre Belfond, 1975 ; rééd., Paris, Denoël-Gonthier, 1978. アメリカの反文化に関しては、以下を参照できるだろう：ROSZAK Theodore, *Vers une contre-culture. Réflexions sur la société technocratique et l'opposition de la jeunesse*, 1968-1969, trad. fr., Paris, Editions Stock, 1970. rééd., Paris, Editions Stock, 1980.

167 COHN-BENDIT Daniel, *Nous l'avons tant aimée, la révolution*, Paris, Editions Bernard Barrault, 1986, rééd. Points, 1988, p. 173.

168 *Une envie de politique*, *op. cit.*, p. 191. 同じ趣旨で、ダニエル・コーン＝ベンディットのインタビューを参照のこと：*Vert Contact*, Paris, 4 janvier 1999, p. 2.

169 *Une envie de politique*, *op. cit.*, p. 69.

170 同書、p. 186.

171 ダニエル・コーン＝ベンディットのインタビュー：*L'Événement du Jeudi*, Paris, 26 novembre 1998, p. 12.

172 ダニエル・コーン＝ベンディットのインタビュー：*Charlie Hebdo*, Paris, 2 septembre 1998, p. 4.

結論

エコロジストたちがまともに信用されることはあまりなかった。技巧を称揚する国にあって事実上周辺に追いやられている彼らは、自分たちの要求を認めさせるために闘わなくてはならなかった。今日でも尚、メディアや大学関係者の世界では、彼らはある種の尊大な態度で迎えられる。時として、時流に乗っていることも手伝って、彼らは良識をもって扱われたが、それ以上のことはほとんどなかった。政治的エコロジーの行く末や立場に関するエコロジストたちの間での非常に激しい議論は、すべて低く見積もられるか、個人的ないさかいにされてしまった。あたかもこれらの非常に激しい議論は、気分や気質の食い違いに属するものに過ぎず、時とともに収まるはずであるかのごとくであった。逆に、妙な勘を働かせた哲学者の中には、そんなことは望んでもいないエコロジストたちに、幻覚的なファンタスムを投影した者もいた。しかしこのエコロジストたちの集まりを深く調べると、単なる内輪のけんかをはるかに超える、近代性に関する深刻な問いただしが見えてくる。したがってこうした問いただしを傲慢に無視し続けていたのでは、それぞれの立場のエコロジストたちが執拗であるわけが全く理解できないであろう。

以後、社会主義と非常に近くなったフランスの政治的エコロジーは、少なくとも二回に渡って、本当に独創的な政治的計画（もしくは政治的計画の拒否）を掲げようと試みた。二回に渡って、政治的エコロジーは、知的および政治的領域を覆す意思を何らかの方法で表明したのである。そして政治的エコロジーはまた、他の理論にとって共鳴箱ともなったのである。

ロベール・エナールの二つの極に関する理論は、政治的な道筋は直接描いていない。しかしこの理論は、自然の他者性を尊重するという条件で、政治行動が十分に表明されることを可能にするものではある。このことはすでに、技巧の国に多くを要求することである。このように想定すると実は、社会的なものを自然、つまり生物学的なものとしてしまう恐れがある。しかしこのような事態は、論理によるよりも、偶然起こるものである。ロベール・エナールは、自然と文化の間の緊張を保つために闘うのであって、二つの極の区別をなくそうとするわけではない。人間は、自分の力を制限し、自分の力に見合った倫理を見い出すよう促されているのであって、自然に従うよう求められているわけではない。主体性を神聖化する近代性は根底から否定されているわけではなく、たとえ時として汎神論的な感じが認められるとしても、征服主義的な帝国主義を抑えるように求められているに過ぎないのである。

セルジュ・モスコヴィッシが呼びかける世界の再魔術化ははるかに過激で反体制的である。この社会学者は、自然に対抗する社会の到来は、諸民族や個人個人を解放するよりも、抑圧することとなったと極めてあっさりと指摘する。実際ある種の近代性、およびそれが重視する根こそぎや技巧は、もはや価値を認められなくなっている。まさにセルジュ・モスコヴィッシ自身の目標、つまり彼が単に抽象的で理論的であるとは考えていない人間の自由の名においてそれはもうおしまいなのである。六八年五月の後、セルジュ・モスコヴィッシは、他の人たちと同様に、自由を即座に確実なものとすることを考えるが、自分の要求を、堅固で印象的な理論的考察で支える。

自然主義者たちの諸団体の自然に関する概念を暗に表わしていると考えられるロベール・エナールの理論に寄りかかるにせよ、あるいは他方でフランスの反文化の一形態を表わしていると考えられるセルジュ・モスコヴィッシの理論に寄りかかるにせよ、政治的エコロジーは思いがけない副次効果をももたらしたようである。政治的エコロジーとともに、自然に関する問題が知的および政治的領域に戻ってきたのであり、しかも今回は左側の扉から戻ってきたのである。それまでは、(無政府主義のような、政治的に周辺的な流れを除こうとするならば)自然が問題とされるのはもっぱら右派(あるいは付随的に左派)においてであった。それ以降、懐古主義の飾りをはずして、このように政治舞台の前面に自然が戻ってきたのである。こうしてエドワード・ゴールドスミスの反資本主義的な攻撃に魅せられた、一部のオルタナティヴ派が、「ゲマインシャフト(自然発生的な共同体)」を称揚する本来の保守的政治計画をゴールドスミスが広めていることに気付くのは、今しばらく先のことである。彼ほど成功はしなかったが、自由主義者という評判のベルトラン・ド=ジュヴネルのほうが、農民および職人の奇妙な左派の推進者となった。ハンス・ヨナスによって、哲学が再び生命の世界に定着したが、このように社会的なものを生物学の視点で捉えることが、絶対自由主義と評される諸団体において疑いを呼び覚ますことはなかった。伝統や家族を称揚する、反革命的な立場で書かれたものを読むと、おそらくこの点に関しては幾分驚くことになるだろう。六八年五月の勢いで人々は(社会に対立するものとして）国家を少々早まって打ちのめし、生、欲動、反文化を若干復権させたと言えるかもしれない。さらに六八年の後に、一部の知識人たちが、自分たちの理論に政治的な意義のある色合いを与えるのが見られたのである。ラルザック高原でエコロジストたちに出会ってすっかり満足しているランザ・デル＝ヴァスト、もしくは国民国家を中傷するエコロジストたちに加わってすっかり満足しているドニ・ド＝ルージュモンといった人たちは、エコロジストの世界で非常に活発にふるまうことになる。そもそもピエール・フルニエの筆になる第一期の〔一九六九〜一九八二〕『週刊シャルリー』はすでに、生物学、自然あるいは神の名において近代世界の悪癖を厳しく非難する（右あるいは左の）これら周辺層に対して非常に強い関心を向けていたのである。というのもしばしば自分たちの理論（宗教や伝統を断ち切った近代世界に対する哲学的な抗議）を十分に説明することは忘れているものの、これら周辺層も、ローマクラブのように、限界の感覚を失った世界、成長競争が生活の質をないがしろにする世界を問題視するからである。とにもかくにも、これらの理論がエコロジストたちの間で一巡するだけで、彼らはそこから時として何らかの議論をくみ出すのである。

今日フランスにおいて政治的エコロジーは大挙して一種の社会主義に結びついている。個人の自由を守ること、最も恵まれない人々のために戦うこと、また市場の増大する覇権に終止符を打つことが問題になるや、緑の幟が溢れ返る。近代性およびその自然との関係が問われることはもうほとんどない。反対に議論はより社会的な次元に移ったのである。このような社会的な論理は、エコロジストたちにおいて徐々に生じてきた。実際、エコロジストの（あるいはエコロジスト前の）言説は、第一段階において、人間を人間として、自然に反するものとして非難したことを思い出したい。第二段階において、エコロジストの議論はそれから、自然環境に対する人間の振る舞いの一部（工業生産、化学などによる、生の複雑性の無視）に照準を合わせた。ルネ・デュモンにあっては、これら二つの側面が常に存続するが、今後はある種の政治的、社会的論理、つまり経済的自由主義、利益競争が問題視されるのである。ルネ・デュモンは近代性の中に定着しながらも、一七八九年に公然と宣言された（形式上の）自由の具体化を自分なりに擁護して、新たなる資本主義的特権に反対し続けることになる。彼は、第三世界支援主義、平和主義、自主管理主義および絶対自由主義の観点で、エコロジーと社会主義の結合を具現することになる。この解放の流れの航跡に、エコロジストたちの大多数が組み込まれるのである。エコロジストの言説がこうしてその独自性をやや失ったかもしれないとしても、おそらくその代わりに分かりやすくなったと言えよう。

参考文献抜粋

ここでは、思想史を優先し、非専門的な著作のみを掲載した（雑誌を除く）。したがって、この目録からは、本論で引用された、詳細な事実に関する要素しかもたらさない非常に多くの参照文献および、本題とはより遠い関係しか示さない参照文献（科学的エコロジー研究、純粋に理論的な、純粋に哲学的な、純粋に神学的な研究など）は除いた。

Abeles Marc (dir.), *Le Défi écologiste*, Paris, L'Harmattan, 1993.

Acot Pascal, *Histoire de l'écologie*, Paris, PUF, 1994.

Allan-Michaud Dominique, *L'Avenir de la société alternative. Les idées 1968-1990*, Paris, L'Harmattan, 1989.

Alphandery Pierre, Bitoun Pierre, Dupont Yves, *L'Equivoque écologique*, Paris, La Découverte, 1991.

Bennahmias Jean-Luc et Roche Agnès, *Des Verts de toutes les couleurs. Histoire et sociologie du mouvement écolo*, Paris, Albin Michel, 1991.

Bourg Dominique (dir.), *La Nature en politique ou l'enjeu philosophique de l'écologie*, Paris, L'Harmattan / Association Descartes, 1993.

Bourg Dominique, *Les Scénarios de l'écologie*, (et) débat avec Jean-Paul Deléage, Paris, Hachette, 1996.

Boy Daniel, Jacques le Seigneur Vincent et Roche Agnès, *L'Ecologie au pouvoir*, avec la participation de Thomas

CORDIER, Paris, Presses de la Fondation nationale des sciences politiques, 1995.
DELÉAGE Jean-Paul, *Histoire de l'écologie. Une science de l'homme et de la nature*, Paris, La Découverte, 1991.
DROUIN Jean-Marc, *Réinventer la nature. L'écologie et son histoire*, Paris, Desclée de Brouwer, 1991.
DUPUPET Michel, *Comprendre l'écologie*, Lyon, Chronique sociale, 1984.
FAVROD Charles-Henri (dir.), *L'Ecologie*, Paris, Charles-Henri Favrod-Le livre de poche, 1980.
GOUZIEN Annie et LE LOUARN Patrick. direction, *Environnement et politique. Construction juridico-politique et usages sociaux*, Rennes, Presses Universitaires de Rennes, 1996.
JACOB Jean, *Les Sources de l'écologie politique*, Paris / Condé-sur-Noireau, Arléa / Corlet, 1995.
KELLER Thomas, *Les Verts allemands. Un conservatisme alternatif*, Paris, L'Harmattan, 1993.
KEMPF Hervé, *La baleine qui cache la forêt. Enquête sur les pièges de l'écologie*, Paris, La Découverte, 1994.
LACROIX Michel, *L'Humanicide. Pour une morale planétaire*, Paris, Commentaire-Plon, 1994.
LARRERE Catherine, *Les Philosophies de l'environnement*, Paris, PUF, 1997.
LARRERE Catherine et Raphaël, *Du bon usage de la nature. Pour une philosophie de l'environnement*, Paris, Aubier, 1997.
LASCOUMES Pierre, *L'Eco-pouvoir, environnements et politique*, Paris, La Découverte, 1994.
MILLER Roland de, *Nature mon amour. Ecologie et spiritualité*, Paris, Debard, 1980.
PARKIN Sara, *Green parties. An international guide*, Londres, Heretic Books Ltd, 1989.
PRADES José A, *L'Ethique de l'environnement et du développement*, Paris, PUF, 1995.
PRENDIVILLE Brendan, *L'Ecologie la politique autrement ? Culture, sociologie et histoire des écologistes*, Paris, L'Harmattan 1993.
PRONIER Raymond et JACQUES LE SEIGNEUR Vincent, *Génération verte. Les écologistes en politique*, Paris, Presses de la Renaissance, 1992.

ROOSE Frank de et VAN PARIJS Philippe (dir.), *La Pensée écologiste. Essai d'inventaire à l'usage de ceux qui la pratiquent comme de ceux qui la craignent*, Bruxelles, De Boeck Université, 1991.

SACHS Ignacy, SAMUEL Pierre et GAUTHIER Yves (dir.), *L'Homme et son environnement*, Paris, Editions Retz-CEPL, 1976.

SAINTENY Guillaume, *Les Verts*, Paris, Presses Universitaires de France, 1991.

SAMUEL Laurent, *Guide pratique de l'écologiste*, Paris, Belfond, 1978.

SIMONNET Dominique, *L'Ecologisme*, Paris, Presses Universitaires de France, 1979, rééd, Paris, PUF, 1994.

TISSOT Henri (dir.), *L'Ecologie*, Lausanne-Barcelone, Editions Grammont et Salvat editores, 1975-1976.

VADROT Claude-Marie, *L'Ecologie, histoire d'une subversion*, Paris, Syros, 1978.

VIALLATTE Jérôme, *Les Partis verts en Europe occidentale*, Paris, Economica, 1996.

WORSTER Donald, *Les Pionniers de l'écologie. Une histoire des idées écologiques*, préface de Roger DAJOZ, Paris, Editions Sang de la terre, 1992.

私は、ここにおいて国立書籍センターに強く感謝したい。執筆に際してその貴重な多くの援助のおかげで私はこの著作を完成させることができたのである。

第一部の展開のうち幾つかは、ユーグ・ポルテーリ（Hugues Portelli）教授のご親切な指導のもとに、ジャン＝マリ・ドマルダン（Jean-Marie Demaldent）教授、ギヨーム・ドヴァン（Guillaume Devin）教授およびフィリップ・レノー（Philippe Raynaud）教授を審査員として、パリ第二（パンテオン＝アサス）大学で審査された政治学博士論文の一部を、時に大きく加筆削除修正して取り上げたものである。これら諸先生方にもここで私の感謝の意を表明したい。

人名注

姓・名の順に表記してある。

特に国籍が示されていない場合は、フランス人である。

【ア行】

アイブル＝アイベスフェルト、イルノイス：Eibl-Eibesfeldt, Irenaüs：ドイツ人の動物行動学者。

アゲス、ピエール：Aguesse, Pierre：生態環境学者。

アコ、パスカル：Acot, Pascal（一九四二〜　）：哲学者、歴史家。科学史、特に科学的エコロジーの歴史が専門。国立科学研究センター研究員。「科学技術の歴史および哲学研究所」所員。

アズナール、ギー：Aznar, Guy：経済学者、社会学者。元「フランス地球の友」会長。労働時間短縮による失業率の低下に取り組む。

アタリ、ジャック：Attali, Jacques（一九四三〜　）：経済学者、作家。ミッテラン大統領の顧問を務める。近年は、新しい技術に関する考察を深め、貧困と戦う運動を推進する。元「十人会」会員。発展途上国援助機関「地球財政（PlaNet Finance）」の創設者の一人であり代表者。

アトラン、アンリ：Atlan, Henri：哲学者。認識論が専門。元「十人会」会員。雑誌『横断』編集方針委員、社会科学高等学院教授。

アベスカ、ブリュノ：Abescat, Bruno：ジャーナリスト。『レクスプレス』の記者。

アメリ、カルル：Amery, Karl（一九二二〜　）：ドイツ人の作家。消費社会のもたらすエコロジー危機を扱う。

アラン＝ミショー、ドミニク：Allan Michaud, Dominique：「生物地理学・エコロジーセンター（Centre de Biogéographie-Écologie）」研究員。エコロジー思想が専門。

アーリック、アンヌ：Ehrlich, Anne：ポール・アーリックの妻。夫と共同でエコロジー問題に取り組む。スタンフォード大学教授。

アーリック、ポール＝ラルフ：Ehrlich, Paul-Ralph（一九三二〜　）：アメリカ人の昆虫学者、生態学者。特に人口問題からエコロジーに取り組む。スタンフォード大学教授。

アルシャンボー、アリヌ：Archimbaud, Aline：緑の党党員。政府機関「フランス持続可能な発展委員会」元委員。

アルベール、ミシェル：Albert, Michel（一九三〇〜　）：経済学者。官庁、民間企業の経済部門の担当を歴任。

アーレント、ハンナ：Arendt, Hannah（一九〇六〜一九七五）：ドイツ出身のアメリカ人哲学者。全体主義の分析を行ない、現代社会の細分化にその起源を見い出す。『全体主義の起源』（一九五一年）。

アンジェ、ディディエ：Anger, Didier：緑の党党員。バス・ノルマンディ地域圏議員。「考察、情報および反原発闘争委員会」代表。

アンデュザ、ジュヌヴィエヴ：Andueza, Geneviève：元教員で書籍商。一九九九年「独立エコロジー運動（Mouvement Écologiste Indépendant）」党首。

アンテールマイエール、ジャン：Untermaïer, Jean：リヨン第三（ジャン・ムラン）大学教授、環境法研究所所長。

アントワーヌ、セルジュ：Antoine, Serge：元環境上級委員会委員長。国土整備地方振興庁、地方自然公園、環境省の創設に貢献。二〇〇三年国連環境計画賞受賞。

アンリ、ポール＝マルク：Henry, Paul-Marc：経済学者、外交官。レバノン大使、ユネスコ大使、国際農業委員会委員長などを歴任。

イザール、ミシェル：Izard, Michel：人類学者、民族学者。西アフリカが専門。パリ国立科学研究センター社会人類学研究所名誉主任。

イスレール＝ベガン、マリ＝アンヌ：Isler-Béguin, Marie-Anne（一九五六～　）：一九九四年から一九九九年までフランス緑の党のスポークスマンを務める。メッス市議員。ヨーロッパ議員。

イリッチ、イヴァン：Illich, Ivan（一九二六～二〇〇二）：オーストリア出身の哲学者。カトリックの聖職者であったが、赴任先のラテンアメリカの教会を批判して解職される。「根を下ろした」人間が自由な個人としてともに生きることを妨げるテクノロジー社会を批判して、論議を呼ぶ。『自律協働性』（一九七三年）、『脱学校の社会』（一九七一年）。

ヴァドロ、クロード＝マリ：Vadrot, Claude-Marie：ジャーナリスト。「自然とエコロジーのためのジャーナリスト作家協会」（ＪＮＥ）会長、パリ第八大学講師（「自然保護の歴史」、「メディアと環境など」）。

ヴァネジャン、ラウル：Vaneigem Raoul（一九三四～　）：ベルギー人の哲学者、作家。ギー・ドボールとともに、「状況主義インターナショナル」の中心人物。

ヴァラン、カミーユ：Vallin, Camille（一九一八～　）：共産党の政治家。参議院議員、県会議員を歴任。四十年間リヨン地方のジヴォールの市長を務める。

ヴァン＝エールセル、パトリス：Van Eersel, Patrice（一九四九～　）：ジャーナリスト。雑誌『新しい鍵』(*Nouvelles Clés*)の編集長。

ヴィヴレ、パトリック：Viveret, Patrick：哲学者。会計検査院主任検査官。雑誌『横断』編集方針委員、監査役。

ウィーナー、アンソニー＝Ｊ：Wiener, Anthony J.：アメリカ人の経済学者、社会学者。ハドソン基金の調査顧問議長として、ハーマン・カーンとともに未来予測の報告書『二〇〇〇年』を執筆する。ニクソン政権時代にホワイトハウスで行政調査を担当する。ニューヨーク理工科大学名誉教授。

ウィノック、ミシェル：Winock, Michel（一九三七～　）：歴史学者。反ユダヤ主義、ファシズムが専門。スーユ出版社文学顧問、『歴史評論』編集委員。政治学院教授。

ヴィリエ、フィリップ・ド＝：Villiers, Philippe de（一九四九～　）：実業家、保守の政治家。元衆議院議員。新右派として反欧州連合を掲げる「フランスのための運動」（Mouvement pour la Flance）の創立者で党首。ユーロ導入に最後まで反対した。大西洋岸のヴァンデ県議会議長。ヨーロッパ議員。

ヴィレヌ、アンヌ＝マリ・ド＝：Vilaine, Anne-Marie de：ジャーナリスト、著述家。生殖技術とフェミニズムが専門。

ヴェシュテール、アントワーヌ：Waechter, Antoine（一九四九〜 ）：生物学者、政治家。一九七三年にフランス初のエコロジー政党「エコロジーとサバイバル」設立。一九八四年に「緑の党」を共同設立。一九九四年まで党首。一九八八年大統領選に出馬して落選。一九八九年から一九九一年までヨーロッパ議員。一九九四年「独立エコロジー運動」(Mouvement Écologiste Indépendant) 設立、現在党首。

ウェーバー、マクス：Weber, Max（一八六四〜一九二〇）：ドイツの社会学者。謹厳なるプロテスタントの倫理が、逆説的にも労働の利益の蓄積と投資を促すという『プロテスタンティズムの倫理と資本主義の精神』（一九二〇）が特に名高い。「世界の脱魔術化」は一九一七年の講演「職業としての学問」で扱われている。

ヴェルブリュジュ、ジュヌヴィエーヴ：Verbrugge, Geneviève：環境省の国際問題担当。

ヴェロネーズ、アラン：Véronèse, Alain：社会学者。失業問題に取り組む。

ウォースター、ドナルド：Worster, Donald：アメリカ人の歴史学者。環境問題の歴史が専門。マサチューセッツのブランダイス大学教授。

ウォード、バルバラ：Ward, Barbara（一九一四〜一九八一）：イギリスの経済学者、ジャーナリスト。

ヴデル、ジョルジュ：Vedel, Georges（一九一〇〜二〇〇二）：法学者。憲法修正評議委員会委員長（一九九三年）他、政府の法律関係の役職を歴任。

ヴワネ、ドミニク：Voynet, Dominique（一九五八〜 ）：医師、政治家。元「地球の友」会員。一九九五年の大統領選挙に出馬して落選。国土整備環境大臣（一九九七〜二〇〇一）。緑の党全国幹事長（二〇〇一〜二〇〇三）。

エナール、ロベール：Hainard, Robert（一九〇六〜一九九九）：スイス人の画家、彫刻家。ヨーロッパおよびアフリカやインドの野生動物を観察し、自ら挿絵をいれた本を出版する。自然保護運動の先駆者とされる。

エム、ロジェ：Heim, Roger（一九〇〇〜一九七九）：菌学者。幻覚誘発性きのこの研究の第一人者。パリ国立自然史博物館館長を務める。

エムリ、ダニエル：Hemery, Daniel：歴史家。東洋史が専門。パリ第七大学教授。

エリュル、ジャック：Ellul, Jacques（一九一二〜一九九四）：法学者、社会学者、神学者。テクノロジー支配の社会を批判。アメリカのカリフォルニア大学政治研究学院の教授を務める。友人のベルナール・シャルボノーとともに政治的エコロジーの先駆者とされる。

エルヴェ、アラン：Hervé, Alain（一九三二〜 ）：ジャーナリスト、「フランス地球の友」の創立者。

エルシュ、ジャンヌ：Hersch, Jeanne（一九一〇～二〇〇〇）：スイス人の哲学者。ユネスコを通して人権問題に関して世界的に活発な活動を行なう。ジュネーヴ大学教授。

エルト、ジャン＝フランシス：Held, Jean-Françis：ジャーナリスト。一九七〇年代終わりから八〇年代初めにかけて『レクスプレス』のストックホルム特派員。

エロー、ギー：Héraud, Guy（一九二〇～二〇〇三）：法学者。少数民族、特に少数言語の専門家。少数派の権利の擁護のために連邦制、地方分権を支持する。

オスト、フランスワ：Ost, François（一九五二～　）：ベルギー人の哲学者、法学者。ブリュッセル・サン＝ルイ大学教授、「環境法研究センター」（ＣＥＤＲＥ）所長。

オズボーン、フェアフィールド：Osborn, Fairfield：アメリカ人の自然学者、自然保護活動家。ニューヨーク動物学協会会長。生物学者で古生物学者のヘンリー＝フェアフィールド・オズボーン（一八五七～一九三五）の息子。

【カ行】

カストリアディス、コルネリウス：Castoriadis, Cornelius（一九二二～一九九七）：哲学者。官僚制社会とソヴィエトのマルクス主義を批判する雑誌『社会主義と野蛮』の主宰者の一人。社会の根源を精神分析によって解き明かそうとする。

カーソン、レイチェル：Carson, Rachel（一九〇七～一九六四）：アメリカ人の生物学者、作家。アメリカ政府の「魚類および野生生物局」で海洋生物について研究した後、作家活動に専念。現代の環境運動の創始者と称される。『沈黙の春』（一九六二年）。

ガタリ、フェリックス：Guattari, Félix（一九三〇～一九九二）：精神分析家。哲学者のジル・ドゥルーズ（一九二五～一九九五）とともに、エディップスコンプレックスにすべてを還元するフロイト派を批判。『アンチ・オイディプス』（一九七二年）、『千のプラトー』（一九八〇年）共著。

カプラ、フリッチョフ：Capra, Fritjof（一九三九～　）：オーストリア出身のアメリカ人物理学者。素粒子物理学、システム論が専門。エコロジー研究で名高いイギリスのシュマッハー単科大学教授。

ガボール、デニス：Gabor, Dennis（一九〇〇～一九七九）：ハンガリー出身のイギリス人物理学者。光の波動の干渉を利用した立体写真術ホログラフの発明者。一九七一年にノーベル物理学賞受賞。

カヤティ、ムスタファ：Khayati, Mustapha：一九六七年に、ストラスブールで発表され、六八年五月のきっかけをつくることになる「状況主義インターナショナル」の著作『学生環境における貧困』の主要執筆者。

カラム、ピエール：Calame, Pierre：土木技師。公務員、企業の役員を歴任。「人間の進歩のためのシャルル・レオポルド基金」（ＦＰＨ）会長。

カルリエ、ジャン：Carlier, Jean：ジャーナリスト（『自然闘争』寄稿者、『タバコのない健康』編集長）、作家。緑の党党員。

ガルロー、フィリップ：Garraud, Philippe：政治学者。国立科学研究センター主任研究員。

カレル、アレクシス：Carrel, Alexis（一八七三～一九四四）：外科医、生理学者。彼の優生学的思想は批判を呼び起こす。一九一二年にノーベル生理学医学賞受賞。

ガロディ、ロジェ：Garaudy, Roger（一九一三～　）：哲学者、政治家。第二次大戦後から一九六〇年代初めにかけて衆議院議員、参議院議員を務める。一九七〇年に属していた共産党を除名される。マルクス主義者とキリスト教徒の対話を成立させようとした後、イスラム教に改宗する。

カーン、ジャン＝フランスワ：Kahn, Jean-François（一九三八～）：ジャーナリスト。『木曜の出来事』の創立者。週刊『マリアンヌ』編集長。

カーン、ハーマン：Kahn, Herman（一九二二～一九八三）：アメリカ人の物理学者、数学者、政治学者。ハドソン研究所の創立者。核戦争の影響の予測とその戦略に関する研究で名高い。また未来予測学の創始者の一人とみなされ、一九七〇年代に主流であった悲観的な展望に反対した。

カン、ロジェ：Cans, Roger：ジャーナリスト。『ル・モンド』の記者。エコロジーを専門とする。

カンタル＝デュパール、ミシェル：Cantal-Dupart, Michel：都市計画建築家。都市計画と環境が専門。国立工芸院教授。

キング、アレクサンダー：King, Alexander（一九〇九～　）：イギリス人の科学者、官僚。元ＯＥＣＤ科学部長。ローマクラブの創立者の一人。

クストー、ジャック＝イヴ：Cousteau, Jacques-Yves（一九一〇～一九九七）：海軍将校、海洋学者、映画制作者。海中撮影用のカメラを用いて海洋ドキュメンタリーを制作。一九五七年から一九八八年までモナコ海洋博物館館長。

クラヴェル、ベルナール：Clavel, Bernard（一九二三～　）作家。旅行家として訪れた地方や国を題材とする作品を数多く書いている。一九六八年『冬の果実』でゴンクール賞受賞。

クラストル、ピエール：Clastres, Pierre（一九三四～一九七七）：民族学者。近代国家を原始社会の延長ではなく、社会分化という大転換の結果であるとみなし、マルクス主義と進化論を批判した。

クラソヴスキー、ジョルジュ：Krassovsky, Georges（一九一五～　）：ジャーナリスト、平和活動家。雑誌『新しいヒューマニズム』（*Nouvel Humanisme*）、『自由精神』（*Esprit Libre*）の発行人。

クリエ、エレーヌ：Crié, Hélène：日刊紙『リベラシオン』記者。エコロジー、特に原発問題を担当。

グリヌヴァルト、ジャック：Grinevald, Jacques（一九四六～　）：スイス人の哲学者。科学史、地球規模エコロジー、エコロジー経済が専門。ジュネーヴ大学教授。

グリュゾン、クロード：Gruson, Claude：元国立統計経済研

究所（ＩＮＳＥＥ）所長。財務省経済金融研究局の創立者。

グリュックスマン、アンドレ：Glucksmann, André（一九三七〜）：哲学者。七〇年代における極左思想を経て、全体主義に反対し、悪を避ける倫理を探求する。

クレスマンヌ、エドワール：Kressmann, Edouard（一九〇七〜一九八五）：ボルドーのワイン醸造家。引退後エコロジーに身を捧げ、「エコロッパ」の創設に参加。

クレポ、ミシェル：Crépeau, Michel（一九三〇〜一九九九）：弁護士、政治家。大西洋岸の港町ラ・ロシェル市の市長を一九七一年から死去まで務める。一九七三年に「左派急進運動」を創立。一九八一年に環境大臣。

クロジエ、ミシェル：Crozier, Michel（一九二二〜　）：社会学者、経済学者。ハーバード、カリフォルニア、パリ第十大学の教授を歴任。国立科学研究センター主任研究員。「組織社会学センター」（Centre de Sociologie des Organisations）創設者、特別研究主任。

クロゼ、フランスワ・ド＝：Closets, François de（一九三三〜　）：ジャーナリスト。科学、エコロジー、医療が専門。

グロタンディエック、アレクサンドル：Grothendieck, Alexandre（一九二八〜　）ドイツ出身、フランス在住の数学者。スペクトル系列、代数幾何学を専門とする。一九六八年にフィールドメダル受賞。

クロード、カトリーヌ：Claude, Catherine：作家。

コシェ、イヴ：Cochet, Yves：（一九四六〜　）：情報工学者。政治家、緑の党党員。二〇〇一年から二〇〇二年にかけてジョスパン内閣のもとで国土整備環境大臣を務める。

コスタ（＝ラスクー）、ジャックリーヌ：Costa（-Lascoux）, Jacqueline：社会学者。人種差別、移民同化が専門。国立科学研究センター主任、フランス教育連盟副会長。

ゴディベール、ピエール：Gaudibert, Pierre：美術評論家。アフリカ芸術が専門。

コノプニッキ、ギー：Konopnicki, Guy：ジャーナリスト（週刊『マリアンヌ』）、作家。元共産党員。フランス生まれのドイツ系ユダヤ人として、反ユダヤ主義、極右に言及。

コモナー、バリー：Commoner, Barry（一九一七〜　）アメリカ人の植物学者。ワシントン大学自然体系生物研究センター所長、ワシントン大学教授（植物生理学）。

ゴール、シャルル・ド＝：Gaulle, Charles de（一八九〇〜一九七〇）：軍人、政治家。第二次大戦中、ロンドンに亡命し、フランス解放に大きく貢献する。一九四五年に暫定政権の大統領として選ばれるが議会と対立し翌年辞任。一九五九年、アルジェリア危機をきっかけとして第五共和政の大統領になる。植民地の独立を承認しつつ、フランスの威信を追及する政策を遂行するが、六八年の危機を経て、六九年に地方分権化、参議院改革に関する国民投票の結果の責任を取って辞職する。

ゴルツ、アンドレ：Gorz, André：本名Horst, Gérard（一九二三〜　）：ジャーナリスト、作家。『ヌーヴェル・オプセルヴァトゥール』、『野生』においてエコロジーを論じる。

ゴールドスミス、エドワード：Goldsmith, Edward（一九二八～）：イギリス・フランス人の哲学者、作家、編集者。一九六九年に雑誌『ジ・エコロジスト』（*The Ecologist*）を創刊。一九九〇年にバード単科大学と共同で地球エコロジー課程を創設。「フランス・エコロッパ」会長。

ゴールドスミス、ジミー：Goldsmith, Jimmy（一九三三～一九九七）：エドワードの弟。実業家。「レファレンダム党」を創設し、ヨーロッパ統合に激しく反対する。元ヨーロッパ議員。

コルム、セルジュ＝クリストフ：Kolm, Serge-Christophe：社会学者、経済学者。公共経済、経済倫理が専門。元社会科学高等学院教授。

ゴンゼット、フェルディナン：Gonseth, Ferdinand：（一八九〇～一九七五）：スイス人の数学者。数学基礎論、幾何学、時空の問題に取り組む。さらに言語、倫理などの人文科学に数学的厳密性を応用しようと試みる。

コーン＝ベンディット（コーン＝バンディ）、ジャン＝ガブリエル：Cohn-Bendit, Jean-Gabriel（一九三六～　）：ドイツ人の教員。ドイツ語を教える。フランスで自主管理の実験校サン・ナゼール高校を設立して勤務（一九八一～一九八七）。政府機関「共同生活全国評議会」（ＣＮＶＡ）委員。ダニエル・コーン＝ベンディットの兄。

コーン＝ベンディット（コーン＝バンディ）、ダニエル：Cohn-Bendit, Daniel（一九四五～　）：ドイツ人の政治家。フランスで六八年五月の事件に参加し、極左活動を展開。ドイツに追放され、ドイツ緑の党に加わり、フランクフルトの市議会議員、ヨーロッパ議員を歴任。一九九九年にフランスに戻り、二〇〇四年までフランス緑の党を代表してヨーロッパ議員を務める。


【サ行】


サイール、ロベール：Sayre, Robert：文学者。ロマン主義、アメリカ文学が専門。マルヌ＝ラ＝ヴァレ大学教授。

サックス イグナシー：Sachs, Ignacy（一九二七～　）：経済学者。社会科学高等学院名誉教授、「持続可能な発展のためのテーマ討論協会」（４Ｄ）会長。

サベリ、ファブリツィオ：Sabelli, Fabrizio：スイス人の民族学者。ジュネーヴ大学名誉教授
サミュエル、ピエール：Samuel, Pierre：数学者。パリ第十一大学（オルセー・南）教授。「地球の友」会員。

サミュエル、ローラン：Samuel, Laurent：ジャーナリスト。月刊誌『興味あり』（*Ça m'intéresse*）発行責任者。

サーリンズ、マーシャル＝デイヴィド：Sahlins, Marshall-David（一九三一～　）アメリカ人の人類学者。進化論、社会生物学を批判。

サルトル、ジャン＝ポール：Sartre, Jean-Paul（一九〇五～一九八〇）：哲学者、作家。存在の現象学的な解明を試み、

さらにはマルクス主義を援用して、人間集団、社会のメカニズムの分析を行なう。自由としての人間存在を社会に参画させる「アンガージュマン」の思想は世界的に大きな反響を呼んだ。『存在と無』（一九四三年）、『弁証法理性批判第一巻』（一九六〇年）。

サンゴール、レオポルド＝セダール：Senghor, Léopold Sédar（一九〇六〜二〇〇一）：セネガル人の詩人、政治家。フランスで第四共和国憲法の起草に参加した後、一九六〇年にセネガル共和国の初代大統領となる。詩人として黒人のアイデンティティを強調する「ネグリチュード」を歌い上げる。

サン＝ジュウルス、ジャン：Saint-Geours, Jean：「未来予測者」の中心人物の一人。財務監督官名誉主任。

サントニー、ギヨーム：Sainteny, Guillaume：コリーヌ・ルパージュ環境大臣の官房副長官を務める。パリ政治学院助教授。政治的エコロジーの成果を厳しく検証する。

サン＝マルク、フィリップ：Saint-Marc, Philippe（一九二七〜）：元パリ政治学院教授。パリ裁判所弁護士。「国際環境および健康調査協会」会長。

シェスノー、ジャン：Chesneaux, Jean：歴史家。極東、太平洋地域、特にヴェトナムと中国が専門。雑誌『横断』編集方針委員、パリ第七大学名誉教授。フランス・グリンピース名誉会長。

ジェヌ、アンリ：Jenn, Henri：エコロジー政党「エコロジーとサバイバル」の創設者の一人。

ジーグレール、アンリ・ド＝：Ziegler, Henri de（一八八五〜一九七〇）：スイス人の詩人、小説家、エッセイスト、翻訳家。ジュネーヴ大学学長を務める。

ジスカール＝デスタン、ヴァレリー：Giscard d'Estaing, Valéry（一九二六〜）：保守派の政治家。財務大臣を務めた後、一九七四年から一九八一年まで大統領。ヨーロッパ統合に貢献。

シモネ、ドミニク：Simonnet, Dominique：『エクスプレス』編集長。作家としても活躍。

シモン、ジルベール：Simon, Gilbert（一九四七〜）：上級職事務官。ブリス・ラロンド環境大臣、ドミニク・ヴワネ国土整備環境大臣などの下で環境保全の実務を担当する。

ジャッカール、アルベール：Jacquard, Albert（一九二五〜）：遺伝学者。集団遺伝学が専門。

シャバン＝デルマス：Chaban-Delmas（本名：Delmas, Jacques）（一九一五〜二〇〇〇）：ド＝ゴール派の政治家。一九六九年から一九七二年までポンピドゥ大統領のもとで首相を務める。一九七四年の大統領選に出馬して落選。

シャフ、アダム：Schaff, Adam（一九一三〜）：ポーランド人のマルクス主義哲学者。認識論が専門。第二次大戦後、ポーランド共産党の公式思想家とみなされたが、スターリンの死後は、歴史の展開における人間行動の役割を重視する修正派の立場に移行する。ローマクラブ会員。

シャマク、ブリジット：Chamak, Brigitte：生物学者、科学史家。雑誌『横断』編集方針委員、「国立健康医学研究所」（INSERM）研究員。

ジャリニ、オリオ：Giarini, Orio：イタリア人の経済学者。経済発展、危機管理が専門。ローマクラブの会員。トリエステ大学教授。

ジヤール、モーリス：Gillard, Maurice（Jean Gillard de Saint Gilles, Jean de Saint Gilles）：医師、作家。アルプス・コート=ダジュール地方のロックフォール=レ=パン市の市議会議員で、地域の環境保全を担当する。「独立エコロジスト総同盟」（Confédération des Écologistes Indépendants）の全国副議長。

シャルボネル、ジャン：Charbonnel, Jean（一九二七～ ）：政治家（ド=ゴール派）。一九七三年にメスメール内閣で産業開発科学大臣を務める。

シャルボノー、シモン：Charbonneau, Simon：法学者。環境法が専門。狩猟問題に取り組む。ボルドー第一大学助教授。

シャルボノー、ベルナール：Charbonneau, Bernard（一九一〇～一九九六）：作家。フランス南西部を拠点として、テクノロジー支配の社会を告発する作品を発表。

ジャン、クリスティーヌ：Jean, Christine（一九五七～ ）：一九八〇年代にロワール川のダム建設に対して反対運動を繰り広げ、計画のひとつを中止に追い込む。

シュヴァイツエール、アルベール：Schweitzer, Albert（一八七五～一九六五）：アルザス出身の神学者、哲学者、音楽家、医者。アフリカのガボンに宣教師医師として渡り、病院を建てる。イエス、聖パウロ、J.-S.バッハの研究を遺す。一九五二年ノーベル平和賞受賞。

シュヴァプ、ギュンター：Schwab, Günther：ドイツ人の作家。

シュヴァレ、クロード：Chevalley, Claude（一九〇九～一九八四）：数学者。近代数学の集大成を試みたグループ「ブルバキ」の創立メンバーで、代数、代数幾何学を専門とする。

ジュヴネル、ベルトラン・ド=：Jouvenel, Bertrand de（一九〇三～一九八七）：経済学者、未来予測学者。ケンブリッジ、バークレー、オクスフォードなどの大学の教員を歴任。「未来予測者」（Futuribles）の創設者。

ジュヴネル、ユーグ・ド=：Jouvenel, Hugues de：「国際未来予測者」の副会長。月刊誌『未来予測者』の編集長。ベルトランの息子。

ジュカン、ピエール：Juquin, Pierre（一九三〇～ ）：政治家。元共産党員。「共産主義改革者運動」（Mouvement des Rénovateurs Communistes）（一九八七～一九八九）を結成して共産党から分離。一九八八年の大統領選に、「統一社会党」、「革命共産連盟」やエコロジストの支持を得て出馬するが落選。

シュナイデール、ベルトラン：Schneider, Bertrand：ローマクラブの初代幹事長。

シュベヌマン、ジャン＝ピエール：Chevènement, Jean-Pierre（一九三九〜　）：左派の政治家。衆議院議員、ベルフォール（スイスとの国境付近にある）市長、文部大臣、防衛大臣、内務大臣を歴任。一九九二年に社会党を離脱して「市民運動」（Mouvement des citoyens）党を創設。二〇〇二年の大統領選挙に出馬して落選。

シュマッハー、エルンスト＝フリードリッヒ：Schumacher, Ernst-Friedrich（一九一一〜一九七七）：ドイツ出身のイギリス人経済学者。発展途上国には、先端テクノロジーでなく、それぞれに適した中間的なテクノロジーが必要であることを主張し、資源が有限である以上、資本を集積した大規模な産業や都市は行き詰まると唱えた。『スモール・イズ・ビューティフル』（一九七三年）。

ジュリアール、ジャック：Julliard, Jacques（一九三三〜　）：歴史学者。政治史が専門。社会科学高等学院教授。『ヌーヴェル・オプセルヴァトゥール』編集顧問。

ジュリアン、ミシェル＝エルヴェ：Julien, Michel-Hervé：ブルターニュの自然保護に貢献。ブルターニュの西端の自然保護区域は、設立に貢献した彼の名で呼ばれている。

ジョスパン、リオネル：Jospin, Lionel（一九三七〜　）：政治家。社会党党首、文部大臣を歴任。一九九七年から二〇〇二年まで（シラク大統領）首相を務める。一九九五年と二〇〇二年の大統領選挙に出馬して落選。

ショバン、レミー：Chauvin, Rémy：（一九一三〜　）生物学者、昆虫学者。

ジョフルワ＝サン＝ティレール、イジドール：Geoffroy Saint-Hilaire, Isidore（一八〇五〜一八六一）：自然学者。奇形学の専門家。「フランス馴化協会」の創立者。比較解剖学の創始者エティエンヌ（一七七二〜一八四四）の息子。

ジョラン、ロベール：Jaulin, Robert：（一九二八〜一九九六）民族学者。『白い平和：少数民族絶滅に関する序論』（一九七〇年）で民族文化を解体する西洋の論理を告発したのち、一神教世界の文化的、政治的目標に関心を持ち、イスラム世界を研究する。

ジョルジュスキュ＝ロジャン、ニコラス：Georgescu-Roegen, Nicholas（一九〇六〜一九九四）：ルーマニア出身のアメリカ人経済学者、数学者、科学哲学者。生物経済学（経済理論と進化論的生物学を両立させることによってエコロジー的経済を成り立たせようとする）の創始者とされる。自然の法則から、成長の限界の必然性を導き出した最初の人物。ブカレスト大学、ナッシュヴィル大学の教員を歴任。

ジョルン、アスジェール：Jorn, Asger（一九一四〜一九七三）：デンマーク人の画家。伝統およびシュルレアリスムと一線を画し、自発性、実験性、大衆性を目指す芸術運動Ｃｏｂｒａ（一九四八〜一九五一、パリ）の創始者の一人。一九五五年にパリで「状況主義インターナショナル」を創設。

シラク、ジャック：Chirac, Jacques（一九三二〜　）：保守派の政治家。衆議院議員、農業大臣、内務大臣、パリ市長を歴任。一九七四年から一九七六年まで（ジスカールデスタン大統領）、および一九八六年から一九八八年まで（ミッテラン大統領）首相。一九八八年の大統領選挙でミッテランに敗れる。一九九五年より大統領。

スティルン、オリヴィエ：Stirn, Olivier（一九三六〜　）保守派の政治家。衆議院議員、県会議員、海外県海外領土担当首相補佐などを歴任。

ストレリュ、リオネル：Stoléru, Lionel：保守派の政治家。労働大臣、首相補佐などを歴任。「パリ持続可能な経済発展評議会」（Le Conseil de développement économique durable de Paris）議長。

ストロング、モーリス＝F.：Strong, Maurice-F.（一九二九〜　）：カナダ人。民間企業のエネルギー、財務を担当するかたわら、国連で環境問題を扱う要職を歴任。また環境、人道的活動組織のヴォランティアとしても活動。

スペルベール、ダン：Sperber, Dan：社会学者。認知科学者。パリ国立科学研究センター主任。

スワルト、アラン・ド＝：Swarte, Alain de：ジャーナリスト。『自然闘争』（*Combat Nature*）の編集長。

セネット、リチャード：Sennett, Richard（一九四三〜　）：アメリカ人の社会学者。六〇年代の反文化を批判。ロンドン経済政治学校教授。『公共性の喪失』（一九七四年）。

セール、ミシェル：Serres, Michel（一九三〇〜　）：哲学者、作家。人文科学と数学、自然科学の対話を試みる。元「十人会」会員。近年は教育やエコロジーに対する関心を表している。

セルヴァン＝シュライベール、ジャン＝ジャック：Servan-Schreiber, Jean-Jacques（一九二四〜　）：左派の政治家、ジャーナリスト。『レクスプレス』の共同創刊者。

ソヴィ、アルフレッド：Sauvy, Alfred（一八九八〜一九九〇）：経済学者、社会学者、人口学者。「第三世界」という表現の発明者。一九四五年から一九六二年まで国民人口研究所の所長を務める。

ソーク、ジョナス：Salk, Jonas（一九一四〜一九九五）：アメリカ人の細菌学者。一九五四年にポリオワクチンを開発。エイズの研究にも貢献。


【タ行】

ダゴニェ、フランスワ：Dagognet, François（一九二四〜　）：哲学者、医学者。パリ第一（ソルボンヌ）大学教授（哲学）。現代世界を生物学、医学、エコロジーの観点から問い直し、その肯定的で創造的な側面を引き出す。

タジエフ、アルーン：Tazieff, Haroun（一九一四〜一九九八）：ポーランド出身の地質学者、火山学者、科学映画制作者。元国立科学研究センター主任。

ダスク、ダニエル：Daske, Daniel：写真家、ジャーナリスト（『アルザス』*L'Alsace*）、作家。

タミオッティ、リュディヴィヌ：Tamiotti, Ludivine：世界貿易機関法務局員、貿易環境課。

ダーリン、フランク＝フレイザー：Darling, Frank Fraser（一九〇三～一九七九）：イギリスの動物学者、生態環境学者。動物と人間の生活の相互の影響を研究。エジンバラ大学助教授（エコロジーと保全）を務める。

ダンスロー、ピエール：Dansereau, Pierre（一九一一～　）：カナダ・ケベックの生態環境学者。モントリオール大学、ミシガン大学、コロンビア大学、モントリオール・ケベック大学教授を歴任。

ディビ、パスカル：Dibie, Pascal：（一九四九～　）民族学者、作家。北米先住民が専門。パリ第七大学助教授、「現代世界視聴覚人類学研究所」副所長。

ティンベルヘン、ヤン：Tinbergen, Jan（一九〇三～一九九四）：オランダの経済学者。経済活動の変動と発展途上国が専門。一九六九年にノーベル経済学賞受賞。

デジール、アルレム：Désir, Harlem（一九五八～　）：社会党の政治家。ヨーロッパ議員。「SOS人種差別」創立者の一人で元代表。

デブロス、フィリップ：Desbrosses, Philippe：農業経営者、農学者。ヨーロッパ委員会専門委員。有機農産物の検証を行なう公認機関「ECOCERT」運営委員会委員長。

デュピュイ、ジャン＝ピエール：Dupuy, Jean-Pierre：哲学者。社会哲学、政治哲学が専門。理工科学校教授。スタンフォード大学教授。

デュブワン、ジャック：Duboin, Jacques（一八七八～一九七六）：銀行家、政治家。配分主義の社会主義を主張。

デュボス、ルネ：Dubos, René（一九〇一～一九八二）：フランス出身のアメリカ人微生物学者。一九七二年に開かれたストックホルム環境会議の報告書の執筆者の一人。

デュモン、ルネ：Dumont, René（一九〇四～二〇〇一）：農学者。第三世界の農業問題が専門。国連食料農業機関の顧問を務める。生産至上主義の農業に反対し、人口の制御を主張する。「持続可能な発展」という表現を最初に使った人物。一九七四年の大統領選挙に初のエコロジスト候補として出馬し落選。

テラス、ジャン＝フランスワ：Terrasse, Jean-François：写真家、作家。世界自然保護基金（WWF）科学研究員主任。

ドゥバン、フランスワ：Doubin, François：（一九三三～　）：急進左派の政治家。ロカール政権時代に通産相補佐を務める。

トゥレーヌ、アラン：Touraine, Alain（一九二五～　）：社会学者。工業化社会から脱工業化社会への移行を考察。社会学的介入主義を主張し、学生運動、地方分権主義、エコロジーにも関心を寄せる。社会科学高等学院教授。

ドガン、フランスワ：Degans, François（一九四二～　）：元緑の党党員。一九九二年から一九九八年まで地中海沿岸西部のラングドック・ルシヨン地域圏議員として同地域のエコロジーの保全に献身する。経済のグローバル化に反対の立場をとり、一九九四年に緑の党を脱党。一九九七年より「独立エコロジスト総同盟」（Confédération des Ecologistes Indépendants）議長。

ドサンティ、ジャン＝トゥサン：Jean-Toussaint, Desanti（一九一四〜二〇〇二）：哲学者。認識論、現象学が専門。レジスタンスを機に共産党に入党。一九五六年に脱党。現象学、共産主義の超越的、包括的視点を批判。

ドベール、ジャン＝クロード：Debeir, Jean-Claude：経済学者、情報工学者。マルヌ＝ラ＝ヴァレ大学教授。

ドボール、ギー：Debord, Guy（一九三一〜一九九四）：哲学者、社会学者。ラウル・ヴァネジャンとともに「状況主義インターナショナル」の中心人物。

ドルヴワ、ジャン＝ポール：Delevoye, Jean-Paul（一九四七〜）：保守派の政治家、実業家。元参議院議員。

ドラリュ、ジャン＝クロード：Delarue, Jean-Claude：市民活動家、政治家。二〇〇二年に「国家犠牲党」（Union des victimes de l'Etat）を結成。環境、行政、公共交通に関して活発に活動している。

ドリオ、ジャック：Doriot, Jacques（一八九八〜一九四五）：政治家。労働者出身の共産党員であったが、除名され、一九三六年にファシスト党「フランス人民党」を、左翼連合「人民戦線」に対抗して結成。第二次大戦中は対独協力者としてドイツで反ボルシェヴィズムの戦いを遂行する。

ドルアン、ジャン＝マルク：Drouin, Jean-Marc：哲学者、自然史研究家。特に生物地理学、エコロジーの発展を研究。国立自然史博物館助教授。

ドルスト、ジャン：Dorst, Jean（一九二四〜　）：動物学者。国立自然史博物館元館長。鳥類が専門。自然保護国民評議会委員。

ドレアージュ、ジャン＝ポール：Deléage, Jean-Paul：物理学者、科学史家。特にエコロジーの歴史を研究。雑誌『エコロジーと政治』の編集長。オルレアン大学教授。

トロム、ダニ：Trom, Danny：国立科学研究センター研究員。景観保護の運動を研究。

ドロール、ジャック：Delors, Jacques（一九二五〜　）政治家。社会党員。一九八一年から一九八四年まで経済財務大臣。一九八五年から一九九五年までヨーロッパ委員会委員長。マアストリヒト条約の起草に貢献。

【ナ行】

ニコリノ、ファブリス：Nicolino, Fabrice：週刊誌『ポリティス』の記者。

ニック、クリストフ：Nick, Christophe：政治ジャーナリスト、ディレクター。メディア問題を特に扱う。

ネイダー、ラルフ：Nader, Ralph（一九三四〜　）：アメリカ人の弁護士。特に消費者運動を補佐する。一九九六年と二〇〇〇年にアメリカの大統領選に緑の党から出馬して落選。

【ハ行】

パセ、ルネ：Passet, René：経済学者。元「十人会」会員。雑誌『横断』編集方針委員、「市民援助のために金融取引課税に賛成する協会」（ＡＴＴＡＣ）科学顧問議長、パリ第一大学名誉教授。

バティス、ミシェル：Batisse, Michel：元ユネスコ天然資源調査部部長。元ユネスコ科学部副部長。一九六八年にパリで開かれた「人間と生物圏会議」の開催を初めとする、持続可能な発展への貢献により、二〇〇〇年に国連の笹川環境賞を受賞。

バラデュール、エドワール：Balladur, Édouard（一九二九〜　）：保守派の政治家。ミッテラン時代の一九九三年から一九九五年まで首相を務める。八〇年代後半の民営化の推進者。一九九五年の大統領選で落選。

バランディエ、ジョルジュ：Balandier, Georges（一九二〇〜）：社会学者、人類学者。非植民地化の視点から第三世界、特にアフリカを研究する。

バリバール、エティエンヌ：Balibar, Étienne（一九四二〜　）：哲学者。政治哲学、マルクス主義、倫理学が専門。パリ第十大学名誉教授。

バール、レーモン：Barre, Raymond：（一九二四〜　）経済学者、保守派の政治家。一九七六年から一九八一年まで首相（ジスカールデスタン大統領）。一九八八年の大統領選で落選。

バルドー、ブリジット：Bardot, Brigitte：（一九三四〜　）：一八歳で女優としてデビュー。一九八六年に動物保護団体「ブリジット・バルドー基金」を創設。

バルニエ、ミシェル：Barnier, Michel（一九五一〜　）：保守派の政治家。県会議員、衆議院議員、参議院議員を歴任。一九九三年から一九九五年まで環境大臣を務める。第二次ラファラン内閣外務大臣。

パルム、オロフ：Palme, Olof（一九二七〜一九八六）：スウェーデンの政治家。一九六九年から一九七六まで民主社会党党首として首相を務める。経済政策で行き詰まり辞任した後一九八二年に返り咲くが、八六年に暗殺される。

バルロワ、ジャン＝ジャック：Barloy, Jean-Jacques（一九三九〜）：動物学者、特に鳥類が専門。動物ジャーナリストとして一般向けの本を多数出版。

バレール、マルティーヌ：Barrère, Martine（一九四一〜一九九五）：科学ジャーナリスト。『調査』（*La Recherche*）の編集に携わった後、フリーとして環境や開発の問題に取り組む。

バーンバウム、ノーマン：Birnbaum, Norman（一九一七〜）アメリカ人の社会学者。ジョージタウン大学法律センター名誉教授。『新左翼評論』（*New Left Review*）の創刊者。

ピアジェ、シャルル：Piaget, Charles（一九二八～　）：リップ（時計会社）の労働者として組合活動に加わり、「フランス民主労働総同盟」（CFDT）の中心として活動する。一九八八年に引退した後は失業と闘う活動を行なう。

ビオラ、ギー：Biolat, Guy：哲学者。マルクス主義の観点からエコロジーを考察する。

ビグルダン、ドミニク：Bigourdan, Dominique：教員。「地球の血」の創立者の一人。

ピザニ、エドガール：Pisani, Edgard（一九一八～　）：左派の政治家。衆議院議員、参議院議員、ニューカレドニア担当大臣、アラブ世界研究所所長を歴任。

ピニュロ、ジャン：Pignero, Jean：小学校教員。一九五七年から一九八八年まで「電離放射線から身を守る会」（APRI）主宰者を務める。

ピュイズー、ルイ：Puiseux, Louis：元フランス電力公社経済担当。原子力問題を考察。

ビュジノ、ジオヴァンニ：Busino, Giovanni：スイス人の社会学者。ローザンヌ大学教授。

ビュシュマン、アンドレ：Buchmann, Andrée（一九五六～　）：一九八〇年から一九九九年までストラスブール大学フランス語教員。一九九二年から一九九八年までアルザス地域圏議会副議長を務める。環境問題とくに大気汚染に取り組む。ドミニク・ヴワネ国土整備環境大臣の依頼で住居環境改善計画を作成。

ビュルガンデール、ジャン＝リュック：Burgunder, Jean-Luc：ジャーナリスト、政治家。雑誌『エコロジー』の主宰者。緑の党党員。サントル（中央）地域圏議会副議長。

ピール、ジャン：Piel, Jean：歴史家。南米が専門。パリ第七（ジュシュー）大学教授。

ビール、アンドレ：Birre, André（一九〇四～一九九一）：土木局技師。有機農業の推進協会「自然と進歩」（一九六四年創設）の創設者の一人。

ヒルドヤード、ニコラス：Hildyard, Nicholas：イギリス人。元『ジ・エコロジスト』編集人。非営利環境保護団体「コーナー・ハウス」の代表。

フィシュレール、クロード：Fischler, Claude：社会学者。国立科学研究センター（社会学）主任。「社会学、人類学、歴史学学際研究センター」（CETSAH）責任者。一九七〇年からエドガー・モランに協力して社会変化について研究する。さらにエコロジー、特に食品問題に取り組む。

フィッシャー、ヨシュカ：Fischer, Joschka（一九四八～　）：ドイツ人の政治家。緑の党の現実派、穏健派。衆議院議員、参議院議員を歴任。外務大臣、副首相。

フィテールマン、シャルル：Fiterman, Charles（一九三三～　）：左派の政治家。元運輸大臣。

フェリー、リュック：Ferry, Luc（一九五一～　）：哲学者、政治学者。二〇〇二年から二〇〇四年までラファラン内閣の文部大臣を務める。パリ第七大学教授。

フェルネクス、ソランジュ：Fernex, Solange（一九三四～　）：政治家。緑の党党員。一九七三年にフランス初のエコロジー政党「エコロジーとサバイバル」の創設に参加。元ヨーロッパ議員。

フェルネクス、ミシェル：Fernex, Michel：医師。ソランジュ・フェルネクスの夫。元世界保健機関（ＷＨＯ）の医師で熱帯地方の病気を担当。スイスのバーゼル大学医学部名誉教授。

ブグラン＝デュブール、アラン：Bougrain-Dubourg, Alain（一九四八～　）：「鳥類保護連盟」会長。自然に関するビデオの製作者。

フーコー、ミシェル：Foucault, Michel：（一九二六～一九八四）：哲学者。知の体系の内部にある権力とその歴史的変遷を明かすことをめざす。『言葉と物』（一九六六年）、『知の考古学』（一九六九年）。

プジャド、ロベール：Poujade, Robert（一九二八～　）：政治家（ド＝ゴール派）。全国教育視学総監。一九七三年から一九七四年にかけてメスメール内閣の自然および環境保護大臣を務める。二〇〇二年まで衆議院議員。

ブシャルド、ユゲット：Bouchardeau, Huguette（一九三五～　）：作家、政治家。一九八一年の大統領選に出馬して落選。一九八三年から八四年に環境および生活の質担当首相補佐官を務める。ジョルジュ・サンドに関する著書もある。

ブックチン、マリー：Bookchin, Murray（一九二一～　）：アメリカ人社会学者。マルクス主義から出発して、六〇年代の反文化の運動に身を投じる。世界におけるエコロジー運動の先駆者。国家統制、資本支配、労働者の自己管理に反対する分権的連合制の政治経済を唱える。ニュージャージーのラマポ単科大学名誉教授。社会エコロジー学院名誉主任。

プティジャン、アルマン：Petitjean, Armand（一九一三～二〇〇三）：エッセー作家、編集者。ファヤール社、スーユ社などでエコロジー関係の叢書を創設する。ヨーロッパのエコロジー活動団体「エコロッパ」（一九七六年）の創立者の一人。香水会社の同名の設立者は彼の父親（一八八四～一九六九）。

ブヌワ、アラン・ド＝：Benoist, Alain de（一九四三～　）：新右派、保守的右派のジャーナリスト。「ＧＲＥＣＥ」（Groupement de recherche et d'études pour la civilisation européenne）の創立者。一九八八年より雑誌『危機』（*Krisis*）の編集長。

フュレ、フランスワ：Furet, François：（一九二七～一九九七）：歴史家。個別の事件にとらわれずに長期的な視野に立ち、他の学問分野をも取り入れるアナール派に属する。マルクス主義的フランス革命の解釈に反対する。

ブラムレ、ジェラール：Bramoullé, Gérard：経済学者。元国立科学研究センター研究員。エクス＝マルセーユ大学教授。

ブラヤール、フィリップ：Braillard, Philippe（一九四四～　）：スイスの政治学者。ジュネーヴ大学教授。ジュネーヴ大学ヨーロッパ研究所所長。

ブラール、リオネル：Brard, Lionel：弁護士、政治家。「フランス自然環境」名誉会長。統計情報国民審議会会員。

ブリエール、ジャン：Brière, Jean：聖書注釈家。元緑の党党員。湾岸戦争の際、イスラエルを批判して反ユダヤ主義者として除名される。協会「パレスチナ・イスラエルに唯一の民主国家を」のフランス・ロナルプ地方代表。

フリードマン、ヨナ：Friedman, Yona（一九二三～　）：ハンガリー出身でパリ在住の建築家。基礎杭の上に居住空間と非居住空間を交互に載せた「空中都市」が名高い。

ブール、ドミニク：Bourg, Dominique：哲学者。トロワ工科大学教授、「持続可能な発展に関する学際調査研究センター」主任。

フルニエ、ピエール：Fournier, Pierre（一九三七～一九七三）：ジャーナリスト、風刺漫画家。『週刊シャルリー』の寄稿者。特に反原発運動に献身する。一九七二年に『開いた口』を創刊する。

ブルリエール、フランスワ：Bourlière, François：（一九一三～一九九三）医学者、自然学者。生理学、実験医学、老年学が専門。パリ大学医学部教授。全国自然保護協会会長（一九七二～一九八二）。

ブルントランド、グロ＝ハーレム：Brundtland, Gro Harlem（一九三九～　）：ノルウェーの政治家。労働党党首（一九八一～一九九二）。首相（一九八一、一九八六～一九八九、一九九〇～一九九六）。国連環境開発委員会委員長（一九八三）。世界保健機関事務局長（一九九八～二〇〇三）。

フレ、テオ：Frey, Théo：ストラスブール「状況主義インターナショナル」の活動家（一九六七年に除名される）。

フレジャック、クロード：Fréjacques, Claude：化学者。核エネルギーが専門。国立科学研究センター所長（一九八一～一九八九）。

ブロダグ、クリスティアン：Brodhag, Christian（一九五二～　）：民間鉱山技師。サンテティエンヌ国立高等鉱業学院教授。元緑の党党員。「持続可能な発展」省間補佐官。

ブロック＝レネ、フランスワ：Bloch-Lainé, François（一九一二～二〇〇二）：名誉財務総監督官。官庁、民間企業の財務関係の役員を歴任。「企業の発展に関する調査センター」の創設者。

ブワ、ダニエル：Boy, Daniel：政治学者。科学技術の社会における受容が専門。「フランス政治生活研究センター」主任。

ブワトゥ、マルセル：Boiteux, Marcel（一九二二～　）：一九六〇年代後半から一九八〇年代にかけてフランス電力公社の会長として、原子力発電の推進を行なう。「世界エネルギー会議」名誉会長。

フンボルト、アレクサンダー＝フォン：Humboldt, Alexander

von（一七六九～一八五九）：ドイツ人の自然学者。アメリカ、アジアを旅行し、気候学、地質学、海洋学の進歩に貢献。

ベジャン、アンドレ：Béjin, André：性科学者。

ベシュレール、ジャン：Baechler, Jean：（一九三七～　）政治社会学、歴史社会学者。パリ第四（ソルボンヌ）大学教授。グローバリゼーションの政治的および法的側面が専門。

ペステル、エードゥアルト：Pestel, Eduard（一九一四～一九八八）：ドイツ人の科学者、技師。ローマクラブ第二報告書の執筆者の一人。

ベセ、ジャン＝ポール：Besset, Jean-Paul：ジャーナリスト。元『ル・モンド』トゥールーズ通信員。

ヘッケル、エルンスト：Haeckel, Ernst（一八三四～一九一九）：ドイツ人の自然学者。ダーウィンの進化論の継承者。類人猿とヒトの中間に位置するピテカントロプスの存在の仮説を立てる。エコロジーという言葉の創始者。

ペッチェイ、アウレリオ：Peccei, Aurelio（一九〇八～一九八四）：イタリア人の実業家。フィアットの経営などに携わる。ローマクラブの創設者。

ベル、ダニエル：Bell, Daniel（一九一九～　）：アメリカ人の政治学者、社会学者。現代社会のシステムの変革が専門。ハーヴァード大学名誉教授。『イデオロギーの終焉』（一九六〇年）、『脱工業社会の到来』（一九七四年）。

ベルク、オーギュスタン：Berque, Augustin：地理学者。東洋学者。社会科学高等学院教授。

ベルクソン、アンリ：Bergson, Henri（一八五九～一九四一）：哲学者。主知主義、実証主義を批判しつつ、直感に基づく哲学を構築。『物質と記憶』（一八九六年）、『創造的進化論』（一九〇七年）。一九二七年ノーベル文学賞受賞。

ベルジェ、ガストン：Berger, Gaston（一八九六～一九六〇）：哲学者、心理学者。フッサールのフランスへの紹介者。高等教育総長として大学制度改革を行なう。数々の未来予測研究センターの創設者。

ペルト、ジャン＝マリ：Pelt, Jean-Marie（一九三三～　）生物学者。「ヨーロッパ・エコロジー学院」院長。メッス大学名誉教授。

ベルトラン、アニェス：Bertrand, Agnès：「エコロッパ」幹事長。グローバリゼーション反対の活動を展開。

ベルナール、ピエール：Bernard, Pierre：民族学者。

ベーレンス三世、ウィリアム＝W：Behrens Ⅲ William W.：ローマクラブ第一報告書を担当したＭＩＴ研究員の一人。

ボスケ、ミシェル：Bosquet, Michel：アンドレ・ゴルツの別名。「ボスケ」はフランス語で「植え込み」、「木立」の意味。

ホッブス、トマス：Hobbes, Thomas（一五八八～一六七九）：イギリスの哲学者。自然の状態においては、万人が万人にとって敵であるから、生き延びるために各人は絶対権力に自分の自然権をゆだねなくてはならない（『リバイアサン』：一六五一年）とした。

ボビー、ピエール：Bauby, Pierre：フランス電力公社勤務。公共部門に関して活発な研究を行なっている。

ボヌフ、エドワール：Bonnefous, Edouard（一九〇七〜 ）：政治家。衆議院議員、参議院議員、国連フランス代表、通産大臣、郵政大臣、パリ大学法学部国際高等学院教授、国立工芸院学長などを歴任。

ポラニー、カール：Polanyi, Karl（一八八六〜一九六四）：ハンガリー出身のアメリカ人経済学者。経済史が専門。市場経済がさまざまな経済活動の一つに過ぎないことを確認し、計画経済を推奨するに至る。『大転換』（一九四四年）。

ボンデュエル、アントワーヌ：Bonduelle, Antoine：「ヨーロッパ環境およびエネルギー戦略評価研究所」（INESTENE）研究員。

ボンバール、アラン：Bombard, Alain（一九二四〜 ）：一九五二年に大西洋をゴムのカヌーで単独横断する。一九八一年に環境大臣補佐を務める。モナコ海洋学博物館研究員。

ポンピドゥ、ジョルジュ：Pompidou, Georges（一九一一〜一九七四）：政治家（ド＝ゴール派）。一九六二年から一九六八年までド＝ゴール大統領のもとで首相を務めた後、一九六九年から一九七四年まで大統領を務める。


【マ行】


マイエール、シルヴィ：Mayer, Sylvie：海洋生物学者。共産党員、エコロジー担当。

マセ、ピエール：Massé, Pierre：経済学者。「未来予測者」設立の中心人物。

マドラン、アラン：Madelin, Alain（一九四六〜 ）保守自由主義の政治家。市議会議員、県会議員、地域圏議員を歴任。元ヨーロッパ議員。衆議院議員。

マメール、ノエル：Mamère, Noël（一九四八〜 ）：ジャーナリスト、政治家。新聞、ラジオの記者、テレビの製作者、キャスター、地方圏議員、ヨーロッパ議員を歴任。「エコロジー世代」副党首（一九九二〜一九九四）。「エコロジー連帯集合」（CES）党首（一九九四〜一九九七）。一九九七年より緑の党党員。衆議院議員、ボルドー近郊のベグル市長。二〇〇二年の大統領選挙に緑の党から出馬して落選。

マルクーゼ、ヘルベルト：Marcuse, Herbert：（一八九八〜一九七九）：ドイツ出身のアメリカ人哲学者。マルクス主義および精神分析を用いて、管理され、一元化された工業化社会を批判。『エロスと文明』（一九五五年）、『一次元的人間』（一九六四年）。

マルサス、トマス＝ロバート：Malthus, Thomas Robert（一七六六〜一八三四）：イギリス人の経済学者。食糧増産は人口増加に追いつかないと主張し、出生を調整しない限り、飢餓、伝染病、戦争が引き起こされるとした。ダーウィンの自然淘汰の理論に影響を与えた。『人口の原理』

（一七九八年）。

マローリ、ジャン：Malaurie, Jean（一九二二～　）：民族学者、地理学者。北極地方、特にエスキモーが専門。社会科学高等学院教授。

マンスホルト、シッコ：Mansholt, Sicco（一九〇八～一九九五）：オランダ人の政治家。農業大臣（一九四五～一九五八）としてヨーロッパ経済共同体において活発に働き、一九六八年に共同体内の農業の再建計画（「マンスホルト計画」）を提案する。

マンドラ、アンリ：Mendras, Henri（一九二七～二〇〇三）：社会学者。社会変化が専門。国立科学研究センター名誉研究員。

マンフォード、ルイス：Mumford, Lewis（一八九五～一九九〇）：アメリカ人の歴史家、哲学者、都市計画家。

ミッテラン、フランスワ：Mitterrand, François（一九一六～一九九六）：左派の政治家。衆議院議員、内務大臣、法務大臣などを歴任。一九六五年の大統領選挙でド・ゴールを二回戦投票に追い込むが落選。一九七一年社会党党首。一九八一年から一九九五年まで大統領。

ミュルダール、グンナー：Myrdal, Gunnar（一八九八～一九八七）：スウェーデン人の政治家、経済学者。参議院議員、通産大臣、国連事務官などを歴任。経済危機やアメリカの黒人問題を分析。一九七四年ノーベル経済学賞受賞。

ミュレール、ジャン＝マリ：Muller, Jean-Marie：作家。「非暴力オルタナティヴ運動」の創立メンバー。「対立の非暴力的解決研究所」（ＩＲＮＣ）研究主任。

ミラン、パトリス：Miran, Patrice：「独立エコロジー運動」党員。コートダジュールを拠点に、動物保護、高速道路事故に取り組む。

ミリエール、ギー：Millière, Guy：哲学者。経済学者。思想史、文化史、アメリカ合衆国が専門。パリ第八大学教授。

ミルン、L.-J：Milne, L.-J：アメリカの昆虫学者。特にクモが専門。

ミレール、ロラン・ド＝：Miller, Roland de（一九四九～　）：作家、フリージャーナリスト。国立自然史博物館資料保存担当員、「地球の友」活動家を歴任。一九七七年から一九九二年までロベール・エナールの秘書。

メスメール、ピエール：Messmer, Pierre（一九一六～　）：軍人、政治家（ド＝ゴール派）。第二次世界大戦でパリ解放に参加。衆議院議員、軍事大臣、海外県海外領土大臣を歴任。一九七二年から一九七四年まで、ポンピドゥ大統領およびジスカールデスタン大統領のもとで首相を務める。

メドウズ、デニス＝L：Meadows, Dennis L.：アメリカ人の政治学者、社会学者。元マサチューセッツ工科大学教授。ローマクラブ第一報告書を請け負った研究グループの主任。システム管理が専門。ニューハンプシャー大学教授。

メドウズ、ドネラ＝H：Meadows, Donella H（一九四一～二〇〇一）：アメリカ人の生物物理学者、ジャーナリスト。有機農業、システム分析が専門。ダートマウス単科大学特任教授。「持続可能性研究所」の創立者。ローマクラブ第一報告書の執筆者の一人。

モスコヴィッシ、セルジュ：Moscovici, Serge（一九二五〜　）：ルーマニア出身の社会心理学者。エコロジストの先駆者とされる。社会科学高等学院社会心理学研究所教授。『群衆の時代』（一九八一年）。

モニエ＝ブゾンブ、ジェラール：Monnier-Besombes, Gérard：元緑の党党員。元ヨーロッパ議員。元「独立エコロジー運動」党員。

モニエ、フランスワーズ：Monier, Françoise：『レクスプレス』の記者。

モノ、ジェローム：Monod, Jérôme（一九三一〜　）：実業家。企業や官庁の役職を歴任。一九六八年から一九七五年まで国土整備地方振興庁長官を務める。シラク大統領顧問。

モノ、ジャック：Monod, Jacques（一九一〇〜一九七六）：生化学者。遺伝情報を細胞内で伝達するRNAメッセンジャーを発見。一九六五年、ノーベル生理学医学賞受賞。

モノ、テオドール：Monod, Théodore（一九〇二〜二〇〇〇）：動物学者。サハラ地方の植物、地質、考古学を研究。国立自然史博物館名誉教授。狩猟反対者連合（ROC）会長、全国自然保護協会（SNPN）副会長を歴任。

モラン、エドガー：Morin, Edgar（一九二一〜　）：社会学者。複雑性を鍵としたシステム論を展開し、人文科学と生物学の対照を行なう。元共産党員。自主管理の思想に共感するが、七〇年代の左派の動きとは距離を保つ。元「十人会」会員。雑誌『横断』編集方針委員、国立科学研究センター名誉主任。

モンブリアル、ティエリー・ド＝：Montbrial, Thierry de（一九四三〜　）：経済学者、技師。国立理工科学校教授、国立工芸院教授、政府顧問を歴任。『ル・フィガロ』論説委員長。

【ヤ行】

ユグロ、クリスティアン：Huglo, Christian：弁護士、法学者。妻のコリンヌ・ルパージュとともに弁護士事務所を経営し、環境問題に取り組む。

ユーグワン、アラン：Uguen, Alain（一九五〇〜　）：緑の党の創立者の一人。地域圏議員、市議会議員を歴任。

ユンク、ロベルト：Jungk, Robert（一九一三〜一九九四）：ドイツ出身のオーストリア人ジャーナリスト。反核運動で活躍。「世界未来調査連盟」の創設者。オーストリア緑の党党員として一九九二年の大統領選に出馬。

ヨナス、ハンス：Jonas, Hans（一九〇三〜一九九三）：ドイツ人の哲学者。グノーシス研究から出発。フッサール、ハイデッガー、ブルトマンに師事。イエルサレム、カナダ、ニューヨーク、ミュンヘンの大学の教員を歴任。人間を含む生物圏に対するテクノロジーの倫理的側面に関する研究を行なう。

【ラ行】

ラヴィンズ、アモリー：Lovins Amory：アメリカ人の物理学者、コンサルタント。企業および政府を対象に資源利用、環境問題に関する提言をする非営利団体「ロッキーマウンテン研究所」の創始者の一人で会長。

ラヴロック、ジェイムズ：Lovelock, James（一九一九〜　）：イギリス人の医学者。イェール大学、ハーヴァード大学の教員、NASA研究員を歴任。地球は、一種の超有機体として機能しているという「ガイアの仮説」を唱える。温室効果の警鐘を鳴らした最初の科学者の一人だが、原子力だけがそれを抑えることができるとも言っている。海洋生物学協会会長。

ラクルワ、ミシェル：Lacroix, Michel：哲学者。現代人の風俗習慣、精神性に関する研究を行なう。（パリの南にあるエヴリ＝ヴァル＝デソンヌ大学助教授。

ラシーヌ、リュック：Racine, Luc（一九四三〜　）：カナダ人の詩人、エッセイスト。モントリオール大学教授。

ラダンヌ、ピエール：Radanne, Pierre（一九五〇〜　）：元「地球の友」主宰者（一九七六〜一九七九）。緑の党の創立メンバーの一人。一九九七年、ドミニク・ヴワネ国土整備環境大臣の副官房長官。公的機関「環境およびエネルギー制御機関（ADEME）」会長（一九九七〜二〇〇二）。

ラテス、ロベール：Lattès, Robert：銀行、ヴェンチャー企業などを手がける実業家。ローマクラブの創設者の一人。

ラトレイ＝テイラー、ゴードン：Rattray-Taylor, Gordon（一九一三〜一九八一）：イギリス人の科学ジャーナリスト。『モーニング・ポスト』、『デイリー・エクスプレス』を経て、BBCで科学顧問を務める。

ラビカ、ジョルジュ：Labica, Georges：哲学者。マルクス主義と民主主義の関係を考察。パリ第十大学名誉教授。

ラファルグ、ポール：Lafargue, Paul（一八四二〜一九一一）：社会主義者。フランスにおける歴史的弁証法唯物論の普及に貢献。マルクスの娘婿。『怠惰に対する権利』（一八八〇年）。

ラファン、ジャン＝ピエール：Raffin, Jean-Pierre：生物学者、生理学者。パリ第七（ドニ・ディドロ）大学助教授。遺伝子組み換え、原油流出などのエコロジー問題に関して活動。ドミニク・ヴワネ国土整備環境大臣の技術顧問を務める。元ヨーロッパ議員。

ラブイ、ピエール：Rabhi, Pierre（一九三八〜　）：アルジェリア出身の農業技師。フランス国内および国外でエコロジーにかなった農業、特に牧畜の指導を行なう。国連の砂漠化防止活動にも参加。

ラフォン、ロベール：Lafont, Robert（一九二三〜　）：作家。フランス南西部のオック語による作品を発表。モンペリエ（ポール・ヴァレリー）大学名誉教授。

ラベリ、ヴァンサン：Labeyrie, Vincent：生物学者。エコロジーが専門。フランスワ・ラブレー大学教授。フランスワ・ラブレー大学農業システム実験群集生物学研究所所長。

ラボリ、アンリ：Laborit, Henri（一九一四～一九九五）：医学者。神経学、精神薬理学が専門。元「十人会」会員。

ラマド、フランスワ：Ramade, François（一九三四～　）：パリ第十一（オルセー南）大学名誉教授。エコロジー動物学研究所所長。全国自然保護協会（ＳＮＰＮ）会長。

ラミュ、シャルル＝フェルディナン：Ramuz, Charles-Ferdinand（一八七八～一九四七）：スイス人フランス語作家。超自然主義的な神秘性を伴う自然主義的傾向の作品を書く。

ラロンド、ブリス：Lalonde, Brice（一九四六～　）：政治家。一九六八年に「フランス全国学生連合」（ＵＮＥＦ）会長を務める。「フランス地球の友」創立者。非合法民間ラジオ局「緑のラジオ」創立者。一九八一年の大統領選挙に出馬して落選。ロカール政権のもとで環境大臣（一九八八～一九九一）。一九九〇年「エコロジー世代」創立。

ラングルワ、ベルナール：Langlois, Bernard：ジャーナリスト。テレビ番組の制作、司会、新聞雑誌の論説を手がけた後、一九八八年から一九九九年まで週刊『ポリティス』の編集長を務める。「市民援助のために金融取引課税に賛成する協会」（ＡＴＴＡＣ）の創立メンバー。

ランザ＝デル＝ヴァスト、ジョセフ＝ジャン：Lanza del Vasto, Joseph Jean（一九〇一～一九八一）：イタリア出身の哲学者、詩人、芸術家。ガンジーの弟子として非暴力主義、自然への回帰、精神性の尊重を唱え、自らの思想を実践するためにフランス地中海沿岸のエロー県に「箱舟の共同体」を設立する。

ランダーズ、ヨルゲン：Randers, Jorgen：ノルウェー人の政治学者、経済学者。政策分析が専門。ローマクラブ第一報告書の執筆者の一人。「ノルウェー経営学校」名誉学長。

リヴァジ、ミシェル：Rivasi, Michèle（一九五三～　）：教員養成学校教員。元衆議院議員。元フランス・グリンピース会長。「放射能に関する独立調査情報委員会」（ＣＲＩＩ‐ＲＡＤ）創立者。

リグー、マルセル：Rigout, Marcel：政治家。元共産党員。一九八一年から一九八三年にかけて職業養成大臣を務める。「民主主義および社会主義のための協会」（ＡＤＳ）党首。

リクール、ポール：Ricœur, Paul（一九一三～　）：哲学者。ヤスパース、フッサールをフランスに紹介。精神分析を援用した、象徴言説の解釈学を創始する。政治における倫理の問題にも関心を向ける。

リゼ、ベルナデット：Lizet, Bernadette：生物学者、民族学者。自然と人間社会の関係が専門。国立科学研究センター主任研究員（パリ国立自然史博物館内、民族学・生物地理学研究所主任）。

リゾ、ジャック：Lizot, Jacques：人類学者。パリ国立科学研究センター社会人類学研究所所属。南米の先住民が専門。

リーヌマン、マリ＝ノエル：Lienemann, Marie-Noëlle（一九五一〜　）：社会党の政治家。ジョスパン内閣のもとで住居担当大臣補佐。ヨーロッパ議員。

リピエッツ、アラン：Lipietz, Alain（一九四七〜　）：経済学者。国立科学研究センター数理経済計画予測センター主任。ヨーロッパ議員。

リブ、ジャン＝ポール：Ribes, Jean-Paul：ジャーナリスト。仏教、チベットの専門家。

ルウィ、ミカエル：Löwy, Michael：哲学者、社会学者。国立科学研究センター主任。マルクス主義の立場からグローバル化を考察。

ルグラン、パトリック：Legrand, Patrick：国立農業研究所環境社会担当主任。フランス自然環境（ＦＮＥ）名誉会長。

ルージュモン、ドニ・ド＝：Rougemont, Denis de（一九〇六〜一九八五）：スイス人のフランス語作家。人格主義の雑誌『エスプリ』の創刊者の一人。「エコロッパ」の創立者の一人。

ルスルヌ、ジャック：Lesourne, Jacques（一九二八〜　）：「国際未来予測者」会長。月刊誌『未来予測者』編集方針委員。国立工芸院元教授。産業経済学院理事。

ルノワール、イヴ：Lenoir, Yves：技師。元グリーンピース活動家。温室効果を研究。パリ国立高等鉱業学院研究員。

ルノワール、ルネ：Lenoir, René：政治家。社会活動大臣補佐（一九七四〜一九七八）、国立行政学院学長（一九八八〜一九九二）を歴任。全国民間保健衛生社会団体合同連合元会長。ローマクラブ報告書も執筆している。

ルパージュ、コリンヌ：Lepage, Corinne（一九五一〜　）弁護士、法学者、政治家。一九九五年、ジュペ内閣のもとで環境大臣。夫のクリスティアン・ユグロとともに弁護士事務所を経営し、環境問題に取り組む。

ルフェーヴル、アンリ：Lefebvre, Henri（一九〇一〜一九九一）：哲学者、社会学者。マルクス主義者。ブルジョワ・イデオロギーによる疎外を、永久文化革命により打ち砕くことを主張する。六八年の運動に直接影響を与えた。

ル＝ブラ、エルヴェ：Le Bras, Hervé（一九四三〜　）：歴史家。社会史、人口が専門。社会科学高等学院教授。社会科学高等学院歴史人口学研究所所長。

ルブルトン、フィリップ：Lebreton, Philippe（一九三三〜　）：生物学者。ロベール・エナールの思想に共鳴。「ロナルプ自然保護連盟」（ＦＲＡＰＮＡ）元会長。リヨン第一（クロード・ベルナール）大学名誉教授。

ルラブル、クロード：Llabres, Claude：作家。元共産党員（「共産主義改革者運動」（Mouvement des Rénovateurs Communistes）（一九八七〜一九八九）を結成して分離）。

ルルワ＝グルアン、アンドレ：Leroi-Gourhan, André（一九一一〜一九八六）：民族学者、先史学者。先史時代の人間の生活や考え方を捉えられるように、発掘現場の包括的な研究を提唱。元「十人会」会員。コレージュ・ド・フランス名誉教授。

ル＝ルワ＝ラデュリ、エマニュエル：Le Roy Ladurie, Emmanuel（一九二九〜　）：歴史家。アナール派の継承者として、長期に渡って展開する現象に注目し、包括的な構造と歴史の全体化の意思を結びつけようとする。中世および近代の地方史が専門。コレージュ・ド・フランス名誉教授。

レヴィ＝ストゥロース、クロード：Lévi-Strauss, Claude（一九〇八〜　）：民族学者。南米の先住民の観察をもとに、社会機能のモデルによって社会構造を解き明かそうとする。『野生の思考』（一九六二年）、『遠近の回想』（一九八三年）。

レオポルド、アルド：Leopold, Aldo（一八八七〜一九四八）：アメリカ人の森林学者、作家。合衆国営林局員、森林産物研究所員、ウィスコンシン大学動物管理学科長を歴任。砂地に移り住み、野生を回復させるべく研究をする。野生生物エコロジーの創始者とされる。

レーリス、ミシェル：Leiris, Michel（一九〇一〜一九九〇）：民族学者、作家。一九三一年から三三年にかけてアフリカの民族学言語学調査に参加する。『幻のアフリカ』（一九三四年）、『成熟の年代』（一九三九年）。

ロカール、ミシェル：Rocard, Michel（一九三〇〜　）：政治家。一九六〇年、統一社会党（ＰＳＵ）の設立に参加し党首を務める（一九六七〜一九七四）。六八年五月の運動に参加。国家主義的社会主義を否定して、自主管理と分権化を主張。一九六九年の大統領選挙に出馬して落選。一九七四年、社会党に入党。市長、衆議院議員、参議院議員、国務大臣、農業大臣、社会党党首などを歴任。元「十人会」会員。一九八八年から一九九一年までミッテラン大統領のもとで首相。ヨーロッパ議員。

ロザンヴァロン、ピエール：Rosanvallon, Pierre（一九四八〜　）：歴史学者、政治学者、経済学者。一九六〇年代末から一九七〇年代を通して「フランス民主労働総同盟」（ＣＦＤＴ）および社会党において活動。ミシェル・ロカールの側近として、自主管理の思想を発展させる。社会科学高等学院教授。コレージュ・ド・フランス教授。

ロジエ、ベルナール：Rosier, Bernard：経済学者、農学者、歴史家。経済危機が専門。

ロスタン、ジャン：Rostand, Jean（一八九四〜一九七七）：生物学者、作家。単為発生、奇形発生が専門。科学や哲学を一般に広める著作も執筆する。作家エドモン・ロスタン（一八六八〜一九一八）の息子。

ロスネー、ジョエル・ド＝：Rosnay, Joël de：生物学者、情報工学者。元「十人会」会員。パストゥール研究所研究応用主任、ＭＩＴ研究員、指導員、在アメリカ合衆国フランス大使館科学担当官を歴任。雑誌『横断』編集方針委員、パリのヴィレット科学産業都市総長付顧問。

ロッシュ、アニェス：Roche, Agnès：社会学者、政治学者。

政治的エコロジーが専門。オーベルニュ・クレルモン第一大学助教授。

ロード、ミシェル：Rodes, Michel：「オロロン―カンフラン鉄道線再開委員会」副会長。ピレネー地方の道路建設に反対し、鉄道による輸送を促進する運動を行なう。

ロバン、ジャック：Robin, Jacques：ジャーナリスト。一九六九年に、科学技術と政治、経済の関係を考察する「十人会」を結成する。雑誌『横断』の創刊者で元編集長、編集方針委員。

ロリアン、シャルル：Loriant, Charles：左派の政治家。エコロジー、自主管理、分配を支持する。

ローレンツ、コンラート：Lorenz, Konrad（一九〇三～一九八九）：オーストリア人の動物学者。動物行動学の創始者の一人。動物の集団行動を本能、特に攻撃本能によって説明する。『攻撃―悪の自然誌』（一九六九年）。一九七三年ノーベル医学生理学賞受賞。

【ワ行】

ワゾン、ルネ：Oizon, René：地理学者。

ワッセルマン、ジルベール：Wasserman, Gilbert：ジャーナリスト。雑誌『運動』（*Mouvements*）の編集長。

ワッツ、アラン：Watts, Alan（一九一五～一九七三）：イギリス出身の宗教学者、著作家、編集者。一九三八年からアメリカで暮らす。禅に関する研究で名高い。

ワンテーラルテール、ロジェ：Winterhalter, Roger：アルザスのミュルーズ近郊にあるリュテールバックの元市長（一九六八年）。「ミュルーズ世界市民会館」館長。

訳者あとがき

本書は、Jean Jacob, *Histoire de l'écologie politique*, Albin Michel, 1999の全訳である。筆者は特に断っていないが、フランスの政治が主なテーマとなっており、したがってフランス人もしくはフランス語を用いて活動する人々が特に詳しく扱われている。帯タイトルとして「いかにして左派は自然を再発見したか」（*Comment la gauche a redécouvert la nature*）とあるように、本書は、思想的には必ずしも繋がるとは言えない、左派とエコロジーが結びつくに至った経緯をたどっている。

パリ第二大学に提出した博士論文が基になっているとある、堅牢な構成の本書は、第一部がエコロジーの源流としての反体制的自然主義と保守主義的自然主義に、第二部がエコロジーと左派の結託の過程に当てられている。反体制的自然主義に関しては、社会学者セルジュ・モスコヴィッシおよびその周辺層として民族学者ロベール・ジョラン、後継者として左派の政治家ブリス・ラロンドなどが取り上げられ、また保守主義的自然主義に関しては、芸術家ロベール・エナールおよびその周辺層、また後継者として生物学者のフィリップ・ルブルトンやアントワーヌ・ヴェシュテールなどがあげられている。この二人は、エコロジーを政治と結び付けるのに大きな役割を果たしたとされる。そして第二部においては、経済成長の限界と人口問題を提起するローマクラブ第一報告書が発表され、第三世界支援を表明するストックホルム会議が開かれた一九七二年の前後から、一九九二年のリオ会議を経て、エコロジーが南北問題などの社会、経済問題と絡めて認識されるようになった過程が説明される。農学者のルネ・デュモン、緑の党党員たちがこれらの問題を通して、エコロジーと左派の思想を結託させるに至ったとされる。

政治的エコロジーの歴史という以上、扱う対象はある程度網羅的にならざるをえない。しかしまたどこに特に力点を置くかということが、この歴史の記述者の視点を表わすことになる。読者の中には、「グリーンピース」や「ブリジット・バルドー基金」に関する記述が短くあっさりしていることを以外に思う人もいるかもしれない。その一方でロベール・エナールという、日本はおろかフランスでも余り知られていないスイス人の自然主義者が保守派の祖として大きく扱われている。エコロジーと社会主義的思想の結託の過程を明らかにするという本書の目的に直接つながらない人物や団体に関する記述は控えめになっているとも言えるだろうし、左派の思想との関連で保守派にもそれなりの記述を割くことになるとも言えよう。しかしまた、メディアで大きく取り上げられ、またそれがゆえに「大騒ぎになることもいとわない」団体に対する筆者の距離も感じられないだろうか。その意味で、本書が「大人しくなった」かつての六八年の闘士コーン・ベンディットで締めくくられているのは、象徴的であるように私には思われる。六〇年代から七〇年代にかけて加熱した反体制の動きが、エコロジーというテーマを吸収することによって政治決定の担い手となるためには、それなりにしたたかな現実主義を採らざるをえないという示唆が込められていないだろうか。

それにしてもなぜ、エコロジー思想は左派と結びつくのか。かけがえのない自然を守るという考えに基づく限り、エコロジー思想は保守的な立場と繋がるだろう。しかしそのためには今までのやり方ではだめだということになると、現状を変えるという発想が要求される。エコロジー思想はこの意味で革新としての「左派」の思想と繋がることになろう。さらにエコロジー思想が、各人の欲求とそれをかなえる科学技術の発達を認めた上で、環境が受ける負荷を統合的に軽減することを目指すとすれば、経済成長よりも福祉の充実や格差解消を重視する社会主義的政策を掲げる左派との結託に至ることは驚くに値しないのかもしれない。その意味でフランスにおける左派と政治的エコロジーの結びつきはモデル・ケースだとも考えられる。

なぜ日本にエコロジー政党がないのか、とはよく耳にする問いである。いやエコロジーを専門に打ち出そうとする政党がないわけではないが、大きな勢力にはならないのが実情のようである（ちなみにフランス緑の党の場合、衆議院議席は二〇〇二年六月の選挙で五七七議席中、三議席であり、ヨーロッパ議会における議席は二〇〇四年六月の選挙でフランス割り当ての七八議席中、六議席となっている）。他方、左派も右派も伝統的な政党は、一応エコロジーを政策課題の一つとして掲げている。具体的な解決を要求する様々な問題（環境に直接かかわるものもかかわらないものも）を前にして、エコロジー政党があくまでも「異議申し立て」にとどまるならば、得られる国民の支持には限界があるだろう。だからこそフランスではエコロジー政党は具体的な政策のよりどころとして左派の立場をとったとも言える。移民の受け入れ、同性愛者間の結婚など、環境問題に直接かかわるとはいいがたい問題に関して、緑の党における一部の党員は「進歩的な」立場で積極的に活動している。それに対して長引く経済不況と普遍化する自由競争、急速な人口の高齢化という社会環境を抱えた現在の日本において、左派の思想はエコロジーやその他の問題に関していかなる解決を提案することができるだろうか。既存の左派政党が分裂、後退している日本の状況は左派としてのエコロジー政党の確立に好条件であろうか。それでは、保守の立場からエコロジー政党が誕生する可能性はあるだろうか。そもそも限界を知らぬ人間の欲望が発明と生産を要求し、また不況からの脱出が消費の拡大を要求する状況において、エコロジーの問題は政治の最優先課題となりうるのか。結局、エコロジー政党が広い支持を得るには、環境に直接もしくは間接にかかわる諸問題（食品の安全、騒音から住宅、交通、治安に至るまで）に関して、国際状況を踏まえた上で、国民に具体的で説得力のある解決案を提示できなくてはならないだろう。また異議申し立て専門の一匹狼では活動に限界がある以上、他の政党と共闘できるかどうかも重要な要素となろう。

こうした状況にあって、「京都議定書」が一九九七年十二月に採択され、七年も経た二〇〇五年二月に発効したものの、その目標達成が困難を極めそうだという状況をどう評価するべきだろうか。企業にせよ一般家庭にせよ、排出されるガスの元を辿れば結局個人個人の需要に行き着く。そこで、技術を進歩させてエネルギー効率を向上させることに加えて、個人個人が意識を変えることの必要性が強調される。しかし大きな荷物がある、大家族だ、など様々な理由で必要とされる自家用車の使用をどこまで控えることができるのか。アスファルトで固められ建物が密集した都市部で、クーラーの設定温度を二十八度に定め、屋上の植林を奨励してもどこまで効果があるのか。自発的な省エネ運動だけで十分なのか。いずれ徹底した規制（市町村レベル、都道府県レベル、国家レベル、さらに国際レベル）に関する議論は避けて通れないのではないか。さらに本書で扱われた南北問題（南側の国々の物質的生活向上を妨げることは許されるのか、北側の国々の生活水準を下げる必要があるのではないか)、人口問題(現在の日本では国内の少子化によってかすんでいるが)が再度議題に上ってくるだろう。

最後に、注について触れておきたい。訳者による人名注において、現在も活躍中の人物に関しては、できるだけ最新の情報を記すよう留意した(つまり本書の書かれた一九九九年以降の情報も含まれる)。またその多くが邦訳のない文献の参照である膨大な原注は、多くの読者にはわずらわしいばかりかとも考えたが、それぞれの重要性に関しては、訳者としては判断しかねること、またいくらかの読者には参考になる可能性もあることをかんがみて、すべて載せることにした。

なお、緑風出版の高須次郎氏とスタッフの方々には、校正の際に数々の貴重な助言を頂くと同時に、作業の遅れにより多大なご迷惑をおかけした。この場を借りてお礼とお詫びを申し上げたい。

二〇〇五年五月

鈴木正道

[著者略歴]

ジャン・ジャコブ（Jean JACOB）

ストラスブール第三大学法学学士。ストラスブール第三大学政治学修士、パリ第二（パンテオン＝アサス）大学政治学博士。ペルピニャン大学助教授（政治学）

主要著書：

Les sources de l'écologie politique, Paris/Condé-sur-Noireau, Arléa-Corlet, collection « Panoramiques », Le Seuil, 1995.

Le retour de « L'Ordre Nouveau ». Les métamorphoses d'un fédéralisme européen, Genève, Librairie Droz, collection « Travaux de sciences sociales » , 2000.

[訳者略歴]

鈴木正道（すずき　まさみち）

1959年生まれ。1982年東京外国語大学フランス語科卒業。1996年パリ第10大学にてサルトルの小説における暴力に関する論文によって文学・人文学博士号取得。法政大学助教授。

主要論文：

「文学青年が哲学を書き始めたとき」

『理想』、理想社、第665号(特集：「サルトル・今」)、2000年。

« Sartre ou le héraut de la société sans père? »

『サルトルの遺産（文学・哲学・政治)、「国際シンポジウム：20世紀の総括」、記録論文集』、日本サルトル学会・青山学院大学仏文科、2001年。

政治的《せいじてき》エコロジーの歴史《れきし》

2005年6月20日　初版第1刷発行　　定価3400円＋税

著　者　ジャン・ジャコブ
訳　者　鈴木正道
発行者　高須次郎
発行所　緑風出版 ©

〒113-0033　東京都文京区本郷2-17-5　ツイン壱岐坂
［電話］03-3812-9420　［FAX］03-3812-7262
［E-mail］info@ryokufu.com
［郵便振替］00100-9-30776
［URL］http://www.ryokufu.com/

装　幀　堀内朝彦
制　作　R 企 画　　印　刷　モリモト印刷・巣鴨美術印刷
製　本　トキワ製本所　　用　紙　大宝紙業　　E1500

Printed in Japan　　ISBN4-8461-0509-1　C0010